CHANYE ZHUANLI FENXI BAOGAO

产业专利分析报告

（第89册）——EDA

国家知识产权局学术委员会 ◎ 组织编写

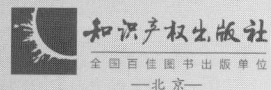

知识产权出版社
全国百佳图书出版单位
—北京—

图书在版编目（CIP）数据

产业专利分析报告.第89册，EDA/国家知识产权局学术委员会组织编写.—北京：知识产权出版社，2023.7

ISBN 978–7–5130–8638–7

Ⅰ.①产… Ⅱ.①国… Ⅲ.①专利—研究报告—世界 Ⅳ.①G306.71

中国国家版本馆 CIP 数据核字（2023）第 002787 号

内容提要

本书以产业应用为视角，采用科学的专利分析方法对 EDA 进行了全面翔实的分析，并根据国家产业政策发展趋势、具体关键技术发展情况、国内外重要专利的利用潜力等，为相关创新主体提供了建设性的发展策略。本书是了解并深入理解该行业技术发展情况的实用参考书。

责任编辑：王瑞璞　周　也　　　　　　　　责任校对：谷　洋
封面设计：杨杨工作室·张　冀　　　　　　责任印制：刘译文

产业专利分析报告（第 89 册）
——EDA

国家知识产权局学术委员会　组织编写

出版发行：知识产权出版社 有限责任公司	网　　址：http://www.ipph.cn
社　　址：北京市海淀区气象路 50 号院	邮　　编：100081
责编电话：010–82000860 转 8116	责编邮箱：wangruipu@cnipr.com
发行电话：010–82000860 转 8101/8102	发行传真：010–82000893/82005070/82000270
印　　刷：天津嘉恒印务有限公司	经　　销：新华书店、各大网上书店及相关专业书店
开　　本：787mm×1092mm　1/16	印　　张：18.5
版　　次：2023 年 7 月第 1 版	印　　次：2023 年 7 月第 1 次印刷
字　　数：410 千字	定　　价：108.00 元
ISBN 978–7–5130–8638–7	

出版权专有　侵权必究
如有印装质量问题，本社负责调换。

单位：项

申请人	年份																														
	1987	1988	1989	1990	1991	1992	1993	1994	1995	1996	1997	1998	1999	2000	2001	2002	2003	2004	2005	2006	2007	2008	2009	2010	2011	2012	2013	2014	2015	2016	2017	2018
新思					1	1	2	2	32	13	23	22	34	12	7	6						2	2			8	18	22	10	7	3	1
IBM	1		1		1	1	4	4	11	11	16	18	21	18	13	24	10	1					2			6	9	6	2	3	2	
楷登					1	5	2	7	2	9	5	9	7	21	21	15	5				2					14	22	17	11	4		1
LSI Logic		1			1	1	4	8	8	12	18	23	4	11	14	4	2															
明导	1	1	1	1			1	3	5	9	4	14	1	7	3	11	7	4	1				1			2	6	2	4	1		1
台积电											2	2	5	1	4	3		2								4	17	22	4	6	4	2
Numerical Technologies												4	1	4	14	27	7	4														
Xilinx			2				1	2	5	1	7	3	4	8	3	3	2									2	3	3				
松下					1		1	1	2	1	3	3	5	4	9	5	6		2	2												
VLSI科技			2	5	1	4	2	7	5	3	5	3																				
AMD								1	3	4	3	5	6	6	2	2										2	2					
中芯国际																			1	3	6	7	6	7	3	2		1				
Sun公司				1		1			1	4	2	3		8	2	10	1															
微电子所																		1	1	1			2	4	11	3	2		2	4		1
日本电气			1	1				1		1	5	1	3	6	4	2		1	3	1												
东芝				1	1		1			1	1	4	3	5	3	4	2			2	1											
摩托罗拉					3	1		1	7	9	3	2	1	1		1																
清华大学															1	2	5	3	2	2				3	3			1	1			
富士通					1			1	1	1	1	1	1		4	3	3	1	1	1		1				1						
日立	1			3	2	1					2			6	1	2							1						1			

图 2-5-5　EDA 全球专利申请量排名前 20 位的主要申请人重要技术时间分布

（正文说明见第 34 页）

注：颜色深浅代表申请量高低；红色字代表中国申请人。

布局布线技术两个分支属于长期的重点布局技术

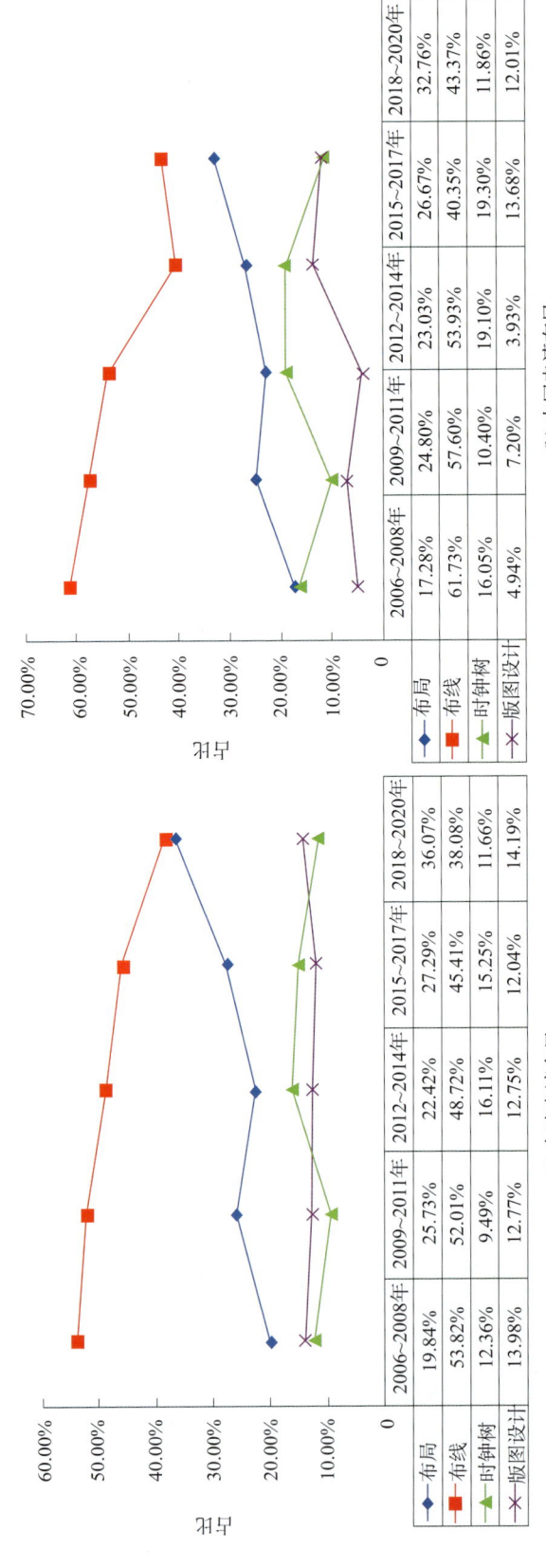

图 6-2-4 全球和中国数字集成电路布局布线技术四个分支专利申请量占比变化

（正文说明见第 175 页）

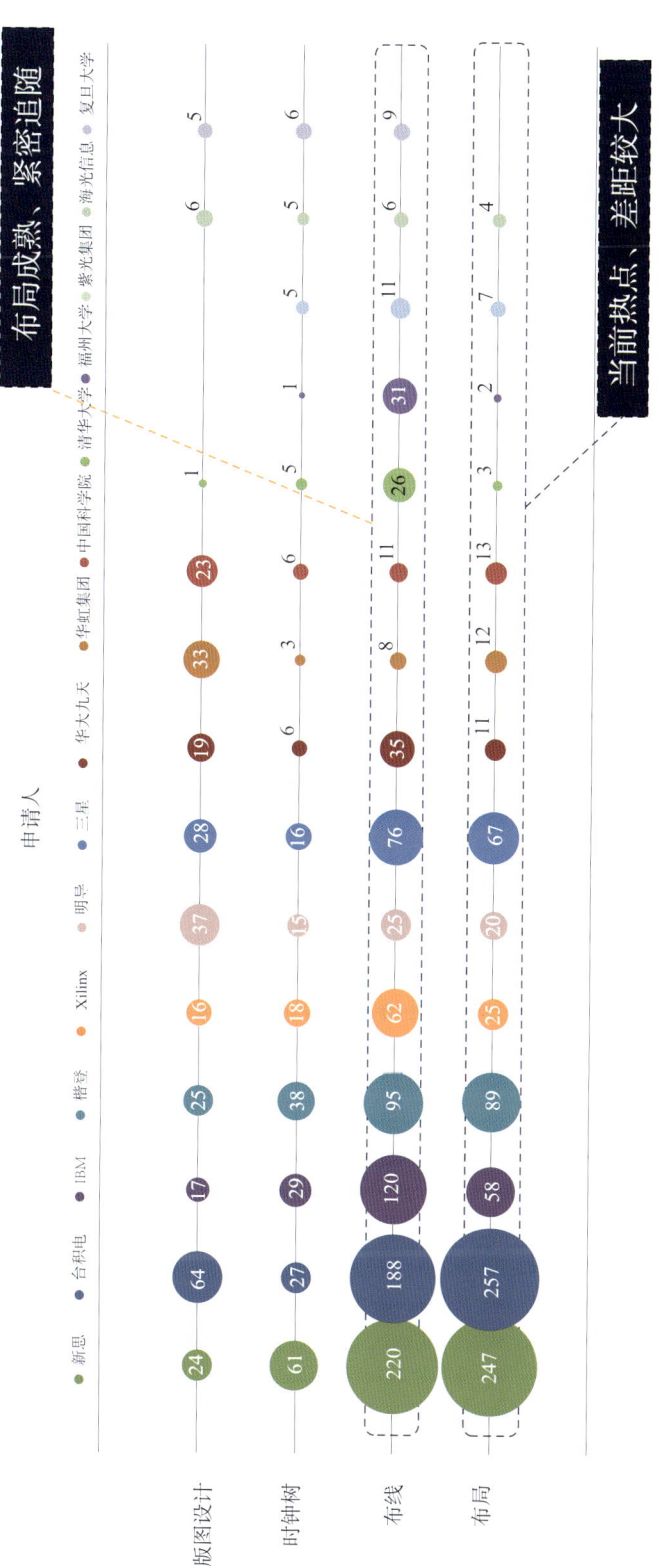

图 6-2-5 境内外主要申请人在数字集成电路布线布局四个分支的布局情况
（正文说明见第175页）

注：图中数字表示申请量，单位为件。

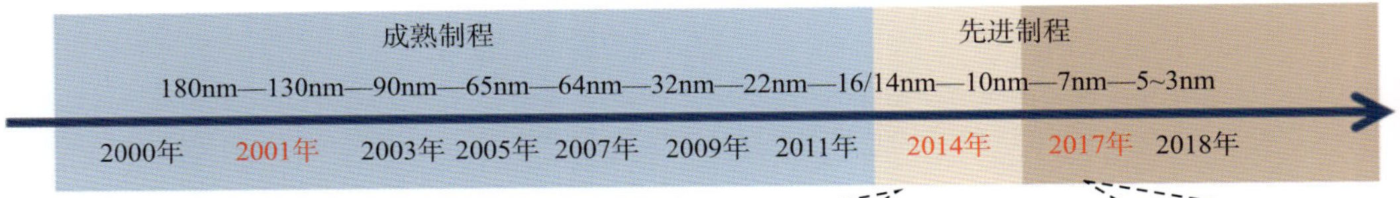

成熟制程
180nm—130nm—90nm—65nm—64nm—32nm—22nm—16/14nm—10nm—7nm—5-3nm

先进制程

2000年　2001年　2003年 2005年 2007年 2009年 2011年 2014年 2017年 2018年

借鉴重要申请人的技术，重点关注14nm制程期间的多层布局和跨障碍布线以及10nm以下布局布线与人工智能结合的相关技术。

2012~2015年的专利技术参考
（对应2014年制程改进节点）

申请人	公开公告号	技术点
新思	US20140189617A1	响应于修改电路设计布局而瞬时地更新拥塞指示
楷登	US9117052B1	在多层集成电路布局中路由网络的方法
楷登	US9201999B1	分层中块的精确放置及路由
楷登	US9396301B1	自动布线集成电路的互连布连并调整轨道或互连之间的间距
台积电	CN103605817A	在单元优化期间配置引脚互连修改
台积电	US20150034659A1	锯齿状互连迹线布局

多层布局和跨障碍布线

2016~2022年的专利技术参考
（对应2017年制程改进节点）

申请人	公开公告号	技术点
新思	US20210287120A1	使用机器学习模型来预测调整个电路是否可满足约束
新思	WO2017147502A1	使用电路模板板对提取的布局相关效果进行重用
楷登	US11030377B1	基于布线阻塞内的引脚位置的网络的布线
楷登	US11023645B1	按照自由形状轮廓有效布线互连
楷登	US10929589B1	基于边缘交互检测生成时钟网络的路由结构
楷登	US10699051B1	使用机器学习来实现电子设计的布局

利用人工智能算法提高布局布线精度

图 6-2-9 数字集成电路布局布线技术重点申请人针对制程的重要发明专利

（正文说明见第179页）

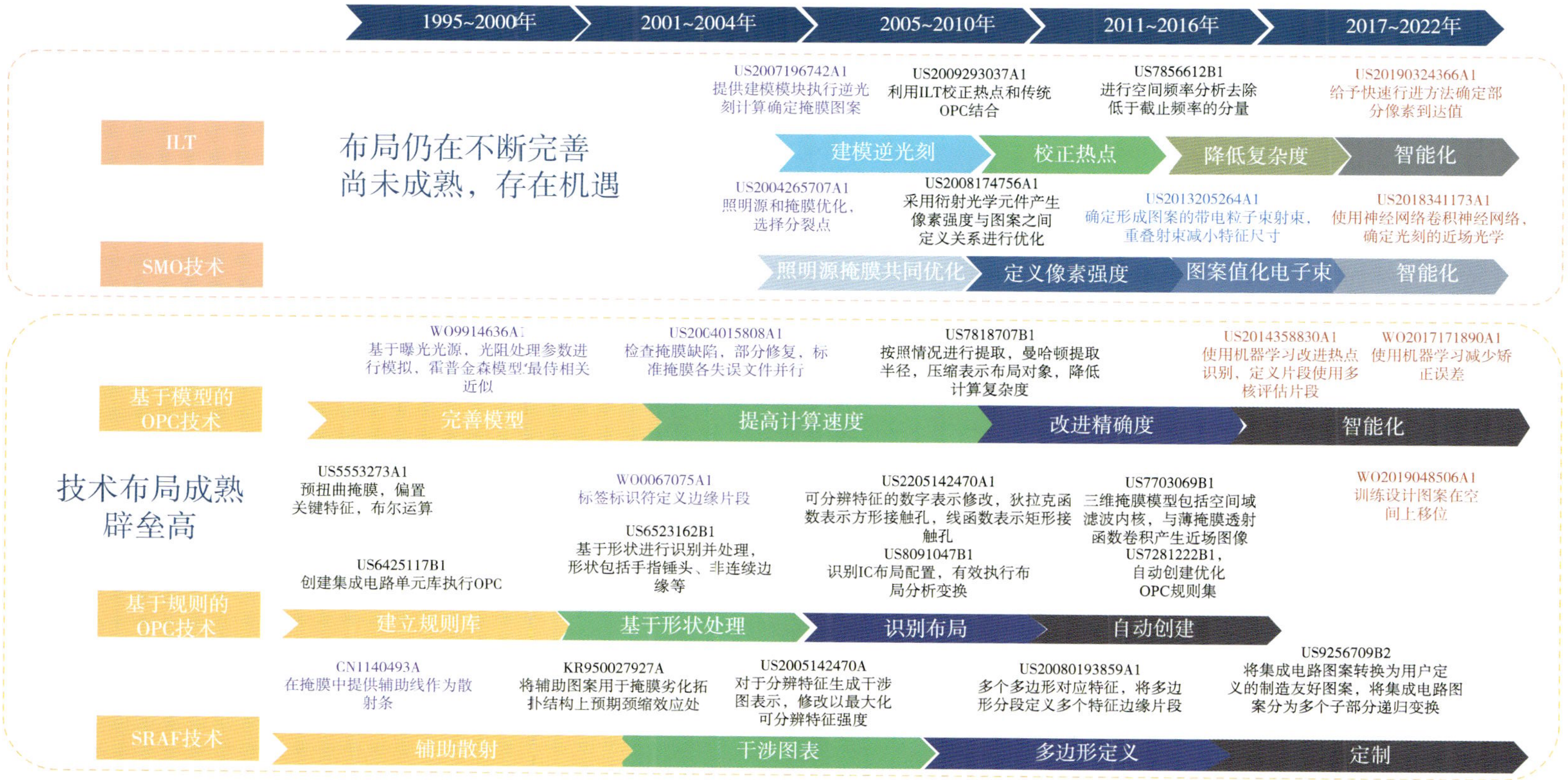

图 6-4-7 OPC 技术各分支技术发展路线

(正文说明见第 208 页)

注：图中紫色字部分表示有专利权转让，红色字部分表示为 AI + 技术。

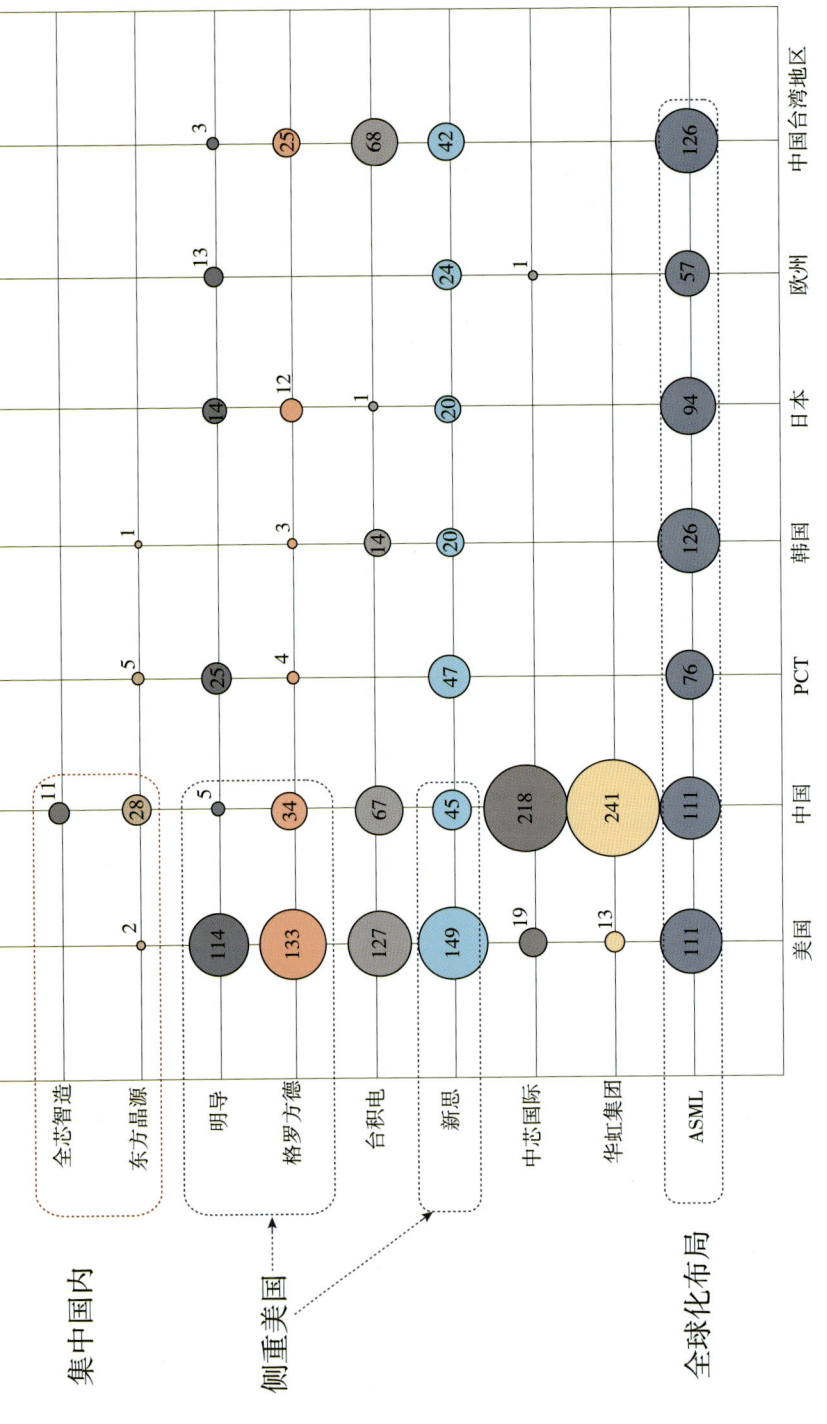

图 6-4-10 OPC 技术全球主要申请人布局地分布
（正文说明见第 215 页）

注：图中数字表示申请量，单位为项。

SRAF技术、基于规则的OPC技术、基于模型的OPC技术分支：国外主体全面领先，国内创新主体与之差距大
SMO技术分支：ASML一家独大
ILT分支：ASML、新思、明导暂时领先，但布局较少；国内主体已开始布局

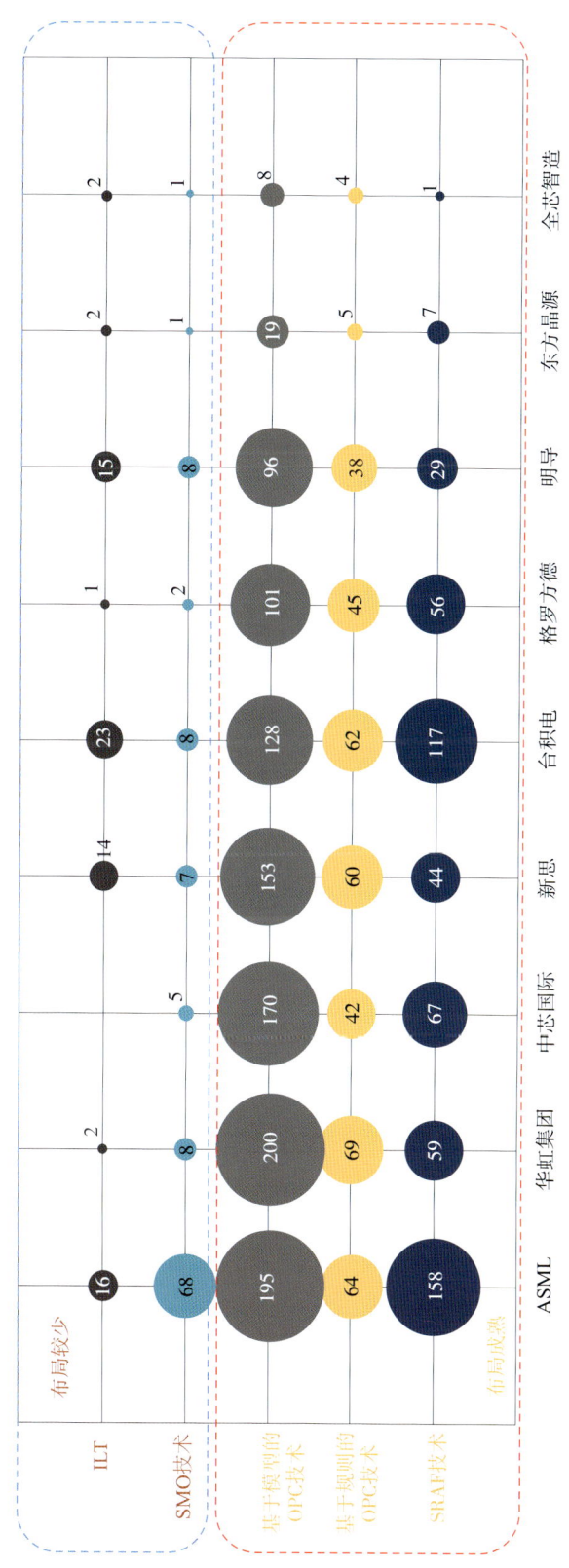

图 6-4-11　OPC 技术全球主要申请人布局技术分布
（正文说明见第 215 页）

注：图中数字表示申请量，单位为项。

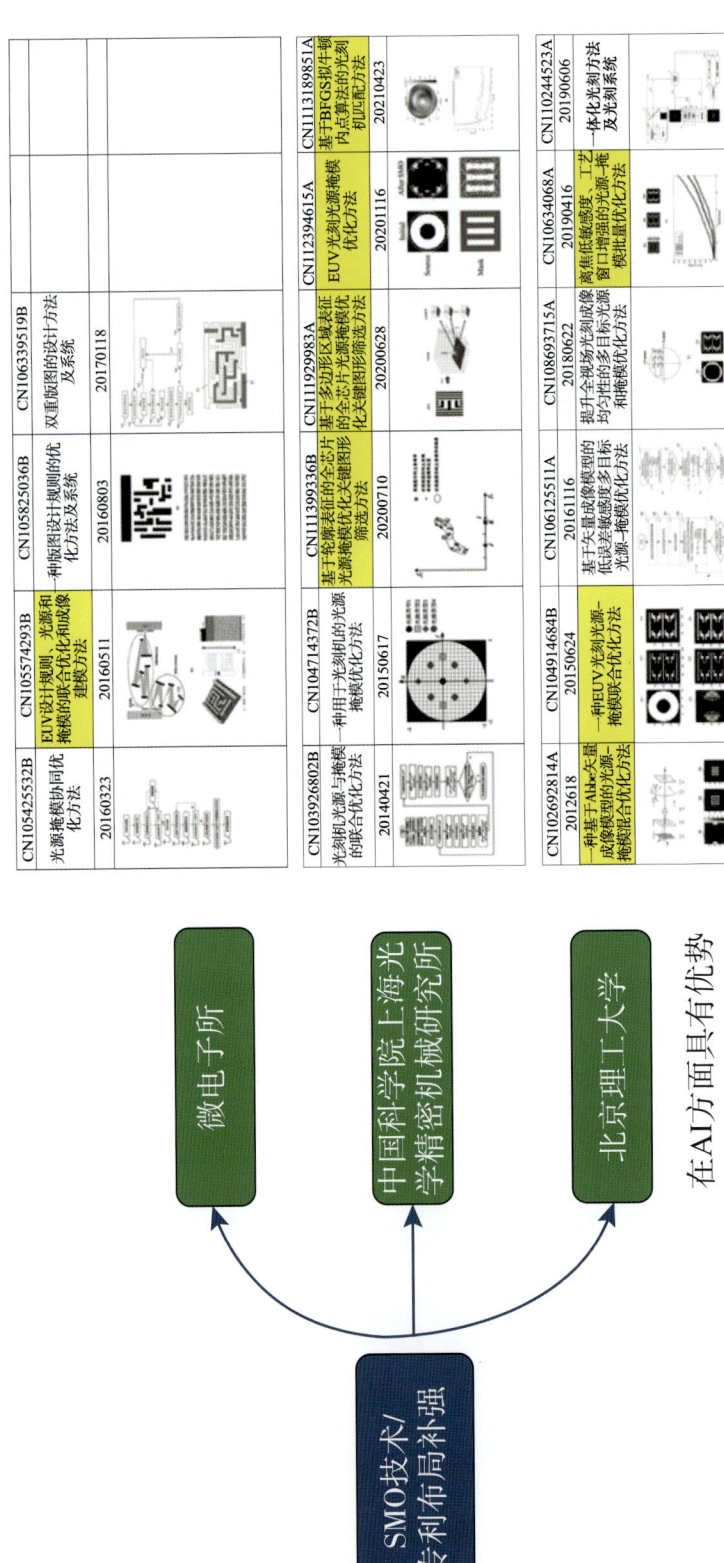

图 8-6-1 **SMO 技术/专利布局补强备选**

（正文说明见第 253 页）

注：黄色底色的为 SMO 技术领域中的布局热点。

编委会

主　任： 廖　涛

副主任： 徐治江　魏保志

编　委： 岳宗全　吴红秀　冯宪萍　刘　彬
　　　　　秦　奋　贾连锁　张小凤　孙　琨

前　言

2022年是党和国家历史上极为重要的一年。党的二十大胜利召开，擘画了全面建设社会主义现代化国家的宏伟蓝图，吹响了奋进新征程的时代号角。党的二十大报告指出，加强知识产权法治保障，形成支持全面创新的基础制度。站在新的起点，国家知识产权局学术委员会坚持以习近平新时代中国特色社会主义思想为指导，深入学习贯彻党的二十大精神，深入实施《知识产权强国建设纲要（2021—2035年）》和"十四五"规划，充分发挥知识产权制度供给和技术供给双重作用，持续聚焦破解"卡脖子"技术难题，深化关键核心技术的专利情报分析，加强科技创新的专利大数据支撑，有效服务创新驱动发展。

这一年，国家知识产权局学术委员会在广泛调研产业需求基础上，重点聚焦新一代信息技术、人工智能、清洁能源、新材料、生物医药和高端装备等领域，确定15项研究课题，组织20余家单位220名研究人员开展研究，邀请近百名行业和技术专家指导，历时8个月高质量完成所有研究任务，形成一批突出分析方法、彰显行业特色、体现情报价值的研究成果。遵照示范引领原则，选取其中5项成果继续以《产业专利分析报告》（第89～93册）系列丛书的形式正式出版，技术领域主要涉及EDA、近眼显示、新能源汽车动力电池安全关键技术、可持续航空燃料、航空航天用特种钢材等方面。

《产业专利分析报告》（第89～93册）的顺利出版离不开社会各界一如既往的关心和支持，凝聚着业界的汗水和智慧。希望系列丛书能够在服务行业决策、研发路径选择、布局方向确定和分析方法借鉴等方面为行业和企业提供启发和帮助，助力科技攻关和成果转化运用，为加快实现我国高水平科技自立自强贡献知识产权特有力量。由于研究人员水平有限，书中难免有纰漏之处，所涉及的数据分析和结论建议仅供读者参考。

《产业专利分析报告》丛书编委会
2023 年 6 月

EDA 产业专利分析课题研究团队

一、项目管理
国家知识产权局专利局：张小凤　孙　琨　秦　龙

二、课题组
承 担 单 位：国家知识产权局专利局专利审查协作北京中心
课题负责人：刘　彬
课题组组长：张　蔚
统　稿　人：沈敏洁　刘振玲
主要执笔人：曾宇昕　林松岭　田　越　杨　燕　孔　昕　任兴超　宋　朝
课题组成员：刘　彬　张　蔚　沈敏洁　刘振玲　曾宇昕　林松岭　田　越　杨　燕　孔　昕　任兴超　宋　朝　张　建　张　跃　吴　瑶　马泽宇

三、研究分工
数据检索：刘振玲　曾宇昕　林松岭　田　越　杨　燕　孔　昕　任兴超　宋　朝　张　建　张　跃　吴　瑶　马泽宇

数据清理：刘振玲　曾宇昕　林松岭　田　越　杨　燕　孔　昕　任兴超　宋　朝　张　建　张　跃　吴　瑶　马泽宇

数据标引：刘振玲　曾宇昕　林松岭　田　越　杨　燕　孔　昕　任兴超　宋　朝　张　建　张　跃　吴　瑶　马泽宇

图表制作：沈敏洁　刘振玲　曾宇昕　林松岭　田　越　杨　燕　孔　昕　任兴超　宋　朝　张　建　张　跃　吴　瑶　马泽宇

报告执笔：刘振玲　曾宇昕　林松岭　田　越　杨　燕　孔　昕　任兴超　宋　朝　张　建　张　跃　吴　瑶　马泽宇

报告统稿： 沈敏洁　刘振玲

报告编辑： 沈敏洁　刘振玲　曾宇昕　林松岭　田　越　杨　燕
　　　　　　 孔　昕　任兴超　宋　朝　张　建　张　跃　吴　瑶
　　　　　　 马泽宇

报告审校： 张　蔚　沈敏洁　刘振玲

四、报告撰稿

刘振玲： 主要执笔第 1 章第 1.4.1.2 节、第 1.4.2 节，第 6 章第 6.4.2 节、第 6.4.4~6.4.5 节，第 4 章第 4.2 节，第 8 章第 8.6.2 节、第 8.7.5~8.7.7 节

曾宇昕： 主要执笔第 8 章第 8.1~8.2 节、第 8.5 节、第 8.7.1 节、第 8.7.9 节

林松岭： 主要执笔第 1 章第 1.2.1.2 节、第 1.2.2.1 节、第 1.2.3.3 节、第 1.5 节，第 5 章第 5.4~5.5 节，第 6 章第 6.1.4~6.1.5 节，第 8 章第 8.7.8 节

田　越： 主要执笔第 3 章第 3.5 节，第 6 章第 6.2.1 节，第 8 章第 8.3 节、第 8.6.1 节、第 8.7.2~8.7.4 节

杨　燕： 主要执笔第 1 章第 1.2.2.3 节、第 1.2.3.1 节，第 4 章第 4.1 节、第 4.4 节，第 6 章第 6.3.2~6.3.3 节、第 6.3.5 节，第 8 章第 8.4 节

孔　昕： 主要执笔第 1 章第 1.2.2.2 节、第 1.3 节，第 5 章第 5.1~5.2 节，第 6 章第 6.1.1 节、第 6.1.3 节，第 7 章，第 8 章第 8.6.3.2 节

任兴超： 主要执笔第 2 章

宋　朝： 主要执笔第 3 章第 3.3~3.4 节，第 6 章第 6.2.2 节

张　建： 主要执笔第 1 章第 1.1 节，第 3 章第 3.1 节，第 6 章第 6.2.3~6.2.4 节

张　跃： 主要执笔第 1 章第 1.2 节、第 1.2.1 节、第 1.2.1.1 节、第 1.2.3.2 节，第 4 章第 4.3 节，第 6 章第 6.3.1 节、第 6.3.4 节，第 8 章第 8.6.4 节

吴　瑶：主要执笔第 3 章第 3.2 节，第 6 章第 6.1.2 节，第 8 章第 8.6.3.1 节

马泽宇：主要执笔第 1 章第 1.3 节、第 1.4.1.1 节，第 5 章第 5.3 节，第 6 章第 6.4.1 节、第 6.4.3 节

五、指导专家

行业专家

陈少威　北京华大九天科技股份有限公司

技术专家

吴玉平　中国科学院微电子研究所 EDA 研究中心

王　鹏　北京航空航天大学集成电路科学与工程学院

方泽华　北京航空航天大学数学科学学院

目 录

第1章 EDA概述与产业分析 / 1
  1.1 EDA概述 / 1
    1.1.1 技术界定 / 1
    1.1.2 关键技术 / 1
  1.2 EDA技术发展概况 / 3
    1.2.1 技术发展历程 / 3
    1.2.2 技术相关扶持政策 / 5
    1.2.3 技术发展趋势 / 10
  1.3 EDA产业研究基础 / 13
    1.3.1 产业特征 / 13
    1.3.2 产业链 / 13
  1.4 EDA产业发展状况分析 / 14
    1.4.1 产业现状 / 14
    1.4.2 我国产业发展中存在的问题和发展战略 / 15
  1.5 课题研究的目的、思路和主要内容 / 16
    1.5.1 研究目的 / 16
    1.5.2 研究思路 / 16
    1.5.3 主要研究内容 / 17
    1.5.4 相关事项说明 / 18

第2章 EDA整体专利状况分析 / 19
  2.1 技术分解表及基本检索情况说明 / 19
  2.2 专利申请和授权态势分析 / 20
    2.2.1 全球/中国申请态势分析 / 20
    2.2.2 全球/中国授权态势分析 / 21
  2.3 专利布局地分析 / 22
    2.3.1 全球布局地分析 / 22

2.3.2 全球原创技术来源占比分析 / 23
2.4 主要申请人分析 / 23
2.4.1 全球主要申请人分析 / 23
2.4.2 在华主要申请人分析 / 28
2.4.3 全球竞争格局的演变 / 29
2.5 EDA重要技术迁移分析 / 32
2.5.1 全球重要技术原创地迁移 / 32
2.5.2 全球重要技术主要申请人迁移 / 34
2.6 全球专利质量分析 / 34
2.6.1 全球PCT申请情况 / 34
2.7 小　结 / 37

第3章 EDA设计类技术专利状况分析 / 39
3.1 总体状况分析 / 39
3.1.1 全球/中国申请和授权态势分析 / 39
3.1.2 主要国家/地区申请量和授权量分析 / 40
3.1.3 全球/在华主要申请人分析 / 41
3.1.4 全球布局地分析 / 42
3.1.5 全球/中国主要技术分支分析 / 43
3.1.6 全球/在华主要申请人布局重点分析 / 44
3.2 EDA设计类数字集成电路专利状况分析 / 49
3.2.1 全球/中国申请和授权态势分析 / 49
3.2.2 主要国家/地区申请量和授权量占比分析 / 51
3.2.3 全球/中国主要申请人分析 / 52
3.2.4 全球布局地分析 / 54
3.2.5 全球/中国主要申请人布局重点分析 / 55
3.3 EDA设计类模拟集成电路专利状况分析 / 59
3.3.1 全球/中国申请和授权态势分析 / 59
3.3.2 主要国家/地区申请量和授权量分析 / 60
3.3.3 全球/在华主要申请人分析 / 61
3.3.4 全球布局地分析 / 63
3.3.5 全球/在华主要申请人布局重点分析 / 64
3.4 EDA设计类PCB专利状况分析 / 68
3.4.1 全球/中国申请和授权态势分析 / 68
3.4.2 主要国家/地区申请量和授权量分析 / 69
3.4.3 全球/在华主要申请人分析 / 70
3.4.4 全球布局地分析 / 72

3.4.5 全球/在华主要申请人布局重点分析 / 72
3.5 小　　结 / 76

第4章　EDA制造类专利状况分析 / 78
4.1 总体状况分析 / 78
4.1.1 全球/中国申请和授权态势分析 / 79
4.1.2 各国家/地区申请量和授权量占比分析 / 80
4.1.3 全球/在华主要申请人分析 / 82
4.1.4 全球布局地分析 / 84
4.1.5 全球/中国主要技术分支分析 / 85
4.1.6 全球/中国主要申请人布局重点分析 / 87
4.2 EDA制造类工艺平台开发技术专利状况分析 / 93
4.2.1 全球/中国申请和授权态势分析 / 93
4.2.2 主要国家/地区申请量和授权量占比分析 / 95
4.2.3 全球/在华主要申请人分析 / 96
4.2.4 全球布局地分析 / 98
4.2.5 全球/中国主要申请人布局重点分析 / 99
4.3 EDA制造类晶圆生产技术专利状况分析 / 104
4.3.1 全球/中国申请和授权态势分析 / 104
4.3.2 主要国家/地区申请量和授权量占比分析 / 106
4.3.3 全球/在华主要申请人分析 / 107
4.3.4 全球布局地分析 / 109
4.3.5 全球/中国主要申请人布局重点分析 / 110
4.4 小　　结 / 116

第5章　EDA封装类技术专利状况分析 / 117
5.1 总体状况分析 / 117
5.1.1 全球/中国申请和授权态势分析 / 117
5.1.2 主要国家/地区申请量和授权量占比分析 / 118
5.1.3 全球/在华主要申请人分析 / 119
5.1.4 全球布局地分析 / 121
5.1.5 全球/中国主要技术分支分析 / 122
5.1.6 全球/中国主要申请人布局重点分析 / 122
5.2 EDA封装类设计技术专利状况分析 / 128
5.2.1 全球/中国申请和授权态势分析 / 128
5.2.2 主要国家/地区申请量和授权量分析 / 129
5.2.3 全球/在华主要申请人分析 / 130
5.2.4 全球布局地分析 / 131

5.2.5　全球/中国主要技术分支分析 / 132
5.2.6　全球/中国主要申请人布局重点分析 / 132
5.3　EDA封装类仿真技术专利状况分析 / 137
5.3.1　全球/中国申请和授权态势分析 / 137
5.3.2　主要国家/地区申请量和授权量分析 / 138
5.3.3　全球/在华主要申请人分析 / 139
5.3.4　全球布局地分析 / 141
5.3.5　全球/中国主要技术分支分析 / 141
5.3.6　全球/中国主要申请人布局重点分析 / 142
5.4　EDA封装类验证技术专利状况分析 / 147
5.4.1　全球/中国申请和授权态势分析 / 148
5.4.2　主要国家/地区申请量和授权量分析 / 149
5.4.3　全球/在华主要申请人分析 / 150
5.4.4　全球布局地分析 / 151
5.4.5　全球/中国主要技术分支分析 / 152
5.4.6　全球/在华主要申请人布局重点分析 / 152
5.5　小　　结 / 157

第6章　关键技术分支分析 / 159
6.1　逻辑综合技术专题 / 159
6.1.1　概　　述 / 159
6.1.2　日本企业的申请变化趋势及技术路线 / 161
6.1.3　美国新思在并购过程中的专利布局策略分析 / 165
6.1.4　国内创新主体专利布局和技术路线分析 / 169
6.1.5　小　　结 / 172
6.2　数字集成电路布局布线技术专题 / 172
6.2.1　概　　述 / 172
6.2.2　发展态势 / 173
6.2.3　我国的发展机遇与挑战 / 179
6.2.4　小　　结 / 184
6.3　EDA设计类模拟集成电路版图设计技术专题 / 184
6.3.1　概　　述 / 184
6.3.2　发展现状 / 186
6.3.3　全球主要申请人技术发展及重要专利分析 / 188
6.3.4　华大九天技术发展现状及应对策略 / 192
6.3.5　小　　结 / 200
6.4　制造类OPC技术专题 / 202

6.4.1　概　　况 / 202
　　6.4.2　专利概况 / 205
　　6.4.3　全球主要申请人及专利分析 / 214
　　6.4.4　专利运营及风险分析 / 217
　　6.4.5　助力我国 OPC 技术发展 / 224

第 7 章　重要专利及其动态信息智能获取工具 / 233
　7.1　概　　述 / 233
　　7.1.1　重要专利 / 233
　　7.1.2　现有工具及研究意义 / 233
　7.2　智能获取工具方法论 / 234
　　7.2.1　数据标引情况 / 234
　　7.2.2　查询工具构架层次图 / 235
　7.3　重要专利及其动态信息获取实例 / 240
　　7.3.1　专利分析信息查询方法 / 240
　　7.3.2　专利数据信息查询方法 / 242
　7.4　总　　结 / 244

第 8 章　主要结论及措施建议 / 245
　8.1　EDA 产业调查结论 / 245
　8.2　EDA 技术整体专利态势分析主要结论 / 245
　　8.2.1　中国 EDA 专利原创技术增速领先，专利质量仍有差距 / 245
　　8.2.2　美国持续保持垄断地位，中国创新主体活跃度增加 / 246
　　8.2.3　中国 EDA 企业海外布局意愿不足 / 246
　8.3　EDA 设计类技术主要结论 / 247
　8.4　EDA 制造类技术主要结论 / 247
　8.5　EDA 封装类技术主要结论 / 249
　8.6　EDA 重要技术分支专利技术分析结论 / 249
　　8.6.1　布局布线结论 / 249
　　8.6.2　OPC 结论 / 250
　　8.6.3　逻辑综合结论 / 253
　　8.6.4　模拟集成电路结论 / 254
　8.7　措施建议 / 255

图索引 / 259
表索引 / 265

第 1 章　EDA 概述与产业分析

1.1　EDA 概述

1.1.1　技术界定

EDA 是电子设计自动化（electronic design automation）的简称，是从计算机辅助设计（computer aided design，CAD）、计算机辅助制造（computer aided manufacturing，CAM）、计算机辅助测试（computer aided testing，CAT）和计算机辅助工程（computer aided engineering，CAE）的概念发展而来的，是指利用计算机辅助设计软件来辅助完成超大规模集成电路（integrated circuit，IC）芯片的设计、制造、封装、测试的整个流程，融合了图形学、计算数学、微电子学、拓扑逻辑学、材料学及人工智能等多方面技术。

随着集成电路产业的发展，设计规模越来越大，制造工艺越来越复杂，设计师依靠手工难以完成相关工作，必须依靠 EDA 工具完成电路设计、版图（layout）设计、版图验证、性能分析等工作。EDA 软件作为集成电路领域的上游基础工具，贯穿于集成电路设计、制造、封装、测试等环节，是集成电路产业的战略基础支柱之一。

1.1.2　关键技术

EDA 涉及芯片设计、制造、封装、测试的各个环节，不同环节有相应的解决方案和实现工具，其中较为关键的技术如下。

（1）半导体工艺和器件仿真软件是 EDA 的核心技术

半导体工艺和器件仿真软件（Technology Computer Aided Design，TCAD）在器件设计和工艺开发环节中发挥着至关重要的作用，是 EDA 软件的核心底层。TCAD 可对不同工艺进行仿真以替代高成本的工艺试验，也可对不同器件结构进行设计和优化以获得理想的特性，或对电路性能及电缺陷进行模拟。据国际半导体技术发展路线图（International Technology Roadmap for Semiconductor，ITRS）测算，TCAD 可以通过减少实验次数和缩短研发时间，将集成电路生产成本降低 40%。随着集成电路技术的发展，其先进制造技术逐渐逼近 3～5nm 技术节点，新材料、新工艺、新器件不断涌入实际的设计、制造等环节，TCAD 迎来了新的挑战。

（2）逻辑综合和布局布线是数字设计 EDA 的核心环节

逻辑综合是指使用综合工具，根据芯片制造商提供的基本电路单元库，将硬件描述语言（hardware description language，HDL）描述的寄存器转换级（register transfer level, RTL）级电路转换为电路级网表的过程。根据系统逻辑功能与性能的要求，在包含众多结构、功能和性能已知的逻辑元件的单元库的支持下，综合工具寻找出一个逻辑网络结构的最佳实现方案，即在满足电路功能、速度及面积等条件的前提下，将行为级描述转化为指定的技术库中单元电路的连接。逻辑综合由各种约束条件驱动，综合的最终目标是产生满足这些约束条件的结果。逻辑综合的好坏直接影响数字系统的性能、面积和功耗等方面的优劣。

布局布线是指按照设计的需求将信号线布通，这是决定芯片是否能够流片的首要前提。消除布线拥塞、优化时序、减小耦合效应、消除串扰、降低功耗、保证信号完整性、预防可制造性设计（design for manufacturability，DFM）问题和提高良品率等布线的优化工作是衡量布线质量的重要指标。对于7nm及以下制程，在布局阶段就必须提前考虑详细的布线。布局布线设计面临的新挑战是如何使每个引擎（布局、布线、时序、优化、时钟树综合等）都能够以增量的方式动态地与其他引擎搭配使用。

（3）版图设计是模拟类EDA的关键技术

版图设计作为连接设计与制造的桥梁，是在限定的制造工艺条件下对逻辑综合后设计产生的门级网表的结果进行布局规划、电源网格划定、电路器件摆放、时钟树策划、完成走线并满足版图各项参数规则的过程，是芯片从代码转换为实体的物理实现的桥梁。版图设计在不改变电路功能与器件性能的基础上，追求更小的设计面积。

（4）光学邻近效应校正（optical proximity correction，OPC）是制造类EDA的关键技术

OPC在半导体器件的制造过程中，为了保证设计的图形的边缘得到完整的刻蚀，防止投影图像出现的违规行为，如线宽度比设计窄或宽，可以通过改变掩模版来补偿成像。但其他的失真，如圆角，受光学工具分辨率的制约，则难以弥补。这些失真如果不被纠正，可能大大改变生产出来的电路的电气性能。OPC通过移动掩模版上图形的边缘或添加额外的多边形来纠正这些错误，其可以根据宽度和间距约束查找预先设置的查找表（即基于规则的OPC），或者是通过使用紧凑的模型动态仿真（即基于模型的OPC）来决定怎样移动图案的边缘，找到最好的解决方案。OPC的目标是尽可能使硅片上生产出的电路与原始的电路一致，从而确保能在晶圆上获得正确的结果。

（5）IP核（intellectual property core）是集成电路设计与开发工作中不可或缺的要素

IP核是指在半导体集成电路设计中那些可以重复使用的、具有自主知识产权功能的设计模块。随着超大规模集成电路设计、制造技术的发展，集成电路设计步入片上系统（SoC）时代，设计变得日益复杂，利用预先设计、验证好的功能模块就可大幅提升设计效率。以知识产权复用、软硬件协同设计和超深亚微米/纳米级设计为技术支撑的SoC已成为当今超大规模集成电路的主流方向；当前国际上绝大部分SoC都是基于多种不同知识产权组合进行设计的。可重复使用的即插即用的知识产权模块，是SoC技术中最关键和高效的一环。

1.2 EDA 技术发展概况

1.2.1 技术发展历程

EDA 发展的历史经历了如下四个阶段：

第一阶段：CAD 时代。在集成电路应用的早期阶段，集成电路集成度较低，设计、布线等工作由设计人员手工完成。20 世纪 70 年代中期开始，随着芯片集成度的提高，设计人员开始尝试将整个设计工程自动化，使用 CAD 进行晶体管级版图设计、印刷电路板（printed circuit board，PCB）布局布线、设计规则检查、门级电路模拟和测试等流程。

第二阶段：CAE 时代。1980 年卡弗尔·米德和琳·康维发表的论文《超大规模集成电路系统导论》提出了通过编程语言来进行芯片设计，是电子设计自动化发展的重要标志。EDA 工具也在这个时期开始走向商业化，全球 EDA 技术领导厂商新思（Synopsys）、楷登（Cadence）、明导（Mentor，被西门子收购）在这个阶段成立。

第三阶段：EDA 时代。20 世纪 90 年代以后，芯片集成度的不断提高和可编程逻辑器件的广泛应用对 EDA 技术提出了更高的要求，也促进了 EDA 设计工具的普及和发展，出现了以高级语言描述、系统级仿真和综合技术为特征的 EDA 技术。

第四阶段：现代 EDA 时代。21 世纪以来，EDA 工具快速发展，并已贯穿集成电路设计、制造、封装、测试的全部环节。对于上亿乃至上百亿个晶体管规模的芯片设计，EDA 工具保证了各阶段、各层次设计过程的准确性，降低了设计成本、缩短了设计周期、提高了设计效率，是集成电路产业产能、性能进步的源头。EDA 工具的发展加速了集成电路产业的技术革新。同时伴随着智能手机、4G/5G、物联网等技术的发展，射频（radio frequency，RF）EDA 软件迎来了发展的黄金阶段。

1.2.1.1 国外 EDA 技术的发展历程

在集成电路应用的早期阶段，集成电路集成度较低，当时的集成电路大多是用手工来完成的，因为实际的晶体管数量并不多，前端可以手工完成其功能的计算，后端版图就根据电路图将晶体管及连线用笔转移为几何图形，画出胶带图等，因为晶体管的数量少，路线也很简单，所以并不容易出现错误。20 世纪 70 年代中期，设计人员开始将设计工程自动化，EDA 的概念开始出现。

20 世纪 80 年代提出的通过编程语言来进行芯片设计的新思想是 EDA 发展的重要标志。EDA 工具也在这个时期开始走向商业化。随着产业的演进，出现了新思、楷登、明导三家行业巨头公司。其中，新思的产品全面性领先，从前端设计起家，后通过并购 AvanTI 扩展到后端设计，在综合实力上较为领先；目前旗下公司的几款核心工具（VCS、Design Complier、IC Complier）经历了几十年的市场考验，在口碑和可靠性上优于其他两家竞争对手的产品。楷登的强项在于后端设计，在数字集成电路后端设计领域积淀深厚，同时在模拟电路和数模混合电路的全定制设计领域（Virtuoso 平台）具有优势。明导的强项在于后端的布局布线，但在产品线的完整性和集成度上相比前两大巨头有所差距，有部分细分环节未能进行覆盖，但公司在 PCB 设计领域具有一定的优势。

1.2.1.2 国内 EDA 技术的发展历程

20 世纪 80 年代，在国际三大 EDA 巨头成立之际，中国 EDA 产业也开始起步。1978 年秋，"数字系统设计自动化"学术会议于桂林阳朔举行，有 67 个单位 140 多名代表参加了会议，这次会议被誉为"中国 EDA 事业的开端"。

以桂林会议为起点，国民经济和社会发展第六个五年计划期间，我国陆续开发了国产集成电路计算机辅助设计（integrate circuit computer – aided design, ICCAD）一级系统和二级系统。然而，在国产 EDA 的起步时代，受制于巴黎统筹委员会的限制，中国无法买到芯片设计所需的最新 EDA 软件，国内的 ICCAD 工具研发停留在众多一级系统和二级系统。为了摆脱这种受制于人的状态，1986 年前后，国家动员了全国 17 个单位 200 多名专家聚集于北京集成电路设计中心，开发属于自己的 EDA。

1993 年，中国第一个自研 EDA 面世。这套被命名为"熊猫系统"的国产 EDA 系统一经出世，便将中国与世界水平拉至只有 5 年的差距，而且国内单位踊跃使用，短时间内，"熊猫系统"被装至 20 家设计公司，完成近 200 个芯片品种。

由于价格仅为同类产品的 1/10，美国芯片厂商也一度选择"熊猫系统"。不过，随着巴黎统筹委员会解散、禁运解除，海外 EDA 三巨头大举进入中国市场。

1992 年，楷登宣布开始进入中国市场，之后，另外两家海外 EDA 巨头企业新思和明导也相继进入中国，它们以技术成熟、免费赠送、多方合作等策略，快速收割市场份额。当时，中国的集成电路设计 EDA 市场就已经基本被这三家瓜分，它们在设计工具的不同领域各领风骚，国产软件"熊猫系统"只占有极小的一部分领地。另外，在中国开始积极融入世界贸易组织全球化的背景和"造不如买"的策略下，国产 EDA 软件被冷落，陷入了长达十多年的沉寂。

直到 2008 年，工业和信息化部启动"核高基"（核心电子器件、高端通用芯片、基础软件产品）重大专项计划，华大九天、芯愿景、概伦电子等第一批国产 EDA 企业相继成立并被重点扶持。但 EDA 是一个投入周期长、风险大、前期利润率低的高技术型产业，中国缺乏长期资金、人才和产业链支持，国产 EDA 发展依旧步履艰难。而后，特别是 2018 年以来，受中美贸易摩擦影响，国内高新技术企业如华为、中兴等陆续受到美国制裁，芯片断供、EDA 软件停售等限制措施使相关企业经营陷入停滞。同时国家层面将对国内半导体产业的关注提升到新的高度。只有把关键核心技术掌握在自己手中，才能从根本上保障国家经济安全、国防安全和其他安全。作为关键基础软件，EDA 国产化势在必行。

2020 年 8 月，在国务院印发的《新时期促进集成电路产业和软件产业高质量发展的若干政策》（国发〔2020〕8 号，以下简称"8 号文"）就提及：聚焦材料、EDA、设备等的关键核心技术研发，不断探索构建社会主义市场经济条件下关键核心技术攻关新型举国体制，同时探索建立软件正版化工作长效机制。随着 8 号文发布，政策、资本对 EDA 领域的关注度愈加高涨。国产 EDA 行业开始步入新的发展期,各个细分环节工具厂商如雨后春笋般兴起,并逐渐完善国内 EDA 生态。

在社会资本和国家政策双重激励下,结合当前国产替代的产业环境,半导体全产业链有望协同发展,共同支持和打造全流程的国产化 EDA 工具。

除了企业之外,有些高校和科研机构也有从事 EDA 软件研发的团队,例如中国科学院 EDA 中心、清华大学计算机系 EDA 研究室、复旦大学专用集成电路与系统国家重点实验室、北京航空航天大学集成电路科学与工程学院等。这些高校和科研机构为 EDA 的研发提供了更多的动力,有助于我国在 EDA 技术上尽快取得突破性的进展。例如,在 EDA 领域的国际会议中国集成电路设计业 2021 年会暨无锡集成电路产业创新发展高峰论坛(ICCAD 2021)上,华中科技大学计算机学院吕志鹏教授团队获得了 CAD Contest 布局布线(Routing with Cell Movement Advanced)算法竞赛的第一名,在 EDA 软件的算法方面取得了突破。

1.2.2 技术相关扶持政策

1.2.2.1 我国 EDA 技术相关扶持政策

我国 EDA 技术相关扶持政策具体内容如表 1-2-1 所示。

表 1-2-1 我国 EDA 技术相关扶持政策

时间	政策文件	政策内容
2017 年	《战略性新兴产业重点产品和服务指导目录(2016 版)》	该目录依据《"十三五"国家战略性新兴产业发展规划》明确的 5 大领域 8 个产业,进一步细化到 40 个重点方向下的 174 个子方向、近 4000 项细分的产品和服务,其中包括:集成电路芯片产品、集成电路材料、电力电子功率器件及半导体材料等。
2017 年	《国务院办公厅关于进一步激发民间有效投资活力促进经济持续健康发展的指导意见》	发挥财政性资金带动作用,通过投资补助、资本金注入、设立基金等多种方式,广泛吸纳各类社会资本,支持企业加大技术改造力度,加大对集成电路等关键领域和薄弱环节重点项目的投入。
2019 年	《加强工业互联网安全工作的指导意见》	夯实设备和控制安全。督促工业企业部署针对性防护措施,加强工业生产、主机、智能终端等设备安全接入和防护,强化控制网络协议、装置装备、工业软件等安全保障,推动设备制造商、自动化集成商与安全企业加强合作,提升设备和控制系统的本质安全。
2020 年	《商务部等 8 部门关于推动服务外包加快转型升级的指导意见》	支持信息技术外包发展。将企业开展云计算、基础软件、集成电路设计、区块链等信息技术研发和应用纳入国家科技计划(专项、基金等)支持范围。

续表

时间	政策文件	政策内容
2020年	《新时期促进集成电路产业和软件产业高质量发展的若干政策》	制定财税、投融资、研究开发、进出口、人才、知识产权、市场应用、国际合作等方面的政策，进一步优化集成电路产业和软件产业发展环境，深化产业国际合作，提升产业创新能力和发展质量。
2020年	《关于促进集成电路产业和软件产业高质量发展企业所得税政策的公告》	国家鼓励的集成电路设计、装备、材料、封装、测试企业和软件企业，自获利年度起，第一年至第二年免征企业所得税，第三年至第五年按照25%的法定税率减半征收企业所得税。国家鼓励的重点集成电路设计企业和软件企业，自获利年度起，第一年至第五年免征企业所得税，接续年度减按10%的税率征收企业所得税。
2021年	《中华人民共和国国民经济和社会发展第十四个五年规划和2035年远景目标纲要》	瞄准人工智能、量子信息、集成电路、生命健康、脑科学、生物育种、空天科技、深地深海等前沿领域，实施一批具有前瞻性、战略性的国家重大科技项目。科技前沿领域攻关中第三个领域集成电路包括：集成电路设计工具、重点装备和高纯靶材等关键材料研发，集成电路先进工艺和绝缘栅双极型晶体管（IGBT）、微机电系统（MEMS）等特色工艺突破，先进存储技术升级，碳化硅、氮化镓等宽禁带半导体发展。
2021年	《"十四五"软件和信息技术服务业发展规划》	重点突破工业软件。研发推广计算机辅助设计、仿真、计算等工具软件，大力发展关键工业控制软件，加快高附加值的运营维护和经营管理软件产业化部署。在关键基础软件补短板专栏的EDA部分指出，建立EDA开发商、芯片设计企业、代工厂商等上下游企业联合技术攻关机制，突破针对数字、模拟及数模混合电路设计、验证、物理实现、制造测试全流程的关键技术，完善先进工艺工具包。
2021年	《中华人民共和国工业和信息化部 国家发展改革委 财政部 国家税务总局公告（2021年第9号）》	8号文所称国家鼓励的集成电路设计企业，必须同时满足以下条件（仅列举部分）： （一）在中国境内（不包括港、澳、台地区）依法设立，从事集成电路设计、电子设计自动化（EDA）工具开发或知识产权（IP）核设计并具有独立法人资格的企业； …… （四）汇算清缴年度集成电路设计（含EDA工具、IP和设计服务，下同）销售（营业）收入占企业收入总额的比例不低于60%，其中自主设计销售（营业）收入占企业收入总额的比例不低于50%，且企业收入总额不低于（含）1500万元； …… （六）具有与集成电路设计相适应的软硬件设施等开发环境和经营场所，且必须使用正版的EDA等软硬件工具； ……

续表

时间	政策文件	政策内容
2021 年	《中华人民共和国工业和信息化部 国家发展改革委 财政部 国家税务总局公告 2021 年第 10 号》	为贯彻落实《国务院关于印发新时期促进集成电路产业和软件产业高质量发展若干政策的通知》（国发〔2020〕8 号）精神，国家鼓励的软件企业是指同时符合下列条件的企业（仅列举部分）： …… （三）拥有核心关键技术，并以此为基础开展经营活动，汇算清缴年度研究开发费用总额占企业销售（营业）收入总额的比例不低于 7%，企业在中国境内发生的研究开发费用金额占研究开发费用总额的比例不低于 60%； （四）汇算清缴年度软件产品开发销售及相关信息技术服务（营业）收入占企业收入总额的比例不低于 55%〔嵌入式软件产品开发销售（营业）收入占企业收入总额的比例不低于 45%〕，其中软件产品自主开发销售及相关信息技术服务（营业）收入占企业收入总额的比例不低于 45%〔嵌入式软件产品开发销售（营业）收入占企业收入总额的比例不低于 40%〕； （五）主营业务或主要产品具有专利或计算机软件著作权等属于本企业的知识产权。 ……
2022 年	《关于做好 2022 年享受税收优惠政策的集成电路企业或项目、软件企业清单制定工作有关要求的通知》附件 1《享受税收优惠政策的企业条件和项目标准》	国家鼓励的集成电路线宽小于 28 纳米（含）、线宽小于 65 纳米（含）、线宽小于 130 纳米（含）的集成电路生产企业或项目享受税收优惠政策条件如下（仅列举部分）： …… （四）企业拥有关键核心技术和属于本企业的知识产权，并以此为基础开展经营活动，且汇算清缴年度研究开发费用总额占企业销售（营业）收入（主营业务收入与其他业务收入之和）总额的比例不低于 2%……； （五）汇算清缴年度集成电路制造销售（营业）收入占企业收入总额的比例不低于 60%； （六）具有保证相关工艺线宽产品生产的手段和能力； ……

1.2.2.2 国外 EDA 技术的相关政策

由于半导体芯片技术在全球科技竞争中的核心地位，世界各主要国家都在通过法律政策等手段，力争保护本国芯片产业的供应链安全。尤其是近几年，各主要工业国纷纷出台了一系列涉及半导体产业的国家规划。

（1）欧　盟

20 世纪 90 年代，欧盟曾占据全球芯片市场的 20% 以上的份额，但目前欧盟占全球芯片市场的份额约为 10%，芯片供应主要依赖进口。新冠病毒疫情暴发后，全球半导体供应链紧张，由于芯片短缺，欧盟成员国各工业部门受到影响。

2021年7月，欧盟委员会发起了处理器和半导体产业联盟，将企业、成员国代表、学术界人士、用户以及研究和技术组织聚集在一起，致力于找出存在于当前微芯片生产方面以及企业和组织发展所需技术方面的缺陷。

2022年2月欧盟委员会公布了《欧洲芯片法案》（European Chips Act），计划调动430亿欧元的投资，着眼于五个方面（研究领域、实验室到工厂、工业生产、支持小型创新企业、供应链），目的在于避免供应链中断并在今后长期提高在全球的芯片市场份额。

（2）美 国

作为EDA行业发展的领先者，美国政府长期支持着EDA在技术原理、前沿方向探索等方面的研究创新。美国政府方面，由国家科技基金（National Science Foundation，NSF）和半导体研究共同体（Semiconductor Research Corporation，SRC）为EDA研究保驾护航。为了保持美国的领先地位，继续推进提升电子器件的性能，2017年美国国防部高级研究计划局（Defense Advanced Research Projects Agency，DARPA）启动电子复兴计划（Electronics Resurgence Initiative，ERI），在2018~2023年内投资约15亿美元，旨在解决半导体技术的发展瓶颈；2020年美国两党两院建议追加20亿美元用于ERI。ERI主要聚焦于三个重点方向：材料、集成架构、设计。2022年7月，美国通过了总额高达2800亿美元的《芯片与科学法案》（Chips and Science Act），主要涉及两部分内容：芯片部分是协助厂商扩大生产和研发；科学部分是鼓励半导体、人工智能领域科研创新，加强基础科学研究。其中计划对芯片产业投资520亿美元，鼓励企业在美国研发和制造芯片，并为企业提供投资税抵免，以此提升美国在芯片产品上的竞争力，限制其他国家芯片业的发展。

（3）日 本

20世纪80年代，日本半导体制造商曾席卷全球，但随着1986年《日美半导体协议》签署及产业转移的影响，日本半导体产业遭遇困境。受新冠病毒疫情影响，全球半导体供需形势转变，促使日本对半导体产业"失去的30年"进行反思和战略调整。2021年6月，日本发布了《半导体数字产业战略》，将半导体数字产业上升为国家战略；2021年11月提出了强化日本半导体产业基础"三步走"实施方案，提出了加快日本国内半导体生产基地建设、研发下一代半导体技术、开发改变游戏规则的未来技术。2022年2月日本政府提出《日本半导体支援法》，鼓励企业在日本长期投资生产。

（4）韩 国

2020年，新冠病毒疫情使得韩国半导体产业供应链受到影响，芯片短缺，甚至导致部分汽车生产线停产。2020年10月，韩国发布《人工智能半导体产业发展战略》，提出培养引领性创新技术与人才，构建创新型产业生态系统。2021年5月，韩国公布《K-半导体战略》，政府设立半导体设备投资特别资金，为企业提供租税减免，围绕构建"K-半导体产业带"、加大半导体基础设施建设、夯实半导体技术发展基础、提升半导体产业危机应对能力四大方面制定了16项推进课题。2022年1月韩国通过了《增强国家尖端战略产业竞争力并加强产业保护的特别措施法案》（通称《半导体特别法》），提供包括投资、研发、人才培养在内的全方位支持,加强对核心技术及人才的保护。

(5) 印　　度

2021年印度为发展本土半导体制造业,提出了102亿美元的奖励计划,对企业兴建工厂、构建电力、物流设施以及人才培养提供支持。

(6) 俄罗斯

2022年5月,俄罗斯公布新的半导体计划,涉及本国的半导体生产技术开发、芯片开发、数据中心基础设施建设、人才培养和自制芯片解决方案。

1.2.2.3　国内外EDA技术的相关政策对比

对照国内外EDA技术现状与政府相关政策能够发现,EDA基础研究难度高、周期长、前期投入回报较小,因此,政府支持是EDA行业发展的基石。

在政策统筹性方面,欧盟、美国、日本、韩国等都制定了专门针对半导体芯片行业的法案,对扶持发展本国家或地区的半导体产业制订了一揽子计划,从投资环境、税费减免、人才培养,特别是产业链安全等角度全方位作了规划,将芯片产业作为国家/地区核心竞争力,在应对逆全球化浪潮的过程中,保证本国/本地区的产业安全。半导体产业的竞争从企业间的竞争演变成国家间的竞争。我国的产业政策相对比较分散,缺乏专门针对半导体产业的一揽子扶持计划,不容易形成政策合力。

在政策的持续性上,美国的政策持续时间长。美国NSF、SRC和国防部等政府机构自20世纪80年代以来每年持续投入,铸就了美国在EDA行业的寡头地位。而我国对于EDA的政策投入晚且存在十余年的断档期。我国对于EDA技术的政策投入始于1986年。1993年我国自有的集成电路CAD系统"熊猫系统"问世。1994~2008年,我国政策对国产EDA的支持非常有限,中国EDA产业陷入发展低谷,与海外差距逐渐拉大。2008年及之后,"十一五""十二五"的核心电子器件、高端通用芯片及基础软件(以下简称"核高基")重大科技专项开始实施,随着国家"核高基"重大科技专项正式进入实施阶段,我国对EDA发展的政策扶持为本土EDA发展带来了曙光。随着2018年以来中美科技摩擦的加剧,美国对中国高新技术产业的限制逐步加强,尤其在集成电路和EDA工具领域体现得较为明显。例如在2019年EDA三巨头终止了与华为海思的合作,为国产芯片的发展蒙上一层阴影。2022年8月,美国《芯片与科学法案》出台,对设计全栅场效应晶体管(gate–all–around field–effect transistor,GAAFET)结构的集成电路的EDA软件实施新的出口管制。在这样的背景下,我国密集出台大批鼓励性、支持性的国家政策,态度鲜明地大力扶持EDA行业发展,力图加快攻破集成电路行业的"卡脖子"技术,加速EDA工具软件的进口替代。

在政策的配套资金上,国内外投入力度差距巨大。美国常态化每年投入数千万美元资金支持EDA技术的发展,近年来更是加大至每年上亿美元的投入。而我国在2008年前的政策配套资金与美国相比则显得微不足道,且由于行业投资回报期较久,较难有效吸引社会资金进入,因此本土EDA企业融资渠道相对狭窄。随着国家政策对EDA领域的持续扶持,自2019年起,我国EDA初创企业的融资环境显著改善,但对比于新思仅2020财年单年的研发投入就达到12.8亿美元,国内EDA龙头华大九天过去10年累计的研发支出仅10亿余元人民币。就目前来看，我国对于EDA的资金投入量还远远少于国外对于EDA的资金投入量。

在政策的落地上，美国的EDA扶持政策措施明确、方向具体、落地部门清晰；NSF和SRC配合成为EDA行业凝聚创新的推动者，二者通过政策"组合拳"整合了半导体行业的上下游企业，衔接了技术创新与商业转化的环节，在资金聚合和产业共性创新引领上占据了绝对优势，为其EDA行业的生态协同创新创造了动力强劲的环境。而我国因为EDA处于交叉领域，政策模糊，"十一五"之前由科学技术部分管，后又转归工业和信息化部负责，导致了长达十余年的政策空白，近几年虽然政策密集出台，8号文中，国家从财税政策、投融资政策、研究开发政策、进出口政策、人才政策、知识产权政策、市场应用政策、国际合作政策八大方面为国内EDA行业助威，但在措施上缺少对EDA技术创新所需的技术资源的整合扶持，也缺少能够形成行业联合、整合半导体行业的上下游企业资源的领导者和组织者。众多EDA本土初创企业都在寻求点状突破，但相关行业的标准和系统的整合仍是空白，叠加我国半导体行业在制造设备、设计和工艺环节整体上落后的困境，国产EDA想要突破全工具链覆盖的技术瓶颈仍不容乐观。

1.2.3 技术发展趋势

伴随着芯片设计的新的需求以及新技术、新工艺在该领域的应用，EDA技术的发展呈现出以下趋势特征。

（1）设计–工艺协同优化（design technology co–optimization，DTCO）

由于先进工艺节点的开发需要较长时间且难度较高，晶圆厂为加快工艺节点的开发速度，需要和集成电路设计企业更紧密的协同，实现更快速的工艺开发和芯片设计过程的迭代；集成电路设计企业需要更早地介入工艺平台开发阶段中，协助晶圆厂对器件设计和工艺平台开发进行有针对性的调整和优化。由于芯片设计和制造环节双方的共同需求，国际领先的晶圆代工厂已逐渐加强在先进工艺节点的开发早期与集成电路设计企业的深度联动，并通过国际EDA巨头的参与和支持，加速先进工艺节点的开发速度，降低设计和制造风险；对于集成电路设计企业而言，在先进工艺节点演进缓慢或访问成本较高的情况下，需更好地利用现有工艺节点，挖掘工艺平台潜能，实现性能和良率在成熟工艺平台上的突破。

（2）2.5D/3D异构封装技术

在后摩尔时代，芯粒（chiplet）技术已成为重要的发展方向。芯粒技术将不同工艺节点和不同材质的芯片通过先进的集成技术（如3D集成技术）封装集成在一起，形成一个系统芯片，实现了一种新形式的知识产权复用。这一过程需要EDA工具提供全面支持，也将促进EDA技术应用的延伸拓展。

（3）人工智能（artificial intelligence，AI）技术在芯片设计中的应用

芯片智能化设计是未来发展的一个主要方向，深度学习等算法能够提高EDA软件的自主程度，提高集成电路设计效率，缩短芯片研发周期。随着集成电路设计复杂度

的不断提升，AI 在 EDA 领域的应用将逐步深化。近年来，伴随着芯片设计基础数据量的不断增加、系统运算能力的跃升，AI 技术在 EDA 领域的应用的需求逐步上升。借助 AI 算法，EDA 工具可以帮助客户实现最优化的功耗、性能、面积（power, performance, area, PPA）目标，大幅提升芯片设计验证效率，助力芯片设计企业提升产品研发效率，以开发性能更高的终端产品。

（4）云技术的运用有助于改善芯片设计公司的运营模式和成本

随着集成电路设计复杂度的不断提升，集成电路设计公司都会面临计算资源需求激增、EDA 峰值性能需求难以被满足、深工艺数据迁移产生消耗成本、多项目并行发生资源抢夺以及办公地点多元化带来的效率影响等，这些问题都会直接影响芯片的研发周期以及研发成本。集成电路设计上云能平衡多项目并行带来的资源抢夺问题，降低 EDA 的购买成本，进而提升研发整体的效率。

1.2.3.1　国内外 EDA 的技术发展现状对比

我国 EDA 技术发展较晚，20 世纪 80 年代中后期才真正开始，比国外发展晚了十年，并且自 1993 年国产集成电路 CAD 系统"熊猫系统"诞生之后，国内 EDA 行业并未取得实质性的成功。直到 21 世纪初，在国家政策支持下，国内 EDA 产业才陆续展露出新的生机。

目前，我国企业在工具的完整性方面与国外企业相比有着明显的差距。国际领先的 EDA 企业，以新思、楷登、明导为代表，其所提供的 EDA 产品及服务较为丰富；而我国 EDA 厂商主要专注于某一细分领域，提供的 EDA 产品还较为单一，市场竞争力和客户体验仍有待提高。

华大九天作为国内规模最大、技术实力最强的 EDA 龙头企业，其在模拟电路和显示面板方面基本已经可以做到全流程的工具支持，并且可以提供数字 SoC 集成电路设计与优化解决方案、晶圆制造专用 EDA 工具。而其他厂商基本还是以提供点工具为主，如广立微提供在良率优化端的软件和测试机；博达微提供在数据端的快速参数测试方案；概伦电子在仿真端实力强劲；在后端，芯和半导体可以提供覆盖集成电路、封装到系统的全产业链仿真 EDA 解决方案。

而海外 EDA 巨头具有完整的 EDA 产品线与全套的工具，并能够提供强大的 IP 核。同时对于头部代工厂（foundry），EDA 三巨头也实现了深度捆绑，带动了 EDA 工具的不断迭代和更新。目前国内厂商缺乏与头部代工厂的深度合作，国产 EDA 产品难以匹配最先进的工艺，这也导致本土企业难以进入高端芯片设计领域。

总的来说，国产 EDA 厂商还很难与三巨头抗衡，在先进制程方面的短板尤为明显；目前全流程最高可以支持 28nm，制造和封装、测试环节的支持能力也非常薄弱；缺乏持续验证和迭代的知识产权库，可用性差、效率低；在技术成熟度和完整性上与顶尖企业还存在差距。在高端芯片设计中，中国企业还没有非常好的本土化软件可以替代。

1.2.3.2　国外 EDA 技术的发展趋势

伴随着集成电路技术的演进，行业中对 EDA 工具的设计效率、复杂功能设计能力和新应用中仿真验证创新提出了更高的要求。以后摩尔时代的集成电路技术演进方向划分如下：

（1）面向延续摩尔定律（Moore's Law）方向

单芯片的集成规模呈现爆发性增长，对 EDA 工具的设计效率提出了更高的要求。

（2）面向扩展摩尔定律（More than Moore）方向

伴随着逻辑、模拟、存储等功能被叠加到同一芯片，EDA 工具需具备对复杂功能设计的更强支撑能力。

（3）面向超越摩尔定律（Beyond Moore）方向

新工艺、新材料、新器件等的应用要求 EDA 工具的发展在仿真、验证等关键环节实现方法学的创新。后摩尔时代技术单芯片的集成规模、功能集成、工艺、材料等方面的演进驱动着 EDA 技术的进步和其应用的延伸拓展。

云化及平台化是 EDA 行业发展的重要趋势。例如，微软就与明导、台积电、AMD 多方合作，在微软云 Azure 上验证了 7nm 的芯片设计；新思与三星合作推出了 SAFE 云设计平台，共同为三星代工厂（Samsung Foundry）的客户提供可拓展的安全的云端设计环境，在该环境中可实现集成电路设计和验证、全数字和模拟流程。

AI 将更好地实现 EDA 设计中算力、资源的分配，AI 与 EDA 融合是另一重要的行业发展趋势。近年来，伴随着芯片设计基础数据量的不断增加、系统运算能力的阶跃式上升，AI 技术在 EDA 领域的应用的需求逐步上升。借助 AI 算法，EDA 工具可以帮助设计者实现最优化的 PPA 目标，大幅提升芯片设计验证效率，助力芯片设计企业提升产品研发效率，以开发性能更高的终端产品。

海外 EDA 巨头正积极布局 AI 技术。2020 年 3 月，新思推出业界首个用于 AI 自主芯片设计的解决方案——DSO.ai，可以帮助设计团队优化决策流程，让芯片设计团队接近专家级水平进行操作。DSO.ai 也被瑞萨电子引入其先进的汽车芯片设计环境，以实现更好的 PPA 解决方案。楷登于 2021 年 7 月推出基于机器学习的设计工具 Cerebrus，与人工方法相比，将工程生产力提高多达 10 倍，同时最多可将 PPA 结果改善 20%——该产品已被瑞萨电子和三星使用。

1.2.3.3 国内 EDA 技术的发展趋势

（1）点工具的性能提升和产品迭代加快

国内 EDA 在特定领域和点工具上得到了一定的发展空间。根据设计和工艺发展趋势，点工具仍将是近期国内 EDA 技术发展的重点。点工具的发展将聚焦于性能提升上，且随着新工艺、新材料、新应用的变化，EDA 技术会有新的需求出现，例如先进工艺所需要的检查工具，面向这些新需求的点工具未来能够作为单点工具嵌入在新工艺流程中，相应地，提供新解决方案、满足新需求的 EDA 产品也会以更快的周期进行迭代。

（2）全流程 EDA 集成平台

国外 EDA 巨头均拥有完整且优势明显的全流程 EDA 工具，这对 EDA 工具的用户形成了强大吸引力并使其产生依赖性。发展并且拥有全流程工具对于国内 EDA 企业来说显得至关重要。目前，国内 EDA 虽然已在一些特定领域和点工具上实现了技术突破,但在全流程的集成化平台上相较于国外还有较大差距,还没有实现数字芯片设计工具全流程、全细分领域的覆盖。因此,具备全流程设计功能的集成化平台将是国内EDA技术的一个发展方向,点工具的集成、平台数据库的构建、底层统一脚本的设计和高体验的前端界面将是EDA集成平台研究的重点。

(3) AI和云计算技术的融合

随着集成电路设计复杂度的提升和新工艺的发展,AI和云计算技术在EDA行业得到了融合和应用。芯片的敏捷设计是未来发展的一个主要方向。伴随着芯片设计基础数据规模的增加、复杂度的提升以及设计效率需求的提高,AI技术将会在EDA领域扮演重要的角色。AI算法能够在EDA软件的自主程度、计算精度提高方面得到应用,进而提高设计效率、缩短研发周期。此外,EDA上云也是今后研究的一个热点。云技术能够解决设计流程管理、计算资源短缺、硬件配置维护成本高等方面的问题,能够在算力支持和数据储存上与EDA融合,以解决算力缺口问题、降低开发成本、提供灵活高效的开发环境等。EDA工具与AI和云计算技术的融合,将会成为国内EDA技术追赶国外先进技术的一个重要赛道。

1.3 EDA产业研究基础

1.3.1 产业特征

EDA软件工具是在计算机的辅助下完成集成电路的功能设计、综合验证、物理设计等流程的软件工具集群。随着集成电路产业的发展,设计规模越来越大,制造工艺越来越复杂,设计师必须依靠EDA软件工具完成电路设计、版图设计、版图验证、性能分析等工作。作为集成电路领域的上游集成工具,EDA软件工具是设计厂商完成芯片设计、代工厂商实现成品率提升的核心基础工具,具有不可替代的地位。

受益于众多下游领域需求的强劲驱动和先进工艺的技术迭代,全球EDA的市场规模呈现稳定上升趋势。根据ESD Alliance的数据,2020年全球EDA市场规模达到115亿美元,同比增长11.7%,2010~2020年的10年复合增长速度达到8%。随着摩尔定律的演进,芯片中晶体管数量指数级的增加使得尖端芯片的开发成本越来越高,EDA在集成电路产业链中的作用将会越来越重要,EDA市场具有巨大的发展前景。根据Verified Market Research的数据,2028年全球EDA市场规模有望达到215.6亿美元。

1.3.2 产业链

EDA产业链的上游为基础软硬件开发商,包括通用软件开发商微软、甲骨文等和硬件供应商IBM、思科等。基础软件市场处于寡头垄断竞争态势,国内市场份额多由外资企业主导,EDA企业对此的议价能力较弱。EDA产业链的中游包括各个EDA软件开发商,包括以新思、楷登、明导为代表的国际EDA企业和以华大九天、概伦电子等为代表的国内EDA企业。EDA产业链的下游主要是芯片设计厂商华为海思、紫光国微等，晶圆制造厂商台积电、中芯国际等以及封测厂。

在EDA软件开发商中，新思一直致力于复杂芯片系统，比如SoC的开发，拥有完整的产品线，不但为芯片设计和验证提供工具，还能够提供强大的IP核以及安全方案。该公司在市场上最强的产品有逻辑综合工具DC（design compiler）和时序分析工具PT（prime time）。楷登拥有一套完整流程的电子设计工具，覆盖从半导体芯片，到电路板设计乃至整个系统。该公司的强项在于后端设计，同时在模拟电路和数模混合电路的全定制设计领域（Virtuoso平台）具有优势。明导可提供完整的软件和硬件设计EDA解决方案，但工具集成度上较前两家弱一些。该公司的强项在于后端的布局布线，在PCB设计领域也具有一定的优势。华大九天是国内规模最大、技术实力最强的EDA企业，能够提供模拟电路设计和平板显示电路设计全流程EDA工具系统，还可以提供部分数字电路设计EDA工具和晶圆制造EDA工具。概伦电子在器件建模和电路仿真两大集成电路制造和设计关键环节掌握了具备国际市场竞争力的EDA核心技术，能够支持7nm/5nm/3nm等先进工艺节点。

1.4 EDA产业发展状况分析

1.4.1 产业现状

1.4.1.1 我国EDA产业现状

（1）国际三巨头居垄断地位，本土EDA厂商与之存在明显差距

我国EDA行业的参与者分为国际龙头EDA厂商和国内EDA厂商。第一梯队由新思、楷登、明导等国际知名EDA企业组成，企业科研实力雄厚、产品丰富，最先进入中国市场并且带动中国EDA行业发展。第二梯队为以华大九天、概伦电子、国微集团等为代表，专注于细分领域，虽然经营规模较小，但在中国EDA市场有一定影响力。第三梯队为国内规模较小的本土EDA厂商，其业务主要以EDA点工具为主，整体竞争力较弱。

根据赛迪智库的数据，从国内市场份额来看，2020年楷登在我国EDA市场的占有率最高，达到32.0%；新思和明导排名第二和第三，市场占有率分别为29.1%和16.6%。EDA三巨头在我国EDA市场的占有率总和达到77.7%，占据绝对垄断地位。与EDA三巨头相比，本土EDA厂商有明显的差距。值得关注的是，本土EDA厂商华大九天在中国EDA市场的市场占有率达到5.9%，超越国外实力强劲的两大厂商Ansys和Keysight，排名第四。

（2）国内EDA进入快速发展期

国内EDA行业市场规模近几年实现较快发展，2018~2020年的年化复合增长率达到21.4%，至2020年中国EDA的市场规模达到66.2亿元。同时，国产EDA工具境内销售额也迅速增长，从2018年的2.8亿元迅速增长至2020年的7.6亿元，2018~2020年的年化复合增长率达到64.7%。这不仅得益于下游半导体市场需求的巨大推动力，

也与政策和资金的大力扶持密切相关。

1.4.1.2 国外 EDA 产业现状

根据 ESD Alliance 的数据，2020 年全球 EDA 市场规模达到 115 亿美元，2010～2020 年 10 年复合增长速度为 8%，增速较为平稳，全球 EDA 市场已进入平稳发展期。EDA 三巨头通过数十年不间断的高研发投入巩固其核心产品的技术领先优势，并通过不断兼并、收购逐步形成全流程解决方案，形成了较高的行业壁垒和用户黏性，占据了全球主要的 EDA 市场并最终确立了行业垄断地位。

目前，全球 EDA 市场呈现新思、楷登、明导三家厂商垄断的格局，行业高度集中。2020 年，新思、楷登、明导（2016 年被西门子收购）的全球市场份额占比分别为 32.1%，23.4% 和 14.0%；EDA 三巨头在全球市场占有率约为 70%。从产品和服务情况看，新思、楷登这两家公司竞争力比较强，能够覆盖电子设计全部流程；明导虽然产品线没有其他两家全面，但在 PCB 设计工具领域的优势明显。除 EDA 三巨头之外，还有 Ansys、Silvaco、Aldec Inc. 等国际领先的 EDA 公司，其依托在细分领域取得的技术优势，逐渐向其他环节工具拓展，目前已成功抢占了一定的市场份额。

1.4.2 我国产业发展中存在的问题和发展战略

我国 EDA 产业发展中存在以下方面的问题。

（1）研发投入积累不足，技术综合实力存在明显差距

EDA 行业的进步需要长期大量的研发投入，三巨头正是通过数十年不间断的高研发投入实现其核心产品的长期技术领先优势的。国内厂商普遍存在研发投入少、积累时间短的情况，与之相对应的是国内 EDA 厂商的技术综合实力相对于三巨头存在明显差距。国内 EDA 龙头华大九天过去十年累计的研发支出仅 10 亿余元人民币，而新思仅 2020 财年的研发投入就达到了 12.8 亿美元，国内 EDA 厂商的研发投入和海外差距较大。

（2）缺少全流程的解决方案，在数字类 EDA 工具和晶圆制造类 EDA 工具方面存在明显不足

由于 EDA 工具链非常长，涉及众多种类的软件，国内 EDA 厂商从某一环节单点切入，仅部分流程与环节具备较强竞争力，目前仍不能实现全工具链覆盖。但对于客户而言，即便采购国产 EDA 软件的意愿高涨，由于本土厂商无法提供平台式的全流程产品服务，客户依旧需要购买大量海外三巨头的产品，再搭配本土较为成熟的解决方案使用。

在各类 EDA 工具中，数字全流程在整个 EDA 工具市场份额中占比超过 53%，但是国产工具覆盖率不超过 50%，存在明显的差距，这直接导致国产 EDA 工具的市场份额占比较低。另外，制造类 EDA 工具涉及高端芯片先进制造工艺的开发，但在晶圆制造类工具方面，国产工具覆盖率不足 15%，亟待加强。

（3）缺失良好的产业链生态圈，难以匹配目前的先进工艺

芯片设计的先进工艺是由晶圆厂、设计公司和 EDA 公司共同推进的成果。晶圆厂

从材料、化学、工艺过程等制造步骤来寻求工艺突破；EDA 公司借助晶圆厂的测试数据和工艺细节文件来改进 EDA 软件；设计公司使用新的 EDA 模型进行设计、试生产，反馈到晶圆厂和 EDA 公司改善制造工艺和软件模型。由于海外三巨头与头部代工厂长期合作，形成捆绑态势，因此，其始终处于工艺的领先地位。国内 EDA 厂商由于缺乏与头部代工厂的合作，难以匹配目前最先进的工艺，因此国产 EDA 工具在高端芯片领域几乎没有份额。即便是华大九天，其大多数工具仍无法支持 28nm 以下的制程。

（4）本土 EDA 行业人才匮乏

EDA 算法的起点和终点是半导体工艺等物理问题，解决工具的开发是数学问题，应用对象是芯片设计实现的具体问题，涉及与晶圆厂、设计公司等的协同。因此，从事 EDA 工具开发需要工程师同时理解数学、芯片设计、半导体器件和工艺，对综合技能要求很高。虽然近年来我国 EDA 行业的战略地位逐步凸显，相关人员的培养受到重视，但由于研发起步较晚，在人才储备上存在滞后性。同时，EDA 行业具有技术面广、多学科交叉融合的特点，高素质技术人才需要经过长时间的专业教育和系统训练。因此，我国在一段时间内将一直存在人才匮乏的问题。

1.5 课题研究的目的、思路和主要内容

1.5.1 研究目的

EDA 技术是集成电路设计制造的关键核心技术。本课题以问题为导向，在集成电路 EDA 产业调研和专利分析的基础上分析我国产业发展面临的"卡脖子"问题，寻找我国在该行业中受限的技术痛点，通过全球专利分析梳理 EDA 技术发展脉络并定位各技术分支的基础专利和重要专利，为我国 EDA 技术的突破提供技术参考和创新抓手。

通过进一步的专利预警分析，明确我国在 EDA 技术上面临的风险和发展机遇，寻找解决产业问题的办法，提出国家宏观政策建议以及国内企业技术和专利保护、运营建议。

1.5.2 研究思路

本课题主要采用统计分析法和对比分析法等定量分析和定性分析相结合的研究方法，围绕课题研究主要内容，对从宏观角度的专利布局和态势分析到微观角度的国内外重点专利授权前景、保护范围、专利风险预警以及新产业技术融合等方面进行详细和深度的分析。课题的研究过程主要包括以下四个阶段：①前期准备阶段，包括 EDA 基础背景资料收集、行业及企业调研、项目分解、检索策略的初步制定；通过课题调研、技术研究和专利数据检索等多方面的反复论证与修改，力求确定科学的 EDA 技术分解表，为后续专利检索工作奠定基础。②数据采集阶段，包括完善检索策略、进行专利检索，在专利数据尽可能查全、查准的基础上力求减少噪声专利，再进行数据清洗和数据标引，来确保检索数据的完整性和准确性。③专利分析阶段，包括选择合适

的专利分析工具（比如 incoPat 专利分析软件、Python 编程软件和 Excel 2010 等）对采集的专利数据综合运用数理统计、时间序列等方法处理，并采用归纳和推理、抽象、概括等多种分析方法进行分析，以解读专利情报，挖掘专利信息所反映出的本质问题。④报告撰写阶段，包括报告初稿完成后，课题组组织相关领域专家对报告的主要内容、重要结论、措施建议等内容进行研讨，协助课题组完善报告内容、梳理报告结构、突出重要结论，使报告的措施建议更有针对性。

1.5.3　主要研究内容

具体研究内容主要包括：

（1）全球专利布局

从宏观上建立 EDA 的技术脉络树，从专利申请趋势、专利产出国家/地区、专利申请目标国家/地区、专利技术分布等多个角度，对 EDA 技术分支进行专利分析，绘制 EDA 专利技术发展线路图。

（2）主要申请人专利布局

从全球申请人排名、主要申请人专利申请量趋势、主要申请人技术分布、主要申请人目标国家/地区分布、国内申请人排名及国内重要申请人专利布局情况等方面进行分析，掌握技术竞争对手及其专利布局的情况。

（3）各技术分支专利布局

对各技术分支的申请人、专利权人的情况深入分析，包括专利产出国家/地区分析、专利技术分布分析、申请人排名分析、主要申请人技术分布分析、目标市场国家/地区专利壁垒分析等，掌握各分支关键技术以及改进技术的专利分布情况，对各技术分支的技术问题发展和技术手段发展进行分析。

（4）我国 EDA 领域"卡脖子"技术点分析

基于受限清单进行 EDA 行业"卡脖子"技术点分析，将国内芯片行业发展中 EDA 技术需求的关键痛点作为研究核心，对照国外龙头企业专利技术布局，寻找"卡脖子"技术点的重要支撑专利，进行关键技术问题和核心技术手段提取，为国内 EDA 企业进行相关技术研发和追赶提供切实参考。

（5）核心人才储备分析

EDA 技术人才对国内产业的发展具有重要作用，以这一技术领域专利权人和发明人为入口，分析 EDA 领域关键技术人才的分布和储备，通过总结判断找出共性的人才培养或引进建议。

（6）专利预警分析

针对 EDA 的最新技术检索相关专利和应用情况，为国内企业在技术研发和专利布局方面提供参考，给出 EDA 新技术的专利分析预警/导航建议。

（7）以技术融合视角寻找 EDA 技术的实际应用路径

伴随着人工智能技术的兴起，EDA 与人工智能技术的融合为各个企业提供了新的发展路径，就国内企业如何利用好这一新的技术赛道，找到新的发展路径提出建议。

1.5.4 相关事项说明

专利同族：同一项发明创造在多个国家申请专利而产生的一组内容相同或基本相同的专利文献出版物，称为一个专利族或同族专利。从技术角度来看，属于同一专利族的多件专利申请可被视为同一项技术。在本报告中，针对技术和专利技术首次申请国家/地区分析时对同族专利进行了合并统计，针对专利在各国家或地区的公开情况进行分析时对各件专利进行了单独统计。

项：同一项发明可能在多个国家或地区提出专利申请，德温特世界专利索引（Derwent World Patents Index，DWPI）数据库将这些相关的多件申请作为一条记录收录。在进行专利申请数量统计时，对于数据库中以一族（此处"族"指的是同族专利中的"族"）数据的形式出现的一系列专利文献，计算为"1项"。一般情况下，专利申请的项数对应于技术的数目。

件：在进行专利申请数据量统计时，例如为了分析申请人在不同国家、地区或组织所提出的专利申请的分布情况，将同族专利申请分开进行统计，所得到的结果对应于专利申请的件数。1项专利申请可能对应于1件或多件专利申请。在本报告中，对部分申请人的表述进行了约定，一是由于中文翻译的原因，同一申请人的表述在不同的中国专利申请中会有所差异；二是为了方便申请人统计，将不同子公司的专利申请进行合并。

本报告的检索截止时间为2022年7月11日。由于2021年之后的专利申请数据尚未全部公开，因此，2021年之后的专利申请数据不代表实际发展趋势。

各项统计数据中，中国数据不包含港、澳、台地区的数据。

对各申请人的数据，统计是以该申请人在申请或授权时的企业名称为依据进行的，例如，美国明导公司于2016年被德国西门子公司收购，因此在被收购之前，该公司是以"明导"的名义统计的；在收购完成之后，该公司是以"西门子"的名称统计的。

第 2 章 EDA 整体专利状况分析

EDA 涵盖了电子设计、仿真、验证、制造、封装等全过程的所有技术,诸如:电路设计与仿真、系统设计与仿真、PCB 设计与校验、集成电路版图设计、验证和测试、数字逻辑电路设计、模拟电路设计、数模混合设计、嵌入式系统设计、软硬件协同设计、SoC 设计、可编程逻辑器件(programmable logic device,PLD)和可编程片上系统(system – on – a – programmable – chip,SOPC)芯片设计、专用集成电路(application specific integrated circuit,ASIC)和专用标准产品(application specific standard parts,ASSP)设计技术等。本章以全球和中国范围内的专利数据为数据源,对 EDA 相关的专利进行总体分析,并将其分为设计类 EDA、制造类 EDA 和封装类 EDA 三个分支进行分析。

2.1 技术分解表及基本检索情况说明

本节对 EDA 相关的专利申请总体情况进行研究。

本报告对国内外专利文献进行了初步检索,了解了技术和产业相关信息,结合全球和中国的专利文献的初步检索状况,确定了技术分解表如图 2 - 1 - 1 所示(其中四级分支仅展示了部分重点分支)。

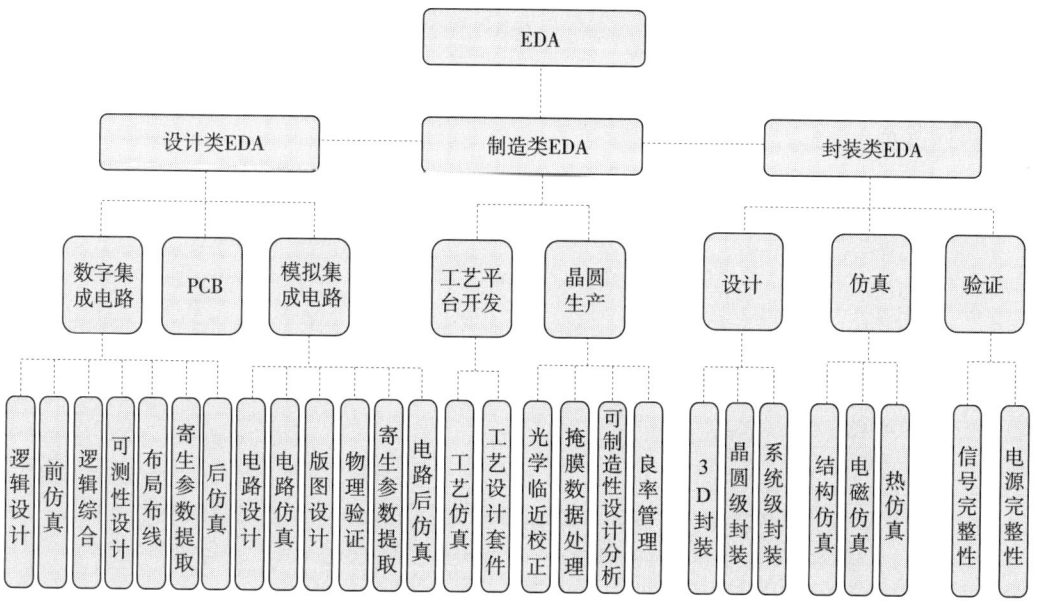

图 2 - 1 - 1 EDA 技术分解表

(1) 检索策略

本次检索工作基于智能化检索系统中的多个数据库展开,其中,中文数据主要基于中国专利文摘(CNABS)数据库,全球数据主要基于 DWPI 数据库。关于转库后的数据统计,中文数据统计主要基于 CNABS 数据库进行,全球数据统计在 DWPI 数据库中进行。

(2) 检索情况说明

EDA 领域主要技术方向经过检索后有中文专利文献 10979 篇、全球专利文献 29288 篇。后续的统计分析工作基于上述筛选得到的中国专利情况和全球专利情况进行分析。检索截止日为 2022 年 7 月 11 日。

表 2-1-1 中列出了各技术分支的专利申请量情况(有些专利文献由于涉及多种 EDA 相关技术,在表中可能被重复分类)。

表 2-1-1 EDA 专利申请量

主要技术分支	中国/件	全球/项
设计类 EDA	7780	22893
制造类 EDA	3031	6177
封装类 EDA	724	1424
技术整体	10979	29288

2.2 专利申请和授权态势分析

2.2.1 全球/中国申请态势分析

图 2-2-1 展示了 EDA 技术在 1973~2022 年的全球和中国范围内的 EDA 相关专利的申请态势。

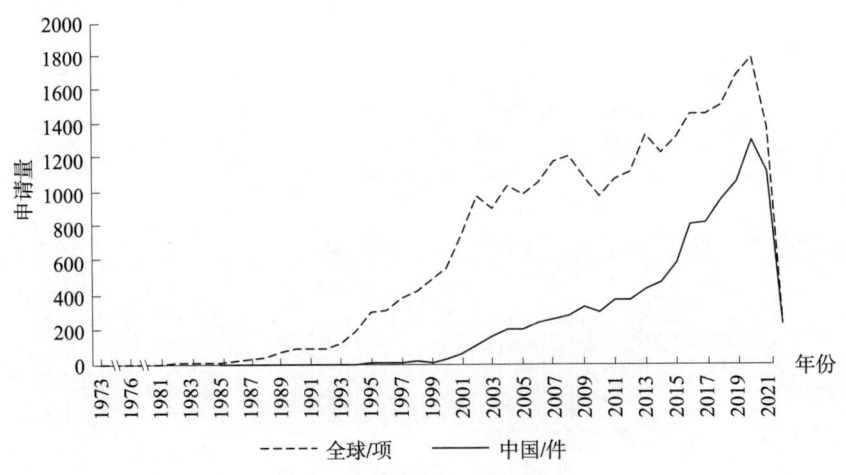

图 2-2-1 EDA 全球/中国专利申请态势

从全球申请态势来看，在20世纪80年代中期以前，全球的申请量处于低位，每年仅有几项EDA相关的专利申请；从20世纪80年代中期起，随着EDA逐渐开始商业化，相关的专利申请也出现稳定增长，这种增长态势一直延续到2008年。2008年金融危机出现后，在全球经济、金融体系"突然休克"的情况下，半导体产业也无法置身事外，EDA技术的专利申请量也在2008~2010年出现小幅回落；2011年开始，EDA专利申请量又重回上升趋势，并以稳定的增长势头延续至今。从以上的全球申请量态势来看，EDA技术作为半导体产业中的关键技术，从技术的起步到今天，总体处于稳步发展的阶段；随着集成电路规模的不断扩大、半导体技术和工艺的不断发展，EDA的重要性也急剧增加，EDA技术也会不断地实现技术迭代，相关的专利申请量也会保持稳定的增长。

从中国申请态势来看，EDA相关专利在20世纪90年代中期之后才出现了正式的布局，这得益于中国自1995年开始对半导体产业的加速开发（例如先后建立了几所研究中心，推动系列设计活动以应对亚太地区其他EDA市场的竞争）；2000年以后，相关的专利申请出现较快增长，2015年后增长速度再次明显提升，并在之后保持高速增长势头直至今日。近些年来，西方国家屡屡对华实施芯片出口禁令，组建"芯片四方联盟"等，这非但没有限制住中国半导体产业的发展，相反还促进了国内半导体产业技术的自主创新。2022年西方国家针对中国再次实施了EDA软件出口管制［对具有GAAFET结构的集成电路所必需的EDA/ECAD（计算机辅助电子设计）软件实施新的出口管制］，以限制可以被用于3nm及以下先进半导体制程工艺芯片设计的EDA软件的对华出口。在国外各种技术封锁下，中国能否继续完成自主创新并在专利申请上继续保持积极布局，我们拭目以待。

2.2.2 全球/中国授权态势分析

图2-2-2展示了EDA技术在1976~2022年的全球和中国范围内的EDA相关专利的授权态势。

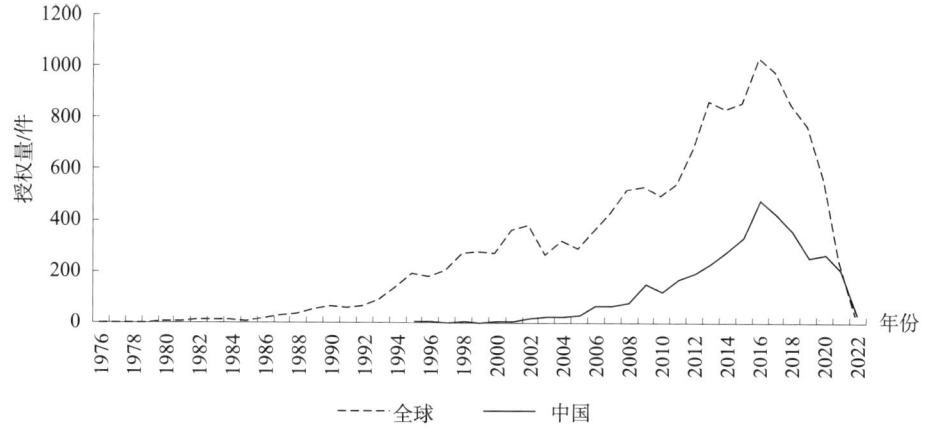

图2-2-2 EDA全球/中国专利授权态势

从图 2-2-2 可以看出，全球 EAD 相关专利在初期申请量较少，相应地授权量也比较少。从 1987 年起，全球授权量出现上升趋势，这一整体上升趋势保持到了 2016 年，其间全球授权量稳步增长，体现了这一时期 EDA 相关技术强有力发展，新技术不断涌现。但从 2017 年起，全球授权量开始回落，但本身仍处于高位；单从授权数据上看，这一时期的授权数据反映出 EDA 技术的发展进入平台期，新技术更新放缓。

在中国，EDA 技术相关的专利授权首次出现在 1995 年，彼时正是中国推动国内半导体产业发展的初期，在 2001 年以前，国内的授权量整体都较少；从 2002 年开始，国内 EAD 专利授权量开始逐步显现，同样在 2016 年达到授权量高峰；此后，与全球态势相一致，国内的 EDA 专利授权量也开始回落。近年来，国内 EDA 软件设计公司不断涌现，国内企业和科研院所对 EDA 技术的研发不断加强，相关的专利申请量不断提升，相信国内 EDA 专利的授权量也会重回强劲态势。

2.3 专利布局地分析

本节对 EDA 技术在全球和中国的专利布局进行分析，研究了全球目标市场和原创国家/地区占比情况。

2.3.1 全球布局地分析

图 2-3-1 显示了 EDA 技术全球目标市场的占比情况。可以看出，美国是最大的目标市场，其次是中国、日本、中国台湾地区、韩国、欧洲，不在上述国家/地区布局的专利申请量仅为全球总量的 1%，可见 EDA 专利布局的目标市场比较集中和明确，均是半导体产业相对发达、半导体市场比较活跃的国家/地区。

美国作为具有最多头部 EDA 企业和 EDA 技术竞争最为激烈的国家，全球 40% 的 EDA 专利都在此进行了布局。在中国布局的专利申请量目前占到 27%，然而中国的半导体产业发展迅速，近年来已成为全球半导体需求最大的市场，潜藏着巨大的商业机会。可以预期，EDA 相关的专利申请将会越来越多地选择在中国进行布局，中国作为目标市场的占比将会越来越高。值得一提的是，中国台湾地区也成为一个比较重要的目标布局市场。中国台湾地区有着像台积电、联华电子这样一些半导体代工厂，对 EDA 软件有着广泛的应用需求，同时很多厂商自身也在做一些 EDA 软件的设计和二次开发，这也正是其他 EDA 企业选择在中国台湾地区进行专利布局的原因之一。

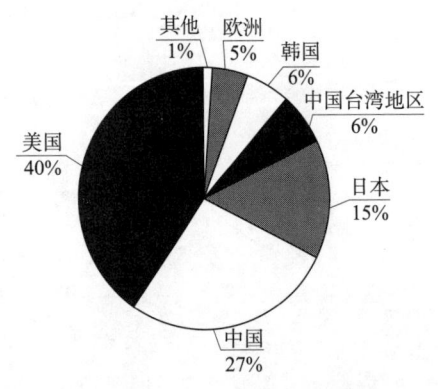

图 2-3-1　EDA 专利申请全球目标市场占比

2.3.2 全球原创技术来源占比分析

图 2-3-2 显示了 EDA 技术中，全球原创国家/地区的专利申请趋势。

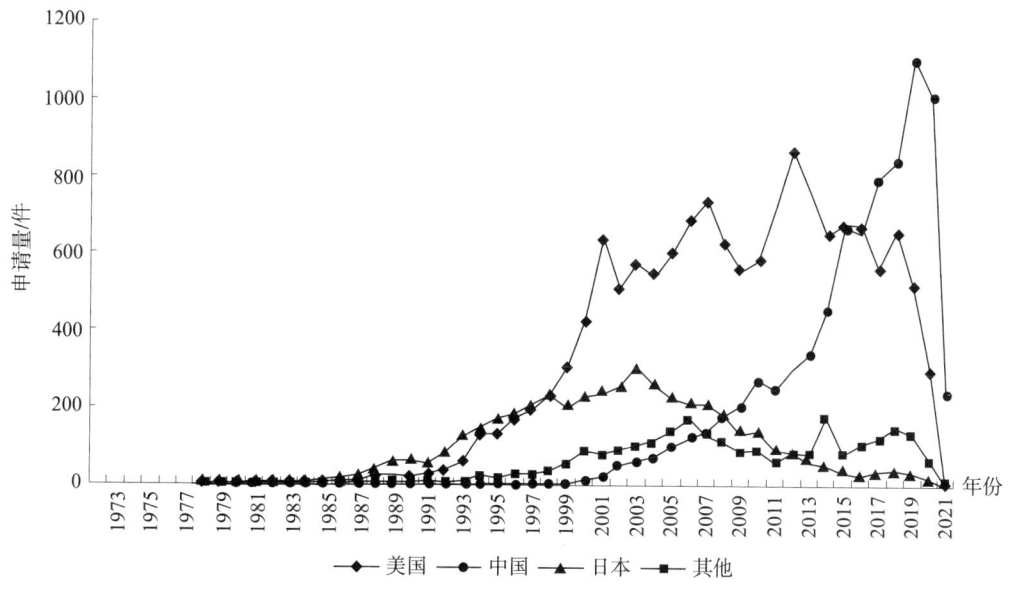

图 2-3-2 EDA 技术全球原创国家/地区专利申请趋势

从 EDA 技术全球原创国家/地区占比趋势中可以看出，EDA 技术主要来源于美国、日本、中国三个国家。在 1998 年以前，EDA 技术的输出以日本和美国为主，且技术输出中日本多于美国，说明在 1998 年之前日本对 EDA 技术有着比较广泛的研究；2001 年以后，美国的技术输出保持了比较稳定的占比，而随着中国在此时的相关技术研发和技术输出，中国的原创技术占比逐年升高并挤占了日本的技术输出份额；在 2009 年以后，中国技术原创占比超过日本并逐年提升，日本则在原创技术输出中逐渐没落，近些年来更是微乎其微。相比于美国，中国在 2016 年追上美国并在 2017 年首次超越美国，成为原创技术输出最多的国家。可以看出，中国在 EDA 领域的研究虽然起步较晚，但发展迅速，新技术不断涌现，已成为目前 EDA 研究热度最高的国家。

2.4 主要申请人分析

本节对 EDA 技术领域全球和在华提出专利申请的申请人进行分析。

2.4.1 全球主要申请人分析

图 2-4-1 显示了 EDA 技术领域在全球专利申请量排名前 20 的申请人。全球申请量排名前 20 的申请人，分别来自美国、日本、中国、韩国、荷兰和中国台湾地区。

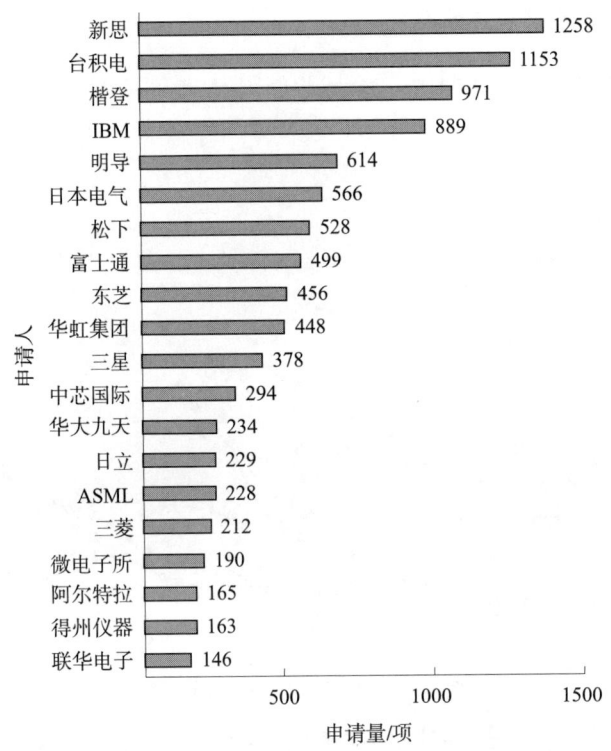

图 2-4-1 EDA 全球主要申请人专利申请情况

(1) 美国 EDA 三巨头

在排名靠前的申请人中，美国 EDA 软件的三巨头新思、楷登和现在西门子旗下的明导占据了主要位置。

新思成立于 1986 年，总部位于美国硅谷，拥有 14800 多名员工，分布在全球 132 个分支机构，年营业收入超过 30 亿美元。新思是全球 EDA 和半导体知识产权领域的龙头企业，在从芯片到软件的众多领域始终引领技术趋势，与全球科技公司紧密合作，共同开发业界所依赖的电子产品和软件应用。新思被认为是全球排名第一的 EDA 解决方案提供商、全球排名第一的芯片接口知识产权供应商，同时也是信息安全和软件质量的全球领导者。作为半导体、AI、汽车电子及软件安全等产业的核心技术驱动者，新思的技术一直影响着当前全球五大新兴科技创新应用：智能汽车、物联网、AI、云计算和信息安全。自 1995 年在中国成立新思科技以来，新思已在北京、上海、深圳、厦门、武汉、西安、南京、香港、澳门九大城市设立机构，员工人数超过 1300 人，建立了完善的技术研发和支持服务体系。

楷登由 SDA Systems 和 ECAD 两家公司于 1988 年兼并而成，是全球主要的 EDA、半导体技术解决方案和设计服务供应商。楷登总部位于美国加利福尼亚州圣何塞，在全球 23 个国家/地区设有销售办事处和设计及研发中心，员工超过 9300 人。楷登为半导体公司和系统公司提供广泛、集成的端到端解决方案，包括模拟和数字电路的设计创建、模拟、实施和签署。其知识产权设计包括机器学习增强的 EDA 工具和机器学习支持的 EDA 流,先进封装、安全嵌入式软件和 PCB 的系统设计,分析半导体、封装、电路板和系统的电磁和电热效应的产品,以及半导体器件的协同优化设计和用于边缘应用中推理处理器设计的智能知识产权等。1992 年楷登进入中国市场,迄今已拥有大量的集成电路及系统级设计客户群体;在过去的三十年里,楷登在中国不断发展,建立了北京、上海、深圳分公司以及多个研发中心,其中北京研发中心主要承担美国总部 EDA 软件研发任务,力争提供给用户适合的设计工具和全流程服务。楷登在中国拥有技术支持团队,提供系统软硬件仿真验证、数字前端和后端及低功耗设计、数模混合 RF 前端仿真与 DFM 以及后端物理验证、SiP 封装以及 PCB 设计等技术支持。

明导创立于 1981 年,总部位于美国俄勒冈州,全球员工总数约 4000 人,在全球设有近 70 个办事处,主要提供 EDA 先进系统电脑软件与模拟硬件系统。明导的策略是在 EDA 工具方面持续加强自主研发,将每年 30% 的销售收入作为科研经费投入;在 EDA 工具中,硬件仿真器的销售额以 24% 的速率保持超高速率成长。2016 年明导被西门子收购,并于 2021 年正式更名为 Siemens EDA。在西门子并购明导伊始,就承诺对 EDA 的发展进行不遗余力的支持,比如近年来收购电磁仿真软件供应商 Infolytica、前传网络测试供应商 Sarokal、特征提取软件商 Solido、故障和漏洞分析商 Austemper 以及电动系统及线束工程设计供应商 Comsa 等。目前 Siemens EDA 已成为全球头部的工业软件公司。在收购之后,Siemens EDA 的年复合增长率是竞争对手的 1.5~2 倍,并获得了历史上最大的订单额。具体到产品而言,Siemens EDA 的功能验证增长了 47%,硬件仿真器增长了 38%,高阶综合增长了 57%,物理验证后端部分增长了 28%,设计测试方法学及良率改进部分增长了 21%。目前 Siemens EDA 重点关注的三大领域包括 AI 及机器学习芯片设计、电子与机械联合实体验证以及汽车电子产业发展;其中,电子与机械联合验证平台以 Mentor Veloce 硬件仿真平台为基础,将传感器融合的数据进行仿真,通过结合 Simcenter Amesim 仿真软件,实现了电子与机械验证的互操作性,加速电子系统整体开发流程。西门子不久前针对汽车电子平台宣布推出 PAVE360 仿真工具,结合明导和 Tass International 等公司的产品,能够组装出在真实环境中模拟整个自动驾驶汽车行为所需的部件。明导提供了从设计到制造全流程的平台,设计包括了设计验证、物理验证以及 DFM 的完整方案;而在集成电路制造流程方面,包括良率增强、光刻技术优化流程等方面拥有全套产品;在集成电路测试上,包括可测性设计(design for testability,DFT)、良率分析等方面也有较为全面的产品线。同时,除了集成电路之外,在电子系统设计方面,包括电路板设计、热分析、自动化模拟等方面,明导也一直是领导者。

(2)美国的其他 EDA 公司

IBM 是全球最大的信息技术和业务解决方案公司。IBM 很早就参与到电路仿真的研究中。在电路仿真方面,IBM 的科研人员 FrankBranin 等是电路仿真的先驱,其确定了电路仿真的架构。在逻辑仿真与测试方面,IBM 在设计自动化会议之前就开始对其产品的逻辑设计进行调试。随着大规模集成电路的出现，人们开发出了门阵列和标准单元来替代原本的定制版图，这一时期 IBM 对这种设计方式的自动电路板图集成工具进行了广泛应用。1980 年，IBM 提出了模拟退火算法来解决门阵列版图的问题；IBM 研究出了一种 Boolean 优化方法并由此产生了二级逻辑优化器以及多级逻辑优化器；在硬件加速方面，IBM 提出了一种用于逻辑仿真的专用架构，其在性能上的巨大优势曾引起产业界的强烈反应。2005 年，IBM、英特尔（Intel）和新思联合宣布了一项 mobile – aware 技术，它把移动设计工具运用到 EDA 中，以此提高设计工程师的工作效率和设计灵活性。

阿尔特拉是设计、生产、销售高性能、高密度可编程逻辑器件及相应开发工具的一家公司。该公司拥有各类封装的 PLD 器件超过 500 种，能够满足用户不同的需要。在提供器件的同时，该公司还为其用户提供完善的开发系统和良好的售后支持服务。

得州仪器是一家涵盖设计、制造、测试和销售模拟和嵌入式半导体的科技公司，在模拟集成电路市场占有重要地位。

（3）日本申请人

在排名前 20 的申请人中日本占据 6 个席位，分别为日本电气、松下、富士通、东芝、日立、三菱，这 6 家公司是日本半导体产业鼎盛时期在全球知名的半导体企业。20 世纪 80 年代，日本凭借举国体制在半导体通用技术上取得突破，并在动态随机存取存储器（dynamic random access memory，DRAM）等产品上达到了世界领先的质量及成本优势，其彼时所生产的半导体产品甚至占据了全球市场份额的 45%。近年来，日本半导体产业在美国打压以及激烈的国际竞争中有所衰退，但时至今日，日本仍然在半导体芯片生产设备、生产原料等领域占据着举足轻重的地位，并拥有全流程、体系完善、专利覆盖全面的半导体业态。

（4）中国申请人

上海华力微电子有限公司（华虹五厂）与上海华力集成电路制造有限公司（华虹六厂）隶属于华虹集团，是行业内领先的集成电路芯片制造企业，拥有先进的工艺制程和完备的解决方案，专注于为设计公司、垂直整合制造（integrated design and manufacture，IDM）公司及其他系统公司提供 65/55nm 至 28/22nm 不同技术节点的一站式芯片制造技术服务。上海华力微电子有限公司引入先进生产设备，能够满足 193nm 浸没光刻技术、应变硅技术、高介电常数金属栅极技术、铜后道金属互连技术、大马士革一体化刻蚀技术等工艺技术的要求，同时还配备了业界先进的亮场缺陷检测和扫描电子显微镜等检测设备，可提供丰富多元的知识产权、设计服务、多项目晶圆服务、光罩服务和分析服务等专业技术支持。上海华力集成电路制造有限公司建立了拥有自主知识产权的 65/55nm、40nm 和 28/22nm 逻辑工艺技术平台，并在此基础上延伸开发了 RF、图像传感器、高压、超低功耗、嵌入式存储器等特色工艺技术。华虹集团还包括上海华虹宏力半导体制造有限公司（以下简称"华虹宏力"），其专注于嵌入式非易失性存储器、功率器件、模拟及电源管理和逻辑及射频等差异化工艺平台，其工艺技术覆盖 1μm 至 90nm 各节点。

华大九天成立于 2009 年，一直聚焦于 EDA 工具的开发、销售及相关服务业务，被认为是国内 EDA 的龙头企业。华大九天的主要产品包括模拟电路设计 EDA 工具系统、数字电路设计 EDA 工具、平板显示电路设计全流程 EDA 工具系统和晶圆制造 EDA 工具等 EDA 软件产品，并围绕相关领域提供包含晶圆制造工程服务在内的各类技术开发服务。华大九天在 2009 年发布第一代时序功耗优化工具；2010 年发布一站式版图集成与分析工具；2011 年发布第一代模拟电路设计全流程 EDA 工具系统；2014 年发布平板显示电路设计全流程 EDA 工具系统；2015 年发布新一代高性能并行电路仿真工具；2017 年发布高精度时序仿真分析工具、新一代大容量时序功耗优化工具和平板显示电路异形版图设计工具；2018 年推出晶圆制造工程服务业务并发布异构仿真系统；2019 年发布标准单元库特征化提取工具和平板显示电路可靠性分析工具；2020 年发布新一代模拟电路设计全流程 EDA 工具系统和工艺模型提取工具。华大九天凭借其多领域 EDA 工具的优势，通过十余年发展创新，不断获得市场突破，已占领我国 EDA 市场约 6% 的市场份额，居本土 EDA 企业首位。

中芯国际是中国领先的集成电路代工厂，成立于 2000 年。中芯国际提供基于不同前沿 EDA 解决方案的多个综合参考流程，这些参考流程使客户建立起自己的设计环境，通过从寄存器传输级 RTL 到集成电路版图设计的简单步骤，大大减少了生产时间；为帮助客户的集成电路和 SoC 设计，提供了集成的技术平台信息，主要包括工艺技术、工艺设计工具包（process design kit，PDK）和知识产权核（IPS）。

（5）中国台湾地区申请人

台积电是全球领先的专业集成电路制造服务企业，专注生产由客户所设计的芯片。台积电在北美、欧洲、日本、中国以及韩国等地均设有子公司或办事处，提供全球客户实时的业务与技术服务。通过与合作伙伴的密切合作，台积电提供了完备且通过工艺验证的组件数据库、硅知识产权，并构建了全球半导体业界先进的设计生态环境。

联华电子是半导体晶圆制造业的重要力量，其持续推出先进制程技术并拥有多项专利。联华电子与楷登合作改进了芯片制造技术，与西门子合作共同开发适用于联华电子 110nm 和 180nm Bipolar – CMOS – DMOS（BCD）技术平台的 PDK。

（6）其他主要申请人

韩国的三星和荷兰的 ASML 在 EDA 技术上的专利申请量进入全球排名前 20 位。三星是韩国最大的电子工业企业，其提供基础的 RTL – to – GDS 设计方法学文档和脚本（被称为"晶圆代工 DM"），帮助客户采用三星代工厂工艺设计出精密的产品。三星晶圆代工 DM 整合了三星代工厂数十年来积累的经验，可用于破解很多工艺节点难题，从而制造一流的移动和消费类产品——这套流程经过硅验证和 PPA 优化，可为业内制造具竞争优势的产品提供便捷的途径。同时，通过与 EDA 公司深度合作，三星代工厂也提供 EDA 参考流程，借助 EDA 参考流程开发，所有主要 EDA 工具均在三星代工厂工艺中得到认证，而 EDA 工具链/流程也根据三星代工厂标准进行了验证。

ASML 是全球主要的半导体制造商之一，向全球复杂集成电路生产企业提供领先的综合性关键设备，包括光刻机及相关服务。ASML 在欧洲、亚洲及美洲的 50 多个国家/地区拥有近万名员工。ASML 在北京、上海等国内多地开设了分公司，已经与浙江大学、大连理工大学、哈尔滨工业大学、上海交通大学等著名高校签订奖学金及科研合作协议。

2.4.2 在华主要申请人分析

图 2-4-2 展示了 EDA 技术中国申请量排名前 20 名的申请人。可以看出，EDA 技术中国申请量的前 20 名申请人中，以中国申请人为主，共有 14 家；美国申请人有 2 家（新思、IBM），日本、韩国、荷兰各 1 家（松下、三星、ASML）；申请量最高的是中国台湾地区的申请人台积电。在中国的 14 家申请人中，一半以上的是高校或科研院所申请人，另一半是企业申请人，可见中国高校和科研院所在 EDA 技术方面具有较广泛的研究。

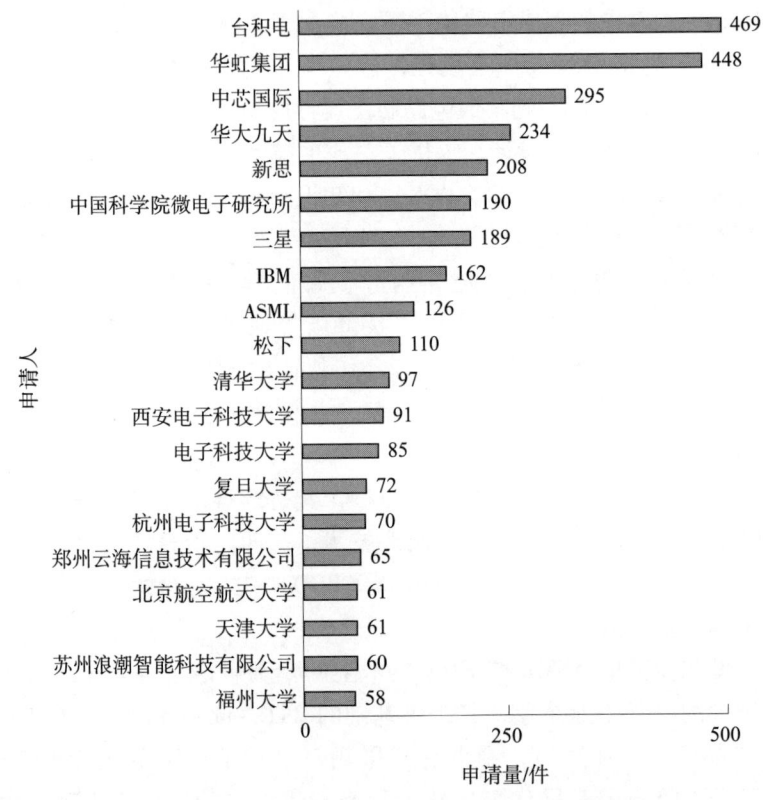

图 2-4-2 EDA 在华主要申请人专利申请情况

（1）华虹集团

详见前文。

（2）中国科学院微电子研究所

中国科学院微电子研究所（以下简称"微电子所"）成立于 1958 年，是我国微电子技术和集成电路产业领域的创新研发核心机构之一，是国内唯一具备从原理器件、集成工艺、系统封装到核心芯片开展全链条研发、成体系进行核心技术攻关的综合科研机构，学科方向涉及集成电路设计、制造、封装、设备、微纳加工、光学检测、物联网核心技术及应用等。微电子所目前设有 5 个半导体器件与集成电路制造研发单元（硅器件与集成研发中心、微电子器件与集成技术重点实验室、高频高压器件与集成研发中心、集成电路先导技术研究中心、系统封装与集成研发中心）、3 个集成电路装备研发单元（微电子仪器设备研发中心、光电技术研发中心、光刻技术总体部）、5 个集成电路设计与应用研发单元（智能感知研发中心、健康电子研发中心、通信与信息工程研发中心、智能制造电子研发中心、EDA 中心）。其中，EDA 中心面向集成电路产业核心瓶颈技术开展集成电路设计方法学、EDA 工具及应用技术研究，研发基于新器件、新材料、新工艺的芯片电路的先进设计方法学和 EDA 工具技术，并为先进集成电路产品提供应用推广技术。EDA 中心拥有可支持 28nm SoC 芯片和高性能模拟与混合电路设计的 EDA 工具平台、芯片设计高性能计算平台，拥有多品种小批次硅验证平台以及系统验证测试平台等。EDA 中心与行业形成了广泛和深入的联合协同研发机制，与中芯国际、华为海思、华大九天、华虹宏力、平头哥、紫光云、新思、明导、楷登等国内外知名企业开展了深入合作。

（3）清华大学

清华大学是国内知名高等学府。2021 年 4 月，清华大学成立了集成电路学院。在此之前，清华大学设有专门的 EDA 研究室。EDA 技术是清华大学计算机科学与技术系主要的研究方向之一，其 EDA 研究室可追溯到 20 世纪 70 年代初，主要研究高层次综合、验证和模拟、互连规划与优化、时钟网络优化、布图布局、布线和寄生参数提取等，研究涵盖了从前后端高级综合设计到后端物理设计的整个流程。清华大学多次与英特尔、新思、楷登等公司进行合作，将研究成果投入实际应用中。

（4）其他中国申请人

西安电子科技大学多年来都致力于 EDA 技术的研究工作。2019 年，西安电子科技大学与国微集团联合成立了 EDA 研究院。2020 年，西安电子科技大学微电子学院团队获得"2020 年集成电路 EDA 设计精英挑战赛"最高奖。西安电子科技大学于 2021 年 11 月揭牌成立了 EDA 研发中心。2022 年 3 月，来自西安电子科技大学－国微集团 EDA 研究院的 XDSecurity 团队获得 Contest@ ISPD 2022 全球第一名，这是中国大陆高校首次获得第一名。

2.4.3 全球竞争格局的演变

图 2-4-3 展示了 2000 年以来，EDA 技术全球专利申请量前 20 名的申请人的国家分布统计情况。可以看出，自 2000 年以来的时间段中，EDA 技术的主要竞争格局分布在美国、中国、日本和韩国，特别是美国和中国之间，而这一竞争格局也保持在了 2005 年以来的时间段中。2010 年之后，国内申请人数量开始上升，超过了美国申请人的数量，日本申请人数量出现下降。自 2015 年以来，国内申请人数量继续上升，而日

本无一申请人进入全球前20名。韩国则在各个时间段的统计中均有1家企业上榜（三星）。整体来看，美国申请人在全球各个时间段的统计中均保持着稳定的多数席位，凸显了美国申请人稳定的竞争力；国内申请人数量稳步提升，竞争力稳步提升；韩国申请人的竞争力比较单一，始终由1家企业支撑；日本申请人竞争力逐渐消退；目前全球已形成了主要由美国企业和中国企业竞争的格局。

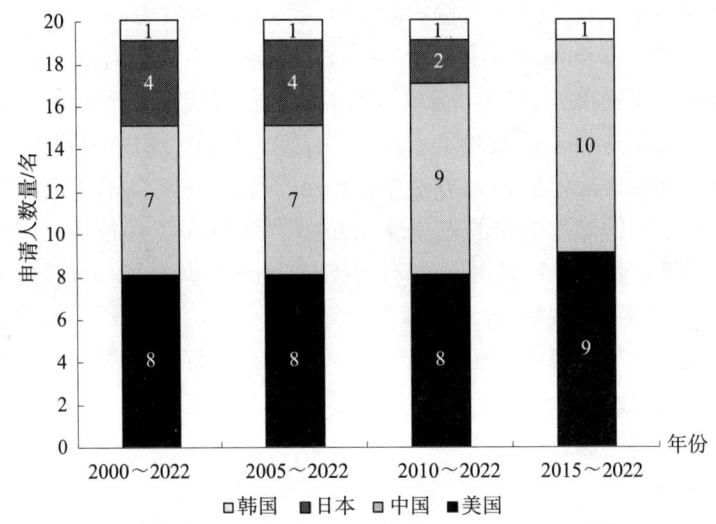

图2-4-3 EDA技术全球专利申请量前20名的申请人国家分布统计

表2-4-1具体展示了各统计时间段内各企业的竞争格局演变情况。

表2-4-1 EDA全球竞争格局演变

申请量排名	全部年份	2000~2022年	2005~2022年	2010~2022年	2015~2022年
1	新思	新思	新思	台积电	台积电
2	台积电	台积电	台积电	新思	新思
3	楷登	楷登	楷登	楷登	楷登
4	IBM	IBM	IBM	IBM	IBM
5	明导	明导	明导	明导	三星
6	日本电气	三星	三星	三星	明导
7	松下	松下	中芯国际	华大九天	华大九天
8	富士通	富士通	富士通	中芯国际	华虹集团
9	东芝	中芯国际	华大九天	华虹集团	中芯国际
10	华虹集团	日本电气	华虹集团	微电子所	Xilinx
11	三星	东芝	微电子所	阿尔特拉	微电子所

续表

申请量排名	全部年份	2000~2022年	2005~2022年	2010~2022年	2015~2022年
12	中芯国际	华大九天	东芝	Xilinx	西安电子科技大学
13	华大九天	华虹集团	日本电气	富士通	得州仪器
14	日立	微电子所	阿尔特拉	得州仪器	电子科技大学
15	ASML	Xilinx	Xilinx	格罗方德	英特尔
16	三菱	阿尔特拉	松下	西安电子科技大学	郑州云海信息技术有限公司
17	微电子所	得州仪器	得州仪器	电子科技大学	杭州电子科技大学
18	阿尔特拉	联华电子	格罗方德	东芝	格罗方德
19	得州仪器	格罗方德	联华电子	杭州电子科技大学	阿尔特拉
20	联华电子	清华大学	西安电子科技大学	联华电子	苏州浪潮智能科技有限公司

从表2-4-1可以看出，在2000年以来的各个时间段的统计中，排名前六位的企业始终是新思、楷登、明导、IBM、台积电、三星。其中，新思、楷登、明导、IBM这4家企业的稳定排名充分展现了美国在EDA技术上强劲的竞争力；三星作为韩国最大的电子工业企业，也充分展示了其在EDA技术上的深耕和积极的专利布局。而作为日本主要的半导体厂商，松下、富士通、日本电气、东芝等企业逐渐退出全球EDA技术的竞争。再看中国企业，以华大九天、中芯国际为领头羊的企业和高校、科研院所不断发展壮大，在近些年来广泛开展技术研究和专利布局，积极参与全球竞争，近几年已有上海华力微电子有限公司、上海华力集成电路制造有限公司、微电子所、西安电子科技大学、郑州云海信息技术有限公司、杭州电子科技大学这些企业和高校、科研院所进入到全球申请量前20的行列中，为中国的EDA技术在全球竞争中创造了良好的局面。同时值得一提的是，中国台湾地区企业台积电在2000年以来专利布局积极，其申请量保持在前部位置，并在2010年以来成为EDA技术申请专利最多的企业。

虽然中国企业和高校、科研院所的EDA专利申请量已崭露头角，但同时应注意到，目前的专利申请和布局还未对头部的EDA巨头产生压力，专利申请和布局量仍未进入全球头部梯队中，对于国内企业和高校、科研院所来说，这还有一段很长的路要走。

2.5 EDA重要技术迁移分析

2.5.1 全球重要技术原创地迁移

本报告对被引用次数在10次以上的重点专利技术进行了筛选，对全球重要技术的技术原创国进行进一步分析。通过筛选发现，全球重要的EDA技术集中分布在美国、中国、日本、韩国。图2-5-1展示了重要技术原创地的迁移情况。

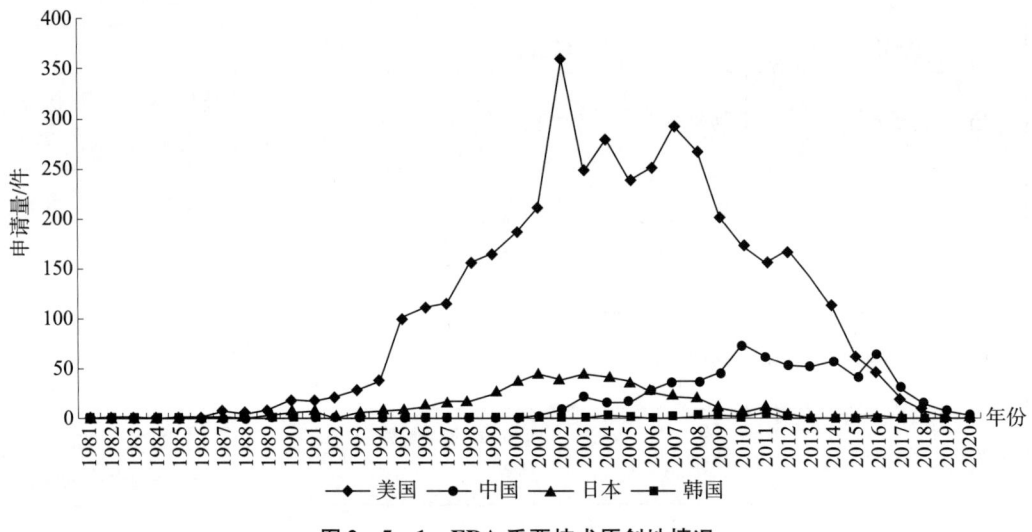

图2-5-1 EDA重要技术原创地情况

通过图2-5-1可以看出，美国长期处于领跑者的地位，经过长时间的积累，在EDA技术领域中掌握着大量的重要专利技术。

日本在20世纪80年代开始也积累了一些重要技术，一直到2005年之前，都在持续做着重要技术的积累和输出；但自2006年之后，其重要技术的输出开始减弱，并在近年来逐步消失。

中国在2001年开始出现一些重要技术的输出，之后逐年增加；近年来与美国同步，目前是与美国并存的两个重要技术输出国。但同时可以看到，重要技术的数量在全球范围内已开始下滑。

图2-5-2至图2-5-4分别展示了设计类EDA、制造类EDA、封装类EDA三个分支的重要技术原创地的迁移情况。从上述三个分支的单独统计来看，美国经过长时间的积累，在三个技术分支下均掌握着全球大多数的重要专利技术。

在设计类EDA方面，由于EDA技术大多数的专利申请均涉及设计类EDA技术，因此设计类EDA方面的重要技术原创地迁移情况同整体的EDA技术情况类似。美国长期处于领跑者的地位；中国近年来已逐步发展成为与美国并存的两个重要技术输出国；日本则在重要技术的输出方面开始减弱。

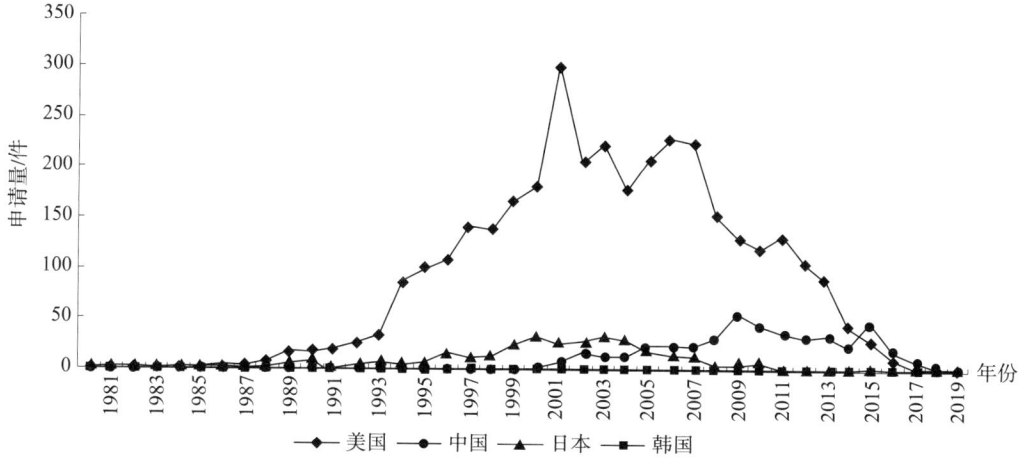

图2-5-2 设计类EDA重要技术原创地迁移

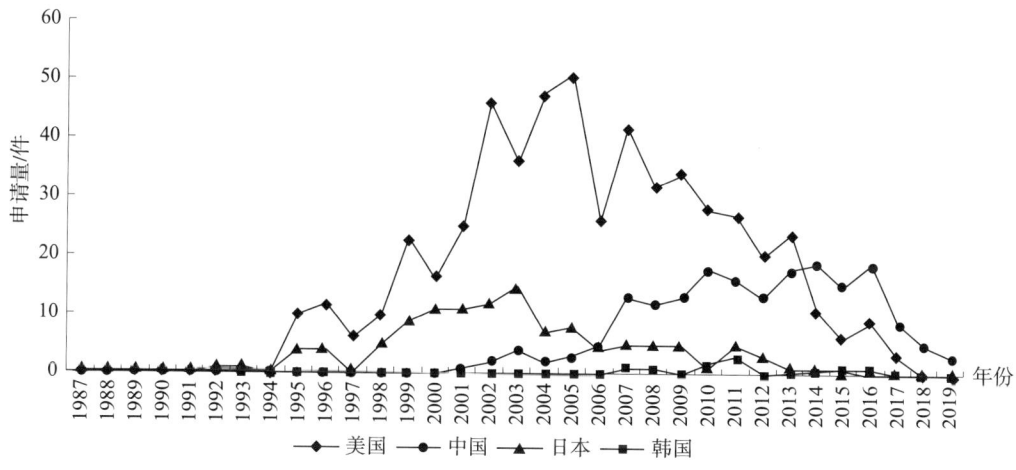

图2-5-3 制造类EDA重要技术原创地迁移

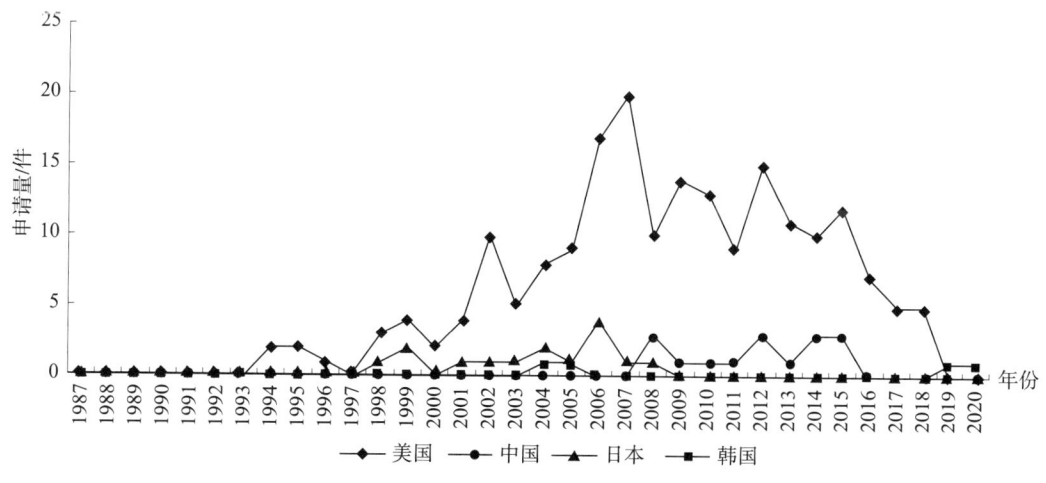

图2-5-4 封装类EDA重要技术原创地迁移

在制造类 EDA 方面，中国 2007 年之后重要技术开始有较明显的输出，并在 2014 年首次超过美国，并且在近些年中也有不间断的重要技术输出。可以看出，中国在制造类 EDA 的研究方面已经掌握了一些重要技术。

在封装类 EDA 方面，美国始终保持着一家独大的状态；中国从 2008 年开始也有少量的相关重要技术输出；而日本在 2009 年之前每年都有相关的重要技术输出，但从 2009 年开始，日本再无输出过相关的重要技术。

2.5.2 全球重要技术主要申请人迁移

图 2-5-5（见文前彩色插图第 1 页）示出了 EDA 全球专利申请量排名前 20 的主要申请人的重要技术时间分布情况。

从申请人近些年的重要技术申请量变化可以看出，EDA 重要技术主要掌握在新思、IBM、楷登、LSI Logic、明导、Numerical Techmologies（已被新思收购）等头部企业中，且这些公司均是美国公司，重要技术的集中度较高。并且从统计表中也能看出，这些企业对重要技术的研发能力呈现出了持续性。

日本的松下、日本电气、东芝、富士通、日立等公司在 20 世纪 90 年代均有部分重要技术的输出，但进入 21 世纪以来，重要技术输出逐渐减少，近年来已看不到从日本输出的 EDA 重要技术。

对于国内企业而言，中国台湾地区的台积电在 2013～2014 年储备了数量较为可观的重要技术，但其并未在后续的年份中保持住这一势头，近年来主要技术输出较少。中芯国际在 2005 年开始了重要技术的储备，但在近年来没有了重要技术输出。微电子所和清华大学是国内掌握有 EDA 重要技术的代表性高校、科研院所。微电子所从 2004 年开始就不断积累重要技术，并在每年的研究中持续具备重要技术的输出，具备一定的持续研究能力，但从重要技术的数量上看，与头部的 EDA 企业还具有比较大的差距。

2.6 全球专利质量分析

2.6.1 全球 PCT 申请情况

2.6.1.1 全球 PCT 申请趋势

通过统计发现，EDA 技术全球的 PCT 申请（或优先权）主要从美国、中国、日本、韩国、欧洲等国家/地区提出。图 2-6-1 示出了 EDA 技术全球 PCT 申请的分布情况。

可以看出，PCT 申请大多数来源于美国，从美国提出的 PCT 申请的数量达到了全球总量的 65%，且美国始终保持着这一领先优势，这得益于 EDA 相关的头部企业多数属于美国企业，且这些企业均具有强烈的海外布局的愿望。美国企业很早就注意到了海外布局，从 1986 年开始就进行 PCT 申请，且分别在 2001 年、2009 年出现了两次 PCT 申请的高峰。自 2010 年以后，美国在 EDA 技术方面的 PCT 申请有所回落，年均在 70 件左右，尽管如此，其仍然是各年度中 PCT 申请最多的国家。

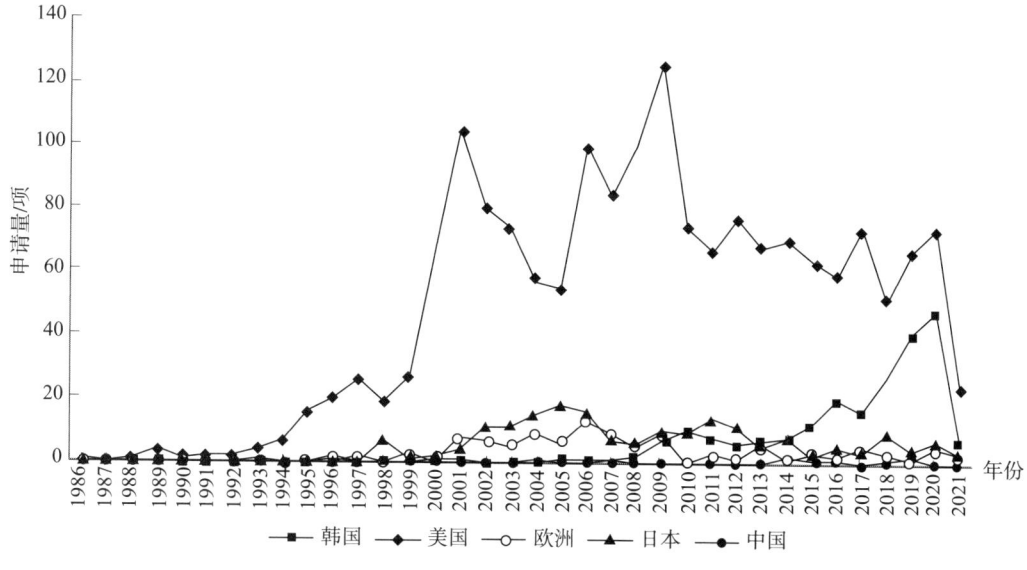

图 2-6-1 EDA 技术全球主要国家/地区 PCT 申请趋势

日本、欧洲在 20 世纪 90 年代中期开始提交 PCT 申请，除在 2001~2012 年有一些申请之外，其他年份的申请量较少。而来自韩国的 PCT 申请整体较少，这也与其国内 EDA 相关的企业和研究机构较少、申请量较少有关。

中国直到 2005 年才出现有 EDA 相关的 PCT 申请。从 2015 年开始，来自中国的 PCT 申请数量有了明显上升且增速明显。随着近年来中国国内半导体产业的不断发展，相关企业竞争力以及参与国际竞争意愿提升，EDA 相关的 PCT 申请预期也会继续增加。

2.6.1.2 全球 PCT 申请进入国家或地区的情况

图 2-6-2 展示了 EDA 技术全球 PCT 申请的同族数量统计情况，反映了各 PCT 申请所进入的国家/地区数量。

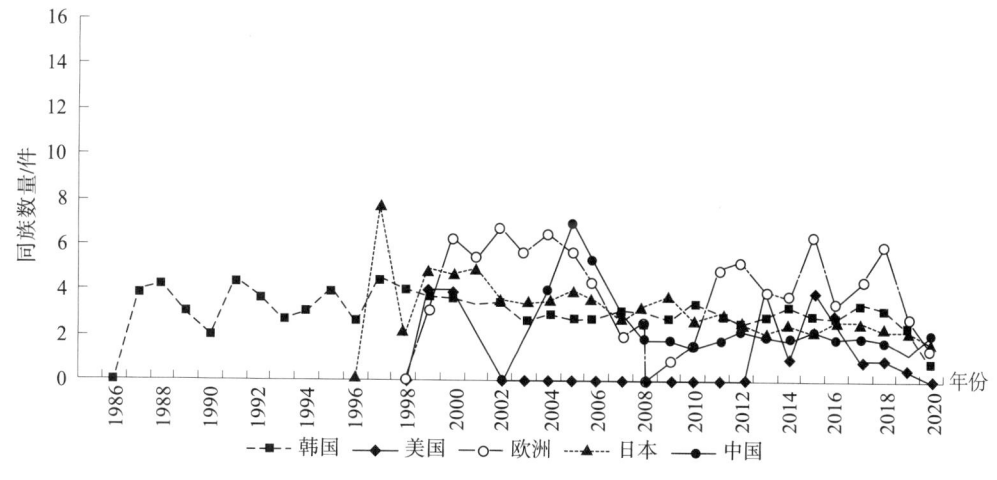

图 2-6-2 EDA 技术全球主要国家/地区 PCT 申请的同族数量

图 2-6-2 所展示的 PCT 申请的同族数量是各个年度中所有同族数量的平均值。可以看出，大多数的 PCT 申请仅选择进入 2~6 个目标国家/地区进行布局。可以预期，所选择的目标国家/地区多数为半导体产业与 EDA 技术相对较强的国家/地区，也就是说，主要国家/地区企业在提出 PCT 申请时有着类似的申请策略，即仅在一些竞争力较强、市场活跃度较高的区域进行布局，如此可在实现专利布局的同时实现对申请成本的控制。

具体来看，来自欧洲的 PCT 申请整体上是所有国家/地区中具有同族数量最多的申请，可见欧洲企业相比于其他国家/地区的企业更愿意进行更广泛的布局；而来自美国、日本的 PCT 申请总体上进入的国家/地区数比较稳定，为 3~4 个，可见美国、日本的全球布局策略相对比较明确和固定。来自中国的 PCT 申请是所有国家/地区中同族数量最少的申请，可见中国的企业到国外布局的意愿较低，或者还未找到行之有效的海外布局策略。

2.6.1.3　全球 PCT 申请的专利度分析

专利度是描述专利申请质量的一个特征维度，专利度数值越高则代表专利质量越高。本节利用专利度对 EDA 技术全球 PCT 申请进行质量分析。

图 2-6-3 展示了 EDA 技术全球 PCT 申请的专利度分析情况。从图中可以看出，在所有国家/地区中，来自美国的 PCT 申请专利申请质量最高，这得益于美国拥有的 EDA 巨头企业和所掌握的重要技术。而韩国虽然 PCT 申请量较低，其 PCT 申请的质量却很突出，充分展现出了少而精的全球布局策略。来自中国的 PCT 申请在近年来已有了数量上的提升，但目前专利质量相对较低，这一方面体现出了中国企业所掌握的重要技术较少，另一方面也体现出中国企业 PCT 国际申请策略的欠缺。

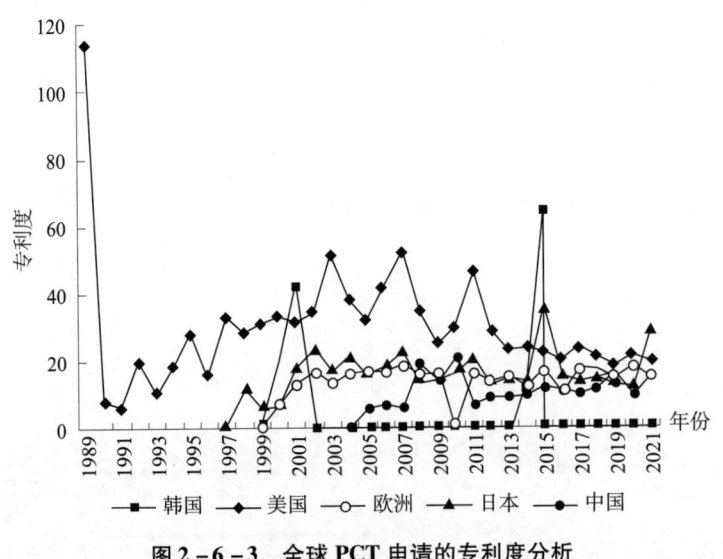

图 2-6-3　全球 PCT 申请的专利度分析

2.6.1.4　全球 PCT 申请的保护范围分析

本节从专利申请保护范围的角度对 EDA 技术全球 PCT 申请进行质量分析，保护范围所对应的分值越高则专利申请的保护范围越大。

图 2-6-4 展示了 EDA 技术全球 PCT 申请的保护范围分析情况。可以看出，1986~2011 年，来自美国的 PCT 申请的保护范围整体上呈上升趋势，彼时美国企业的竞争对手相对较少，同时其又是全球 EDA 先进技术的集中地，因而能够相对容易地划定较好的保护范围，这体现出了美国专利申请较高的专利申请质量和优秀的申请策略。但 2011 年之后，美国的 PCT 申请不再能轻易地获取到较好的保护范围。类似地，日本、韩国、欧洲、中国的 PCT 申请保护范围也在 2011 年前后呈缩小态势，可见随着 EDA 技术的发展和全球竞争的加剧，各国家/地区的 PCT 申请在划定保护范围时都开始变得谨慎，这也反映出各国家/地区 EDA 专利申请的竞争进入了一个新的阶段。

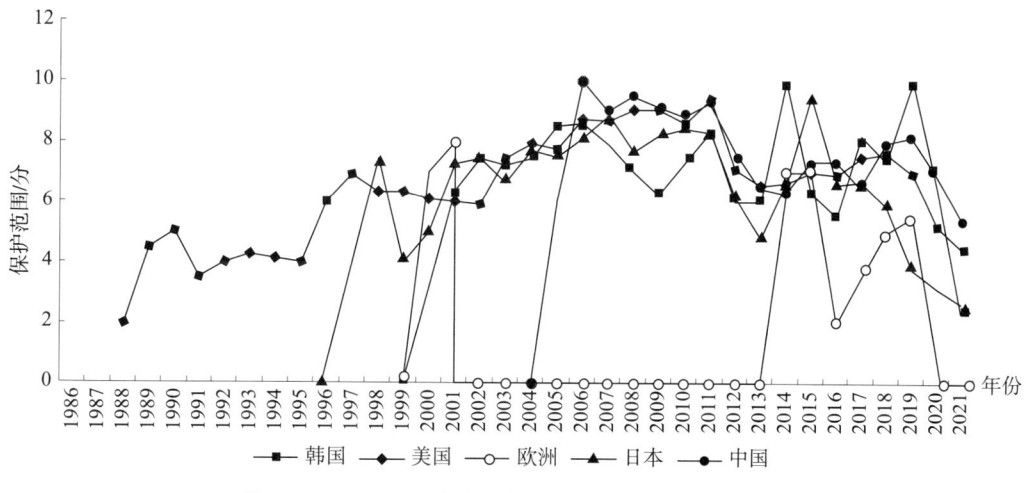

图 2-6-4　EDA 技术全球 PCT 申请的保护范围分析

2.7　小　　结

EDA 技术的相关专利申请自 20 世纪 70 年代以来，从全球范围看总体是稳步发展的。随着集成电路规模的不断扩大、半导体技术和工艺的不断发展，EDA 技术也会不断地实现技术迭代，相关的专利申请量也会保持稳定的增长。中国在 EDA 技术方面的专利申请虽然起步较晚，但发展势头强劲，专利布局热情持续攀升。

EDA 技术相关的专利布局目标市场以美国、中国、日本、韩国、欧洲为主，目标市场集中。EDA 技术主要来源于美国、日本、中国三个国家，原创技术输出分为三个阶段：2000 年以前，原创技术输出以日本、美国为主，且日本输出多于美国；2000~2018 年，技术输出以美国为主，日本逐步萎缩，中国开始显现；2018 年以后，中国超过美国成为主要的原创技术输出国，美国的技术输出出现回落，日本走向没落。中国在 EDA 领域的研究虽然起步较晚，但发展迅速，新技术不断涌现，已成为目前 EDA 研究热度最高的国家。

EDA 技术相关专利的全球主要申请人分布在美国、日本、中国、韩国和荷兰，其中美国企业的申请人占据头部位置。

自 2000 年以来，EDA 技术的主要竞争出现在美国、中国、日本和韩国之间，特别是美国和中国之间。美国申请人在各个时间段的统计中均保持着稳定的多数席位和头部位置，具有稳定的竞争力。国内申请人数量稳步提升，整体竞争力有所提升，但缺乏技术集中度。韩国申请人的竞争力比较单一，始终由三星一家企业支撑。日本申请人竞争力逐渐消退。目前全球已形成了主要由美国企业和中国企业竞争的格局，但中国企业仍处于一个后方追赶的阶段。

EDA 重要技术主要掌握在新思、IBM、楷登、LSI Logic、明导、Numerical Techmologies 等头部企业中，且这些公司均是美国公司，重要技术的企业集中度较高，并且这些美国巨头企业还表现出了重要技术的持续输出能力，展现了其强大的技术研发能力。国内企业虽然在申请量、申请人数量方面有明显提升，但重要技术输出少，短期内无法超越巨头公司。

美国巨头企业 EDA 技术的专利海外布局意识明显；中国企业海外布局起步较晚，但上升态势明显。来自美国的 PCT 申请的专利申请质量最高；韩国 PCT 申请量虽然较低，但质量突出；来自中国的 PCT 申请在近年来有了数量上的提升，但专利质量相对较低，中国企业在研发能力方面还有很长的路要走。

第3章 EDA 设计类技术专利状况分析

本章主要研究了 EDA 设计类技术的专利状况,并将其分为数字集成电路、模拟集成电路、PCB 三个分支进行重点研究。

3.1 总体状况分析

3.1.1 全球/中国申请和授权态势分析

图 3-1-1 是 EDA 设计类技术全球和中国的专利申请态势。从全球申请态势来看,1973~1992 年,全球的申请量处于低位,从 1993 年开始申请量迅速增加,一直持续到 2002 年,之后有所回落;2003~2013 年,呈现震荡攀升趋势,直到 2014 年,之后呈现爆发式增长,这可能是由于伴随着新的半导体制程的发展,创新主体对于 EDA 设计类技术进行专利布局热情高涨;2020 年之后的回落,与部分专利申请尚未公开有关。

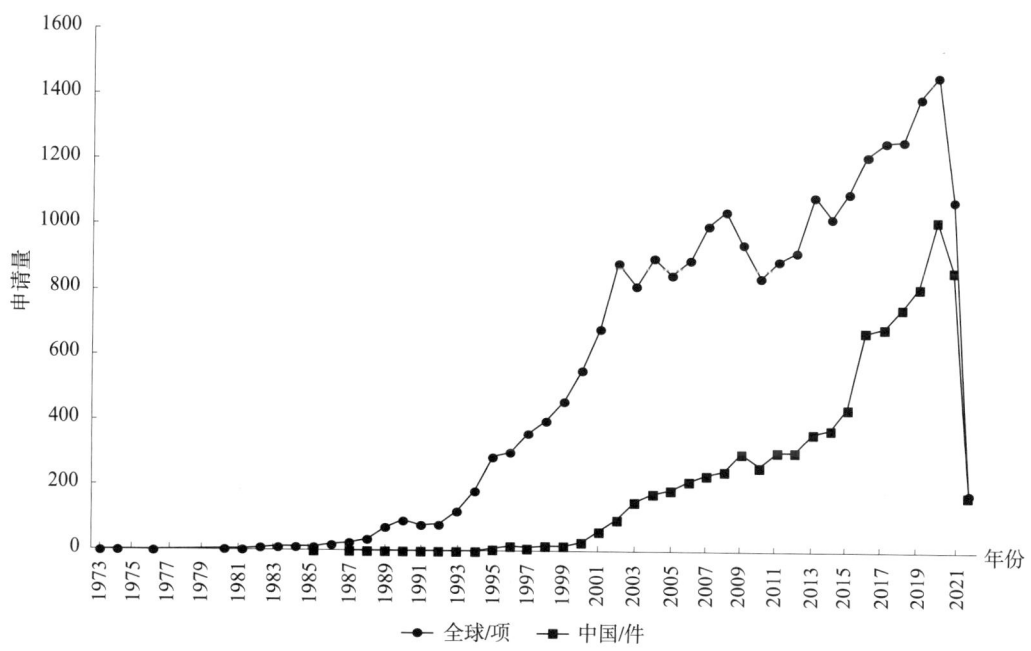

图 3-1-1 EDA 设计类技术全球/中国申请态势

图3-1-2是EDA设计类技术的主要国家/地区专利授权态势。可以看出，总体上，EDA设计类技术中国专利申请授权总量低于美国专利申请授权总量。日本在20世纪80年代末90年代初这一时期内授权量甚至高于美国，但后期可能是受到美国限制的原因，授权量骤然下降，但基本上高于韩国和欧洲。欧洲、韩国总体上一直处于缓慢发展状态。从授权量变化可以看出，中国在该领域起步较早，但直到2001年左右才呈现出强劲增长势头。

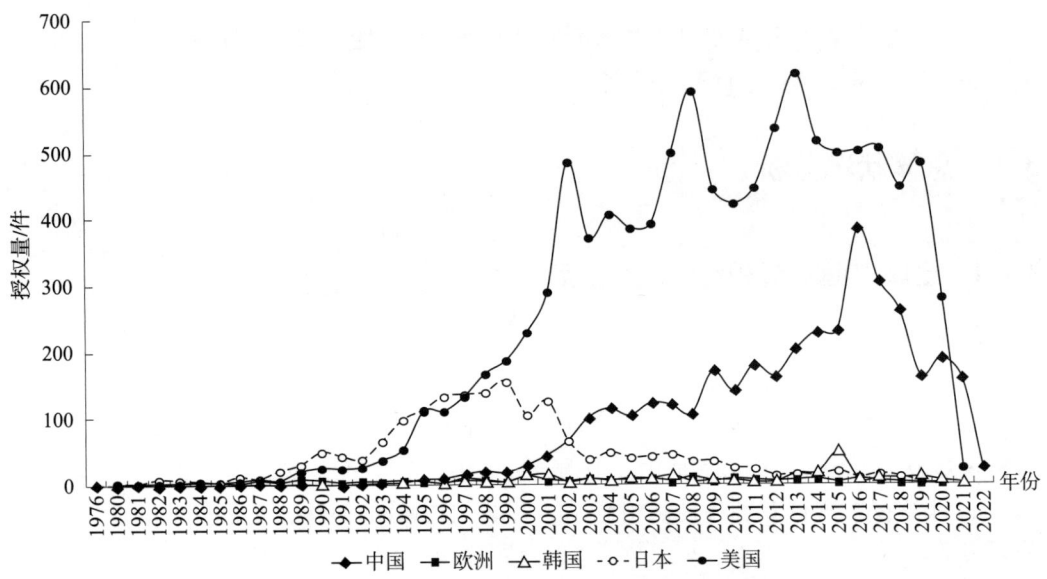

图3-1-2　EDA设计类技术主要国家/地区授权态势

3.1.2　主要国家/地区申请量和授权量分析

图3-1-3是EDA设计类技术主要国家/地区申请量和授权量的情况。

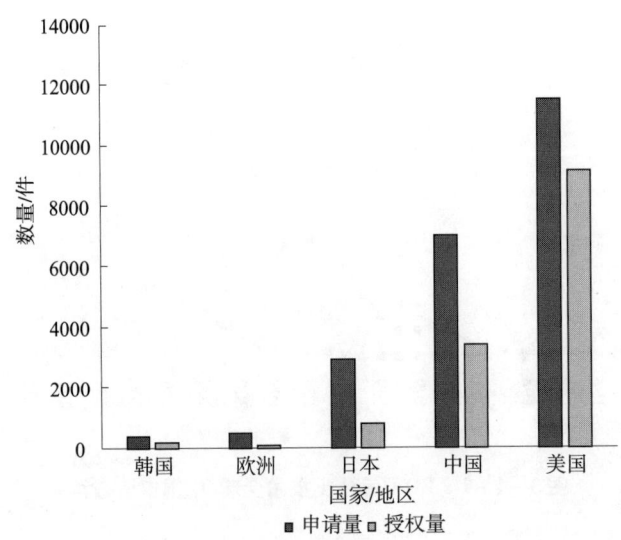

图3-1-3　EDA设计类技术主要国家/地区申请量和授权量

对比主要国家/地区申请量和授权量，并进一步计算授权率可知，美国和韩国的授权率最高，中国的授权率紧随其后，接下来是日本和欧洲。可见，中国无论在申请量还是授权率与美国仍有一定差距，专利整体质量有待进一步提高。反观美国，专利申请授权率相对较高，说明其专利申请整体技术含量高，核心技术占比较大。从申请量以及授权量可以看出，中国、美国基本上是该领域技术发展驱动力的核心，欧洲、韩国已经处于落后地位。

3.1.3 全球/在华主要申请人分析

图3-1-4是设计类EDA排名前20位的全球申请人的申请量情况。在EDA设计技术领域，全球专利申请量排名前20位的申请人主要来自美国、中国、日本、韩国。美国有8家公司进入了前20位，包括新思、楷登、IBM、明导、Xilinx、阿尔特拉、英特尔、得州仪器。其中，新思排在第一，并且申请数量远高于其他申请人。新思、楷登作为该领域的技术领先者，拥有众多的核心技术。这充分反映出美国在EDA设计技术方面的领先地位，并且完全以企业为主导。华虹集团、华大九天、浪潮集团是中国的重要企业创新主体，微电子所是EDA设计技术创新重要的中国科研院所。

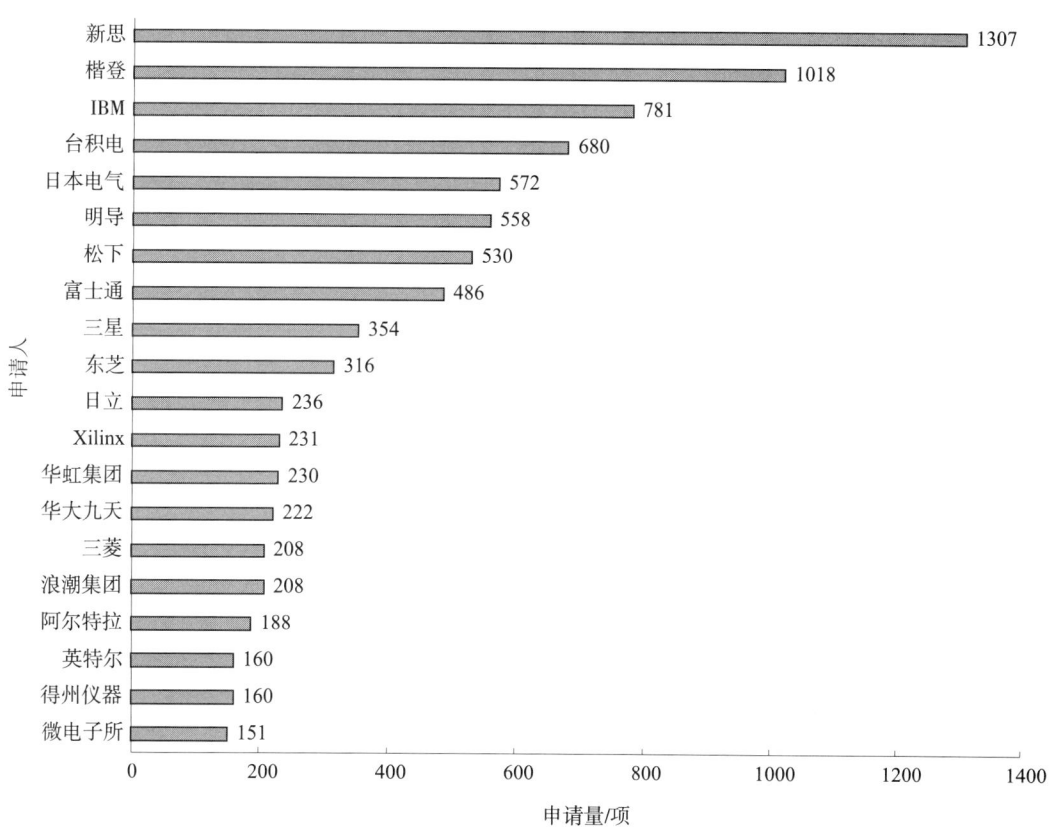

图3-1-4 设计类EDA全球申请人申请量排名前20位

中国企业在综合实力上和外国知名企业相比，研发能力和生产能力还略逊一筹，应当考虑与理论研究成果较为出众的科研院所联合，利用自身的资金和资源实现技术落地的同时，积极引进人才或培养技术人员，最终提高企业的技术竞争力和生产实力。

图3-1-5是设计类EDA的在华申请人排名。可以看出，我国的华虹集团、华大九天、浪潮集团、微电子所等企业和科研院所正在以非常快的速度进行追赶。中国的高校和科研院所正在积极发挥其优势，进行科技攻关，这促进了我国EDA设计技术方面的研究。

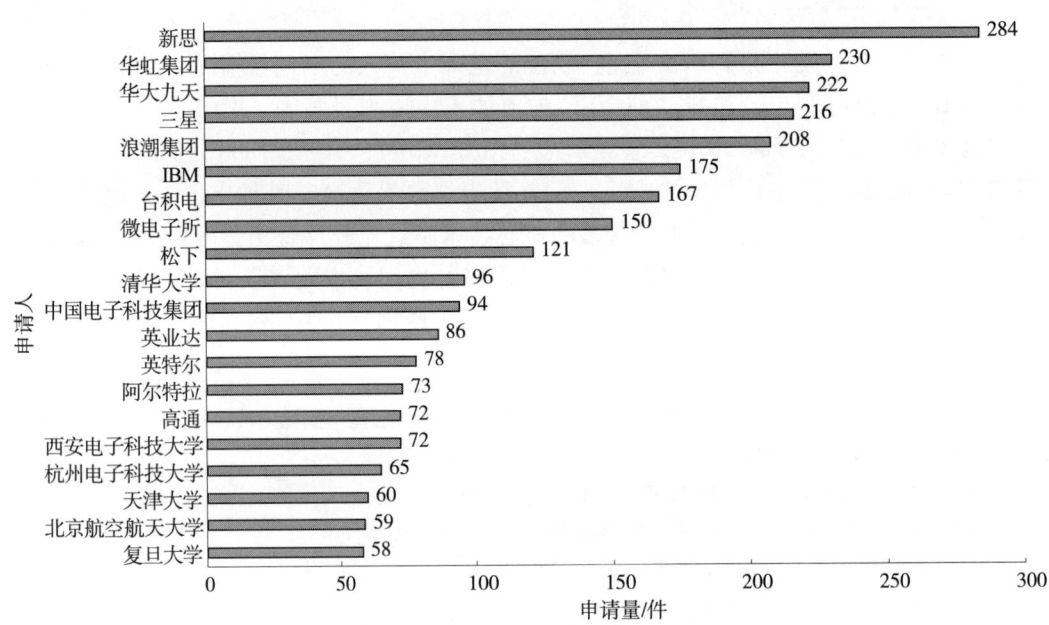

图3-1-5 设计类EDA在华申请人排名

3.1.4 全球布局地分析

图3-1-6是设计类EDA全球目标市场占比情况。从目标市场可以看出，美国仍是设计EDA类技术最重要的国际市场之一，吸引着全球创新主体的注意力。中国排名第二位。美国和中国是市场大国，各企业都非常重视在美国和中国的专利申请，之后为日本、欧洲和韩国。目标市场分布与技术原创国家/地区占比排名情况类似，均集中在上述几个国家/地区，说明设计类EDA技术在全球市场地域相对集中。此外，还有7%的专利申请选择了PCT申请，这说明一定数量的专利是以进入多个市场为目标的。上面的数据表明，美国和中国是专利申请选择的

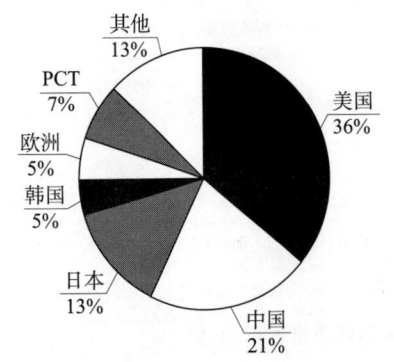

图3-1-6 设计类EDA全球目标市场占比

主要目标国,这与两国存在庞大的市场是相关的,市场的大小一定程度上影响了专利申请数量的多少。欧洲的原创专利数量少于韩国和日本,但是作为目标市场,欧洲所占的比例要超过韩国。

图3-1-7为设计类EDA原创国家/地区占比情况。从技术原创国家/地区可以看出,美国原创技术占比达到52%,是全球第一大EDA创新地。基于中国近年来对于半导体集成电路和EDA技术领域的政策引导和产业规划,大量中国申请人投入该领域研究,特别是众多高校、科研院所在国家基金的支持下,在该领域开展了广泛的研究,中国原创技术占比达到24%。日本作为全球另一个重要的创新驱动力,占比17%,拥有如日本电气、日立、东芝等全球重要的申请人,代表性企业力量突

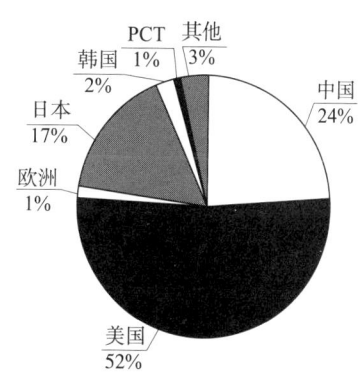

图3-1-7 设计类EDA原创国家/地区占比

出。欧洲、韩国等国家/地区发展明显落后于美国、中国和日本。

3.1.5 全球/中国主要技术分支分析

本小节主要研究了设计类EDA技术在全球和中国的主要技术分支情况。图3-1-8是设计类EDA主要技术分支的全球/中国申请情况。

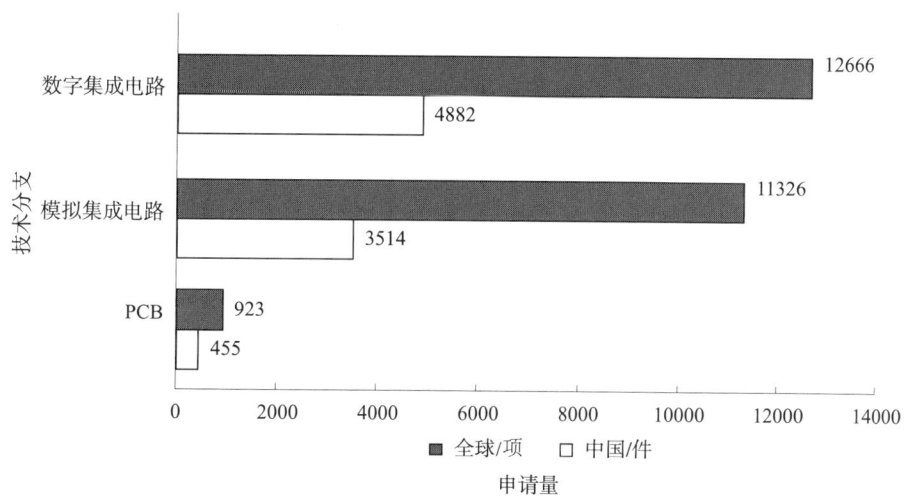

图3-1-8 设计类EDA全球/中国主要技术分支申请情况

可以看出,在主要分支中,中国的申请量几乎可以占到全球的申请量的1/3或者一半左右,这一方面可能是因为中国近年来对于半导体集成电路和EDA的政策引导和产业规划使大量中国申请人投入该领域研究,另一方面可能是因为中国作为快速崛起的新兴经济体,潜藏着巨大的商业机会,因此吸引了中、外各创新主体的目光,使其

更愿意在中国进行专利布局。

3.1.6 全球/在华主要申请人布局重点分析

表3-1-1是设计类EDA全球主要申请人的申请量年度分布情况。从全球主要申请人申请量年度分布来看，富士通、日立、三菱等日本公司的相关专利申请从技术发展早期已经开始布局，早于全球其他申请人，表明其具备敏锐的观察力和技术积累，能够更早确定未来的技术市场。新思、楷登等美国巨头从1990年左右开始发力，并持续加强布局，保持了较高的增长。以华虹集团、华大九天为代表的中国申请人，起步虽然稍晚，但引领着中国在该领域的专利布局。

表3-1-2是设计类EDA在华主要申请人的申请量年度分布情况。从在中国布局的主要申请人的申请量年度分布来看，作为全球巨头的新思具有领先的优势。清华大学和微电子所作为国内重点科研单位，起步较早。华虹集团、华大九天、浪潮集团基于产业融合的优势，引领国内该领域的发展并持续发力。而国内一些高校，像西安电子科技大学、杭州电子科技大学、天津大学、北京航空航天大学、复旦大学、福州大学，是中国的主要申请人，但起步略晚，普遍从2000年左右才开始EDA设计的相关研究，并持续跟进技术发展。

表3-1-3是设计类EDA全球主要申请人在主要国家/地区/组织的布局情况。从全球主要申请人申请量布局地分布可以看出，申请人在本国的申请量是最大的，由于基本所有申请人都会采取这样布局策略，因此其申请量排名第二、第三位的国家/地区更能说明每位申请人所侧重的国家和地区。另外，如新思、楷登等这些国外申请人均在全球范围内广泛布局，并积极通过PCT途径进行专利布局；而中国申请人则多以本国为布局重点，较少进行海外布局。此外，从目标国来看，美国最受重视，然后是中国、日本、韩国。此外，还可以看出，美国申请人更注重PCT申请，具有更强的专利布局意识，采用以进入多个市场为目标的专利布局策略。

表3-1-4是设计类EDA在华主要申请人在主要国家/地区/组织的布局情况。从在中国的主要申请人申请量布局地分布来看，中国申请人大部分以国内为主进行布局，较少进行海外布局。此外，中国申请人普遍PCT申请数量较少，仅有浪潮集团、清华大学、华虹集团有一定全球布局意识，可见，我国申请人海外专利数量少且布局区域不平衡，缺乏全球性布局意识。我国申请人海外布局成本高成为抑制我国申请人国际专利申请动机的重要原因。建议国家对一些重点企业的关键技术和高价值专利申请提供经济上的支持，对企业在海外布局、提交PCT申请、进入外国国家阶段的过程提供资金资助及奖励支持。

图3-1-9为设计类EDA全球主要申请人的技术分布。从全球主要申请人技术分布来看，对于数字集成电路技术分支，新思和楷登的申请量较高。对于模拟集成电路技术分支，新思和日本电气、松下研究较多。各申请人在不同研究分支的侧重点有所不同。对于PCB技术分支，除日本的几家公司外，其他各主要申请人的申请量都很少，可见，该分支可能并非全球申请人的主要布局方向。

第3章 EDA设计类技术专利状况分析

表3-1-1 设计类EDA全球主要申请人申请量年度分布

单位：项

申请人	1990年之前	1990	1991	1992	1993	1994	1995	1996	1997	1998	1999	2000	2001	2002	2003	2004	2005	2006	2007	2008	2009	2010	2011	2012	2013	2014	2015	2016	2017	2018	2019	2020	2021	2022
新思			1	1	2	1	36	13	28	24	39	13	7	6	1	1		1	2	24	88	38	20	35	152	146	116	76	119	64	87	82	84	
楷登		17		5	3	9	18	18	11	10	14	31	56	31	31	7	10	9	13	5	13	7	12	42	68	86	88	114	109	93	58	42	4	
IBM	1	2				1	1	1	4	17	26	25	28	37	21	7	15	26	26	13	6	13	7	30	97	55	51	71	60	47	69	20	3	
台积电		2											3		1	10						3	1	10	66	58	40	50	49	60	133	126	75	
日本电气	20		12	15	20	14	21	35	45	31	54	48	30	21	16	18	18	18	22	32	13	11	7	5	4	5	2	4	4	9	1			
明导	5	2			1	3	5	8	9	16	2	38	21	23	15	16	12	10	24	11	12	7	1	7	53	48	44	34	39	38	38	16		
松下	10	2	1	3	9	9	16	21	19	26	35	29	39	45	68	75	53	36	21	5	2	1	1	3	19	11	1	6	8	11	5	2	3	
富士通	18	2	6	6	5	19	15	13	21	11	4	5	22	29	17	23	25	33	43	26	20	14	21	11	17	17	12	24	39	50	57	61	15	
三星								6	3	2	2	2	5		4	3	2	3	6	1	1		2	2	13		34	1	2	9	10	6	1	
东芝	15	11	8	2	8	11	9	12	15	25	23	11	14	20	12	12	16	14	17	12	9	6	5	1	1	1		3	2	2	3	4	2	
日立	20	10	8	3	2	13	13	20	14	19	15	21	17	14	6	4	2	2	2	4	4	3	2	2	2	1	2	3	2	2			2	
Xilinx	3	1				2	5	1	10	3	4	8	3			4	1	10					14	7	15	14	21	18	18	34	28	15	2	
华虹集团	8	6	8	6	9	15	15	14	13	15	17	18	22	7	4	4		3	1	6	7	10	11	12	8	8	9	19	24	25	21	28	24	2
华大九天																						8	5	14	19	10	17	14	23	17	13	26	36	8
浪潮集团	1	4	1	1			1	4	3	6	6	5	5	5		4	3	5		3	3	1				18	24	17	34	21	22	37	13	4
三菱						1		2	2	1	11	6	4	3	1	3	4	3	1		2	1	5	9	2	18	2	1	1	2	5	2	1	
阿尔特拉																2	3	5			2	4			45	36	19	34	8	4	3	2	1	
得州仪器																								3	12	18	12	26	14	9	11	8		
英特尔						1				1		6	4	3	1		4	3	1	3	2	1	2	7	3	3	10	18	22	17	15	21	4	
微电子所								2								3	3	3			6		23	10	7	7	12	11	7	8	10	11	7	4

表 3-1-2　设计类 EDA 在华主要申请人申请量年度分布

单位：件

申请人	1994	1995	1996	1997	1998	1999	2000	2001	2002	2003	2004	2005	2006	2007	2008	2009	2010	2011	2012	2013	2014	2015	2016	2017	2018	2019	2020	2021	2022
新思													1	2	24	84	21	11	8	13	11	17	9	23	4	10	22	24	
华虹集团										2	1	1	10	4	1	7	10	14	12	8	8	9	19	24	25	21	28	24	2
华大九天															6		8	11	14	19	10	17	14	23	17	13	26	36	8
三星			5		1					1	1	1	1	3	1	1	1	1	1	7	10	10	13	29	40	38	39	13	
浪潮集团																					18	24	17	34	21	22	37	13	4
IBM						1		4	9	4	6	14	20	21	8	3	12	5	18	24	15	4	4	2	1				
台积电												3	3	1	3	1	2	7	2	11	8	11	22	12	13	44	34	7	
微电子所									5	19	29	16	12	12	5	6	15	22	10	7	7	12	11	7	8	10	11	7	4
松下	1	3	4		3	2			4	8	9	5	2									1							
清华大学				1				1						1	1	2	4	6	6	3	4	2	4	9	5	6	5	4	
中国电子科技集团											2							1	2	3	6	7	6	13	8	5	15	20	3
英业达							1		1	1	1	4			5	2	4	2	5	3	2	8	4	4	2	3	3	1	
英特尔						2		3			2	2		7	8	7	4	7	5	3	3	8	10	10	8	6	11		
阿尔特拉										1	1	2	5	1	2		1	2	7	17	7	6	16	2					
西安电子科技大学								1				1			2	1	4	7	2	3	2	2	13	4	13	7	10	4	2
高通											2	4		7	2	1	1	5	3	8	7	9	7	9	4	2	4		
杭州电子科技大学																		4		1	1	8	2	6	14	20	3	8	1
天津大学														3		5	1	1	1	7	3	3	11	12	14	14	2	1	
北京航空航天大学																					1	1	16	4	7	2	3	4	
复旦大学										2	2	5	3		3	3		4	3	3	5	4	7	4	5	4	2	1	
Xilinx									1											3	1	3	2	4	14	11	8	1	
福州大学																2	2	2		2	4	2	1	3	8	9	12	7	

第3章 EDA设计类技术专利状况分析

表3-1-3 设计类EDA全球主要申请人申请量布局地分布

单位/项

国家/地区/组织	IBM	英特尔	日本电气	东芝	Xilinx	阿尔特拉	得州仪器	富士通	华大九天	华虹集团	楷登	浪潮集团	明导	日立	三菱	三星	松下	台积电	新思	微电子所
欧洲	45	47	29	7	47	60	19	47			107	1	114	14	6	7	33	3	163	
日本	93	19	560	309	37	20	14	466			63	1	81	222	202	31	513	6	72	
韩国	46	32	28	14	42	4		53			4		1	33	16	261	23	107	72	
美国	751	152	187	120	216	177	146	238		10	919	4	445	87	75	268	216	606	1068	3
世界知识产权组织	83	59	38	2	53	12	16	39		4	169	8	165	25	6	4	32		288	3
中国	241	110	38	45	61	74	22	73	222	230	82	208	45	46	13	328	159	325	418	150

表3-1-4 设计类EDA在华主要申请人申请量布局地分布

单位/件

国家/地区/组织	IBM	英特尔	阿尔特拉	北京航空航天大学	复旦大学	高通	杭州电子科技大学	华大九天	华虹集团	浪潮集团	清华大学	三星	松下	台积电	天津大学	西安电子科技大学	新思	英业达	中国电子科技集团	微电子所
欧洲	30	35	56			61					1	6	23	3			129			
日本	60	15	18			44					1	25	115	6			55			
韩国	31	28				37						163	17	95			59			
美国	160	73	66	1	46				10	4		178	118	95			127	18	1	2
世界知识产权组织	50	46	7			68			4	8		4	25				198			
中国	212	103	74	59	58	91	65	222	230	208	96	315	147	307	60	72	382	86	94	150

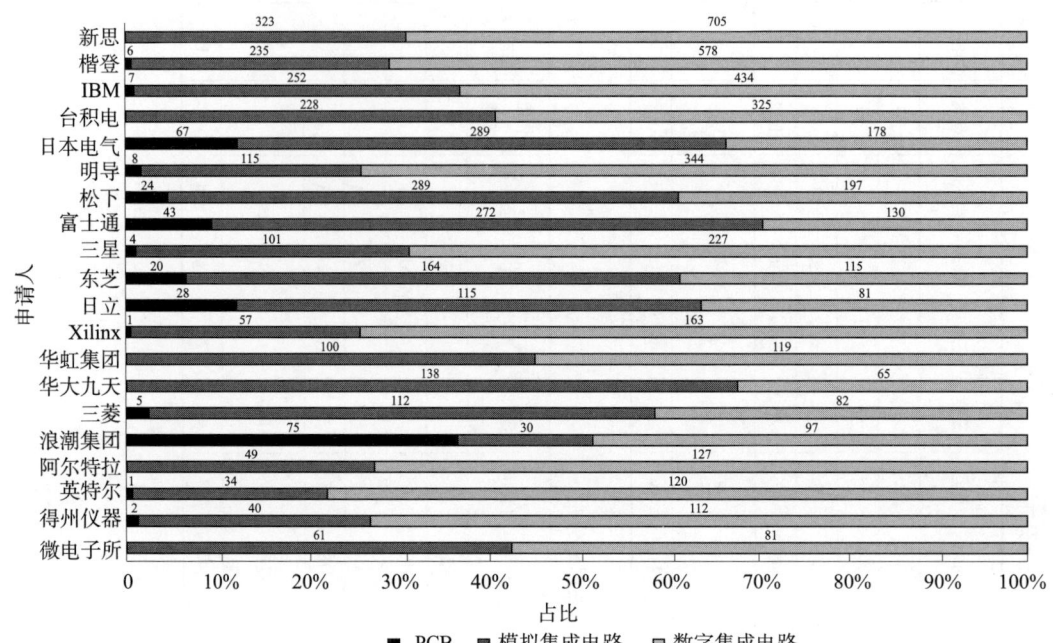

图 3-1-9 设计类 EDA 全球主要申请人技术分布

注：图中数字表示申请量，单位为件。

图 3-1-10 是设计类 EDA 在华主要申请人的技术分布。

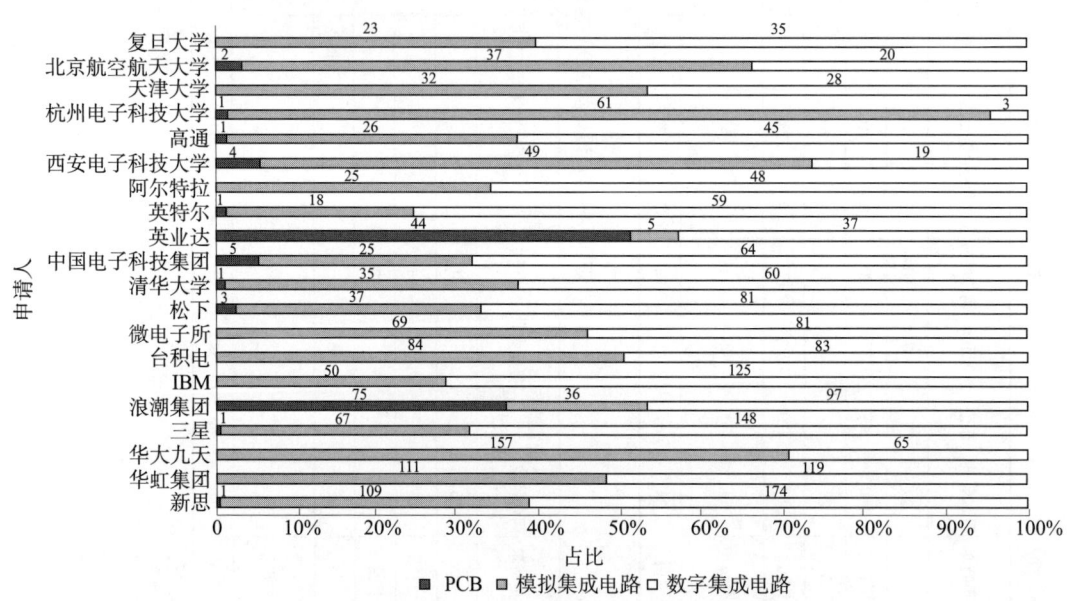

图 3-1-10 设计类 EDA 在华主要申请人的技术分布

注：图中数字表示申请量，单位为件。

从在中国布局的主要申请人技术分布来看，对于数字集成电路的申请量最高的是新思，174 件，之后为三星 148 件、IBM125 件、华虹集团 119 件，其余申请人的申请量均为两位数。对于模拟集成电路，华大九天、华虹集团和新思的申请量较多，其余申请人大都为两位数，可见各申请人在这两个分支均投入了一定的研发力量。在 PCB 分支，浪潮集团和英业达排名领先，而国际巨头和其他申请人在该分支申请量很少。

从各分支的情况和申请总量来看，中国申请人已经在数字集成电路和模拟集成电路分支积极追赶，并且在 PCB 分支进行了重点的攻关和布局。

3.2 EDA 设计类数字集成电路专利状况分析

3.2.1 全球/中国申请和授权态势分析

图 3-2-1 示出了 EDA 设计类数字集成电路相关专利在全球及中国申请的年度分布情况。

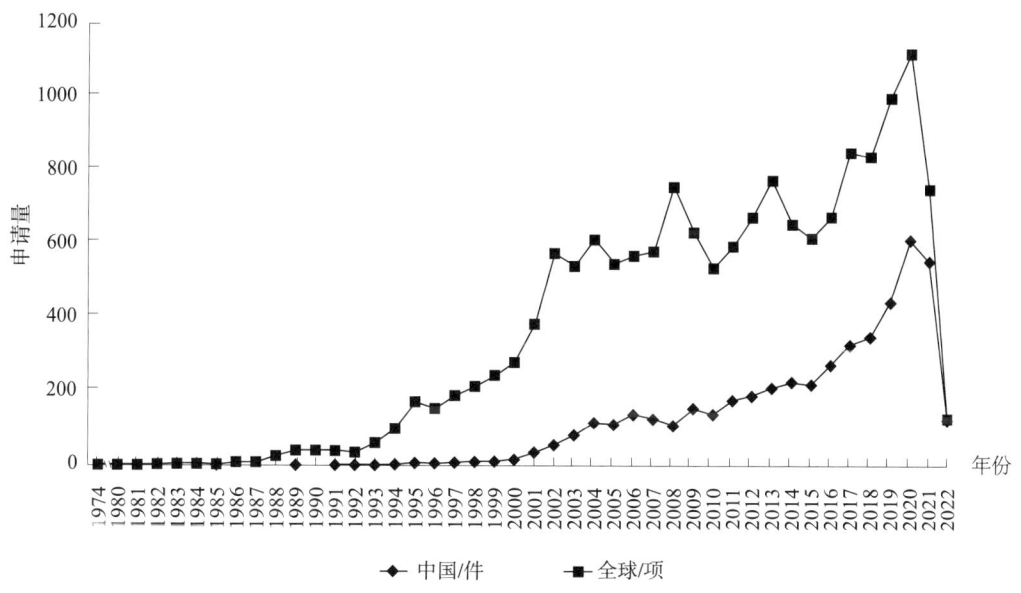

图 3-2-1 EDA 设计类数字集成电路相关技术全球/中国申请态势

由图 3-2-1 可知，在全球范围内，从 20 世纪 70 年代开始出现数字集成电路自动化设计 EDA 技术方面的专利申请，但在 1990 年之前，专利申请的数量非常少，而且没有出现明显的增长趋势。这是由于 EDA 技术的初级阶段大致在 20 世纪 70 年代，当时中小规模集成电路已经出现，人们开始借助计算机完成 PCB 设计，将产品设计过程中高重复性的繁杂劳动如布图布线工作用二维平面图形编辑与分析的 CAD 工具代替，主要功能是交互图形编辑、设计规则检查、解决晶体管级版图设计、PCB 布局布线、门级电路模拟和测试等问题。到了 20 世纪 80 年代，由于集成电路规模的逐步扩大和电子系统的日趋复杂，人们进一步开发设计软件，将各个 CAD 工具集成为系统，从而加强了电路功能设计和结构设计;该时期的 EDA 技术已经延伸到半导体芯片的设计过程,生产出可编程半导体芯片。数字集成电路 EDA 技术在 20 世纪 70 年代至 90 年代初期处于起步阶段。20 世纪 90 年代后微电子技术突飞猛进,一个芯片可以集成几百万、几千万乃至上亿个晶体管,这给 EDA 技术提出了更高的要求,也极大地促进了 EDA 技术的大发展。各公司相继开发出了大规模的 EDA 软件系统,而这时也出现了以高级 HDL、系统级仿真和综合技术为特征的 EDA 技术。1990~2002 年,EDA 设计类数字集成电路技术方面的专利申请开始高速增长,从每年 40 余项增长到每年近 600 项,创新活力异常高涨。2003~2015 年,EDA 设计类数字集成电路技术方面的专利申请量呈现出持续波动的态势,年均申请量保持在 500~800 项的高位,但申请增长并不明显。从 2016 年开始,数字集成电路 EDA 设计类技术方面的专利申请出现了一次较长时间的快速增长,专利申请量逐年上涨,在 2020 年达到了顶峰,超过了 1100 项,这一惊人的数量充分反映了市场主体对于数字集成电路 EDA 设计技术的关注程度。

此外,在中国范围内,EDA 设计类数字集成电路技术在中国的专利申请开始于 20 世纪 80 年代末。在 2000 年之前,EDA 设计类数字集成电路技术的中国专利申请量很少,而且也未呈现出增长的趋势。从 2000 年开始,EDA 设计类数字集成电路技术的专利申请开始逐步出现增长的态势,在 2004 年超过了 100 件申请。2005~2018 年,数字集成电路 EDA 设计类技术的专利申请平稳上涨,在 2018 年超过了 300 件。自 2018 年之后,EDA 设计类数字集成电路技术的专利申请进入了快速增长期,专利申请量在 2020 年达到了顶峰,超过了 600 件。

从图 3-2-1 还可以看出,EDA 设计类数字集成电路技术领域的国内申请年度增长趋势与全球增长趋势基本保持一致。2020 年之后的专利申请由于还没有全部被公开,因此还无法准确统计,但由于数字集成电路 EDA 设计类技术的快速发展,估计其最终仍会有较大的申请量。

图 3-2-2 示出了 EDA 设计类数字集成电路相关技术在中国、美国、欧洲、日本及韩国的授权量年度分布情况。从主要国家/地区授权态势来看,中国的授权量大约从 2000 年以后开始逐渐增加,可见我国在 EDA 设计类数字集成电路相关技术领域的研究开始时间略晚于其他国家/地区。到 2002 年,中国的专利授权量首次超过日本,攀升至世界第二位,仅次于美国。此后,中国专利授权量稳步增加,始终保持在授权量世界第二位的位置,但与排名第一的美国还有较大差距。

美国的授权量自 1998 年开始迅速攀升,从 2002 年至今,授权量呈现波浪式振动的趋势,始终维持在 250~500 件,且远远超过其他国家/地区,由此可见,在此期间美国在 EDA 设计类数字集成电路相关技术领域始终保持着领头羊的地位,这可能得益于其拥有实力强大的 EDA 三巨头公司:新思、楷登、明导。这三家公司通过自主研发和收购并购的方式,优化完善全产业链的产品线,几乎垄断了 EDA 的全部市场。而 2020 年开始,美国的授权量急剧下降,下降原因可能与美国较长的审查周期有关。

日本在 EDA 设计类数字集成电路相关技术领域起步较早，在 20 世纪 80 年代末 90 年代初其专利授权量甚至超过美国，处于世界第一的位置，虽然该时期整体授权量较低，但也能够反映出 EDA 设计类数字集成电路相关技术在日本较早受到了重视。20 世纪 80 年代到 90 年代中期，日本专利授权量一直处于领先地位，与美国不分伯仲，日本电气、东芝、松下、日立等企业均对该领域投入了较高关注。1994～2000 年，日本专利授权量进入平稳发展期，专利授权量始终处于世界第二的位置，与美国的差距逐步拉大。从 2001 年开始，日本的专利授权量缓慢下降，在 2002 年被中国赶超，从此逐步走向没落，这可能与日本缺少刺激 EDA 设计类数字集成电路相关技术产业增长的社会环境相关。欧洲和韩国的专利授权量较为平稳，维持着较低授权量。

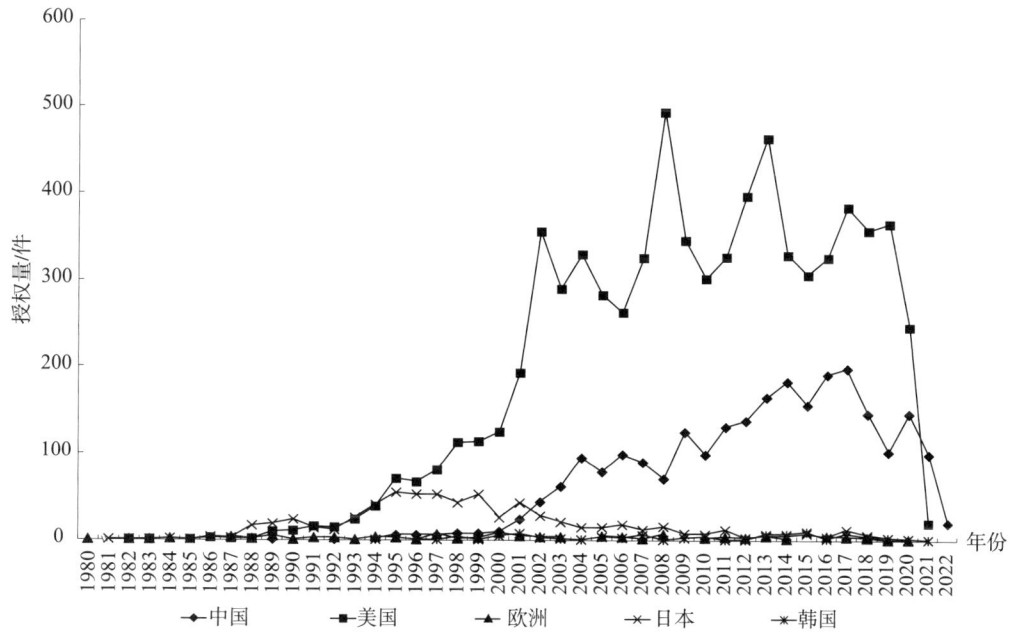

图 3-2-2　EDA 设计类数字集成电路相关技术主要国家/地区授权态势

3.2.2　主要国家/地区申请量和授权量占比分析

图 3-2-3 示出了 EDA 设计类数字集成电路相关技术在中国、美国、欧洲、日本、韩国等国家/地区的申请量和授权量的情况。美国的申请量最多，这表明在参与发明创造的意愿方面，美国较为强烈；中国的申请量居于第二位，随后为日本、欧洲和韩国。相应地，授权量基本为相同的顺序。在授权比例上，美国最高，达到 91%，说明美国在这一领域具有非常高的技术水平和较高的专利申请撰写质量；其次是日本和韩国，授权率分别达到 61% 和 55%；我国的申请质量与日本、韩国基本在同一水平上，授权率达到 52%，这也与我国在该领域的申请日期较晚，部分申请尚处于审查过程中有关。

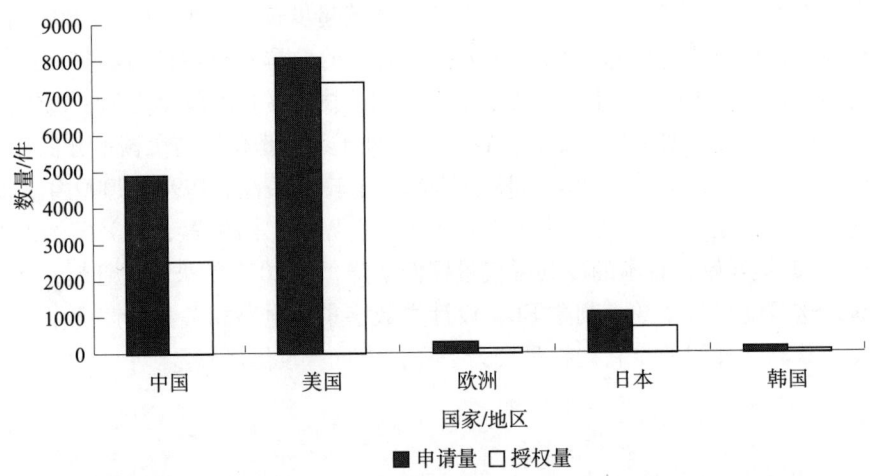

图3-2-3 EDA设计类数字集成电路相关技术主要国家/地区申请和授权量

3.2.3 全球/中国主要申请人分析

图3-2-4示出了EDA设计类数字集成电路相关技术在全球申请量居于前20位的主要申请人。图3-2-5示出了EDA设计类数字集成电路相关技术在中国申请量居于前20名的主要申请人。

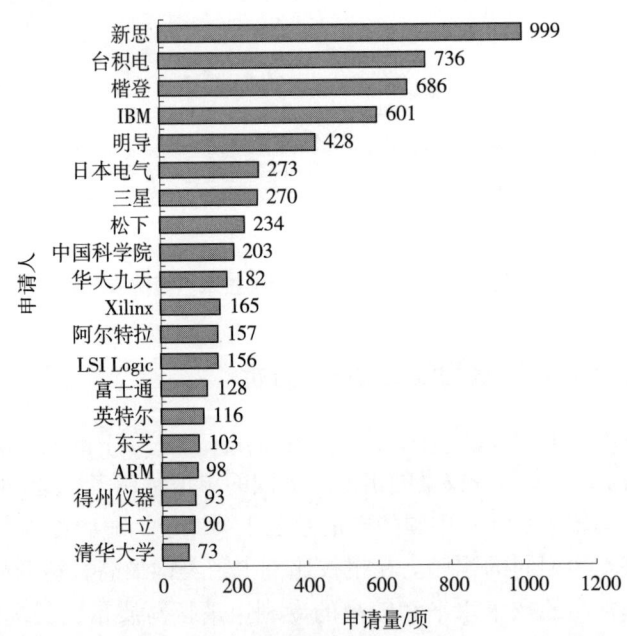

图3-2-4 EDA设计类数字集成电路相关技术全球申请人排名前20位

在全球排名前20位的申请人当中，中国申请人仅占了4席，美国申请人占据9席，日本申请人占据5席。除了中国有2家科研院所和高校上榜之外，其余全部为企业，可见,中国与国外的研发主体有所区别,国外的研发主体集中在企业上,而中国的研发主体尚未如此。EDA 设计类数字集成电路相关技术应用转化较快,中国的企业还需要加强对 EDA 设计类数字集成电路相关技术方面专利申请的重视,提前进行专利布局。从上述分析还可以看出,与美国、日本相比,中国在该领域的理论研究和科研能力更强,但实际投入生产、形成产业的能力还相对较弱,理论技术还未能较好地落地,应对该领域更加重视。国内企业可以考虑与理论研究成果较为出众的高校和科研院所联合,利用自身的资金和资源实现技术落地的同时,积极引进人才或培养技术人员,最终提高企业的技术竞争力和生产实力。

美国在 EDA 设计类数字集成电路相关技术领域拥有较多实力强劲的研发创新主体,包括新思、楷登、IBM、Xilinx、阿尔特拉等,均为国际领先的数字集成电路 EDA 设计公司。尤其是排名第一的新思,其前端设计逻辑综合工具和后端布局布线工具在业内已经取得较大的市场份额,申请量远远超过其他申请人。申请量排名第二的台积电成立于 1987 年,是全球最大的专业集成电路制造服务公司。身为专业集成电路制造服务业的创始者与领导者,台积电在提供先进晶圆制程技术与最佳的制造效率上已建立声誉,在集成电路设计方法同样保有较高的申请量。华大九天为中国 EDA 龙头企业,其凭借部分领域的全流程工具或在局部领域的领先优势,位列申请量第十位。但目前,包括华大九天在内的中国企业尚只能主要聚焦于某些特定领域或用途的点工具,整体规模和产品完整度与头部企业存在明显的差距。

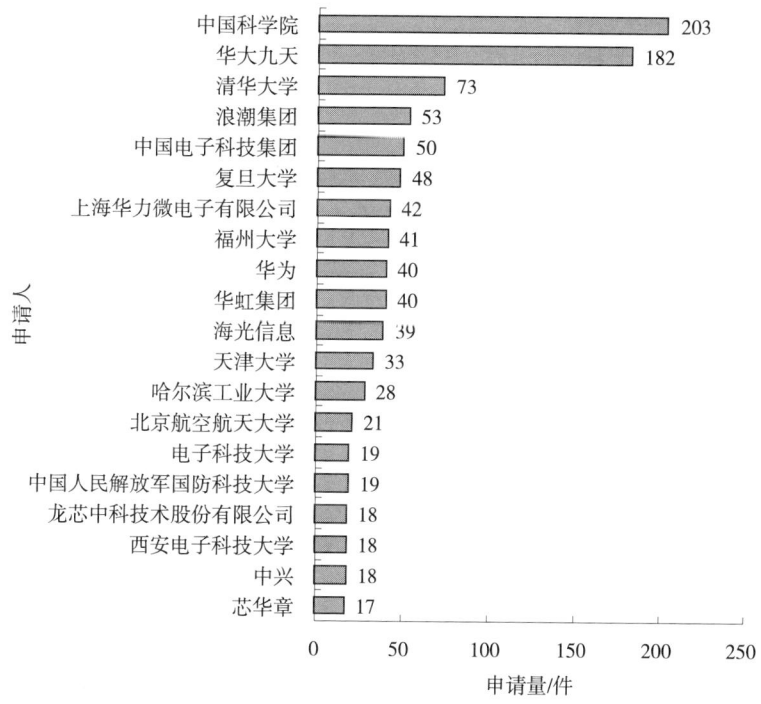

图 3-2-5　EDA 设计类数字集成电路相关技术中国申请人排名前 20 位

在EDA设计类数字集成电路相关技术领域,在中国专利申请量排名前20位的申请人中,中国科学院的申请量达到了203件,在申请量上处于领先地位。中国科学院作为中国重要的科研院所,具有庞大的研究专家团队,在该领域也有深入的研究。作为中国EDA的领军企业,华大九天紧随其后,申请量达到了182件。排名前20位的申请人中,包括10家高校、科研院所,以及10家企业。在中国专利申请量排名前20位的申请人中高校和科研院所占据了很大比例,这一方面说明我国高校和科研院所在该领域具有较高的科研热情和创新活力,另一方面也反映出我国在EDA设计类数字集成电路相关技术领域尚有很大一部分工作还集中在理论研究阶段,还未与其他技术成熟国家站在同一水平线上;同时,也说明我国企业在EDA设计类数字集成电路相关技术领域的研发能力和水平还有待提高,企业与高校、科研院所之间缺少合作或共同研发,产学研的结合还不够紧密。

3.2.4 全球布局地分析

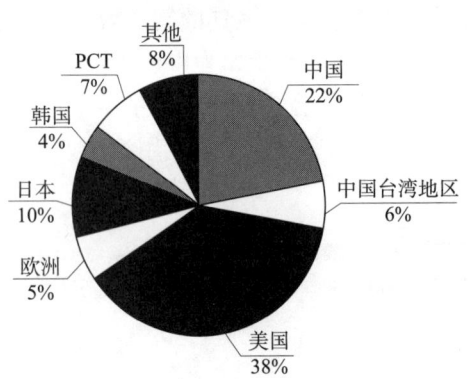

图3-2-6 EDA设计类数字集成电路相关技术全球目标市场占比

图3-2-6示出了EDA设计类数字集成电路相关技术领域的专利申请的全球目标市场国家/地区分布情况。在EDA设计类数字集成电路相关技术领域的专利申请布局区域中,在美国和中国的申请数量最大,分别占该领域总申请量的38%和22%,这是由于美国和中国是大市场,尤其中国作为人口众多和快速崛起的经济体,潜藏着巨大的商业机会,因此吸引了中、外各创新主体的目光,各企业都非常重视在美国和中国的专利申请。紧随其后的是日本,这可能与日本早期在半导体领域的蓬勃发展有关。此外,还有7%的专利申请选择了PCT申请,这说明一定数量的专利是以进入多个市场为目标的。随后是中国台湾地区和欧洲,分别占6%和5%。

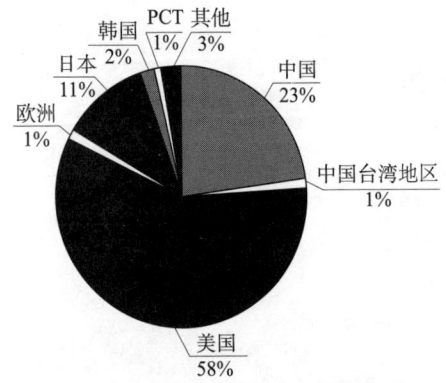

图3-2-7 EDA设计类数字集成电路相关技术全球原创国家/地区占比

图3-2-7示出了EDA设计类数字集成电路相关技术领域的专利申请的全球原创国家/地区分布情况。在目标地和原创地中,前三位的均是美国、中国和日本,由此可见,EDA设计类数字集成电路相关技术相对较为集中。

在EDA设计类数字集成电路相关技术领域，美国的储备最为雄厚，一枝独秀，占全球的58%，主要是由于美国拥有实力强劲的申请人新思、楷登和明导，分别在EDA设计类数字集成电路相关技术领域的不同功能方面具有垄断级别的产品。此外，美国EDA领域研究起步较早，受到国家大力支持，具有其他众多极具实力的创新主体。中国排在第二位，占比23%，主要包括中国科学院、华大九天、清华大学等创新主体，主要创新主体以高校和科研院所为主。近年来，中国对于EDA领域大力的政策扶持使得本土创新主体受到较大鼓励，涌现出较多的创新主体和专利产出。排名第三的是日本，申请主要集中在2005年以前，此后，受到美国对日本的半导体集成电路产业打压制裁的影响，日本企业的创新活力大大减弱。韩国和中国台湾地区排在第四和第五位。

3.2.5 全球/中国主要申请人布局重点分析

表3-2-1示出了EDA设计类数字集成电路相关技术领域全球主要申请人年度申请分布情况。表3-2-2示出了EDA设计类数字集成电路相关技术领域中国主要申请人年度申请分布情况。

从全球主要申请人申请量年度分布来看，申请人新思、楷登、IBM、明导、日本电气等公司在20世纪90年代初期就进行了专利布局，表明这几家公司对于EDA设计类数字集成电路相关技术较早就进行了研究，并且从研究初期就注重专利布局。从表3-2-1可以看出，美国和日本的申请人普遍入局较早，专利布局早于其他国家。中国申请人申请数量相对较少，起步较晚。中国的重点申请人中国科学院、华大九天和清华大学等，在2000年之后开始进行专利布局，在2010年之后申请量大幅增加，引领了中国在该领域的专利布局。日本申请人富士通、东芝、日立等公司，从20世纪90年代后期开始申请量逐步萎缩，基本退出了该领域的竞争。

从中国主要申请人申请量年度分布来看，申请量排名靠前的申请人主要集中在高校、科研院所，中国科学院、清华大学、福州大学起步较早，在2000年左右开始专利布局；其他高校、科研院所，例如哈尔滨工业大学、北京航空航天大学等中国主要申请人，在基础理论、基本方法方面也开展了较为广泛的研究，但起步略晚，普遍从2006年左右才开始EDA设计类数字集成电路相关技术的研究并持续跟进技术发展。在企业申请人方面，华大九天作为中国EDA技术的龙头企业，于2003年开始在该领域进行专利布局，属于起步较早的创新主体，此后基本持续保持了每年稳定的专利申请量；浪潮集团虽然入局较晚，从2011年起才开始布局EDA设计类数字集成电路相关技术领域的专利申请，但申请量此后一直保持较高水平，从专利申请总量来看，浪潮集团属于该领域创新较活跃、专利布局量仅次于华大九天的本土企业。

表 3-2-1 EDA 设计类数字集成电路相关技术领域全球主要申请人年度申请量分布

单位：项

申请人	1990	1991	1992	1993	1994	1995	1996	1997	1998	1999	2000	2001	2002	2003	2004	2005	2006	2007	2008	2009	2010	2011	2012	2013	2014	2015	2016	2017	2018	2019	2020
新思		1	1	1	1	31	7	18	17	21	12	3	5	2	2			4	26	91	29	19	30	120	98	81	46	98	56	54	60
台积电										1	2			1	3	2	2	2	2	6	11	5	21	49	37	27	42	65	65	134	148
楷登	2	2	3	2	7	14	15	7	5	12	16	41	24	17	4	9	5	3	2	7	4	5	29	43	58	43	75	74	67	50	42
IBM	2	2	2	3	4	9	5	7	20	15	14	21	29	12	6	13	18	17	7	7	8	5	25	79	37	33	53	47	34	48	12
明导	8	1	4	9	1	3	6	8	15	7	26	13	16	12	7	7	6	13	8	10	4	6	6	40	41	33	26	29	28	32	26
日本电气	1			5	5	8	4	8	12	28		8	7	11	11	9	7	5	17		8	11	7	1	2	7	2	3	6	2	3
三星							6	3	2	1	1	3	15	4	2	1	3	14	4	2		2	3	10	11	16	16	25	40	47	59
松下	1						1											1		1						1					
中国科学院								9	3	4	9	4	4	6	9	4	6	1	8	5	7	9	14	10	9	11	14	12	12	15	15
华大九天				1	2	5	1			4			4			2	4	1	4	1		24	10	7	10	8	17	19	9	11	13
Xilinx	1		1					1	3										1	1		9	5	12	10	10	14	16	18	21	8
阿尔特拉			1	2	11	8	13	20	27	5	10	12	6	10	6	7	15	9	6			3	5	46	30	20	24	7	4	2	2
LSI Logic		1		1	6	5	5	6	1		1	2				3	1	4		2	1	5	13	13	1	3	3	4	9	3	1
富士通						3	1	1	11	5	3	3	6	4	1	3	4	4	3	2		2	3	6	3	5	14	22	9	10	14
英特尔	3	3	1	4	1		1		1	8	2	1	6	3	2	7	2	3	1	4	1		4	1	1	1	1	1		1	
东芝	2		1		1	3		2			1	3			1	1	1	1		2			3	9		10	12	29	22	16	7
ARM		1	1	1				2				1										2		1							
德州仪器	3	4	2		7	8	3	3		3	6	9	4	2	4		2		3	1	1	4	1	1	12	9	18	6	8	6	7
日立				1				4	6	4			3	6	8	6	1		3	1	7		6	2	3	2	1	1	1	1	4
清华大学										3		2					2			1			1				1	6	3	4	3

表 3-2-2 EDA 设计类数字集成电路相关技术领域中国主要申请人申请量年度分布

单位：件

申请人	2001	2002	2003	2004	2005	2006	2007	2008	2009	2010	2011	2012	2013	2014	2015	2016	2017	2018	2019	2020	2021	2022
中国科学院		1	6	9	4	6	1	8	5	13	24	14	7	9	11	14	12	12	15	15	14	3
华大九天			2		2	4	7	4	1	7	9	10	12	10	8	17	19	9	11	13	7	5
清华大学	2	3	6	8	6	2		1	1	7	4	6	2	3	2		6	2	4	3	4	
浪潮集团											1				8	1	5	10	6	15	4	1
中国电子科技集团			1				1							4	7	6	6	3	4	3	8	1
复旦大学				2	4	4	1	2	2	2		2	3	7	1	5	5	3	4	1	1	1
上海华力微电子有限公司														4		3	13	4	3	5	3	
福州大学	1		3	2		1	2	1	1			2	2	2	2	3	7	6	3		1	
华为		9	3	3	1	6	1	2		1		3			3	3	1	1				
华虹集团			1		1	2	1		4	1	4	6	2	3	2	3	2	4	1	2	3	
海光信息																				22	17	
天津大学							2				9		8	2	1	6	2	8	7			
哈尔滨工业大学						1	2		2		1	1	5			5	2	2	1	2		
北京航空航天大学								1	2		1				2	1		2	1			1
电子科技大学					1		1	1			2				4	1	1	4	2	3		
中国人民解放军国防科技大学												3	4	1			3					
龙芯中科技术股份有限公司										1	1	1	1		2	1	2	6		2		
西安电子科技大学										1					1			5	1	2		1
中兴			1	1		2	7	1	3								2					
芯华章																				3	11	3

第 3 章 EDA 设计类技术专利状况分析

图3-2-8为EDA设计类数字集成电路相关技术的全球主要申请人申请量国家/地区分布。从全球主要申请人申请量国家/地区布局情况可见，大部分申请人都是在本国/地区进行最多的专利申请。作为该领域知名的科技公司的新思、楷登、IBM和明导的全球布局的情形各有不同。楷登和明导的海外布局相对较少，专利布局主要集中在美国本土；而新思、IBM除了在本国进行大量申请，均在中国进行了大量的布局。新思、台积电和IBM这三家企业不约而同地选择了中国作为其重要的目标市场。相对而言，楷登和明导将PCT作为其重要的申请方式，这表明这两家公司是希望进入全球市场的；这两家公司均重视欧洲市场超过重视中国市场。作为日本企业，日本电气更专注于本土市场，而松下更重视中国市场。在中国申请人中，中国科学院、华大九天和清华大学基本没有在海外进行布局，专利布局均集中在国内。

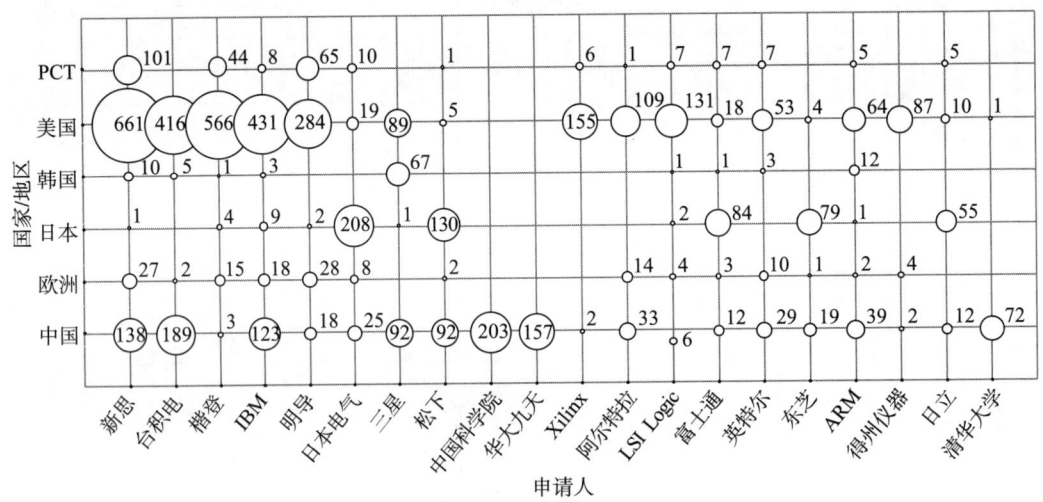

图3-2-8　EDA设计类数字集成电路相关技术全球主要申请人国家/地区分布

注：图中数字表示申请量，单位为项。

图3-2-9是EDA设计类数字集成电路相关技术中国主要申请人申请量国家/地区分布。

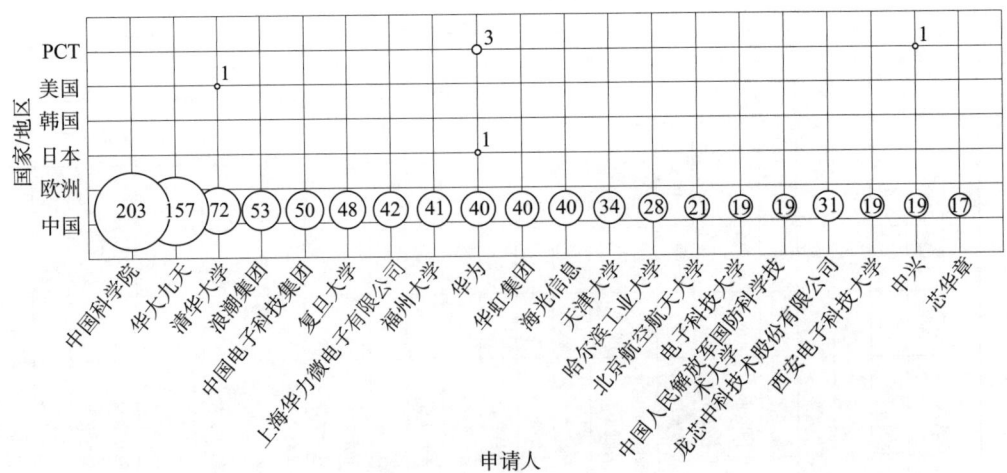

图3-2-9　EDA设计类数字集成电路相关技术中国主要申请人申请量国家/地区分布

注：图中数字表示申请量，单位为件。

从中国主要申请人申请量国家/地区分布可以看出,中国申请人以国内为布局重点,较少进行海外布局,但华为作为专利布局意识较强的申请人进行了一定的海外布局。

3.3 EDA 设计类模拟集成电路专利状况分析

3.3.1 全球/中国申请和授权态势分析

图 3-3-1 示出了 EDA 设计类模拟集成电路相关专利在全球及中国的申请态势。在全球范围内,从 20 世纪 70 年代开始出现 EDA 设计类模拟集成电路技术方面的专利申请,但在 1985 年之前,专利申请的数量非常少。这一情况说明,EDA 设计类模拟集成电路技术在 20 世纪 70 年代至 80 年代中期处于起步阶段。1985~1990 年,出现了小幅增长,EDA 设计类模拟集成电路技术方面的专利申请从每年不到 10 项增长到每年近 50 项。1991~1993 年的申请量较为平稳。在 1993 年之后,EDA 设计类模拟集成电路技术方面的专利申请开始高速增长,在 2002 年时申请量超过了 600 项。2003~2006 年申请量整体波动,从 2007 年开始申请量曲折上升,在 2016 年达到了顶峰,超过了 800 项。这一数量增长趋势充分反映了市场主体对于 EDA 设计类模拟集成电路的关注程度。

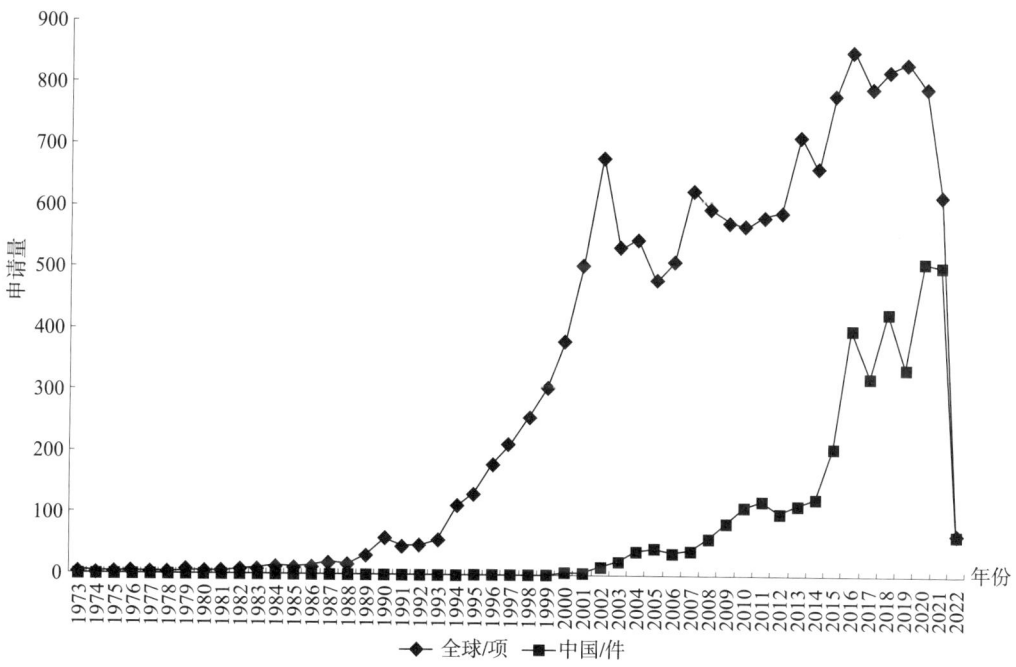

图 3-3-1 EDA 设计类模拟集成电路技术全球/中国申请态势

此外,在中国范围内,EDA 设计类模拟集成电路技术的专利申请开始于 20 世纪 90 年代中期。在 2000 年之前,EDA 设计类模拟集成电路技术的中国专利申请量很少,而且也未呈现出增长的趋势。从 2000 年开始,EDA 设计类模拟集成电路技术的专利申请开始出现增长的态势，在 2010 年超过了 100 件申请。2011~2021 年，EDA 设计类模拟集成电路技术的专利申请出现了一次较长时间的快速增长，专利申请量在 2020 年达到了顶峰，超过了 500 件。

从图 3-3-1 还可以看出，EDA 设计类模拟集成电路技术领域的国内申请量年度增长趋势与全球增长趋势保持一致，各国都非常重视在中国进行专利布局。2020 年之后的专利申请由于还没有全部公开，因此无法准确统计，但由于 EDA 设计类模拟集成电路技术快速发展，估计其最终的申请数量仍会较大。

图 3-3-2 示出了 EDA 设计类模拟集成电路技术相关专利在中国、美国、欧洲、日本及韩国的授权量分布情况。

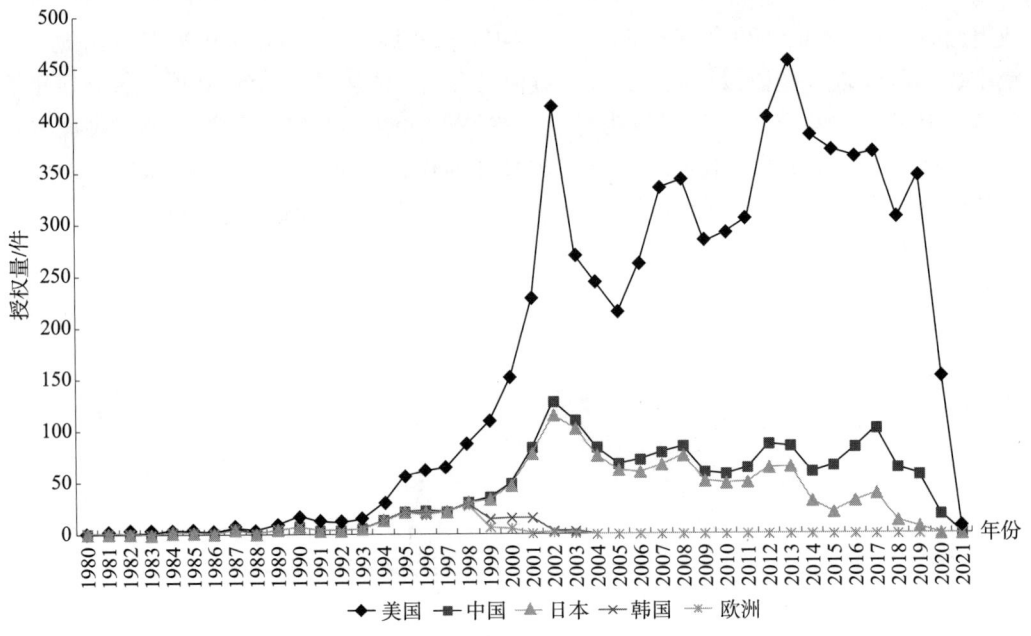

图 3-3-2 EDA 设计类模拟集成电路技术主要国家/地区授权态势

EDA 设计类模拟集成电路技术领域的中国专利申请授权总量为 1756 件，低于美国专利申请授权总量的 7015 件。日本的专利申请授权总量在 1200 件左右。韩国和欧洲的专利申请授权总量较少，在 200 件左右。从图 3-3-2 可以看出，美国的 EDA 设计类模拟集成电路技术发展起步较早，专利申请授权总量最多，授权专利数量从 20 世纪 90 年代初期开始快速增长，很快拉开了与其他国家的差距，在 2000 年以后一直保持较高的专利授权量。中国和日本的专利申请授权量分别排名第二、第三，然而，第二和第三的授权专利总量加起来也不到美国的一半，可见，美国在 EDA 设计类模拟集成电路技术领域的优势非常明显。

3.3.2 主要国家/地区申请量和授权量分析

图 3-3-3 示出了 EDA 设计类模拟集成电路技术在中国、美国、欧洲、日本及韩国的申请量和授权量分布情况。

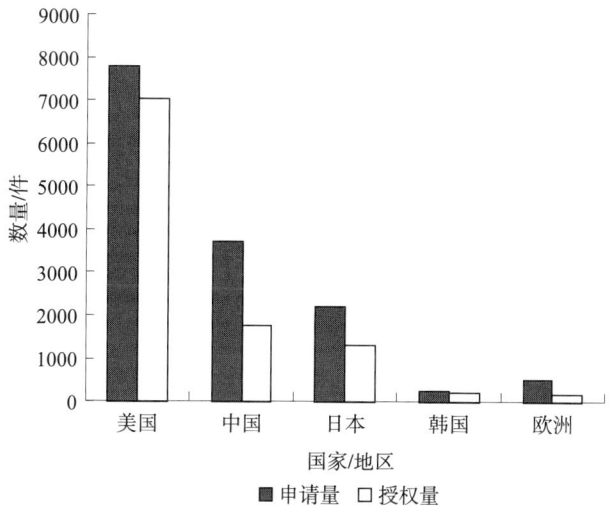

图 3-3-3　EDA 设计类模拟集成电路技术主要国家/地区申请量和授权量

可以看出，美国的申请量最大，授权率最高，达到了 98%，优势非常明显。日本和中国的授权率分别为 58% 和 47%；中国的申请量高于日本，但授权率略低。韩国的申请量是五个国家/地区中最少的，但授权率很高，达到了 86%。欧洲在 EDA 设计类模拟集成电路技术领域的授权率最低，只有 32%。

3.3.3　全球/在华主要申请人分析

图 3-3-4 示出了 EDA 设计类模拟集成电路技术在全球排名前 20 位的申请人的排名情况。

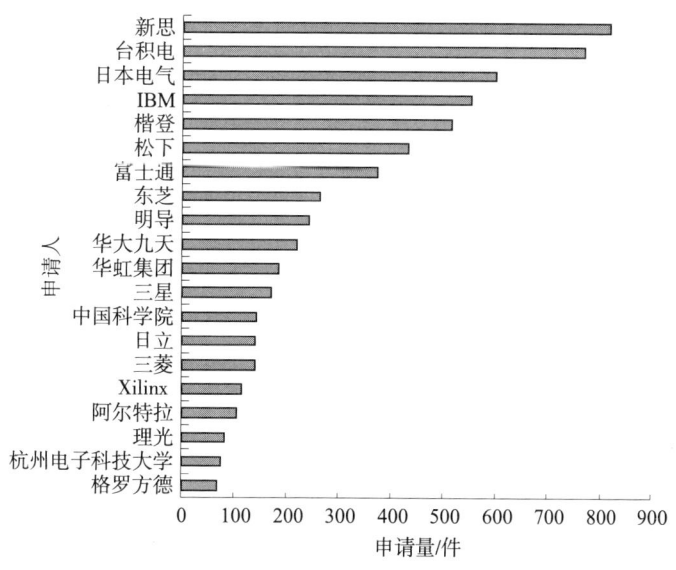

图 3-3-4　EDA 设计类模拟集成电路技术全球申请人排名前 20 位

在EDA设计类模拟集成电路技术领域，全球专利申请量排名前20位的申请人分别来自美国、中国、中国台湾地区、日本、韩国和德国。美国有7位申请人进入了前20位，包括新思、IBM、楷登、明导、Xilinx、阿尔特拉和格罗方德，其中，新思、IBM和楷登分别排在第一、第四和第五，并且申请数量远高于其他申请人，这充分反映出美国在EDA设计类模拟集成电路方面的领先地位，并且其全部是企业，表明美国在该领域的技术研发和专利申请以企业为主导。日本企业日本电气、松下、富士通、东芝、日立、三菱、理光的申请量进入了全球前20位，其中，日本电气、松下、富士通和东芝的申请量较大。中国有4位申请人进入了前20位，分别是华大九天、华虹集团、中国科学院和杭州电子科技大学，企业和高校、科研院所各占一半，仅有2家企业进入前20位。可见，中国的企业还需要加强对EDA设计类模拟集成电路技术方面专利申请的重视，提前进行专利布局。韩国入围的申请人只有三星。三星是世界知名的高科技公司，说明了该企业的综合技术实力较强。中国台湾地区的台积电名列第二，实力雄厚。

从上述分析可以看出，与美国、日本相比，中国在该领域的企业相对较少，实际投入生产、形成产业的能力还较弱；中国的企业在综合实力上和外国知名企业相比，研发能力和生产能力还略逊一筹，应当考虑与理论研究成果较为出众的高校、科研院所联合，利用自身的资金和资源实现技术落地的同时，积极引进人才或培养技术人员，最终提高企业的技术竞争力和生产实力。

图3-3-5示出了EDA设计类模拟集成电路技术在华申请量排名前20位的申请人的排名情况。

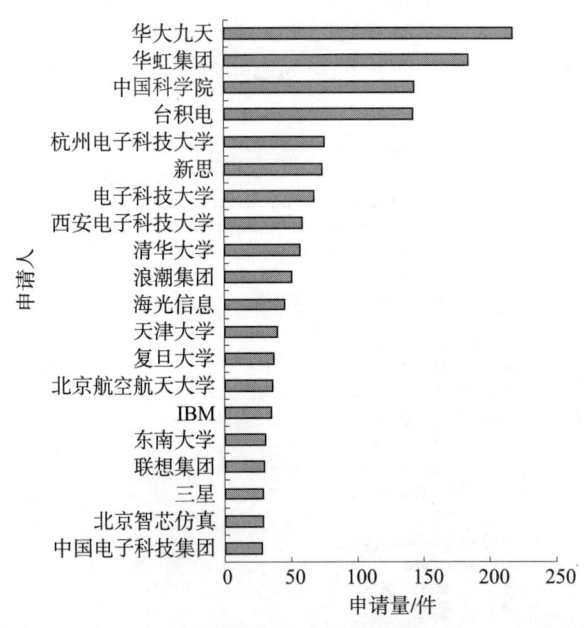

图3-3-5　EDA设计类模拟集成电路技术在华申请人申请量排名前20位

在EDA设计类模拟集成电路技术领域，在华专利申请量排名前20位的申请人中，华大九天的申请量超过200件，排名第一；紧随其后的是华虹集团，申请量也超过了

180 件。中国科学院、台积电分别排在第三位和第四位，杭州电子科技大学和新思分列第五和第六位。从申请人所在国家/地区来看，排名前 20 位的申请人中，来自中国的有 16 家，包括 9 家高校、科研院所，以及 7 家企业：华大九天、华虹集团、浪潮集团、海光信息、联想集团、北京智芯仿真和中国电子科技集团。在前 20 位的申请人中，来自中国的申请人在数量上有较大的优势，超过了国外申请人的数量，但我国在 EDA 设计类模拟集成电路技术方面有很大一部分还集中在高校、科研院所理论研究阶段，还未与其他技术成熟国家站在同一水平线上；另外，也说明我国企业在 EDA 设计类模拟集成电路技术方面的研发能力和水平还有待提高，企业与高校、科研院所之间缺少合作或共同研发，产学研的结合还不够紧密。

3.3.4　全球布局地分析

图 3-3-6 示出了 EDA 设计类模拟集成电路技术领域的专利申请的全球目标市场分布情况。

在 EDA 设计类模拟集成电路技术领域的专利申请布局区域中，在美国的申请数量最大，占该领域总申请量的 50%，这是由于美国是市场大国，各企业都非常重视在美国申请。在中国的申请量占比达到了该领域总申请量的 24%，可见中国市场受重视的程度也很高。另外，在日本的申请数量也有不少，占比 14%。技术原创地与目标市场地分布占比排名情况类似，均集中在上述几个国家/地区，说明 EDA 设计类模拟集成电路技术在

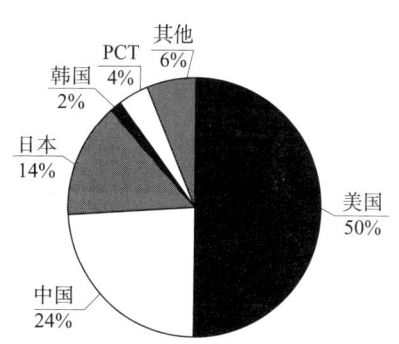

图 3-3-6　EDA 设计类模拟集成电路技术全球目标市场占比

全球市场地域相对集中。此外，还有 4% 的专利申请选择了 PCT 申请，这说明一定数量的专利是以进入多个市场为目标的。上面的数据表明，中国和美国是专利申请选择的主要目标市场，这与两国存在庞大的市场是相关的，市场的大小一定程度上决定了专利申请数量的多少。

图 3-3-7 示出了 EDA 设计类模拟集成电路技术领域的专利申请的原创地分布。可以看出，美国、中国、日本和韩国是主要的技术原创国。美国在 EDA 设计类模拟集成电路技术领域的储备最为雄厚，一枝独秀，占全球的 51%，主要是由于美国有 7 位实力强劲的申请人——新思、IBM、楷登、明导、Xilinx、阿尔特拉和格罗方德。其中，新思、楷登和明导是全球 EDA 领域的三大巨头。此外，中国和日本分别排在第二、第三位，占比分别为 22% 和 20%，相对于目标市场地占比而言，中国的占比有所下降，日本的占比有所上升，可见日本在输出 EDA 设计类模拟集

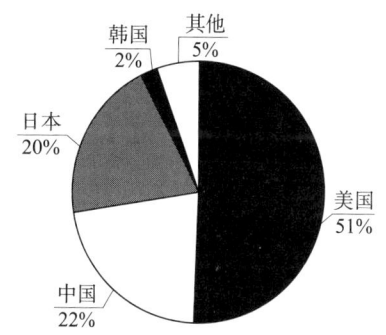

图 3-3-7　EDA 设计类模拟集成电路技术全球原创地占比

成电路技术方面占有一定优势；日本的日本电气、松下、富士通、东芝、日立、三菱、理光都是世界知名的半导体公司。韩国的全球原创地占比与目标市场地占比相同，均为2%。

3.3.5 全球/在华主要申请人布局重点分析

表3-3-1为EDA设计类模拟集成电路全球主要申请人申请量年度分布情况。从全球主要申请人申请量年度分布来看，日本富士通和美国IBM起步相对较早，从1982年起就有EDA设计类模拟集成电路技术领域的专利申请，但申请量都很少；进入20世纪90年代后，美国、日本的申请人开始逐渐加快了专利布局，尤其是日本排名前四的申请人——日本电气、松下、富士通和东芝，申请量从1995年左右开始大幅增长，但是从2012年左右开始数量又快速下降。而美国排名靠前的申请人新思和楷登在2010年之后申请数量上升势头很明显。中国申请人中，华大九天从2008年开始在EDA设计类模拟集成电路技术领域进行专利布局，整体上保持平稳上升的态势。中国台湾地区的申请人台积电的申请量很大，从2000年开始申请量整体逐步上升，一直到2021年仍然保持着稳步上升的态势。

表3-3-2为EDA设计类模拟集成电路在华主要申请人申请量年度分布情况。从在华主要申请人年度分布来看，新思较早在中国进行EDA设计类模拟集成电路技术领域的专利布局，1995~2000年的专利申请较多，2001~2007年申请数量有所下降，从2008年开始又整体上升。此外，台积电进行EDA设计类模拟集成电路技术领域的专利布局从2000年开始，2000~2010年每年的专利申请数量较少，基本在10件以下，从2011年开始逐渐加大了在中国的专利布局量。中国的高校、科研院所大多从2000年之后开始研究EDA设计类模拟集成电路，其中清华大学起步最早，从2002年开始，申请量较为平稳，随后是复旦大学、中国科学院、西安电子科技大学、北京航空航天大学、中国电子科技集团、电子科技大学、杭州电子科技大学和天津大学。排名靠前的国内企业华大九天和华虹集团起步时间基本相同，从2011年开始申请量逐步上升，表明其对EDA设计类模拟集成电路技术领域的重视。

图3-3-8为EDA设计类模拟集成电路技术全球主要申请人布局地分布情况。从全球主要申请人布局地分布来看，可以看到，除台积电之外，所有申请人在本国家/地区的申请量是最大的。由于基本所有申请人都会采取这样的布局策略，因此申请量排名第二、第三位的国家/地区更能说明每位申请人所侧重的国家/地区。美国的申请人新思、IBM、楷登、明导的申请量第二大的国家/地区在中国，但楷登、明导的绝大多数申请量在美国，在中国的申请量远低于新思和IBM。日本的申请人日本电气、松下、富士通和东芝的申请量第二大的国家/地区是美国；日本电气和松下在中国也有一定数量的专利申请；而富士通和东芝在中国的专利申请较少。此外，从目标市场来看，美国最受重视，然后是日本和中国。还可以看出，美国申请人更注重PCT申请，具有更强的全球专利布局意识，采用以进入多个市场为目标的专利布局策略。

第3章 EDA设计类技术专利状况分析

表3-3-1 EDA设计类模拟集成电路全球主要申请人申请量年度分布

单位：项

申请人	1982	1983	1984	1985	1986	1987	1988	1989	1990	1991	1992	1993	1994	1995	1996	1997	1998	1999	2000	2001	2002	2003	2004	2005	2006	2007	2008	2009	2010	2011	2012	2013	2014	2015	2016	2017	2018	2019	2020	2021	2022
台积电		1	0	1	2	0	1	1		9		1	0	14	7	17	15		3	2	2	6	5	1	2	2	3	9	9	10	22	80	72	52	61	54	61	133	106	73	
新思					2				7		6		8	11	21	23	30	32	14	9	3	1	0	0		0	8	38	22	6	11	94	97	77	61	73	36	81	49	38	
日本电气					2	0	1	1	3		1	4		4		15	10	42	28	22	30	37	25	22	20	28	34	32	26	27	11	14	5	4	2	1	6	2			
IBM	1											1	5	4	7	15	6	15	21	15	28	15	3	6	10	13	4	6	4	1	13	65	41	35	52	46	45	63	13		
楷登														5	6	12	22	2	14	19	13	11		1		7	2	4	2	5	27	44	51	59	60	59	57	38	13		
松下	1													7			10	25	25	46	47	49	68	44	22	14	0	4	0	2	1										
富士通		3	1	1	3	1		5	2	6	1	3	5	7	6	12	17	4	25	29	30	11	20	20	10	26	20	17	15	17	12	17	9	9	4	4	3	3	1	2	2
东芝						2		3	2	4			11	9	9	10	5	23	4	13	22	10	6	8	10	16	10	11	8	5	0	3	6	3		2	6	3	4	1	
明导						1		1	8				3	6	2	16	17		14	11	9	6		6	5	14	5		3	1	2	24	16	14	18	18	22	15	7		
华大九天																											9	0	9	12	17	16	10	21	7	21	17	17	25	41	2
华虹集团														2															5	11	11	5	1	15	20	20	20	22	31	19	
三星										4	1	6			12	9	14	1	2	2	10		1	1	1	7	2	0	1	23	2	8	12	25	10	27	35	11	18		
中国科学院										5	5	6		2	5	7	13	8	16	15	6	3	3		2		2		5		2	6	2	20	8	4	5	3	12	5	1
日立	2	2	2		1	1			1	1		1			1	2	5	14	18	21	6	3	2	3	1		2		1		3	8			3		1	1	3		
三菱								1								3		2	2		3	1		2		3		3	2	3	5	6	12	14	15	5	18	8			
Xilinx													5	6		2	5	1	3	3		5	6	3	1	3	1	9	4				1	2			2	2	4		
阿尔特拉											1	1			1	3			2																						
理光														6	7	2											4														
杭州电子科技大学																																17	1	10	2	7	16	24	4	10	
格罗方德																													1				5	19	10	12	4	2			

年份

表 3-3-2 EDA 设计类模拟集成电路在华主要申请人申请量年度分布

单位：件

申请人	1993	1994	1995	1996	1997	1998	1999	2000	2001	2002	2003	2004	2005	2006	2007	2008	2009	2010	2011	2012	2013	2014	2015	2016	2017	2018	2019	2020	2021	2022
华大九天																9	0	9	12	17	16	10	21	7	21	17	11	25	41	2
中国科学院														1		2	11	27	23	2	6	2	20	8	4	5	11	12	5	1
华虹集团												2	1		7	0	1	5	11	11	5	1	15	20	20	20	17	31	19	
台积电								3	2	2	6	5	1	2	2	3	9	9	10	22	80	72	52	61	54	61	133	106	73	
新思	1		14	7	17	15	32	14	9	3	1	0	0	1	0	8	38	22	6	11	94	97	77	61	73	36	81	49	38	
杭州电子科技大学																		1			1	1	10	2	7	16	24	4	10	
西安电子科技大学													1					1	3		2	3	1	10	4	13	5	9	4	2
电子科技大学																5			1				1	10	6	11	6	13	12	2
清华大学										2	5	5	3	1	2	2	2	7	3	3			2	5	7	2	3	3	2	
浪潮集团																			2			1	5	8	9	5	2	16	2	
天津大学												2	2	1	2		1		4		1	1		7	6	18	6		1	
复旦大学									5							1	3	1	3	3	6	1	2	9	2	4	3	2		
北京航空航天大学					3	7	1																	11	4	5	1	3	10	1
东南大学																1	1	1			1	1		5	7	2	2			
联想集团			5	5	3										1					3		1	3	2	6	1	5	7	1	
中国电子科技集团																			1		1	1	3	1		3	5	8	4	
北京大学	3																2		4						2	3	1	21	1	2
北京智芯仿真																1		8		3					1	4	5	10		
西安交通大学														4																
上海贝岭												2																		

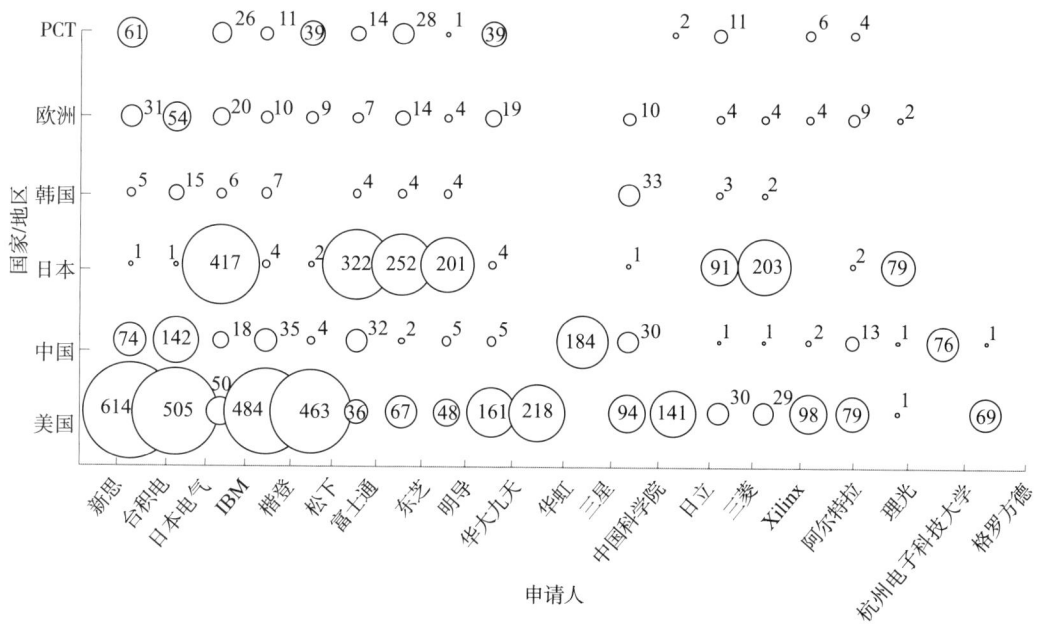

图3-3-8　EDA设计类模拟集成电路技术全球主要申请人布局地分布

注：图中数字表示申请量，单位为项。

图3-3-9为EDA设计类模拟集成电路技术在华主要申请人布局地分布情况。

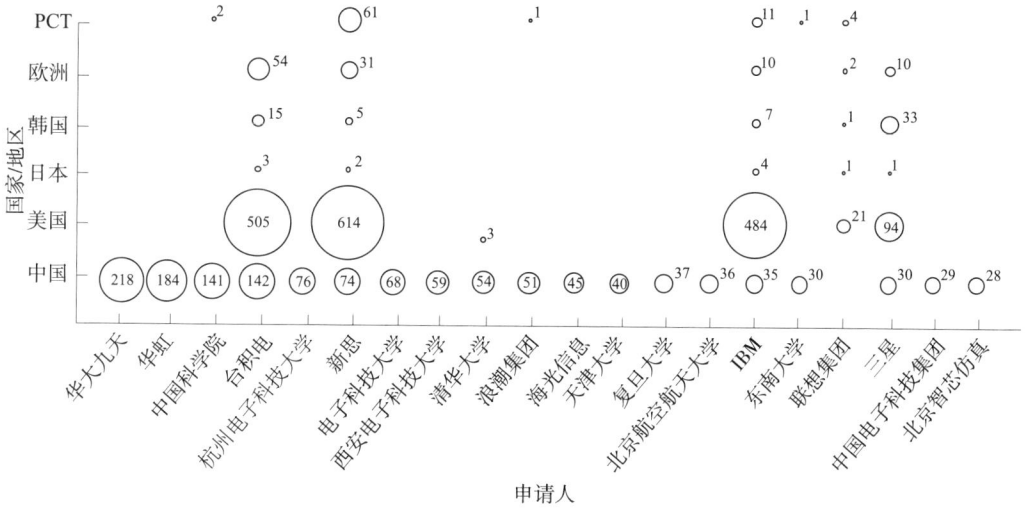

图3-3-9　EDA设计类模拟集成电路技术在华主要申请人布局地分布

注：图中数字表示申请量，单位为件。

从在华主要申请人布局地分布来看，来自中国的申请人在本国的申请量是很大的。由于基本所有申请人都会采取优先本国家/地区布局的策略，因此申请量排名第二、第三位的国家/地区更能说明每位申请人所侧重的国家/地区。在所有申请人中，可以明显看出，中国申请人基本上仅布局国内，只有中国科学院、清华大学和浪潮集团有零星几个 PCT 申请或美国申请（联想集团的申请来自并购的摩托罗拉）。而台积电和新思的布局相对较为均衡，两者的布局具有类似之处，在美国最多，接下来分别是在中国和欧洲。此外，还可以看出，美国申请人更注重 PCT 申请，具有更强的专利布局意识。与美国、日本相比，中国申请人的 PCT 申请数量少很多，反映出我国申请人海外专利数量少且布局区域不平衡，缺乏全球性布局意识。我国申请人海外布局成本高成为抑制我国申请人国际专利申请动机的重要原因，建议国家对一些重点企业的关键技术、高价值专利提供经济上的支持，对企业在海外布局、提交 PCT 申请、进入外国国家阶段的过程提供资金资助及奖励支持。

3.4 EDA 设计类 PCB 专利状况分析

3.4.1 全球/中国申请和授权态势分析

图 3-4-1 为 EDA 设计类 PCB 全球/中国申请态势。从全球申请态势来看，1980～1988 年，全球申请量处于起步阶段，申请量很少，每年不到 10 项。此后，1989～1998 年，EDA 设计类 PCB 的全球申请量出现了三次明显阶跃，申请量有了明显的增长。1998～1999 年申请量有所下降，随后从 2003 年又开始阶跃增长，到 2007 年时申请量达到顶峰。2009～2021 年，申请量整体上呈震荡趋势，在个别年份出现申请量下降的情况后，下一年的申请量又呈现反弹的趋势。

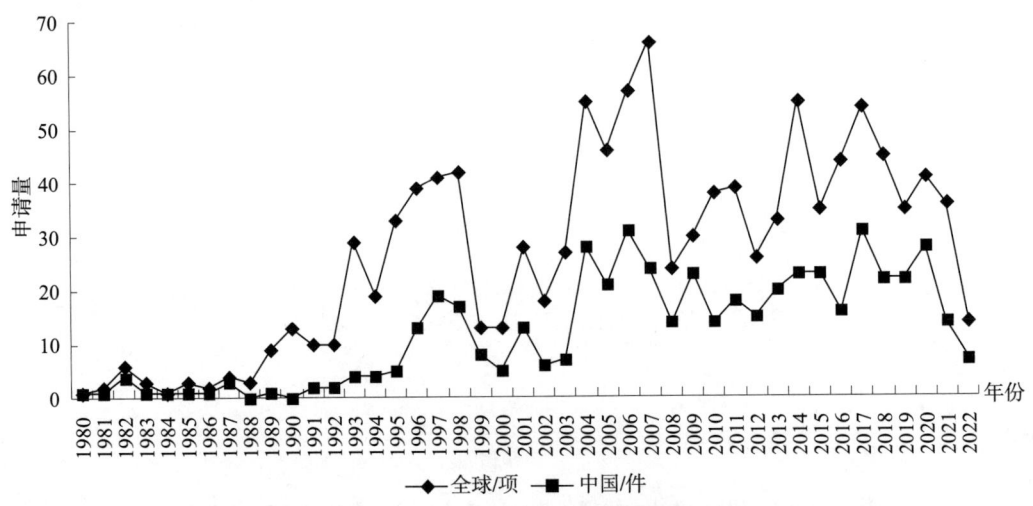

图 3-4-1 EDA 设计类 PCB 全球/中国申请态势

从中国申请态势来看，1990 年之前的中国申请量极少，基本处于个位数。从 1991 年开始，EDA 设计类 PCB 技术方面的中国申请量开始缓慢上升，但与同期的全球申请量差距较大。此后，从 1995 年开始，中国加快了追赶的步伐，申请量开始快速增长，每增长两三年之后，紧接着又会出现一个下降，随后开始下一轮增长。从 EDA 设计类

PCB 技术领域的申请量来看，中国与全球的差距在不断缩小，从 2015 年起，中国 EDA 设计类 PCB 技术领域的申请量基本已经占全球申请量的一半以上，全球的 EDA 设计类 PCB 技术领域的申请以中国申请为主。

从图 3-4-1 还可以看出，EDA 设计类 PCB 技术领域的国内申请量年度增长趋势与全球增长趋势保持一致，各国都非常重视在中国进行专利布局。2020 年之后的专利申请由于还没有全部被公开，因此还无法准确统计。

图 3-4-2 为 EDA 设计类 PCB 主要国家/地区授权态势。从主要国家/地区授权态势来看，2000 年之前的日本在 EDA 设计类 PCB 技术领域的授权量一枝独秀，优势非常明显，但从 2000 年开始迅速下滑，保持在一个较低的数量，也没有上升的趋势。2000~2002 年，美国 EDA 设计类 PCB 技术领域的授权量一举超过了日本，成为全球第一；2003~2016 年，美国 EDA 设计类 PCB 技术领域的授权量呈现出不断起伏的态势，整体上有所上升；而 2018~2022 年的授权量持续下滑，这可能与本报告的统计方法相关，即本报告中使用最早优先权日作为统计值，而由于专利申请通常需要经过较长时间的审查过程后才能走向结案，因此，目前最早优先权日为 2018 年的美国专利申请可能还没有走向结案，还需要继续观察。

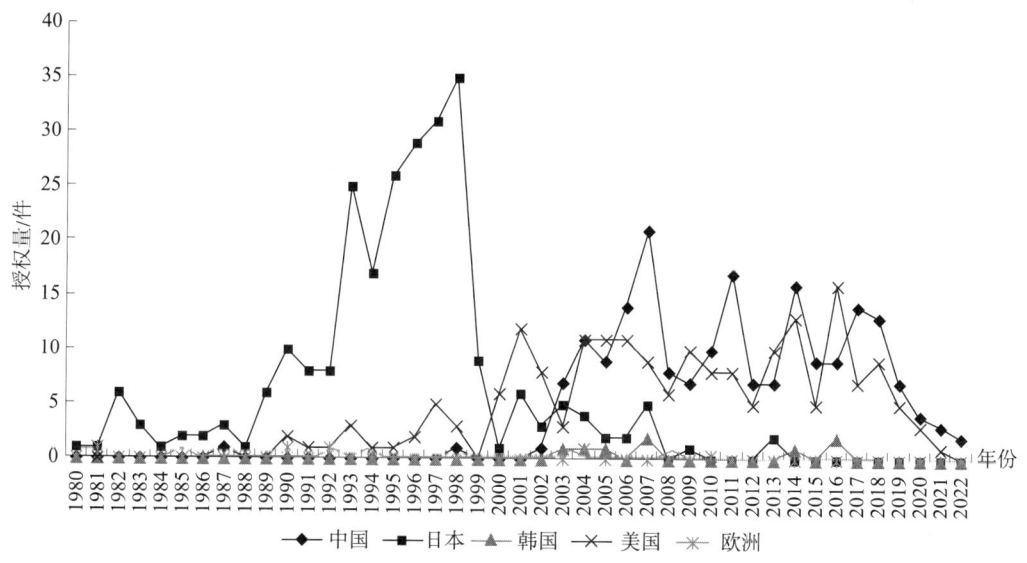

图 3-4-2　EDA 设计类 PCB 主要国家/地区授权态势

中国 EDA 设计类 PCB 技术领域的授权量自 2002 年开始攀升，在 2006 年超过美国成为第一。2007~2021 年，中国的授权量在多数年份处于第一，个别年份低于美国；从整体态势上来看，授权量从 2017 年开始呈下降趋势。

在 EDA 设计类 PCB 技术领域，欧洲和韩国的专利授权量一直处于较低的水平。

3.4.2　主要国家/地区申请量和授权量分析

EDA 设计类 PCB 领域主要国家/地区的申请量和授权量情况可见图 3-4-3。从主要国家/地区申请量和授权量可见,中国的申请量最多,这表明在参与发明创造的意愿方面,中国申请人较为强烈,这可能与中国PCB相关的电子产品市场活跃度以及政府的支持相关,但是授权率与美国、日本相差较大,说明中国在EDA设计类PCB技术领域的申请质量与美国、日本还有较大的差距。日本和美国的申请量分别排在第二、第三位,不但申请量较多而且授权率很高,尤其是美国,授权比例超过了90%,这表明日本、美国不仅拥有广泛的研发意愿,且在取得的成果中具有较高的创新性。韩国、欧洲的授权率与中国相似,但欧洲和韩国的总体申请量并不是太多,表明这些国家/地区总体上研发热情并不是太高。

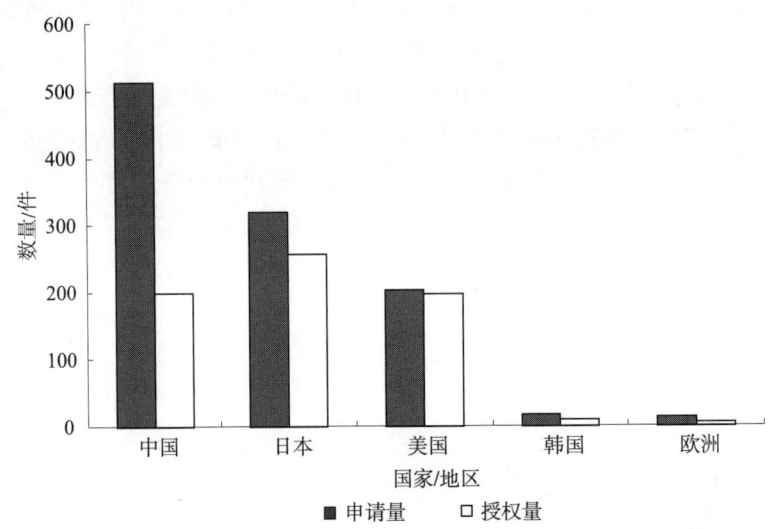

图3-4-3　EDA设计类PCB主要国家/地区申请量和授权量情况

3.4.3　全球/在华主要申请人分析

图3-4-4示出了EDA设计类PCB领域全球前20位申请人申请量排名情况。图3-4-5示出了EDA设计类PCB领域在华前20位申请人申请量排名情况。

从全球申请人排名情况可见,在全球排名前20位的申请人中,中国占了7席,其中企业占5席,还有2所高校——电子科技大学和西安电子科技大学。外国申请人中,日本申请人最多,有9位进入了全球前20位,分别是日本电气、富士通、日立、松下、东芝、图研、冲电气、横河电机和夏普,可见,日本公司在EDA设计类PCB技术领域有很深的技术积累。此外,美国的楷登和IBM也进入了前20位。

在EDA设计类PCB全球申请人申请量排名中,浪潮集团排在第一位,是前十唯一的中国企业,中国台湾地区的英业达和富士康的申请量也较大,分别排在第三位和第五位,拥有较强的技术实力。全球排名前20位的申请人中,申请量呈现出四个层次:首行是前五名,申请量都在50项以上,优势较为明显;其次是第六至第九名,申请量在30项左右;再次是第10~11名,申请量在10~20件;最后是第12~20名,申请量处于5~10项。

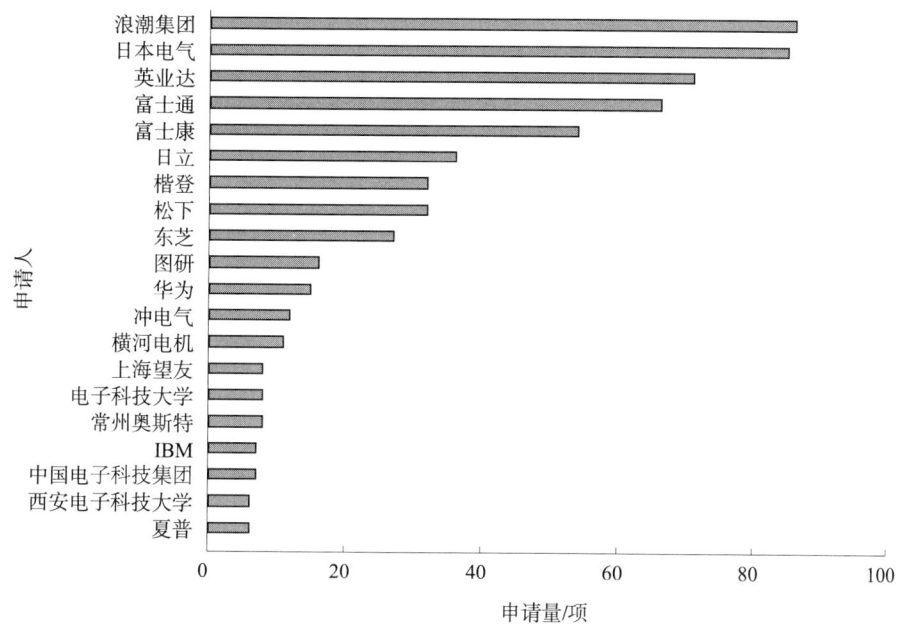

图 3-4-4　EDA 设计类 PCB 全球申请人申请量排名

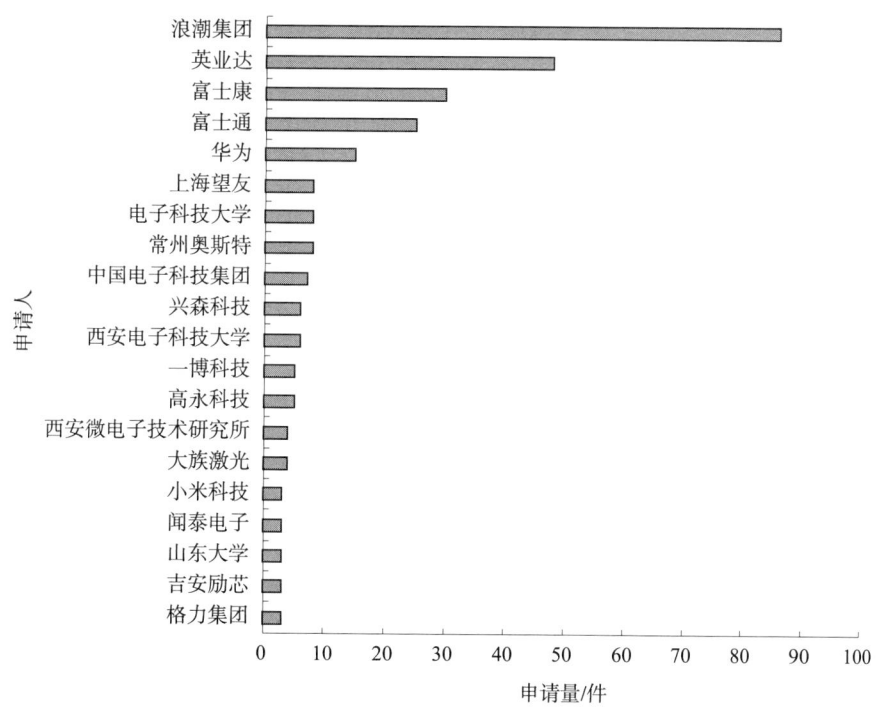

图 3-4-5　EDA 设计类 PCB 在华申请人申请量排名

从在华申请人排名情况可见，排名前 20 位的申请人当中，中国的申请人一共占据了 18 个席位，其中有 14 家企业、4 家高校和科研院所，可见在 EDA 设计类 PCB 方面国内的研发主体集中在企业,与之前的数字集成电路、模拟集成电路的分析情况略有不同。中国台湾地区的英业达和富士康在中国的申请量分别排在第二、第三位,相对其全球排名而言还有所上升,可见,英业达和富士康对中国市场十分重视。在华申请量排名前 20 的申请人中,日本只有 2 位——富士通和高永科技,而之前全球排名前 20 的日本电气、日立、松下、东芝、图研、冲电气和横河电机均没有进入中国前 20 名,这表明富士通、高永科技相对于其他几家日本企业较为重视中国市场。

3.4.4 全球布局地分析

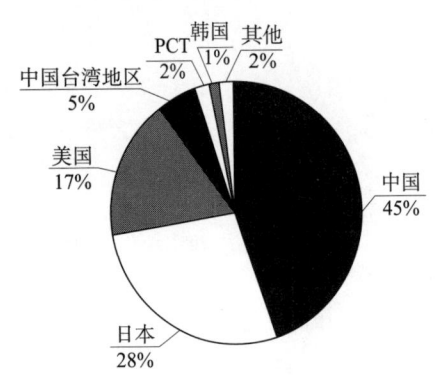

图 3-4-6 EDA 设计类 PCB 全球目标地占比

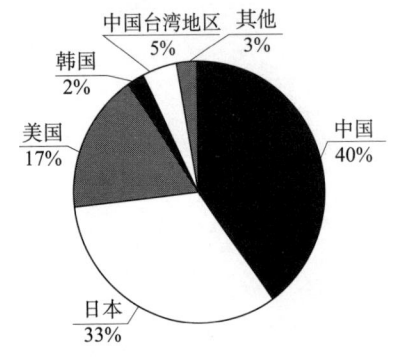

图 3-4-7 EDA 设计类 PCB 全球原创地占比

图 3-4-6 反映了 EDA 设计类 PCB 技术全球目标地占比情况。图 3-4-7 反映了 EDA 设计类 PCB 技术原创地占比情况。

从 EDA 设计类 PCB 全球目标地占比中可以看到,中国是最大的目标市场,其次是日本。中国作为人口众多和快速崛起的经济体,潜藏着巨大的商业机会,因此吸引了中、外各创新主体的目光;同时日本作为拥有众多 EDA 设计类 PCB 技术公司的领头者,同样吸引了创新主体的关注。紧随其后的是美国,占比为 17%。中国台湾地区的申请量占比达到了 5%,这与中国台湾地区的半导体产业较为发达有关。还有 2% 的申请选择 PCT 的形式,反映出该领域创新主体进入多个目标市场的意愿并不是很高。

在 EDA 设计类 PCB 领域,中国作为原创地占据了高达 40% 的比例,这可能得益于中国近年来对于半导体集成电路技术领域大力的政策扶持,使得本土创新主体受到较大鼓励,拥有较多产出。其次是日本,作为原创地占比为 33%,高于其目标地占比的 28%,可见其技术输出较多。美国和中国台湾地区的原创地占比与各自的目标地占比相同,分别为 17% 和 5%。其他国家/地区的原创技术相对较少。

3.4.5 全球/在华主要申请人布局重点分析

本小节主要研究了 EDA 设计类 PCB 全球/在华主要申请人布局重点,以及年度分布和区域分布。表 3-4-1 为 EDA 设计类 PCB 全球主要申请人申请量年度分布。表 3-4-2 是 EDA 设计类 PCB 中国主要申请人申请量年度分布。

第3章 EDA设计类技术专利状况分析

表3-4-1 EDA设计类PCB全球主要申请人申请量年度分布

单位：项

申请人	1980	1982	1983	1984	1985	1988	1989	1990	1991	1992	1993	1994	1995	1996	1997	1998	1999	2000	2001	2002	2003	2004	2005	2006	2007	2008	2009	2010	2011	2012	2013	2014	2015	2016	2017	2018	2019	2020	2021	2022
浪潮集团																															4	15	8	8	23	6	5	11	1	2
日本电气				1	1		1	5	4	5	9	3	4	6	13	4	4	3	7			1	1	23	2			1	2	1				1						
英业达																							12		14	7	5	2	1		2		2							
富士通											2	7	4	4	6	2			3	4	2	3	1	3	22	2	1	1		3	2	1								
富士康																						19	1			1					7	1								
日立	1						1		1		2	3	5	9	1	6	3		3		1	1	1	1		1	5	6	8	3	7	4	3	8	3	4			1	
楷登																	1	4										1				4	3	8	3					
松下								1			1	3	2	4	1	3	1			2	3	4	2	2																
东芝									2		1	1	1	3	4	7	1	1			2	8		1	1	2														
图研													7							1			2		3															
华为						1			1				5	4	4	2			1																					
冲电气		6	1				2	1		2	2																													
横河电机																														1										
上海理发																												4							1	4	1	2		
电子科技大学																												2	5	3	1	2		1	1	2	2	2		
常州奥斯特															1																				3	2	1		1	
IBM																															1									
中国电子科技集团																						1																		
西安电子科技大学																2																						2		
夏普									1						3																									

表 3-4-2 EDA 设计类 PCB 在华主要申请人申请量年度分布

单位：件

申请人	1992	1993	1994	1995	1996	1997	1998	2001	2002	2003	2004	2005	2006	2007	2008	2009	2010	2011	2012	2013	2014	2015	2016	2017	2018	2019	2020	2021	2022
浪潮集团	1																			4	15	8	8	23	6	5	11	1	2
英业达		2	7	4	4	6	2	3	4	1	3	12	23	14	7	5	2	2		2		2	1						
富士康										2	1	1	3	22	2	1	1				1								
富士通											19				1	5	6	8	3	7									
华为										1	8	2	1	1	2									1	4	1			
上海矽友																							1	1	2	2	2	1	
电子科技大学																	4		3				1	1	2	1	2	1	
常州奥斯特																		5											
中国电子科技集团																	2			2				1	1				
西安电子科技大学																					3			2	2				
兴森科技																						3			2				
一博科技																			1		1			1	2		1	2	
西安微电子技术研究所																	1	2	1										
大族激光															3														
吉安励芯																	1				1	2							
小米科技																												3	
陶泰电子																									1				
山东大学																												2	

从全球主要申请人申请量年度分布来看，日本的申请人最早在 EDA 设计类 PCB 技术领域进行专利布局，其中，日立最早，其次是横河电机、日本电气。在 1987 年之后，日本的主要申请人纷纷开始加速专利布局。1985～2002 年，全球主要申请人中日本占据了先机。2002 年之后，中国台湾地区的英业达、富士康逐渐开始专利布局；而日本的申请人的申请量大幅下降，这可能与日本半导体集成电路产业的转型和技术的转移有关。中国的浪潮集团起步较晚，从 2009 年开始专利布局。在 2013 年之后，主要是浪潮集团和美国的楷登在 EDA 设计类 PCB 技术领域进行专利布局。

从在华进行专利申请的主要申请人申请量年度分布来看，富士康进行专利布局的时间最早，从 1992 年就开始在华申请 EDA 设计类 PCB 技术领域的专利。在 2003 年左右，华为、中国台湾地区的英业达、日本的富士通纷纷开始进行专利布局，尤其是英业达积累了数量较多的专利申请；但近几年，这三家公司没有继续在该技术领域申请专利。2010 年前后，中国的浪潮集团、上海望友、常州奥斯特、中国电子科技集团、西安电子科技大学和兴森科技西安电子技术研究所开始在该技术领域进行专利布局，尤其是浪潮集团申请数量较多且持续性较好。

图 3-4-8 是 EDA 设计类 PCB 全球主要申请人申请量国家/地区分布。从全球主要申请人申请量国家/地区分布情况可见，大部分申请人都是在本国家/地区进行最多的专利申请，海外布局相对较少，因此申请量排名第二、第三位的国家/地区更能说明每位申请人的侧重点。日本的申请人富士通，其申请量第二大的国家/地区是中国；而日立、松下和东芝在中国的专利申请较少。此外，从目标市场来看，日本最受重视，然后是中国和美国，这与该领域主要申请人为日本公司有关。此外，还可以看出，美国申请人更注重 PCT 申请，具有更强的全球专利布局意识，采用以进入多个市场为目标的专利布局策略。中国申请人浪潮集团基本没有在海外进行布局。

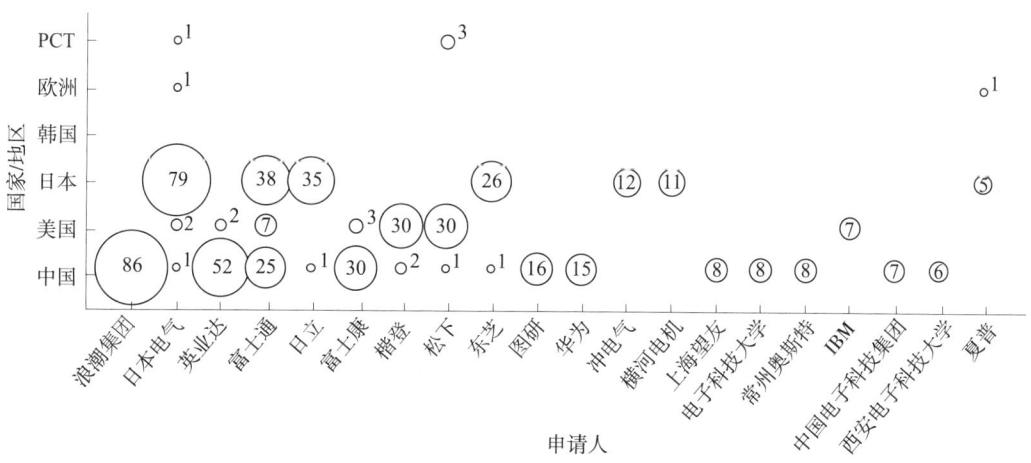

图 3-4-8 EDA 设计类 PCB 全球主要申请人申请量国家/地区分布

注：图中数字表示申请量，单位为项。

图 3-4-9 是 EDA 设计类 PCB 在华主要申请人申请量国家/地区分布。从在华主要申请人申请量国家/地区分布来看，可以看到来自中国的申请人在本国家/地区的申

请量是很大的。由于基本上所有申请人都会采取这样的布局策略,因此申请量排第二、第三位的国家/地区更能说明每位申请人的侧重点。在所有申请人中,可以明显看出,中国申请人仅布局国内。日本的富士通在中国布局的专利数量较多,可见其对中国市场的重视程度较高。

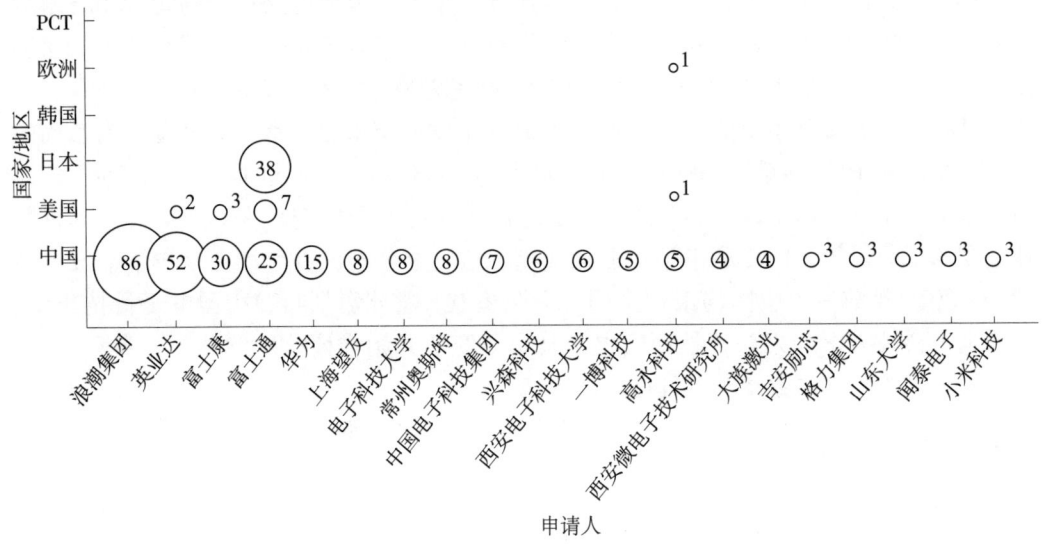

图3-4-9 EDA设计类PCB在华主要申请人申请量国家/地区分布

注:图中数字表示申请量,单位为件。

3.5 小 结

从上述EDA设计技术专利分析中可以看出:

EDA设计技术的专利申请始于20世纪70年代,之后申请量增长较为缓慢。20世纪90年代以来,随着集成电路规模的不断扩大,申请量逐渐攀升,在2014年之后,伴随着新的半导体制程的快速发展以及中国申请量的激增,多个分支均呈现出爆发式增长的趋势,表明各创新主体对EDA设计技术具有极大的研发热情。

EDA设计技术的专利授权率以美国和韩国最高,中国授权率紧随其后。可见,中国无论在申请量还是授权率上与美国仍有一定差距,EDA设计技术水平及专利整体质量有待进一步提高。在EDA设计类PCB细分领域,中国的申请量最多,但是授权率与美国、日本相差较大,说明中国在EDA设计类PCB技术领域的专利申请质量与美国、日本还有较大的差距。在EDA设计类数字集成电路和EDA设计类模拟集成电路细分领域,中国的申请量都位居第二,授权率与排名第一的美国存在差距,表明中国在这两个细分领域的专利质量还有待提高。

在EDA设计技术的专利申请量全球排名前20的申请人中,美国的企业申请人占到了8席,其中新思、楷登、明导作为该领域的技术领先者,拥有着众多的核心技术,无论在专利技术上还是市场占比上都处于垄断地位。中国只有 3 位企业申请人进入排名前 20 的行列。可见在该领域，中国的企业在综合实力上和外国知名企业相比，研发能力和生产能力还略逊一筹，应当考虑与理论研究成果较为出众的高校、科研院所联合，利用自身的资金和资源实现技术落地的同时，积极引进人才或培养技术人员，最终提高企业的技术竞争力和生产实力。

在 EDA 设计技术的专利国家/地区布局方面，从目标市场可以看出，美国和中国是市场大国，各创新主体都非常重视在美国和中国进行专利申请。从技术原创国可以看出，美国是第一大原创国，中国紧随其后。伴随着中国近年来对于 EDA 设计技术的政策引导和产业规划，大量中国申请人投入该领域研究，特别是众多高校、科研院所在国家相关政策的支持下，在该领域开展了广泛的研究。但美国在该领域起步较早，专利授权数量从 20 世纪 90 年代开始快速增长，很快拉开了与其他国家的差距。作为 EDA 技术的实际垄断者，新思、楷登和明导在该领域中仍占据核心的统治地位。

第4章 EDA制造类专利状况分析

4.1 总体状况分析

本报告对EDA制造类技术国内外专利文献进行了检索,梳理了技术和产业相关信息,结合全球和中国专利文献的初步检索状况,确定了如图4-1-1所示的技术分解表。EDA制造类中的晶圆生产技术分为OPC、掩膜数据处理(mask data preparation,MDP)、DFM和良率管理(yield management,YM);工艺平台开发技术分为TCAD、器件建模及验证和PDK;总体如图4-1-1所示。

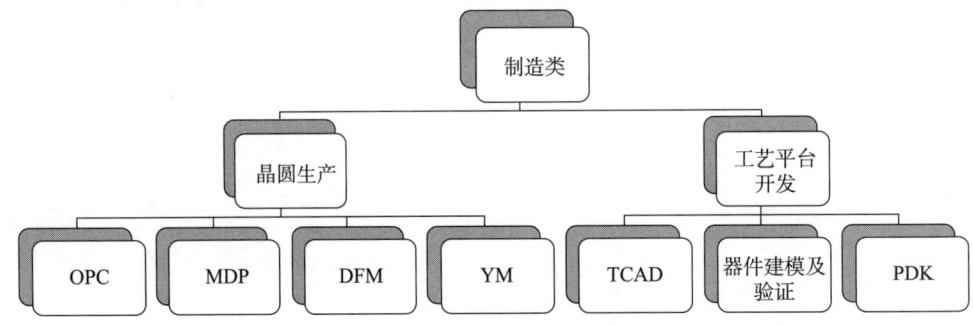

图4-1-1 EDA制造类技术分解

表4-1-1中体现了各技术分支的专利申请量情况,其中工艺平台开发技术分支下,器件建模及验证申请量最高;晶圆生产技术分支下,OPC申请量占据主体地位。

表4-1-1 EDA制造类技术各分支专利申请量

一级技术分支	二级技术分支	三级技术分支	中国申请量/件	全球申请量/项
EDA制造类	工艺平台开发	TCAD	457	767
		器件建模及验证	889	1297
		PDK	47	88
	晶圆生产	OPC	1854	3911
		MDP	330	985
		DFM	98	157
		YM	103	185

4.1.1 全球/中国申请和授权态势分析

图 4-1-2 显示了 1980~2022 年 EDA 制造类技术在全球和中国范围内公开的专利申请的态势。

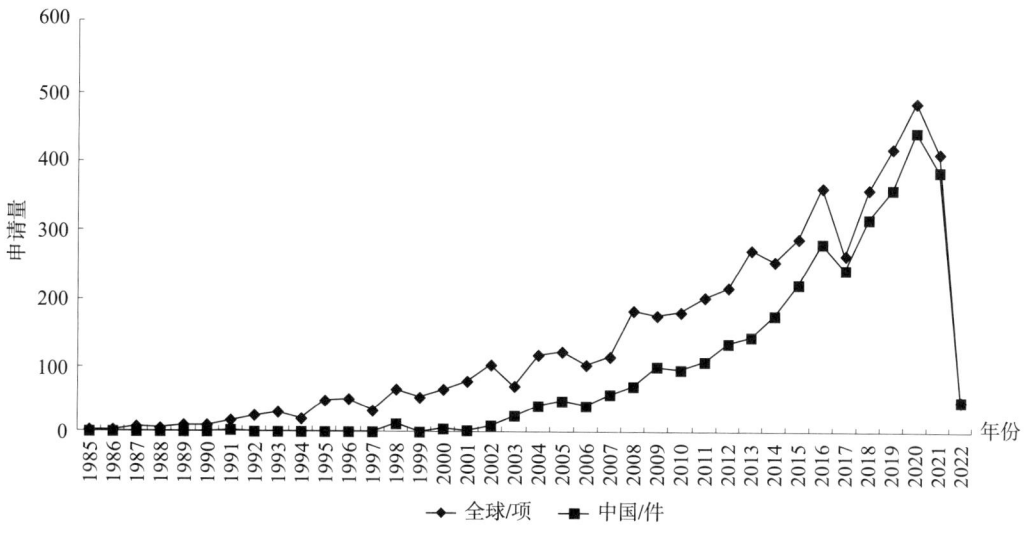

图 4-1-2 EDA 制造类技术全球/中国申请态势

从全球申请态势来看，1980~1994 年，全球的申请量处于低位，在这十几年间，全球的申请量基本处于几十件左右，呈现缓慢增长的态势，表明这个阶段技术处于萌芽阶段，技术发展相对较为缓慢，因此整体申请量低。1995~2007 年，全球的申请量进入快速增长的阶段，由之前的几十件迅速上升到 300 多项，这得益于计算机软件和大规模半导体集成电路技术的大力发展，使得 EDA 这一技术也获得了快速发展。2008~2015 年，申请量有所起伏，但总体变化不大，基本每年均超过了 300 项，整体仍呈现较高的申请量。2017~2020 年申请量又呈现明显的递增趋势，这与中国专利申请量呈现大幅提升有一定的关系。

从中国申请态势来看，中国的技术萌芽期出现较晚。在 2001 年之前，中国每年的申请量在 10 件左右，且在全球申请量开始逐渐快速增长的 1995~2001 年，中国专利申请量仍在 10 件左右，这可能与中国在这个时期主要依靠国外的 EDA 工具以及半导体制造业并未兴起有一定的关系，申请量一直处于低位，增长缓慢。2002~2020 年，中国申请量开始呈现小幅递增趋势，且增长速度不断加快，且中国申请量的增加也使得全球的申请量在 2016~2020 年有了大幅的提高。可见，虽然前期中国发展较为滞后，但随着中国对于 EDA 制造类技术的重视，不断加大对该技术的政策扶持和资金资助，伴随着制造类企业的发展，市场需求越来越大，从而在该技术方面的申请越来越多。

图 4-1-3 显示了 1986~2022 年 EDA 制造类技术在全球和中国范围内授权的专利申请态势。

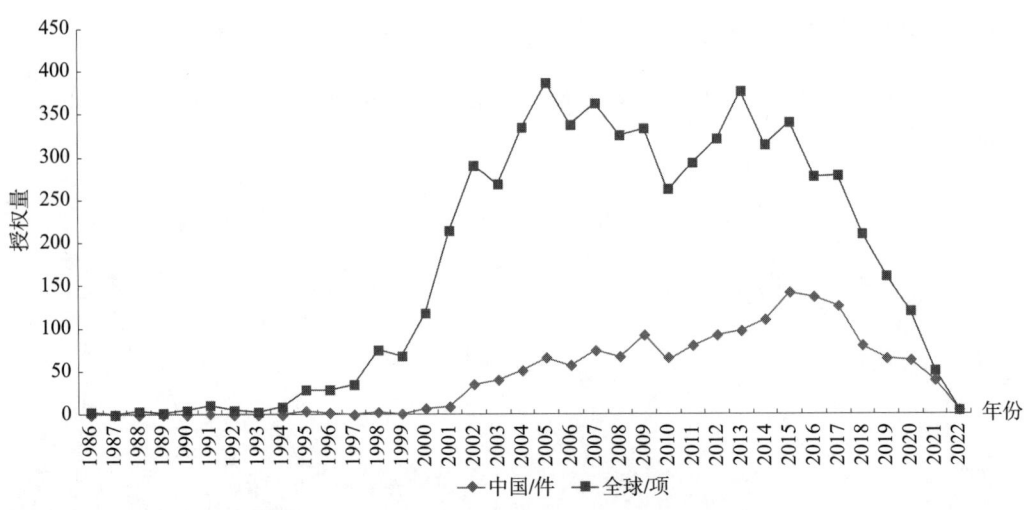

图4-1-3 EDA制造类技术全球/中国授权态势

从全球授权态势来看，1986~1994年，全球授权量非常低，与这一技术早期发展时申请量相对较少，该技术还处于摸索阶段有关。1995~2005年，全球授权量最先呈现小幅递增趋势，从1999年开始申请量大幅提升，且在2005年达到第一次峰值，授权量高达386项，这也说明该时期是EDA制造类技术大力发展的阶段。2006~2010年，全球授权量呈现一定的下降趋势，但总体授权量比较高，虽然在2010年达到低谷，其授权量仍有200多项，但是与将近500多件的申请相比，授权率并不是非常高。2011~2013年，全球授权量又呈现递增趋势，且在2013年达到了第二次峰值，授权量达到376项，与该年479项的申请量相比，授权率有了大幅的提高。2014~2022年，全球授权量又呈现出明显的递减趋势，其一可能因为该技术日趋成熟，发展到了一定的阶段，技术的创新出现了瓶颈；其二也与专利授权存在较长周期，从而有一部分案件未被审查有一定的关系。

从中国授权态势来看，在2000年之前，中国授权的专利申请仅有2~3件，这么低的授权量也是因为中国在2000年在该方面的技术还处于空白，零星的申请量也来源于国外申请人，故申请总量非常低，从而使得授权量也非常低。从2001年开始，中国专利申请授权量才开始有所提升，而这一年正是中国EDA技术开始发展的时期，相对于2001年11件的申请量而言，该年的授权专利申请为7件，授权率较高。自2002年开始，中国授权量逐年递增，但是总体增长速度缓慢，相对于全球授权总量而言，授权量还是相对较低，仅在2015年达到了最高峰，授权量为142件，随后开始逐渐下滑。与全球授权量在2002~2017年每年高达250件以上相比，中国专利申请授权的总体数量仍占比较少，不过授权量的全球占比仍大于申请量的全球占比，显示该领域在中国的申请质量呈现良好发展态势。

4.1.2 各国家/地区申请量和授权量占比分析

图4-1-4显示了EDA制造类技术中，主要国家/地区申请量的占比情况。可以看

出,中国申请量最多,占29%,美国次之,占28%,两者的申请量相差不大,且两者的申请总量约占到总申请量的57%,占据了EDA制造类技术的半壁江山。中国作为人口众多的国家和快速崛起的经济体,潜藏着巨大的商业机会,并且更是出台多项产业政策进行相关扶持,因此吸引了中、外各创新主体的目光。美国作为EDA的领头者,拥有良好的经济市场,且拥有众多的本国创新主体,故美国申请量也是相对巨大的。日本、韩国和中国台湾地区占比分别为

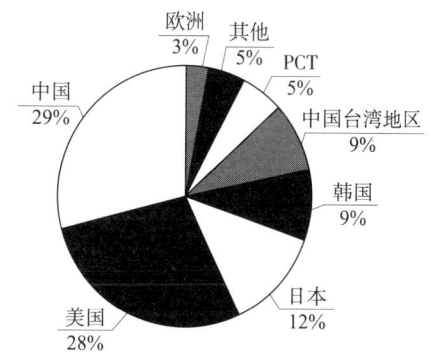

图4-1-4 EDA制造类技术主要国家/地区申请量占比

12%、9%和9%,与中国和美国申请量差异较大,这有可能是因为虽然这三个国家/地区是半导体产业的强国/地区,但是其市场相对较小。排在上述五个国家/地区之后的是PCT专利申请,达到5%,可见有一定的专利申请是以进入多个国家/地区为目标的。欧洲申请量占比较低,仅有3%。虽然欧洲各国是经济强国,但是在制造类技术以及市场方面并不具有较强的优势。

图4-1-5显示了制造类技术中,主要国家/地区授权量的占比情况。从EDA制造类技术各国家/地区授权量占比可以看出,美国占据了37.91%。由于美国是EDA的领头者,拥有新思、楷登等众多著名的EDA企业,该些企业在EDA制造类技术方面具有世界先进水平,且在美国进行专利申请的主要创新主体也一定程度上提高了美国的专利授权量。紧随美国之后的是中国,其专利授权量占据了25.74%,该较高的比例可能得益于中国对于EDA的政策扶持和资金支持,一方面吸引了国外的众多创新主体

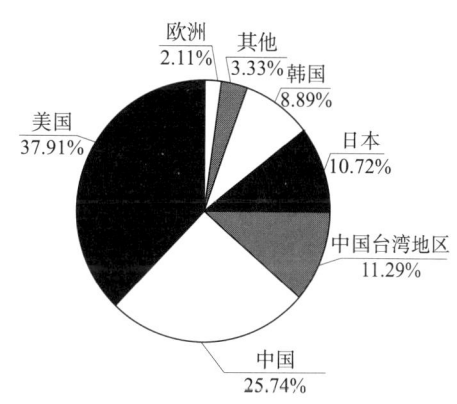

图4-1-5 EDA制造类技术主要国家/地区授权量占比

注:因修约问题,加和不为100%。

的加入,另一方面使得本土创新主体受到较大鼓励,积极进行EDA制造类技术的创新研究,从而使得在申请数量增大的同时提高了申请质量。排名第三位和第四位的是中国台湾地区和日本,其专利授权量分别为11.29%和10.72%,专利授权量占比非常接近,体现出了中国台湾地区和日本在制造类技术方面具有的较强实力。日本之后的是韩国,其专利授权量占比为8.89%。虽然韩国三星在EDA制造技术方面具有优势,但是由于韩国整体市场较小,吸引力较弱,因此进入韩国的国外创新主体相对较少,故仅排在第五位。欧洲授权量的占比最低,仅有2.11%,这与欧洲的专利申请量相对较低有一定的关系。

图 4-1-6 显示了 EDA 制造类技术中主要国家/地区申请量和授权量的情况。

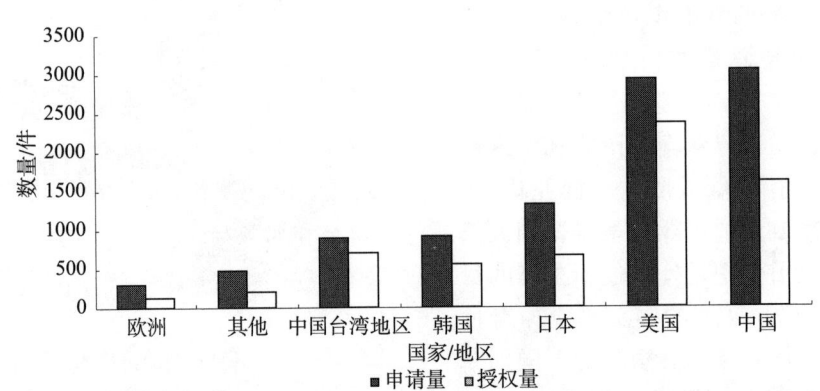

图 4-1-6　EDA 制造类技术主要国家/地区申请量和授权量

中国的申请量最高，位居第一位，美国次之，分别为 3050 件和 2934 件，两者的申请量总体相差不大，这表明两者参与发明创新的意愿都非常强烈，这与政府的支持有较大的关系。美国的授权量位居第一位，为 2370 件，授权率高达 80.7%，而中国的授权量为 1609 件，授权率为 52.8%，相对于美国的授权率而言具有较大的差距，这也说明美国的创新成果中，专利申请质量高，具有较高的创新性，而中国申请数量虽然位居第一位，但专利申请质量还有待提高。作为第三位的日本，其申请量为 1322 件，授权量为 670 件，授权率略超 50%，也表明了其专利申请质量不是太高。韩国和中国台湾地区的申请量相近，分别为 917 件和 904 件，但中国台湾地区的授权量较多，为 706 件，而韩国授权量为 556 件，说明中国台湾地区的专利申请具有较高的质量。欧洲申请量和授权量均为最低，其中申请量 305 件，授权量为 132 件，授权率仅为 43.3%。

4.1.3　全球/在华主要申请人分析

图 4-1-7 显示了 EDA 制造类技术在全球申请量排名前 20 位的申请人。排名第一的是台积电。台积电作为全球第一家专业集成电路制造代工服务企业，在半导体制造方面占有相对大的优势，故其对与半导体相关的 EDA 制造类技术也投入了大量的创新研究力量。排名第二位的是 ASML，其专利申请量为 394 项。ASML 作为全球最大的半导体设备制造商之一，向全球复杂集成电路生产企业提供领先的综合性关键制造设备，也对制造类技术投入了大量的创新研究力量。全球申请量排名前 20 位的申请人分别来自中国、中国台湾地区、美国、韩国、日本。中国申请人占据 3 个席位，分别是华虹宏力、中芯国际和微电子所，分列第三、五、18 位。华虹宏力和中芯国际是中国著名的集成电路生产商，涉及集成电路产品的设计、开发、制造、测试、封装等，故其对于制造类方面的技术同样需要涉猎，而相应排名也表明了华虹宏力和中芯国际对于制造类技术投入了大量的研究力量。华虹宏力与排名第二位的 ASML 申请量仅相差 14 项；而中芯国际与排名第四位的新思申请量也仅相差 22 项，但与排名第一位的台积电相差数量较多；微电子所作为中国知名的科研院所，也是知名的集成电路科研院所，对制

造类方面也有一定的涉猎，但专利申请量相对较少。中国台湾地区的台积电排名第一，联华电子排名第11位。美国有新思、IBM、明导、格罗方德、D2S、楷登共6家公司进入前20位，这也说明了美国在EDA领域方面具有较强的优势，其中的新思、楷登和明导是全球知名的EDA企业，IBM是众所周知的强研发机构，格罗方德是全球知名的半导体晶圆代工厂商，D2S则是全球著名的电子束（electrons beam inspection，EBI）技术公司。日本有东芝、日本电气、富士通、松下和索尼5家公司进入前20位，而这些公司也是全球知名的半导体电子厂商，但其总体排名相对靠后，除东芝排名第六位，进入全球排名前十之外，其他几个公司排名非常靠后。韩国有三星、SK和东部高科3家公司进入前20位，其在EDA制造类技术领域也具有一定的研究实力。

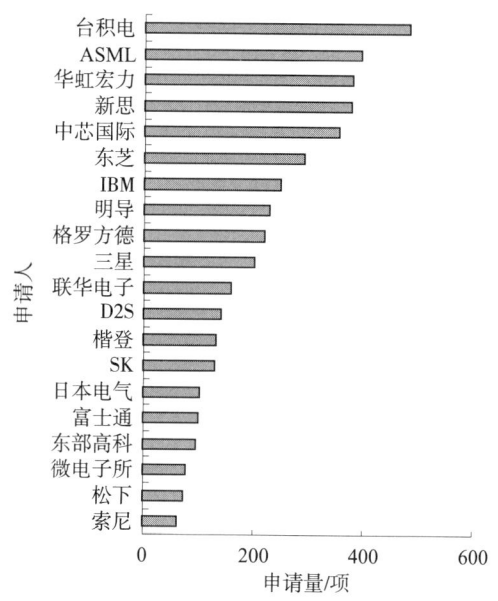

图4-1-7　EDA制造类技术全球前20位申请人申请量排名情况

从上述分析可以看出，中国的企业和外国知名企业相比，研发能力和生产能力还略逊一筹，而中国科研院所对于EDA制造类技术的研究投入相对较少。应使更多的科研院所投入该项技术的研究中，并考虑中国的企业与理论研究成果较为出众的科研院所联合，利用自身的资金和资源实现技术落地的同时，积极引进人才或培养技术人员，最终提高企业的技术竞争力和生产实力。

图4-1-8显示了EDA制造类技术在华申请量排名前20位的申请人。排名全球第三位和第五位的华虹宏力和中芯国际于在华申请人排名中分列第一位和第二位，说明上述两家公司对于EDA制造类技术的重视，其关于该项技术的专利申请在中国相对于其他公司具有显著优势。而全球排名第一位、第二位和第四位的台积电、ASML和新思在中国申请量仅位于第四位、第三位和第六位，与华虹宏力和中芯国际的专利申请量存在巨大的差距，这说明上述三家公司的专利申请更多集中在国外。在华申请量排名前20的申请人中，中国有多所大学进入，但是其专利申请量都相对较少，均未超过30

件，故应加大资金资助，促使中国的高校、科研院所在该项技术上投入更多创新研究力量，也为其与中国企业之间能够展开联合打好坚实的基础。

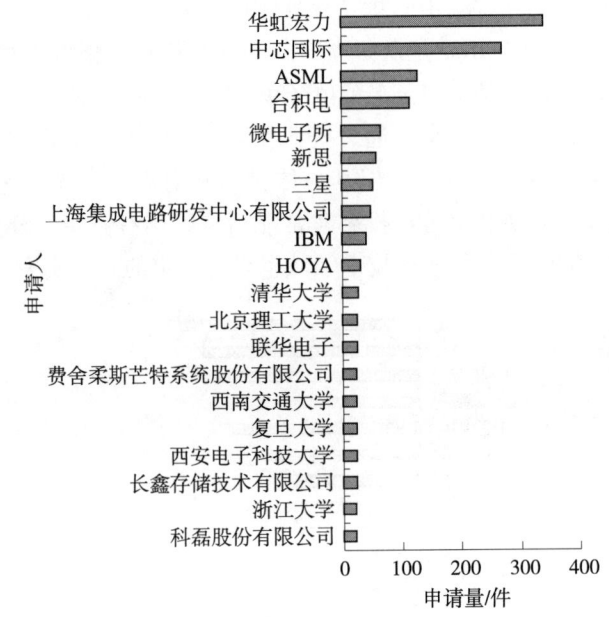

图4-1-8　EDA制造类技术专利申请人在华申请量排名情况

4.1.4　全球布局地分析

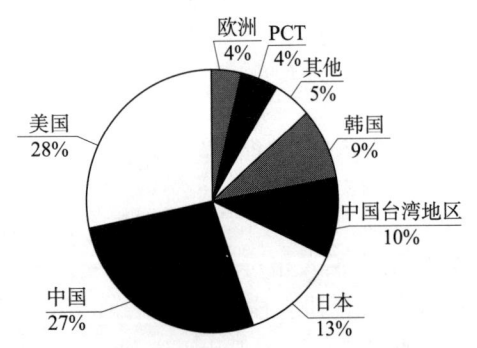

图4-1-9　EDA制造类技术全球目标市场占比

图4-1-9显示了EDA制造类技术全球目标市场的占比情况。可以看出，美国是最大的目标市场，占比为28%，这是因为美国作为拥有众多EDA企业的领头者，吸引了众多创新主体的注意。中国位居第二位，其与美国市场占比非常接近，占比为27%，这是因为中国作为人口众多的国家和快速崛起的经济体，潜藏着巨大的商业机会，因此吸引了中、外各创新主体的目光；同时也因为中国创新主体的大量投入，产出较多，且中国对于EDA这一技术领域进行了大量的政策扶持，使得这一领域发展越来越迅猛。紧随中国之后的是日本、中国台湾地区和韩国，其占比分别为13%、10%和9%，也体现出了创新主体对于这三个国家/地区有一定的关注度，但是相对中国和美国而言，整体关注度还是较低。PCT专利申请占比为4%，这些专利申请在申请之初就以进入多个市场作为目标。欧洲市场占比低，仅为4%，这与欧洲市场相对较小有一定的关系。

图4-1-10显示了EDA制造类技术中的全球技术原创地占比。可以看出，美国的

占比最大，为56%，占整个EDA制造类技术全球总量的一半以上，这可能与美国自身拥有众多的制造类技术方面的知名企业有关，并且美国自身的市场需求大，其常年持续对于EDA领域进行大力的政策扶持以及资金资助，使得本土的创新主体受到较大的鼓励，拥有较多的产出，也说明了美国在EDA制造类技术方面具有领先且主导的地位。日本次之，占比为24%。虽然日本制造类技术原创地占比与美国相比存在较大的

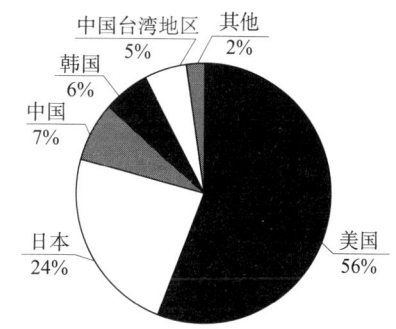

图4-1-10 EDA制造类技术全球原创地占比

差距，但是其排名第二也体现出了日本仍是EDA制造类技术强国，所拥有的众多半导体行业的知名企业也使得其在该技术方面的创新具有一定的优势。中国在EDA制造类技术原创方面占比为7%，排名第三位。虽然中国近年来不断出台多项政策进行刺激，也出现了很多的创新主体如华大九天、微电子所等，但是毕竟中国在EDA技术方面起步较晚，因此在EDA技术方面还与前两位即美国和日本存在巨大的差异。韩国和中国台湾地区占比接近，分别为6%和5%，这可能与其分别拥有三星、台积电等高科技公司相关，从而使得其在技术原创地方面也占有一席之地。

4.1.5 全球/中国主要技术分支分析

图4-1-11显示了EDA制造类技术在全球主要技术分支的申请态势。

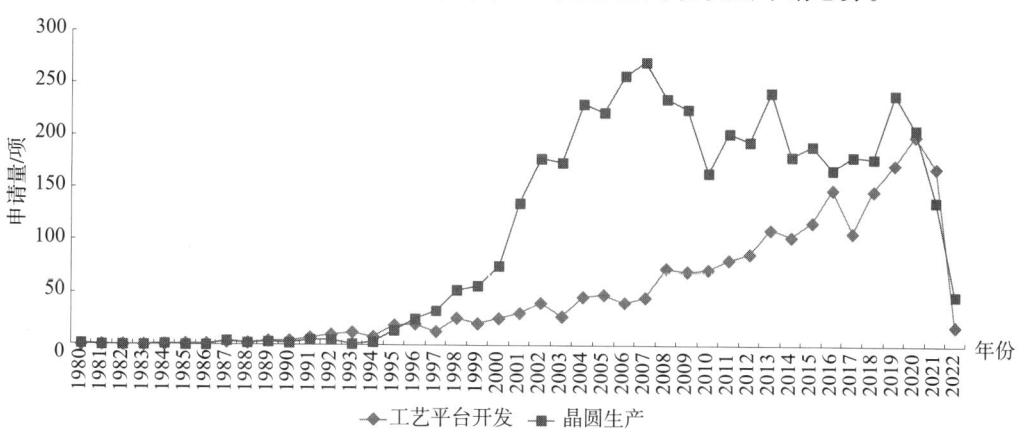

图4-1-11 EDA制造类技术全球主要技术分支申请态势

可以看出，EDA制造类晶圆生产技术的申请量整体相对较高，EDA制造类工艺平台开发技术的申请量总体相对较低，由此可见EDA制造类晶圆生产技术是研发热点。EDA制造类工艺平台开发技术和EDA制造类晶圆生产技术这两项技术的专利申请在1993年以前均处于萌芽期，申请量非常少，这可能与该时期技术发展相对缓慢有一定的关系。自1993~1995年开始，EDA制造类工艺平台开发技术和EDA制造类晶圆生产技术申请量呈现明显的上升趋势。EDA制造类晶圆生产技术申请量增长趋势大，且

在2002~2021年都保持着较高的申请量,说明在这十年间EDA制造类晶圆生产技术保持着较高的研究热度,且这十年是该技术发展最为迅猛的十年,也正是EDA和半导体技术蓬勃发展的时间。EDA制造类工艺平台开发技术申请量虽然也呈现递增趋势,但整体递增缓慢,直到2020年才达到了第一次顶峰,在2020年的申请量与EDA制造类晶圆生产技术的申请量持平,均为207项。但总体来说EDA制造类晶圆生产技术的申请总量远远大于EDA制造类工艺平台开发技术的申请总量,这可能与EDA制造类工艺平台开发技术研发较为缓慢以及该项技术相对成熟稳定有较大关系。

图4-1-12显示了EDA制造类技术在中国主要技术分支的申请态势。可以看出,中国EDA制造类工艺平台开发技术和EDA制造类晶圆生产技术这两个分支的专利申请时间均比全球晚约10年,可见我国研发开始时间相对滞后。在申请上,EDA制造类工艺平台开发技术和EDA制造类晶圆生产技术从1991年开始有所发展,但在1999年以前发展缓慢,申请数量非常低。EDA制造类晶圆生产技术申请量从2000年开始呈现上升趋势,上升过程中存在多次起伏,申请量并非持续增长,但发展还是相对较为迅猛的,在2012年时就已达到60件左右,远远大于EDA制造类工艺平台开发技术在2012年的申请量。EDA制造类工艺平台开发技术从2002年开始呈现上升趋势,比EDA制造类晶圆生产技术晚了2年,虽然呈现缓慢增长趋势,但是基本上一直在增长,并未像EDA制造类晶圆生产技术那样在申请量上存在起伏。EDA制造类晶圆生产技术和EDA制造类工艺平台开发技术的申请量均在2020年到达高峰,申请量均为183件。总体而言,在中国,EDA制造类晶圆生产技术和EDA制造类工艺平台开发技术近年来一直都是研发热点,这也说明中国越来越重视EDA和半导体超大规模集成电路技术的发展。

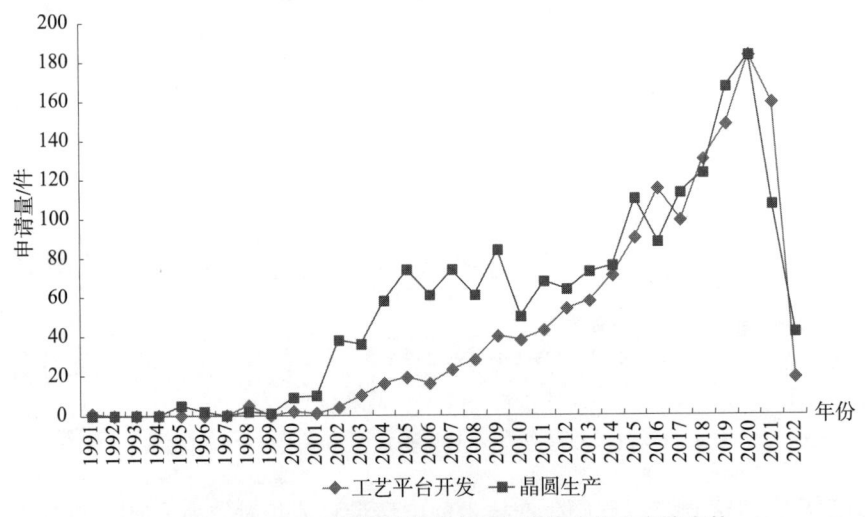

图4-1-12 EDA制造类技术中国主要技术分支申请态势

这两个技术分支中,EDA制造类工艺平台开发技术的增长趋势与世界基本保持一致,表明中国虽然在EDA制造类工艺平台开发技术方面起步较晚,但是其呈现追赶势头。近年来,我国企业如华虹宏力、中芯国际、华大九天,以及高校、科研院所如微电子所、清华大学等都在该领域不断进行研发,从而推动了该技术申请量的增加和发展。

EDA制造类晶圆生产技术在从2000年开始发展的几年内，紧跟全球增长且大有赶超的趋势，发展势头十分迅猛，这可能与国家科技政策导向有一定的关系。虽然2000~2013年EDA制造类晶圆生产技术的发展不如其他国家/地区迅猛，但是其也一直呈现递增趋势，也说明了中国对于EDA制造类晶圆生产技术的研究从未放松。

图4-1-13显示了EDA制造类技术在全球和中国的主要技术分支的申请量占比情况。

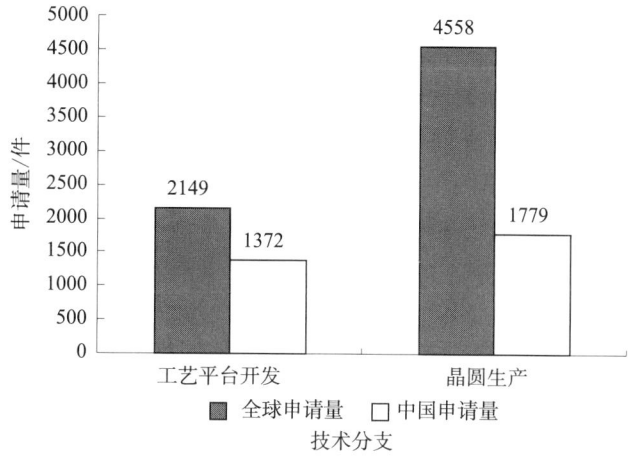

图4-1-13 EDA制造类技术在全球/中国主要技术分支申请量占比

从全球/中国主要技术分支申请量占比中可以看出，在EDA制造类晶圆生产技术和工艺平台开发技术这两个分支中，中国在EDA制造类晶圆生产技术这一分支中占比相对较少，这可能与中国在EDA制造类晶圆生产技术方面发展相对于美国等国家/地区较晚有较大关系；中国在EDA制造类工艺平台开发技术中占比相对较多，这可能是因为中国对于EDA制造类工艺平台开发技术的政策引导和产业规划，使得大量中国申请人投入该领域的研究中，且从全球布局来看，EDA制造类晶圆生产技术方面的申请数量更多，布局相对成熟，故在该方面的申请不易于获得授权，因此更多的申请人在全球申请数量相对较少的EDA制造类工艺平台开发技术方面进行专利布局。

4.1.6 全球/中国主要申请人布局重点分析

表4-1-2是EDA制造类技术全球主要申请人申请量年度分布情况。日本电气的相关专利申请从技术发展早期已经开始布局，明显早于全球其他申请人，表明其具备敏锐的观察力，能够更早地确定未来的技术市场。但是日本电气在1985~1994年十年中未进行持续布局；而东芝虽然布局时间略晚于日本电气，但一直进行着专利布局，在EDA制造类技术这方面的优势不容小觑。总体而言，日本企业在EDA制造类技术中的布局早于其他企业，均在20世纪80年代就开始了相关布局，而除日本企业之外的国外企业以及中国台湾地区的台积电和联华电子在20世纪90年代也都开始进行了相关布局。中国的华虹宏力、中芯国际和微电子所布局均相对较晚，从2000年之后才开始进行布局，但是其申请量逐年递增。

表4-1-3是EDA制造类技术中国主要申请人申请量年度分布情况。

表 4-1-2 EDA 制造类技术全球主要申请人申请量年度分布

单位：项

申请人	1980	1984	1985	1986	1987	1988	1989	1990	1991	1992	1993	1994	1995	1996	1997	1998	1999	2000	2001	2002	2003	2004	2005	2006	2007	2008	2009	2010	2011	2012	2013	2014	2015	2016	2017	2018	2019	2020	2021	2022
台积电															4	3	8	1	4	9	6	8	2	11	16	7	11	10	12	36	31	41	46	33	33	31	57	22	18	2
ASML													1		1	3	3	1	9	21	14	54	20	8	20	11	20	14	11	11	23	6	23	12	17	19	38	22	7	
华虹宏力																					13	1	2	6	6	8	14	10	22	13	27	20	21	32	31	46	34	49	25	10
新思													1			6		6	10	30	1	16	24	13	24	18	33	14	9	13	11	25	20	13	7	10	9	22	25	
中芯国际			1												1								1	13	35	19	23	20	11	20	33	26	37	11	14	18	31	39		
东芝						2	1		2	5	6	2	2	9	5	10	3	12	14	21	12	18	25	25	14	12	28	16	13	8	4	5	5	3	1	2	1	1		
IBM														3	2	1	3	7	8	3	17	22	17	17	15	18	16	19	13	10	17	12	6	4	6	2	6			
格罗方德					2									1		1	10	7	2	9	17	16	9	6	11	12	8	13	12	14	28	27	14	7	12	1	4			
明导							1					1		2		3	10	12	13	11	7	10	24	11	20	9	12	17	9	6	17	8	3	9	2	2	6		2	
三星																1	7	4	3	2	4	4	7	8	4	1	6	6	13	9	4	10	18	12	2	6				
联华电子																			16	11	2	1		7	8	9	2	3	8	8	21	13	4	8	2	22	30	6		
D2S														2				2		7	9		15	25	12	10	27	15	13	15	30	7	5	8				23		
楷登							3					1	1		2	11	3	6	3	5	5	6	6	8	34	10	24	8	3	2	7	7	2	5	4	3			1	
SK										2																				1			2	2	3	4				
日本电气		1			1	1		1						2				2							9		1	2	5	6	1	1	1	2		2				
富士通									2						2		3	3	3	5	5	3	7	14	3	10	5	8	4	7	2		2							
东部高科																			1						24	26	6					1								
微电子所					1								1	3	3	6	6	5	3	7	8	6	7	7	1		1	6	6	9	3	4	13	14	2	1	6	6	4		
松下									2	1		1	4	2	2	3	6	2	10	7	3	2	3	1	5	1	5	2	4	1	2	1								
索尼																															2	2								

表 4-1-3 EDA 制造类技术中国主要申请人申请量年度分布

单位：件

申请人	1996	2000	2001	2002	2003	2004	2005	2006	2007	2008	2009	2010	2011	2012	2013	2014	2015	2016	2017	2018	2019	2020	2021	2022
华虹宏力							2	6	6	8	14	10	22	13	27	20	21	32	31	46	34	49	25	10
中芯国际					1	1	1	13	35	19	23	20	11	20	33	26	37	11	14	18	31	39		
微电子所						1						6	6	9	3	4	13	14	2	1	6	6	4	
上海集成电路研发中心有限公司							1	1		3		1	3	7	2	6	2	5	15	2				
浙江大学				5	1		5		2	2	2	4	3		1			1	4	2			3	1
清华大学						1	2				1	5	3		3	2	2	5	3	2	3	1		1
复旦大学							2		2	1	4			4			1	2	1	7	2	1		
西南交通大学												4	4	3	2	2	1	2			3	4	1	
华润集团								7						1	3	3		4	2					
格芯公司				1		3	2			1			4	4	1	1	2	2		2	5	1	3	3
北京理工大学													4	2		3	5	3		1	2	2	1	2
国家电网											1					1	1		1	1	9	5	3	
长鑫存储技术有限公司																			2	4		8		
西安电子科技大学									1				1		1		1	4	4	4	1	1	7	3
华大九天										1			1	3			1	1	1	1		6	4	2
中国科学院上海光学精密机械研究所							3									1	1		1	1	2	8	5	
华邦电子													3				5			1				
新力股份有限公司			2	2	3	3	1		1	2								2						
长江存储科技有限责任公司																					4	8	3	
武汉大学	1	1														1	1	2		1		4	5	1

新力股份有限公司是最早进行 EDA 制造类技术布局的企业,但是其自 2009 年开始并未持续在该技术方面进行布局。而华虹宏力、中芯国际虽然布局相对较晚,但是其进行了持续布局,每年的申请量较多且整体呈现递增趋势,从而基于产业融合的优势,引领国内该领域的发展。微电子所、清华大学等作为国内重点高校、科研院所,在该技术领域也有一定数量且相对持续的布局。浙江大学、复旦大学等中国主要申请人作为国家自然科学基金的主要受资助单位,在基础理论等方面也开展了较为广泛的研究。华大九天作为 EDA 方面的重要企业,在 EDA 制造类技术方面也有一定的布局。

图 4-1-14 是 EDA 制造类技术全球主要申请人布局地分布。

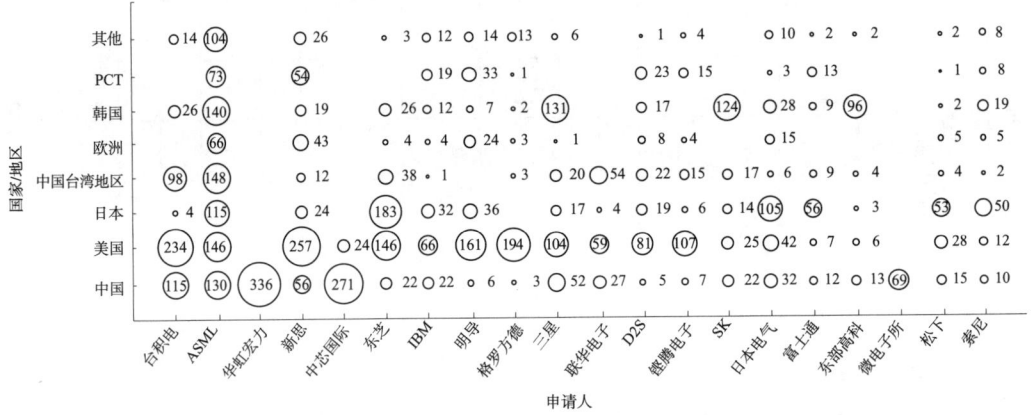

图 4-1-14　EDA 制造类技术全球主要申请人布局地分布

注：图中数字表示申请量,单位为项。

大部分申请人在本国家/地区的申请量是最多的,这是所有申请人都会采取的一般性布局策略,其优先占领本国家/地区的专利市场。例如,日本的东芝在日本的申请量最大,其在中国、美国和韩国的申请量远远小于其在日本的申请量,说明其更注重对于本国市场的占有。而韩国三星除了在韩国进行了大量的申请之外,还在美国和中国进行了大量专利申请,也说明期望在中国和美国市场占有一席之地。不过三星在美国的申请量为在中国申请量的将近 2 倍,说明美国是三星最重要的市场。美国申请人如新思、IBM 以及日本申请人如日本电气、富士通等也均是以本国市场布局为主,同时在全球范围内也进行了一定的布局,并积极通过 PCT 申请的方式进行专利布局,但其在其他国家/地区的申请量远远小于本国的申请量。ASML 作为全球最大的半导体设备制造商之一,其在主要国家/地区都进行了布局,且尤其在中国和韩国进行了大量的布局,且其 PCT 申请数量位居第一,PCT 申请量远远超过其他申请人,说明了其对于全球市场的掌控度较高。此外,中国申请人多以本国为布局重点。华虹宏力和微电子所在制造类技术方面都仅在本国进行布局,而未在其他国家/地区进行任何布局,只有中芯国际在美国有一定量的布局,但申请量非常少。虽然中国有两家企业在 EDA 制造类技术方面进行了布局,但其布局的主要重心都放在了本国市场上,对于国外市场的进入还是不够的,还需要进一步提高申请质量以期进入美国等多个国家/地区。从进入目标地来看,美国和中国相对更受重视,这与两个国家具有较大的市场有很大的关系,也说明申请人都期望占据这两个市场,从而实现专利布局的突破。

图4-1-15是EDA制造类技术中国主要申请人申请量国家/地区分布。

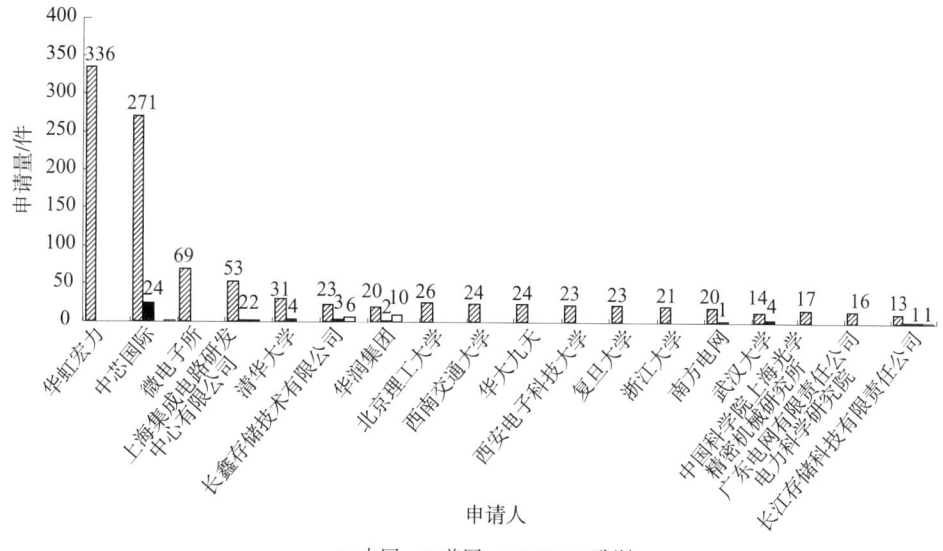

图4-1-15 EDA制造类技术中国主要申请人申请量国家/地区分布

一半以上的申请人仅在本国进行布局,而未在其他国家/地区进行任何布局。虽然中芯国际、上海集成电路研发中心有限公司、清华大学等8家企业和高校、科研院所在国外有一定数量的布局,但是申请量非常少。中芯国际在国外布局数量最多,为28件,仅有1件欧洲专利申请;其次为华润集团,为12件,但有10件为PCT国际申请;这与境外申请人在除本国家/地区之外的其他国家/地区具有几百件申请相比,存在巨大的差距。此外,中国申请人在国外的布局范围相对较窄,主要集中在美国,而全球主要申请人中日本、美国等的申请人基本上在每个国家/地区都有较多的布局。由此可见,中国申请人的布局的主要重心都放在了本国市场上,对于国外市场的进入还是不够的,其还需要进一步提高申请质量以期进入美国等多国家/地区市场。

图4-1-16是EDA制造类技术全球主要申请人申请量技术分布。在EDA制造类晶圆生产这一技术分支,中国台湾地区的台积电排名第一,申请量为393项,这与其是全球最大的半导体集成电路晶圆代工厂商有一定的关系。而排名第二位和第三位的是荷兰的ASML和中国的中芯国际,其申请量分别为377项和328项,且中国的华虹宏力申请量也较高,排名第五位,可见中国在EDA制造类晶圆生产技术方面的申请数量上具有一定的优势。在EDA制造类工艺平台开发这一技术分支,台积电仍旧排名第一,但其申请量与其在EDA制造类晶圆生产技术方面的申请量相比差距较大,仅为89项。日本东芝和中国华虹宏力并列第二名,均为82项。总体而言,全球主要申请人在EDA制造类晶圆生产技术方面的申请量明显多于EDA制造类工艺平台开发方面的申请量。全球申请人在EDA制造类晶圆生产技术上的申请量均达到EDA制造类技术申请量

的60%以上，而在EDA制造类工艺平台开发技术上的申请量最多也才不到30%，故全球EDA制造类晶圆生产技术方面的布局相对成熟，该方面的申请不易获得授权，故更多的申请人在全球申请数量相对较少的EDA制造类工艺平台开发技术方面进行专利申请布局。

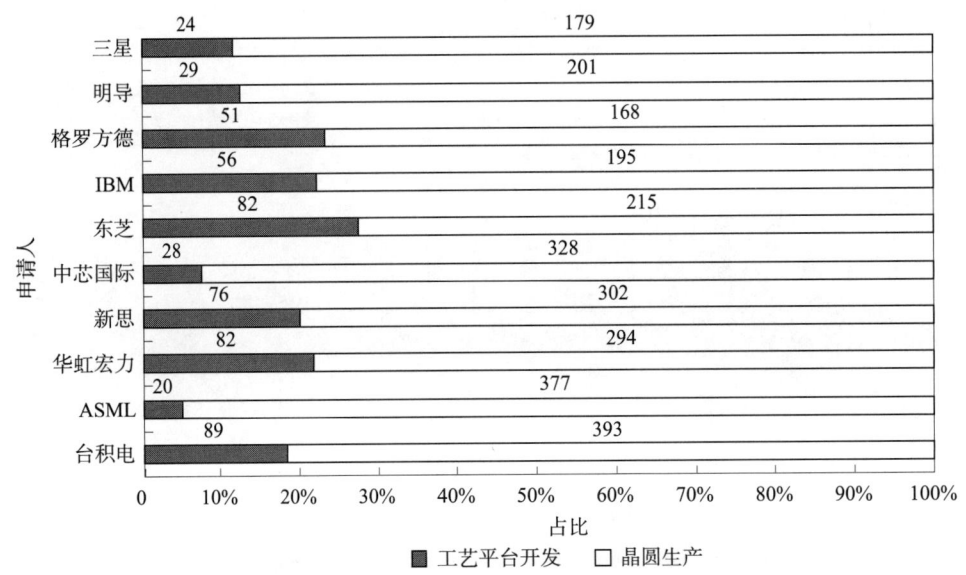

图4-1-16　EDA制造类技术全球主要申请人申请量技术分布

注：图中数字表示申请量，单位为项；各申请人的条状图形划分仅展示该申请人在不同技术分支的申请量对比。

图4-1-17是EDA制造类技术中国主要申请人申请量技术分布。

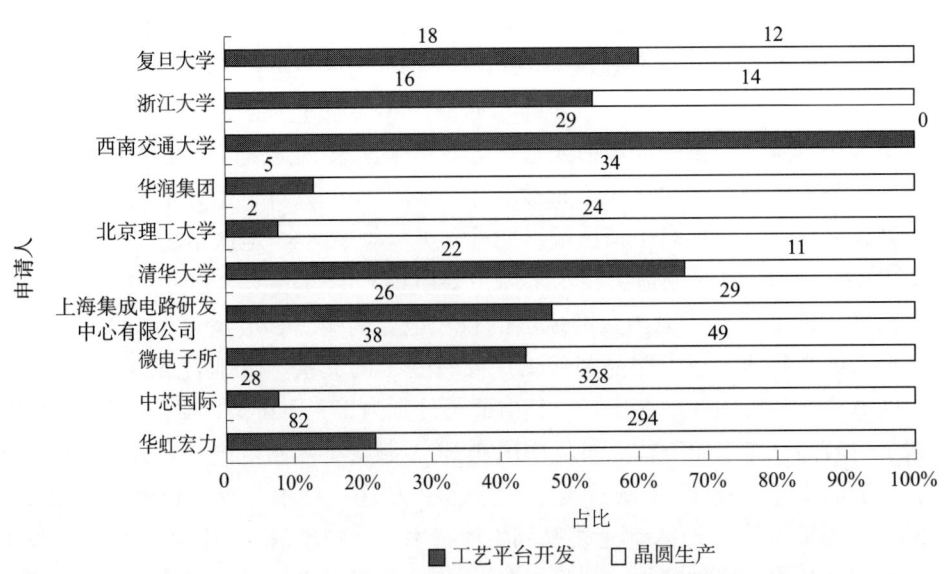

图4-1-17　EDA制造类技术中国主要申请人申请量技术分布

注：图中数字表示申请量，单位为件；各申请人的条状图形划分仅展示该申请人在不同技术分支的申请量对比。

在晶圆生产这一技术分支方面，中芯国际和华虹宏力分列第一位和第二位，申请量分别为328件和294件；而微电子所和华润集团虽然分列第三位和第四位，但其申请量仅分别为49件和34件，与中芯国际和华虹宏力存在较大的差距。这可能是因为中芯国际和华虹宏力是中国有名的制造类厂商，而微电子所和华润集团主要进行的是科研研发。在工艺开发平台技术方面，华虹宏力占据第一位，申请量为82件；微电子所位居第二位，申请量为38件；紧随其后的是西南交通大学，其申请量为29件。总体而言，中国主要申请人在EDA制造类晶圆生产这一技术上的申请量大于在工艺平台开发技术方面的申请量，且以制造为主的中芯国际、华虹宏力和华润集团在EDA制造类晶圆生产技术申请量中的占比远大于在EDA制造类工艺平台开发技术申请量方面的占比；而以研发为目的的微电子所、清华大学等大部分高校、科研院所，在EDA制造类工艺平台开发技术申请量中的占比与在EDA制造类晶圆生产技术申请量中的占比相对较为接近，有些甚至大于在EDA制造类晶圆生产技术申请量中的占比，尤其是西南交通大学，其申请全部为EDA制造类工艺平台开发技术方面，这可能与各申请人的申请目的和需求不同有较大的关系。

4.2 EDA制造类工艺平台开发技术专利状况分析

4.2.1 全球/中国申请和授权态势分析

图4-2-1显示了EDA制造类工艺平台开发技术全球/中国申请态势。

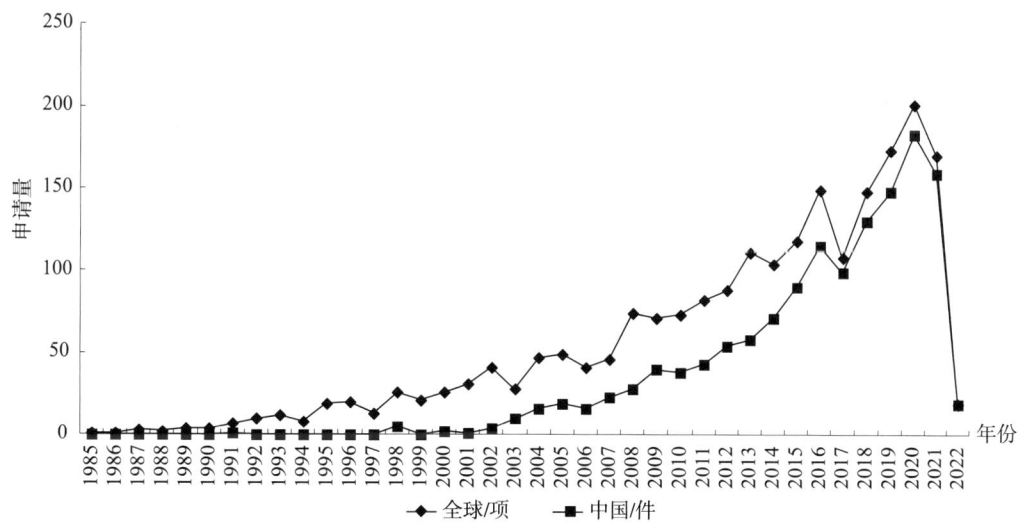

图4-2-1 EDA制造类工艺平台开发技术全球/中国申请态势

可以看出，全球和中国申请态势的变化趋势基本相同。全球申请在1985~1990年的申请量处于低位，表明这个阶段技术处于萌芽阶段，进步缓慢；1990年之后呈现上升趋势，且在2020年达到顶峰，虽然全球申请量存在一定的波动，但是总体申请量还是保持了较高的增长,这得益于计算机技术的发展,使得在实际半导体制造和应用之前的计算机辅助设计成了重要的基础,故越来越多的企业和创新主体不断投入该项技术的研究创新中。中国申请在1985~2002年的申请量低,基本为个位数,但由于全球和中国均处于该项技术的开始阶段,故两者的申请差异不大,且自2003年开始中国申请在EDA制造类工艺平台开发技术中也开始呈现上升趋势,且其趋势基本无大波动,一直保持着较高的申请数量。由此可见虽然前期中国发展较为滞后且缓慢,但是其技术发展期与全球同步,说明了中国在该技术上紧跟全球的发展,作为快速崛起的新兴经济体,并且人口众多,潜藏着巨大的商业机会,因此吸引了中、外各创新主体的目光,使其更愿意在中国进行专利布局。

图4-2-2显示了EDA制造类工艺平台开发技术全球/中国申请态势。从全球授权态势来看,1985~1993年,全球授权量虽然有一定的上升,但整体上升非常缓慢,这与这一技术早期发展时申请量相对较少有一定关系;自1994年开始,EDA制造类工艺平台开发技术进入第一次发展期,在1998年达到第一次峰值,授权量为34件;虽然在1999年有短暂的降低,但之后又呈现上升趋势,且在2009年达到第二次峰值,授权量为92件;之后其在2010年又有短暂的降低,但之后又呈现上升趋势,在2016年达到第三次峰值,授权量为114件,之后整体呈现下降趋势,这可能与该技术发展到达了一定的阶段,技术难以快速创新有关。

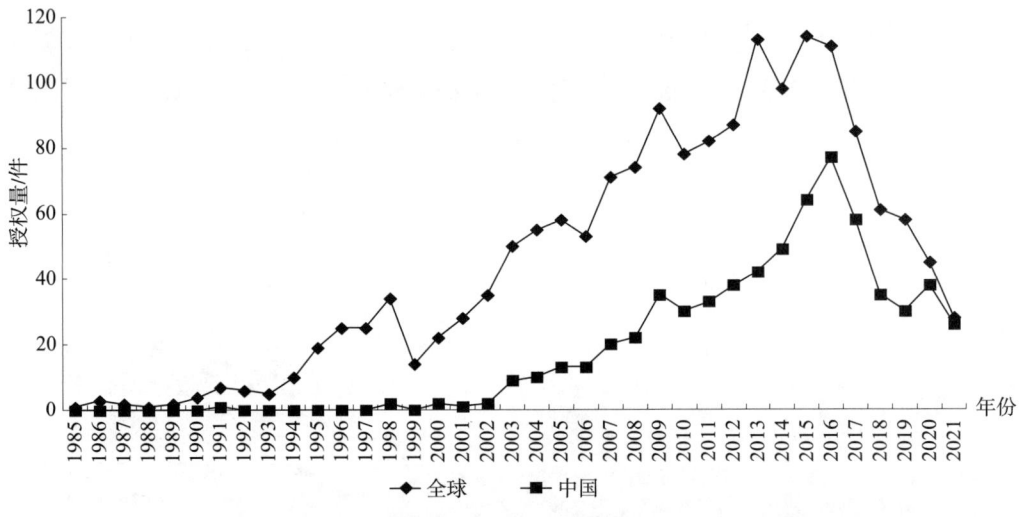

图4-2-2 EDA制造类工艺平台开发技术全球/中国授权态势

从中国授权态势来看,从1985年开始一直到2002年,授权量均处于低位,每年的授权量仅有1~2件,这与中国在EDA制造类工艺平台开发技术方面起步晚且申请量少有较大的关系;但从2003年开始,中国EDA制造类工艺平台开发技术的授权量呈现上升趋势,且在2016年达到顶峰,授权量为77件,而该年也是中国申请量的第一次峰值;2017年开始,中国EDA制造类工艺平台开发技术的授权量整体呈现下降趋势,但是2017年之后EDA制造类工艺平台开发技术在中国的申请量仍然持续增长,这说明这段时间虽然是创新主体活跃的时间，但是申请质量普遍不高，使得授权量呈现下滑趋势。

4.2.2 主要国家/地区申请量和授权量占比分析

图 4-2-3 显示了 EDA 制造类工艺平台开发技术主要国家/地区申请量占比。从 EDA 制造类工艺平台开发技术主要国家/地区申请量占比中可以看出，中国的申请量最多，位居第一位，占比为 46%，几乎占据了 EDA 制造类工艺平台开发技术申请总量的一半；该较高比例与中国近年来对于 EDA 以及半导体集成电路领域的政策引导和资金支持有较大的关系，使得本土的创新主体受到较大的鼓励，且中国作为人口最多且市场大的国家之一，其自身就具有吸引各国创新主体的吸引力。其次，美国在 EDA

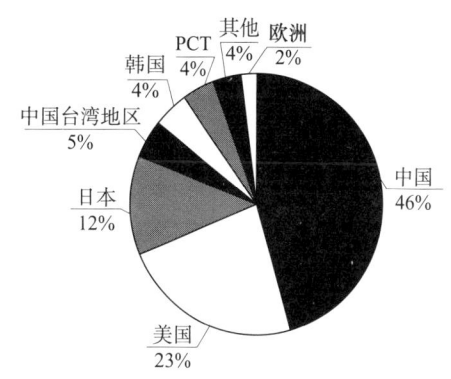

图 4-2-3 EDA 制造类工艺平台开发技术主要国家/地区申请量占比

制造类工艺平台开发技术这一技术上的申请量占据了 23%，位居第二位，但是与中国仍有较大的差距，说明在技术方面中国的专利申请量具有很大的优势，且创新主体也非常看重中国市场。分别位列第三位、第四位和第五位的是日本、中国台湾地区和韩国，分别占 12%、5% 和 4%，说明日本、中国台湾地区和韩国对于这项技术的研发也仍未放松，这与其自身拥有半导体制造商有一定的关系。此外，还有占比为 4% 的 PCT 申请，说明有一部分该技术的申请在申请之初就希望进入到各个国家/地区，也说明在该项技术方面仍有较大的挖掘余地。

图 4-2-4 显示了 EDA 制造类工艺平台开发技术主要国家/地区授权量占比。从主要国家/地区授权量占比中可以看出，中国的授权量最大，占总授权量的 39%；美国次之，占总授权量的 35%。虽然中国的授权量最大，但是相对于其申请量占比为总申请量的近一半而言，其授权率实际相对较低；而美国的授权率则相对其申请量占总申请量的比例而言是非常高的，中国还需加大对于该技术领域的授权率的重视，以刺激创新主体的创新性。此外，日本、中国台湾地区和韩国的授权量占比分列第三、四、五

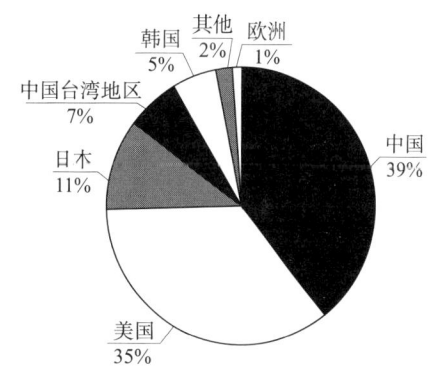

图 4-2-4 EDA 制造类工艺平台开发技术主要国家/地区授权量占比

位，但其授权量占比相对中国和美国而言相对较低。而欧洲的授权量占比最低。

图 4-2-5 显示了 EDA 制造类工艺开发平台技术全球主要国家/地区申请量和授权量占比。

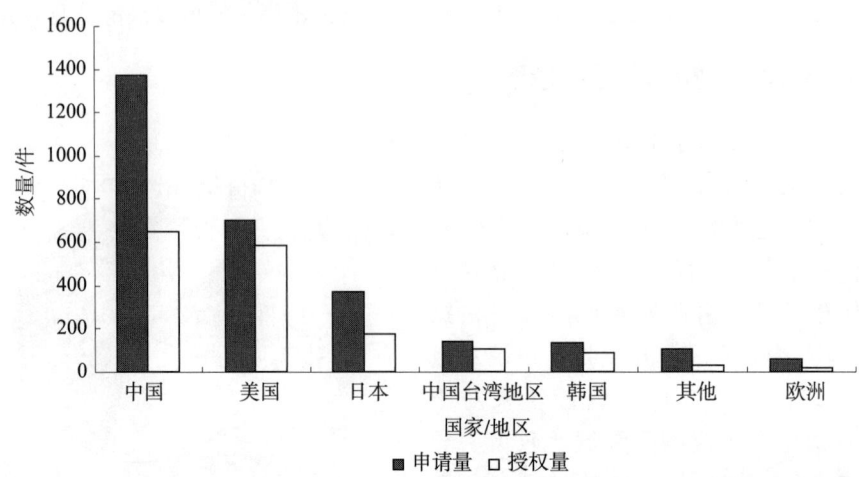

图4-2-5 EDA制造类工艺开发平台技术全球主要国家/地区申请量和授权量占比

中国的申请量远远大于其他国家/地区的申请量，达到1372件；其次为美国，但其申请量仅为698件；而排名第三、第四、第五的日本、中国台湾地区以及韩国的申请量均未超过400件。在授权方面，中国的授权量与美国授权量非常接近，但远大于其他国家/地区；日本、中国台湾地区和欧洲的授权量相对较低，均未达到中国和美国授权量的一半。

4.2.3 全球/在华主要申请人分析

图4-2-6是EDA制造类工艺开发平台技术全球申请人排名前20位的全球申请人。

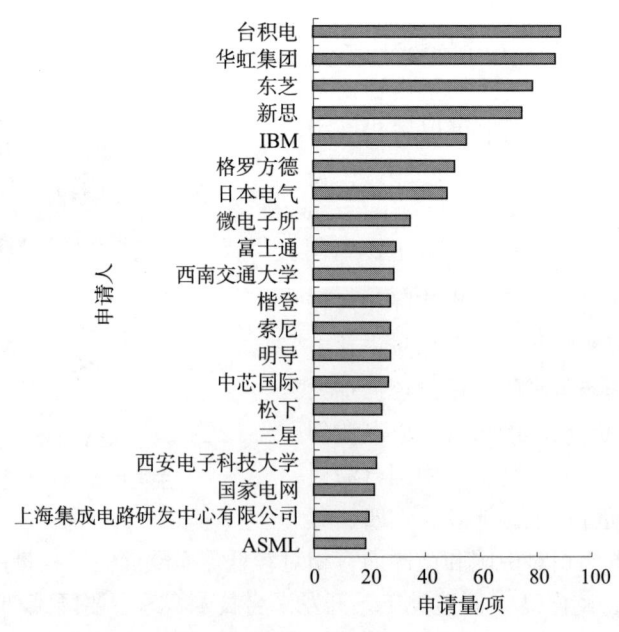

图4-2-6 EDA制造类工艺开发平台技术全球申请人申请量排名前20位

台积电排名第一位；华虹宏力排名第二位，其在 EDA 制造类工艺开发平台技术方面的申请量与台积电非常接近。中国的华虹集团、微电子所、西南交通大学、中芯国际、西安电子科技大学、国家电网和上海集成电路研发中心有限公司 7 位申请人进入全球申请人排名前 20 位，说明中国在 EDA 制造类工艺平台开发技术方面，不但有企业还有高校、科研院校，在该技术方面形成了一定的技术积累，并且近年来，随着中国国家政策支持以及资金投入，微电子所和西安电子科技大学等均成立了 EDA 研究中心，在这一技术上中国也给予了更多的重视。日本的东芝、日本电气等 5 位申请人也进入排名前 20 位，且东芝位列第三，说明在该技术方面日本的实力也不容小觑。美国的新思、IBM 等 5 位申请人也进入了排名前 20 位，且排名都比较靠前，也说明了美国作为 EDA 的强国，在 EDA 制造类工艺开发平台技术方面也一直未放松。

图 4-2-7 是 EDA 制造类工艺开发平台技术在华申请人申请量前 20 位的排名情况。

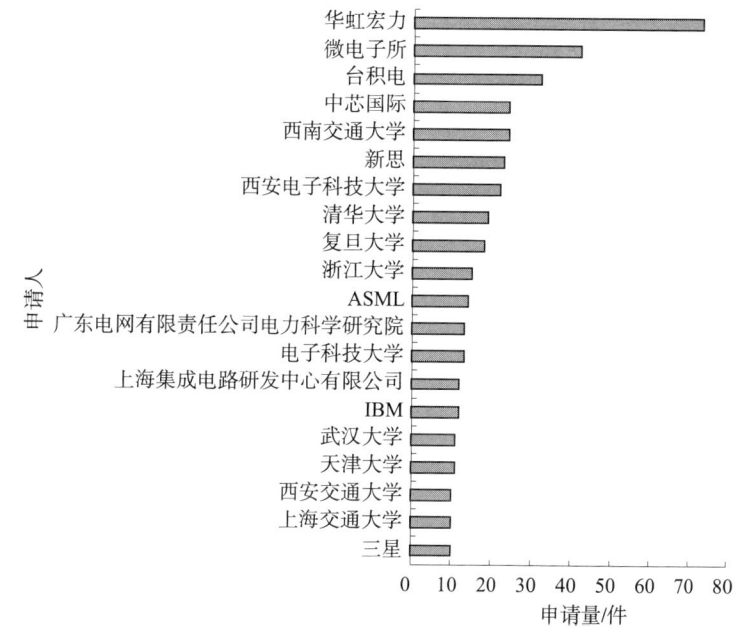

图 4-2-7　EDA 制造类工艺开发平台技术在华申请人申请量排名前 20 位

华虹集团以绝对的优势占据榜首。排名第二位和第三位的分别是微电子所和台积电。EDA 制造类工艺开发平台技术在华申请人申请量前 20 位中，中国企业和高校、科研院所占据了 16 个席位，也说明了中国企业和高校、科研院所对于 EDA 制造类工艺开发平台技术的重视，在该项技术上具有一定的科研理论基础；中国企业和高校、科研院所可以联合创新，从而促使在该项技术上的专利申请数量和质量得到更大的提高。美国的新思和 IBM 也位于该排名中，分列第六位和第 16 位，与其在全球排名为第四位和第五位相较而言，这两家公司在华申请数量相对较少，在该技术方面，其在中国并未具有明显优势的专利布局数量，与华虹宏力存在巨大的差异。在全球排名第 20 位的 ASML 位于在华申请人排名第 11 位，说明该公司对于 EDA 制造类工艺开发平台技术这一技术在中国市场的布局也较为重视。而全球排名靠前的东芝等公司并未出现在EDA制造类工艺开发平台在华申请人申请量前20位的名单中,说明这些公司在该项技术方面并未过多进入中国,对中国市场布局不够重视。

4.2.4 全球布局地分析

图4-2-8展示了EDA制造类工艺开发平台技术专利申请在全球范围内的目标国家/地区分布。可以看出,中国占比为46%,几乎占据总量的一半,位列第一,是最大的目标市场,这可能与中国企业在该技术方面专利申请量较多有一定的关系;美国占比为23%,位列第二,这与美国拥有较多的知名EDA和半导体企业有较大的关系;日本、中国台湾地区和韩国占比分别为12%、5%和4%,位列第三至五位,上述三个国家/地区之所以排名靠前与其分别拥有东芝、台积电和三星这些知名的半导体和电子厂商有一定的关系。总体而言,美国和中国占据了该领域目标市场国家/地区专利申请总量的69%,这说明美国和中国的市场需求较大,具有巨大发展潜力。此外,以PCT的方式进入主要国家/地区的专利也占有一定的比重,占比为4%。

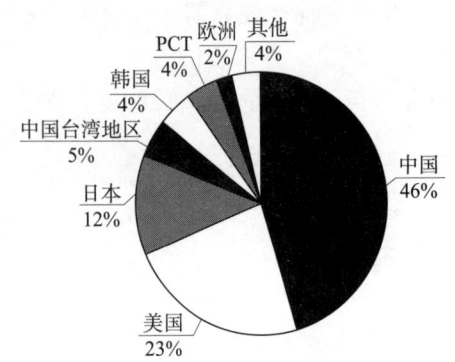

图4-2-8 EDA制造类工艺开发平台技术专利申请全球目标国家/地区占比

图4-2-9示出了EDA制造类工艺开发平台技术全球原创国家/地区占比。其中,中国占据总量的一半以上,为56%,这一方面与华虹集团、中芯国际等在EDA制造类工艺开发平台这一技术方面具有一定的优势有较大的关系,另一方面与众多的高校、科研院所参与该项技术的研究创新也有较大的关系,也说明中国在EDA制造类工艺开发平台技术方面已成为全球最大的技术原创地,也表明中国在该技术方面具有明显的创新优势。位列第二和第三的是美国和日本,占比分别为24%和

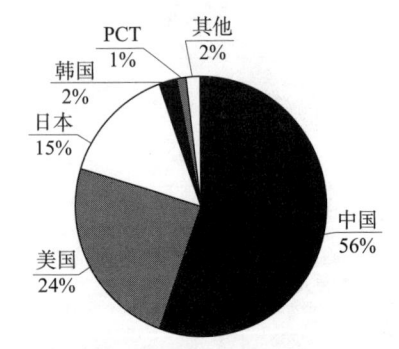

图4-2-9 EDA制造类工艺开发平台技术全球原创国家/地区占比

15%,这也体现出美国和日本在EDA制造类工艺平台开发技术方面并未放松,且具有一定的优势,这与上述两国具有实力强的EDA企业和半导体电子企业有较大关系。第四名的韩国占比仅为2%,说明韩国在该技术方面的研究创新投入较少,从而产出少。此外,以PCT方式进入主要国家/地区的专利申请量占比非常低,说明市场主体采用PCT方式申请EDA制造类工艺开发平台技术专利的意愿较低。

4.2.5 全球/中国主要申请人布局重点分析

表4-2-1是EDA制造类技术工艺平台开发技术全球主要申请人申请量年度分布情况。日本东芝的相关专利申请从20世纪80年代该技术发展早期已经开始布局,早于全球其他申请人,且一直进行着持续的专利布局,表明其具备敏锐的观察力,能够更早地确定未来的技术市场。明导的相关专利申请的布局也相对较早,但是其布局不够持续,申请量相对较少,相对较早布局的日本富士通,也存在专利布局数量少且持续性不够的问题。中国的华虹宏力、中芯国际、西安电子科技大学、国家电网和上海集成电路研发中心有限公司也在该技术方面进行了相关布局,但其布局时间相对较晚,除了华虹集团进行持续布局之外,其他几个申请人在该方面并未持续布局。

表4-2-2是EDA制造类工艺平台开发技术中国主要申请人申请量年度分布情况。清华大学是最早进行EDA制造类工艺平台开发这一技术的布局的高校,且其在该技术方面进行了相对持续的布局,表明其具备敏锐的观察力,也体现出了清华大学在该技术方面具有较高的研发能力。华虹宏力、微电子所和中芯国际也紧跟清华大学,在EDA制造类工艺平台开发技术方面进行了相对持续的布局,尤其是华虹宏力,在该方面的布局不仅持续性高且申请数量相对较多,从而基于产业融合的优势,引领国内该领域的发展。此外,浙江大学、复旦大学等众多高校也加入了EDA制造类工艺平台开发技术方面的研究中;虽然上述高校申请量相对较少、布局晚且不够持续,但是表明了其在该方面还是具有一定的研发能力以及一定的布局可能。

图4-2-10是EDA制造类工艺平台开发技术分支全球主要申请人的专利申请布局情况。大部分申请人在本国家/地区的申请量是最多的,这是所有申请人都会采取的一般性布局策略,即优先占领本国家/地区的专利市场。例如,日本的东芝、日本电气、索尼、松下等在日本的申请量最大,其在中国、美国和韩国的申请量远远小于在日本的申请量,说明其更注重对于本国家/地区的市场的占领。而韩国三星除了在韩国进行了一定量的申请之外,其还在美国和中国进行了一定量的申请,也说明其期望在中国和美国市场占有一席之地。美国申请人如新思、IBM、格罗方德,日本申请人如东芝、日本电器、索尼、松下也均是以本国市场布局为主。新思非常重视在全球范围内进行布局,积极通过PCT的方式进行专利布局,其PCT申请量与在美国和中国的申请量相近。台积电作为全球最大的半导体集成电路晶圆代工厂商,在多个国家/地区都进行了布局,且尤其在中国和美国进行了大量的布局。此外,中国申请人多以本国为布局重点。中芯国际和华虹宏力在EDA制造类工艺平台开发技术方面都仅在本国进行布局,而未在其他国家/地区进行任何布局,可见其市场的主要重心都放在了本国市场上,对于国外市场的进入还是不够,还需要进一步提高申请质量以期进入美国等国外市场。从进入目标地来看,美国和中国相对更受重视,这与这两个国家具有较大的市场有很大的关系,也说明申请人都期望占据这两个市场,通过专利布局对创新成果予以保护。

单位：项

表 4-2-1 EDA 制造类工艺平台开发技术全球主要申请人申请量年度分布

申请人	1985	1986	1987	1988	1989	1990	1991	1992	1993	1994	1995	1996	1997	1998	1999	2000	2001	2002	2003	2004	2005	2006	2007	2008	2009	2010	2011	2012	2013	2014	2015	2016	2017	2018	2019	2020	2021	2022	总计
台积电	1		1	1		3		3	6		1		1			5	6	7		1	2	1	3	1	2	5	4	8	11	14	10	8	3	5	6	1	3		87
华虹宏力												4		4	1			4		1	3	5	2	4	4	6	6	7	8	2	3	4	5	11	8	6	2		86
东芝											1		1				6		2	5	3	1	2	2	5	2	3	1	2	2	6	2	3		1	1			79
新思								1	1	1	1					1		1	1		5	3	6	4	5	5	1	2	7	5	3	6	3	4	3	3	6		75
IBM																						3	3	6	2	4	5	3	7	10	3	1			1				55
格罗方德					1		1							1		1		1			2	2	3	4	1	2		4	11	10	1	1	1				1		51
日本电气								2			4	4	3	10	3	4								1	4			1											35
微电子所										1						2	2	5			1			6	2	6	5	3				4	1	1		3	1		30
富士通					1		1	1				1		2	2				2	1		1			1	2	2	2	1	2	1	2							25
西南交通大学																																		6		8			27
楷登												1						1	3	2			3	3	1	2	1	2		1	1	2	1	1			1		28
索尼								2			4						5						4	2	3	3		2	3	1	2								28
明导		1					1	1		1		1		2		1		1		2	3	1					1			4		1		1	1	1			25
中芯国际																			1			2			1		3	1		1						1			25
松下																					1	1	2	3		1	1	2		2	2	3	3	2	5				23
三星																										1	4	4	2		3	3	3	4	2	1	7		22
西安电子科技大学																									4	1	3			3		2	4	1	1		1		18
国家电网																														2						3			25
上海集成电路研发中心有限公司																		1	1		1	1	2	3	4	1													25
ASML																												2	3									3	19

表 4-2-2 EDA 制造类工艺平台开发技术中国主要申请人申请量年度分布

单位：件

申请人	2002	2003	2004	2005	2006	2007	2008	2009	2010	2011	2012	2013	2014	2015	2016	2017	2018	2019	2020	2021	2022
华虹宏力			1	2	5	2	4	4	6	6	7	8	2	3	4	5	11	8	6	2	
微电子所			1						6	5	3	1	2	7	4	1		1	3	1	
西南交通大学											1	2		1	2	1	6	3	8	1	
中芯国际					1	6	3	1		2	1	2	4	2	1		1		1		3
西安电子科技大学									1	1		1		1		3	4	2	1	7	
上海集成电路研发中心有限公司					1		3			3	4	1	2		2	4	1		3		3
华大九天	1		1			1	1		5	1	3	1		1	1	1	1		6	2	2
清华大学								1			1	2	2	2	1		1		1		
复旦大学				2		2	1	4		1			1	1	3	1			1		
国家电网										4	2		2	4	3		1	2		1	
浙江大学				3		1			3	1		1			1		1			3	1
广东电网有限责任公司电力科学研究院														2	6	3			3		
电子科技大学													1				2	3	2	5	
武汉大学														1	2		1		4	3	
天津大学								1					1		6	2	1	2			
重庆大学													2		1		1		5		
福州大学										1		1					1	3	1		
西安交通大学															1		1	1	3	3	
上海交通大学											1	1			1			2	3	2	1
中国人民解放军海军工程大学			1							2	1				1		2	1		1	

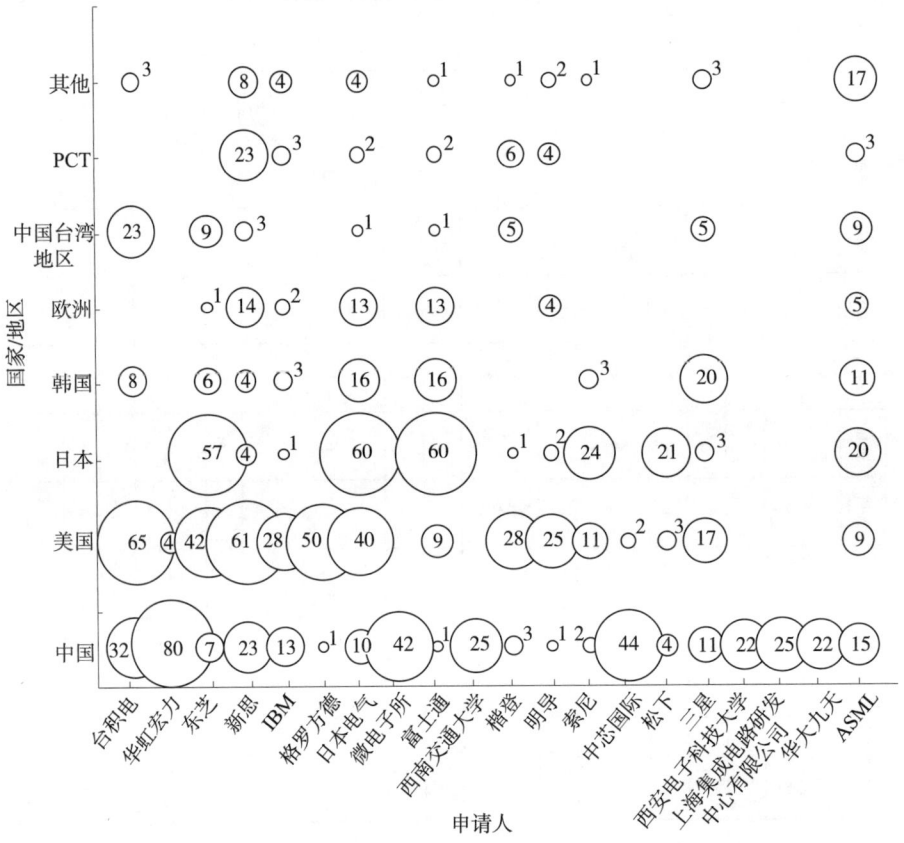

图 4-2-10　EDA 制造类工艺平台开发技术全球主要申请人申请量布局地分布

注：图中数字表示申请量，单位为项。

图 4-2-11 为 EDA 制造类工艺平台开发技术中国主要申请人申请量国家/地区分布。只有 7 位申请人在其他国家/地区有布局，但是申请量非常少，仅为几件，在国内申请量排名第一位的华虹宏力在美国仅有 4 件申请，这与全球主要申请人在除本国之外的其他国家/地区具有几百件申请相比存在巨大的差异，说明中国申请人还需要不断提高申请质量。此外，中国申请人在国外的布局范围相对较窄，主要集中在美国；而全球主要申请人中日本、美国等的申请人基本上在每个国家/地区都有较多的布局。由此可见，中国申请人的布局的主要重心都放在了本国市场上，对于国外市场的进入还是不够。

图 4-2-12 是 EDA 制造类工艺平台开发技术全球主要申请人申请量技术分布。全球申请人大部分在 TCAD 方面有大量的申请；华虹宏力、东芝和西南交通大学的申请主要集中在器件建模及验证方面；PDK 方面全球申请人大部分布局都很少，只有台积电在 PDK 方面的占比与器件建模及验证方面的占比基本相同，这说明台积电在 EDA 制造类工艺平台开发方面相对全面。在 TCAD 方面，台积电的申请数量最多，为 66 项；新思位居第二位，为 49 项；IBM 和华虹宏力分别位居第三位和第四位，申请量分别为 28 项和 27 项。在器项建模及验证方面，东芝和华虹宏力分别位居第一位和第二位，申请量分别为 65 项和 54 项；而位居第三位的西南交通大学为 21 项，与前两位存在一定

的差距。在 PDK 方面，全球申请人的布局均相对较少，台积电位列第一，为 12 项，而其他申请人在该方面仅有几项专利申请或没有布局。

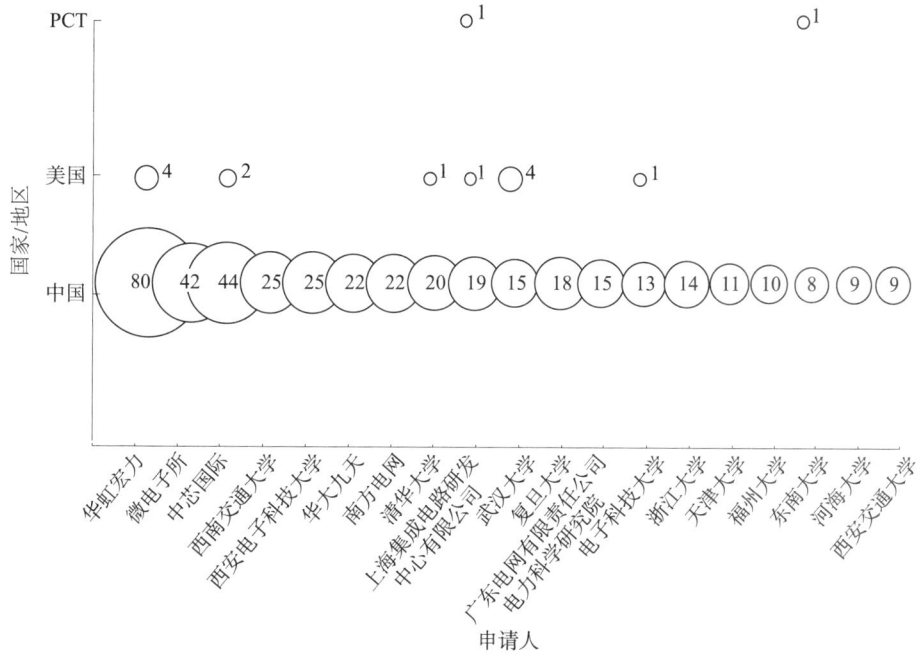

图 4-2-11　EDA 制造类工艺平台开发技术中国主要申请人申请量国家/地区分布
注：图中数字表示申请量，单位为件。

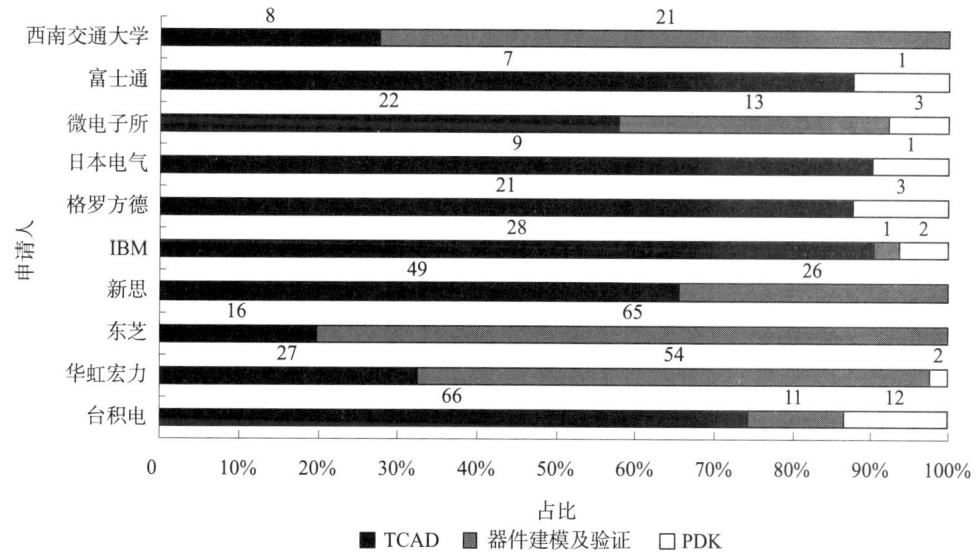

图 4-2-12　EDA 制造类工艺平台开发技术全球主要申请人申请量技术分布
注：图中数字表示申请量，单位为项。

图 4-2-13 是 EDA 制造类工艺平台开发技术中国主要申请人申请量技术分布。中国申请人大部分在器件建模及验证方面具有大量的申请，同时在 TCAD 方面也具有一

定的布局，但是在 PDK 方面总体布局较少。在器件建模及验证方面，华虹宏力位居第一，申请量为 54 件，这与华虹宏力是工艺制造厂商有一定的关系；位列第二的是西南交通大学，申请量为 21 件，说明西南交通大学在该方面具有一定的研发优势；微电子所、西安电子科技大学和上海集成电路研发中心有限公司并列第三位，申请量均为 13 件，说明了我国高校、科研院所在该方面具有潜力。在 TCAD 方面，华虹宏力位居第一，而微电子所位居第二位；第三位的复旦大学的专利申请主要集中于 TCAD 方面，在其他方面的布局非常少。在 PDK 方面，中国申请人的布局与全球申请人的布局相同，均较少：华大九天位列第一位，申请量有 6 件，而其他除华虹宏力等 4 位申请人有少量布局之外，其他申请人在 PDK 方面均无布局。

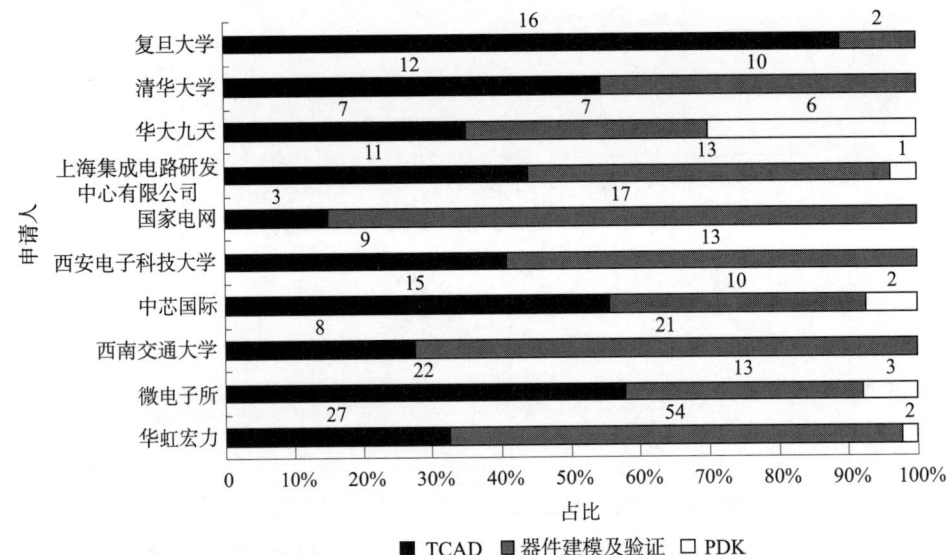

图 4-2-13　EDA 制造类工艺平台开发技术中国主要申请人申请量技术分布

注：图中数字表示申请量，单位为件。

4.3　EDA 制造类晶圆生产技术专利状况分析

4.3.1　全球/中国申请和授权态势分析

图 4-3-1 示出了 1980~2022 年 EDA 制造类晶圆生产技术在全球和中国范围内公开的专利申请的态势。从中可以看出，1980~1994 年，全球申请量非常低。因为该项技术处于起步阶段，发展非常缓慢，故基本无增长，所以整体申请数量非常少。自 1995 年开始，全球申请量呈现迅猛的增长趋势，由不到十几件迅速增加到几百件，在 2007 年达到第一次顶峰，申请量为 306 件，这得益于计算机软件技术和半导体集成电路制造技术的大力发展，使得 EDA 制造类晶圆生产技术也获得了快速发展。2008~2020 年，全球申请量总体呈现波动态势，但一直较高，多数年份超过 200 件，且在 2019 年达到第二次顶峰，这与中国申请量增大有较大关系。

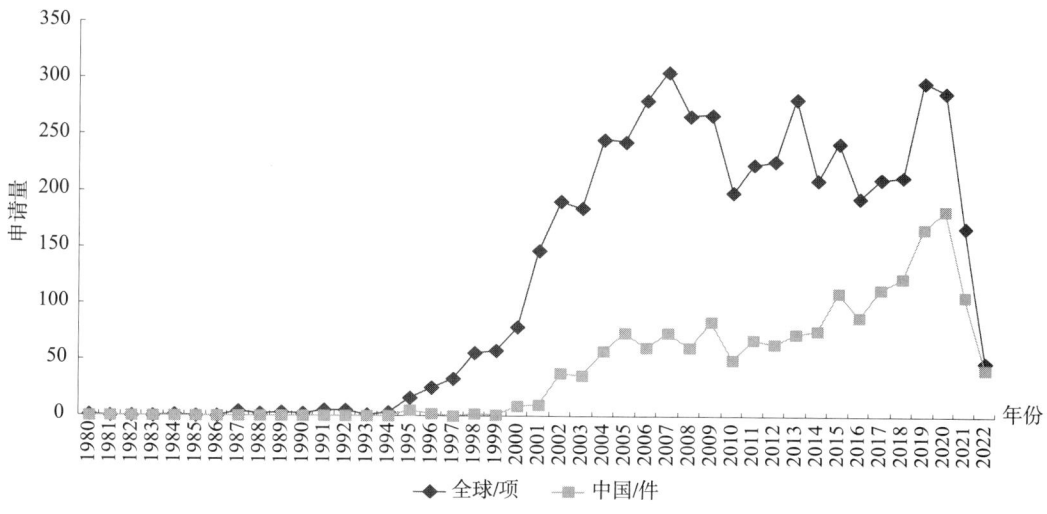

图4-3-1 EDA制造类晶圆生产技术全球/中国申请态势

从中国申请态势来看，中国在EDA制造类晶圆生产技术方面起步较晚，申请量在1980~2001年非常低。相对于全球申请量1995年开始增长而言，晶圆生产EDA技术在中国的发展比全球的起步晚了6年，在这6年间与全球产生了较大的差距。在全球申请量呈现开始递增的1995~2000年，中国专利申请量仍为个位数，这与这一时期中国在计算机软件技术和半导体集成电路制造技术方面还相对落后有较大关系。2001~2020年，中国申请量呈现递增趋势，在2020年才到达了相对较高的申请量。但总体而言，即使中国在2018年后加快了追赶步伐，但相对于全球申请量十几年间稳步增长所形成的积累，中国申请总量占比虽然呈上升趋势，但在全球份额中并未成为主导。

图4-3-2示出了EDA制造类晶圆生产技术全球/中国授权态势。

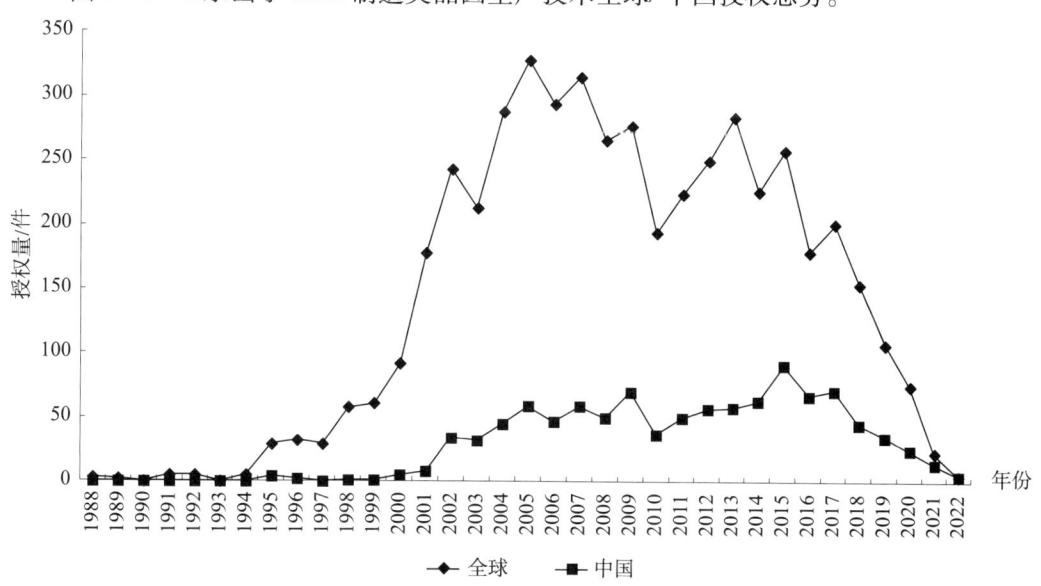

图4-3-2 EDA制造类晶圆生产技术全球/中国授权态势

从中可以看出，1988~1994年，授权量非常低，这与EDA制造类晶圆生产技术刚刚起步且申请数量少有较大的关系。1995~2005年，EDA制造类晶圆生产技术的授权量呈现迅猛增长，这一时期也是该技术申请量迅猛增长的时期，也说明了这一时期是该技术的黄金发展期。2006~2010年，申请量呈现整体下降趋势，但中国授权量没有出现大幅变化，基本维持在每年50件左右。2011~2018年，虽然申请量起伏较大，但总体的授权量却相对较高，这有可能是因为该技术在这一阶段具有好的创新性所导致的。从2019年开始，虽然申请量较高，但是授权量却呈现明显的递减趋势。1988~2001年，由于该技术这一阶段在中国处于萌芽阶段且发展缓慢，故授权量非常低。自2002年开始，该技术在中国的授权量开始增加，每年的授权量变化较小，且中国的授权量远远低于全球的授权量，说明中国在该技术方面的创新度还不够高。

4.3.2 主要国家/地区申请量和授权量占比分析

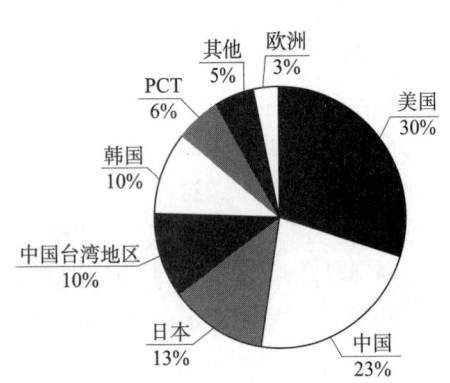

图4-3-3 EDA制造类晶圆生产技术主要国家/地区申请量占比

图4-3-3示出了EDA制造类晶圆生产技术主要国家/地区申请量占比。从中可以看出，美国作为全球知名的技术发达国家，其在该技术领域位列第一，占比为30%，说明创新主体对于美国市场的重视；中国在该技术领域位列第二，占比23%，这与中国对于该技术的政策导向有较大关系，也说明了中国市场具有较大潜力；位列第三位的是日本，占比13%，其作为半导体技术领域的传统强国，具有较强的技术研发实力；位列第四位和第五位的是中国台湾地区和韩国，其占比非常接近，作为主要的电子产品生产地区/国家，中国台湾地区和韩国也体现出了对创新主体较强的吸引力。

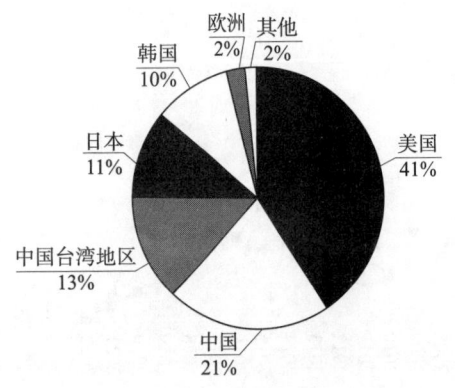

图4-3-4 EDA制造类晶圆生产技术主要国家/地区授权量占比

图4-3-4示出了EDA制造类晶圆生产技术主要国家/地区授权量占比。从中可以看出，EDA制造类晶圆生产技术在美国的授权量占比非常高，达到41%，而位列第二的中国则占了21%，一方面反映出美国在该领域的技术创新引领者地位，另一方面反映出中国申请质量相对偏弱；位列第三、第四和第五的中国台湾地区、日本和韩国分别占据了13%、11%和10%；该技术在欧洲授权量占比非常低，仅为2%。

图4-3-5示出了EDA制造类晶圆生产技术主要国家/地区授权态势。从中可以看出，美国的申请量和授权量均位列第一位，分别为

2365 件和 2009 件，授权量占到申请量的 85%；中国的申请量和授权量位列第二位，分别为 1739 件和 1035 件，但是其授权量占申请量的比例相较美国而言非常低，仅 60% 的申请被授予专利权；作为第三名的日本也与中国情况相似，其申请量和授权量分别为 1005 件和 534 件，授权量仅占申请量的 53%，其授权率也相对较低；第四位的是中国台湾地区，其申请量和授权量分别为 817 件和 644 件，虽然申请量并不高，但是其授权量占申请量的 79%；韩国位列第五，其申请量和授权量分别为 809 件和 488 件，授权量占申请量的 60%，与中国持平；欧洲在该技术方面的申请量和授权量都呈现较低水平。

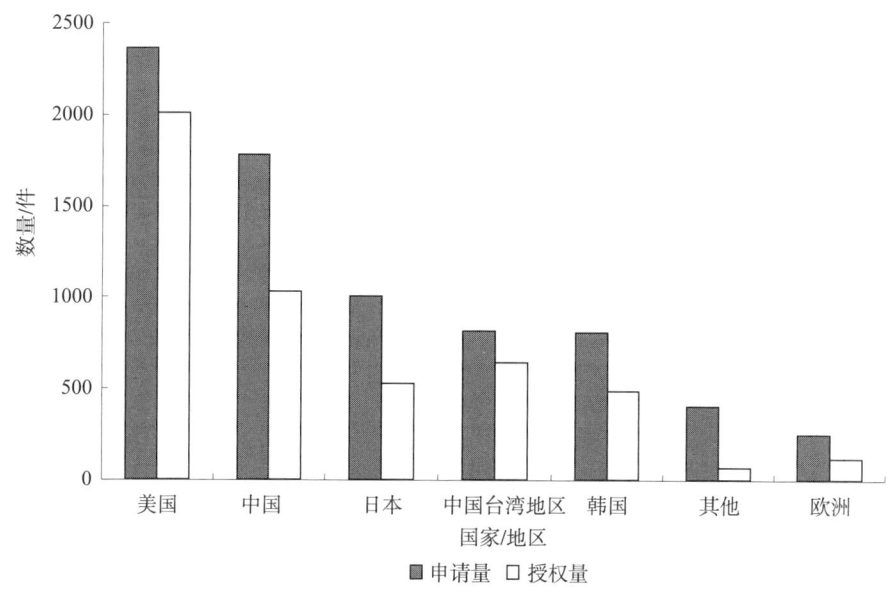

图 4-3-5　EDA 制造类晶圆生产各国家/地区申请/授权态势

4.3.3　全球/在华主要申请人分析

图 4-3-6 是 EDA 制造类晶圆生产技术全球申请量排名前 20 位的申请人。台积电排名第一位。而 ASML 位于第二名，其在 EDA 制造类晶圆生产技术方面的申请量与台积电相差并不多，这也说明 ASML 在该技术方面同样具有较强的创新能力。紧随 ASML，排名第三位的是中芯国际。中芯国际作为中国知名的半导体制造厂商，在 EDA 制造类晶圆生产技术方面也投入了大量研究力量，但从申请量来看，其与 ASML 和台积电还有一定的差距。在排名前 20 位的申请人中，美国的新思、明导等 8 家公司上榜，显示出拥有众多全球知名 EDA 企业和半导体制造企业的美国在 EDA 制造类晶圆生产技术这一技术领域具有很强的优势。日本的东芝等 4 家公司上榜。日本作为众所周知的半导体、电子行业的强国之一，其在 EDA 制造类晶圆生产技术方面也不甘落后，但是其除了东芝排名第六位外，其他几个公司都排名较为靠后。韩国的三星等 3 家公司也进入全球排名前 20 位，但其总体排名都相对靠后，即使三星也仅排在第九位，说明韩国公司在 EDA 制造类晶圆生产技术方面虽有所涉猎，但并不具备很大的优势。中国仅有中芯国际和华虹宏力两家公司进入全球排名前 20 位，但其排名都比较靠前，分别排

在第三位和第五位,说明中国在 EDA 制造类晶圆生产技术方面还是具有一定的竞争优势的;中国台湾地区有台积电和联华电子上榜,而这两家企业是世界知名的半导体晶圆代工厂,故其对于 EDA 制造类晶圆生产技术的研发投入力度也相对较大,在技术方面占有一定优势。

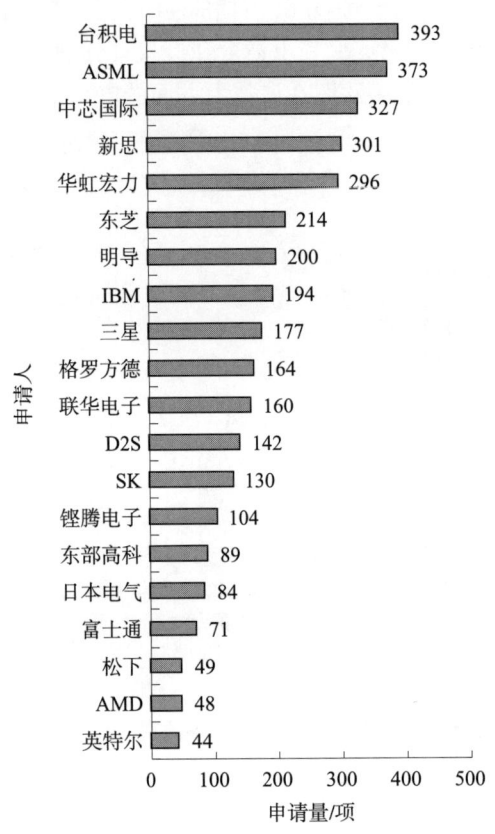

图 4-3-6　EDA 制造类晶圆生产技术全球申请人申请量排名前 20 位

图 4-3-7 是 EDA 制造类晶圆生产技术在华申请人申请量前 20 位的排名情况。华虹宏力和中芯国际以绝对的优势分列第一位和第二位,其申请量均为排名第三位的 ASML 的 2 倍多。中国企业和高校、科研院所占据了 8 个席位,相对于 EDA 制造类工艺平台开发技术在华申请人前 20 位的情况而言,占据席位相对较少,但由于华虹宏力和中芯国际的申请量非常多,故在 EDA 制造类晶圆生产技术方面中国总体还是占据较大的优势的。在排名前 20 位的申请人中,中国台湾地区的台积电和联华电子均有上榜,但即使是排名较靠前的台积电,其 EDA 制造类晶圆生产技术的在华申请量也与华虹宏力和中芯国际存在较大的差异,与台积电在全球排名第一的名次和申请量相比,说明中国台湾地区的企业在华申请量少,对于 EDA 制造类晶圆生产技术方面的布局少,其布局主要集中在美国等其他国家和地区。美国在 EDA 制造类晶圆生产技术在华申请人申请量前 20 位中占据了 4 位,但其除了新思和 IBM 排名较为靠前之外,其他几个申请人排名都较为靠后,且整体申请量较少,说明在 EDA 制造类晶圆生产技术方

面，美国企业在中国并没有具有明显优势的专利布局数量。韩国的三星以及日本的东芝也有上榜，但是与其在全球方面的申请量相比，其在华总体申请量均相对较少，可见这些企业对于 EDA 制造类晶圆生产技术的专利布局都主要集中在其他国家/地区，在华专利布局数量并不具有明显的优势。

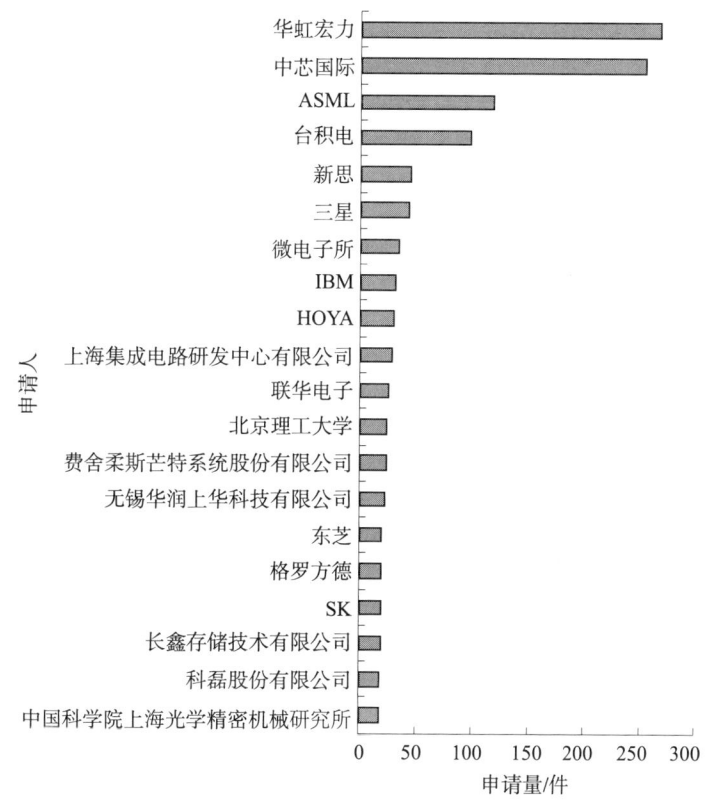

图 4-3-7　EDA 制造类晶圆生产 EDA 技术在华申请人申请量排名前 20 位

4.3.4　全球布局地分析

图 4-3-8 示出了 EDA 制造类晶圆生产技术全球目标市场占比。从中可以看出，美国位列 EDA 制造类晶圆生产技术全球目标市场第一位，其目标市场占比为 30%，这说明美国是最重要的国际市场，吸引了全球创新主体的注意力，主要国家/地区申请人在美国的投入最大，产出较多。中国排名第二位，占比为 23%。美国与中国的占比之和超过了 EDA 制造类晶圆生产技术全球目标市场总量的一半，表明全球创新主体对于美国和中国专利申请的重视。美国和中国是专利申请选

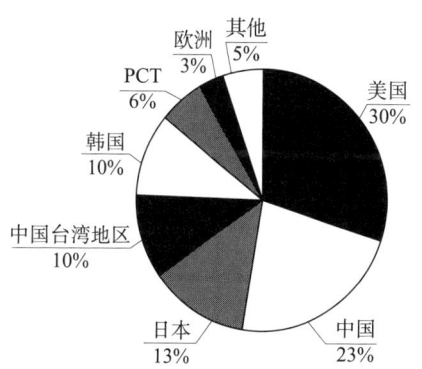

图 4-3-8　EDA 制造类晶圆生产技术全球目标市场占比

择的主要目标,这与两国所存在的庞大市场有较大关系,因为市场在一定程度上能够决定技术研发和专利数量。日本、中国台湾地区和韩国分列第三位、第四位和第五位。目标市场分布与技术原创占比排名情况类似,均集中在上述几个国家/地区,表明EDA制造类晶圆生产技术在全球市场相对集中。此外,还有6%的专利申请选择了PCT申请,也说明了有一定数量的专利是以进入多个市场为目标的。

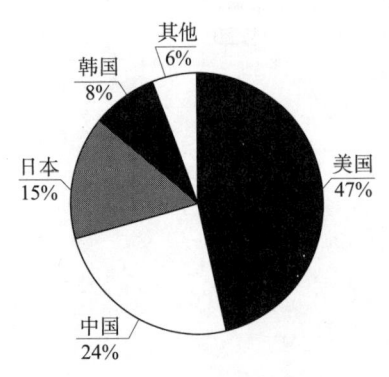

图4-3-9 EDA制造类晶圆生产技术原创国家/地区占比

图4-3-9示出了EDA制造类晶圆生产技术原创国家/地区占比。可以看出,美国作为EDA的技术强国,其原创技术占比达到47%,排名全球第一。美国多年来一直持续对EDA进行政策引导以及资金支持,从而使其本国大量的企业、高校、科研院所等在该技术方面进行了广泛和深入的研究,美国在该技术方面的原创占比远大于其他国家/地区。中国在EDA制造类晶圆生产技术上的原创占比为24%,与美国相差一半左右,这是因为中国进入该技术领域相对较晚,虽然近年来中国对该技术领域进行了大量的政策扶持,但是毕竟与很早进入且持续投入研究的美国相比,还存在一定的差距。紧随中国之后排名第三位和第四位的是日本和韩国,其原创技术占比分别为15%和8%。众所周知日本和韩国作为亚洲的半导体强国,其技术实力不容小觑。

4.3.5 全球/中国主要申请人布局重点分析

表4-3-1是EDA制造类晶圆生产技术全球主要申请人申请量年度分布。日本电气的相关专利申请从技术发展早期已经开始布局,早于全球其他申请人,但是其在1987~1996年未进行布局,不过自1997年又开始进行了相对持续的布局,且申请数量相对较多,说明其具备敏锐的观察力,在该技术方面具有一定的优势。此外,日本松下和东芝以及美国D2S也紧随日本电气之后在该技术方面进行了布局,但是日本松下和美国D2S同样存在布局不够持续的问题,而东芝虽然布局相对日本电气稍晚,但其整体布局持续性高且申请量相对较多,说明东芝在该技术方面具有较强的优势。中国的华虹宏力和中芯国际在该技术方面也有布局,但是其布局时间相对较晚,都是从2000年以后,不过华虹宏力和中芯国际布局的专利申请数量多,说明中国在该技术方面正在全力追赶的过程中。

表4-3-2是EDA制造类晶圆生产技术中国主要申请人申请量年度分布。清华大学是最早进行EDA制造类晶圆生产技术布局的高校,不过其在该技术方面未进行持续布局,从而优势不明显。中芯国际和华虹宏力虽然在布局时间上晚于清华大学,但是其布局持续性高且申请数量多,这与两者是制造类厂商有一定的关系。浙江大学布局也相对较早,从2005年开始进行布局,但也存在与清华大学相同的问题,即布局不够持续且数量少。除了上述的申请人外,其他申请人均布局较晚且申请数量少。

第4章 EDA制造类专利状况分析

表4-3-1 EDA制造类晶圆生产技术全球主要申请人申请量年度分布

单位：项

申请人	1980	1984	1987	1988	1989	1990	1991	1992	1994	1995	1996	1997	1998	1999	2000	2001	2002	2003	2004	2005	2006	2007	2008	2009	2010	2011	2012	2013	2014	2015	2016	2017	2018	2019	2020	2021	2022
台积电												4	3	8		4	9	5	8	2	11	13	6	9	6	8	28	22	29	35	24	30	26	51	21	15	2
ASML										1		1	3	3	1	9	20	13	54	19	7	18	8	16	13	11	9	20	6	23	12	17	19	38	22	7	
中芯国际																				1	12	29	16	22	20	9	19	30	22	35	10	14	16	31	38		
新思															6	10	26	13	14	19	10	18	14	28	9	8	11	9	20	14	7	4	6	8	19	19	10
华虹宏力											5	4	6	2	7	8	14	10	13	22	24	12	10	23	14	16	6	19	18	17	27	25	34	29	46	23	
东芝				1			2	2	2	3		2	1	3	6	8	2	16	21	12	14	15	12	14	15	8	7	2	3	4	1	1	2	1			
IBM															11	13	8	7	8	24	11	16	8	10	16	6	7	10	7	3	3	6	2	3			
明导										1			1	1		3	3		4	3	7	11	4		3	5	4	14	7	3	9	2	1				
三星												2		10	7	16		16	14	7	7	8	8	7	11	8	11	8	2	9	15	11	20	6	5	2	
格罗方德													3			3	11	2	1		4	8	9	2	6	5	10	17	17	13	7	12	1	25	22		
联华电子								1		1		1			1		0		14		7		5	27	15	8	8	21	12	4	8	2	6	3			
D2S			2																						9	13	15	30	7	5	5	4	3	1	1		
SK															1	2				7	16	6		10	6	2	1				2	1			2		
楷登					1	1							4				6	6		15	18	34	5	3		3		7	2	2			3	1	1	1	
东部高科								1						2	1		1	8	3	7	22	9	8	24	5		5	1				1					
日本电气	1											1	4	2	4	3	4	3	3	6	8	9	10	10	2	4	5	1	2	1	2	1	3	1	1		
富士通		1										2		4	4	3	1	11	3	5	13	2	7	1	5	3		1		1		1					
松下				1	2	1		1		1				4	4	3	4	4	4	1	5	1	4		2				1								
AMD										1					1	2	2	2	3	1	2	2		1				4	6	4	4	1					
英特尔										2							1	3	4	3	3	1	4		2	3	1	2			4	4	3	5	1		

表 4-3-2 EDA 制造类晶圆生产技术中国主要申请人申请量年度分布

单位：件

申请人	2002	2003	2005	2006	2007	2008	2009	2010	2011	2012	2013	2014	2015	2016	2017	2018	2019	2020	2021	2022
中芯国际		1	1	12	29	16	22	20	9	19	30	22	35	10	14	16	31	38		10
华虹宏力				1	4	3	5	3	16	6	19	18	17	27	25	34	29	46	23	3
微电子所												2	5	9	1	1	5	3	3	
上海集成电路研发中心有限公司											1	4			10	1	1	1		
北京理工大学							3	3	4	4	1	1	2	2	1	2	5	4	2	
华润集团									4	3				2			2	4	3	
长鑫存储技术有限公司												1			2	2	7	4		
中国科学院上海光学精密机械研究所													1		1	1	1	8	5	1
长江存储科技有限责任公司															3	1	3	8	3	3
浙江大学			2			2	2	1	2				2							
复旦大学			2		1				3	4	1			2	2	2				
清华大学	4												1		1	1	2	3		
东方晶源																1		3	7	
南京晶驱集成电路有限公司									1		2			1	1	2	4			
无锡华润上华科技有限公司																	4			
德淮半导体有限公司																2				
福建省晋华集成电路有限公司																			5	2
合肥晶合集成电路股份有限公司																				6
联合微电子中心有限责任公司																	2	4		
全芯智造																	1	2	3	

图 4-3-10 是全球主要申请人布局地分布。大部分申请人在本国家/地区的申请量是最多的，这是所有申请人都会采取的一般性布局策略，即优先占领本国家/地区的专利市场。例如，日本的东芝在日本的申请量最大，其在中国和韩国的申请量远远小于其在日本的申请量，说明其更注重对本国市场的占有。韩国三星除了在韩国进行了大量的申请之外，还在美国和中国进行了大量布局，也说明其期望在中国和美国占有一席之地；不过三星在美国的申请量为中国申请量的将近 3 倍，说明美国是三星所看重的最重要市场。美国申请人如新思、IBM 以及日本申请人如日本电气等也均是以本国市场布局为主。新思、明导、IBM、D2S 等非常重视在全球范围内进行布局，积极通过 PCT 的方式进行专利布局，但在其他国家/地区的申请量远远小于在本国的申请量。ASML 作为全球最知名的半导体设备制造商之一，在多个国家/地区都进行了布局，且尤其在中国、美国和欧洲进行了大量的布局。此外，国内申请人多以本国为布局重点。中芯国际和华虹宏力在 EDA 制造类晶圆生产技术方面都仅在本国和美国进行布局，而未在其他国家/地区进行任何布局，对于国外市场的重视程度还是不够的，还需要进一步提高申请质量以期进入更多国外市场。从进入目标来看，美国和中国相对更受重视，这与二者具有较大的市场有很大的关系，也说明市场参与者都期望占据这两个市场，因此通过专利布局实现创新成果的知识产权保护和市场的占领。

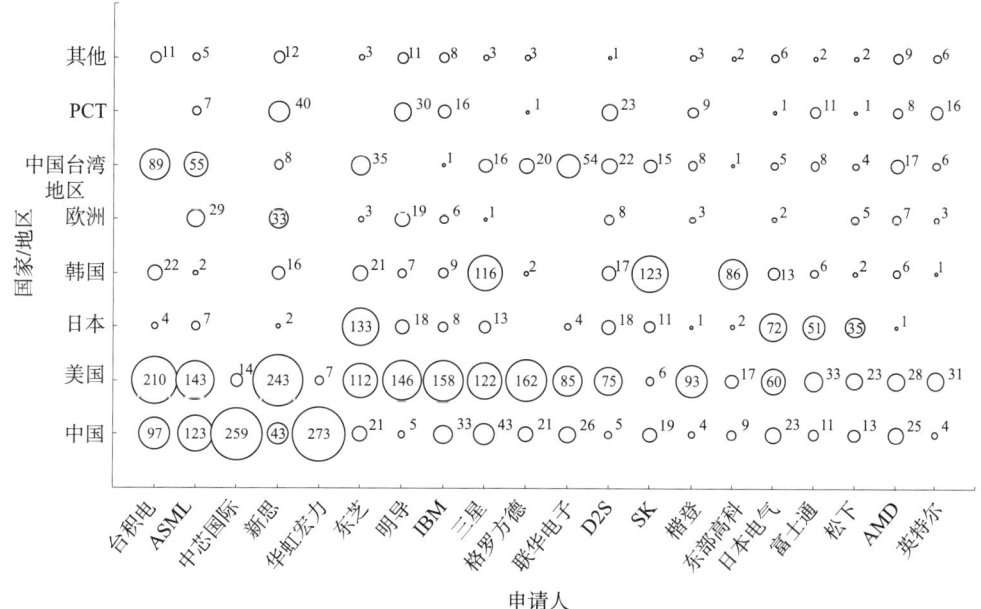

图 4-3-10 EDA 制造类晶圆生产技术全球主要申请人布局地分布

注：图中数字表示申请量，单位为项。

图 4-3-11 是 EDA 制造类晶圆生产技术中国主要申请人申请量国家/地区分布。中国申请人的申请基本上在本国进行布局，在国外的布局非常少。在国内申请量为 259 件的中芯国际在美国的专利申请仅有 14 件；而国内申请量为 273 件的华虹宏力在美国的专利申请仅为 7 件；华润集团虽然在中国的申请量不多，但是其拥有 2 件在美国的

申请以及 10 件 PCT 国际申请；长鑫存储技术有限公司在美国的专利申请为 2 件且有 5 件 PCT 国际申请。除了上述申请人，其他申请人均没有国外申请，说明我国申请人对于国外市场进入得还不够，还需要提高专利申请质量以期能够占据更多的国外市场。

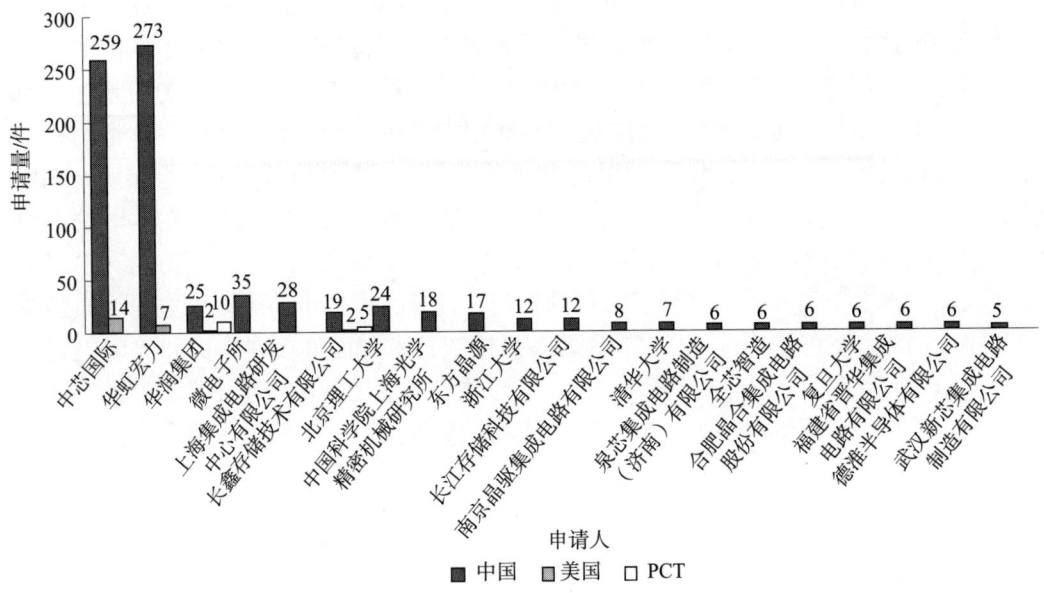

图 4-3-11 EDA 制造类晶圆生产技术中国主要申请人申请量国家/地区分布

图 4-3-12 是 EDA 制造类晶圆生产技术全球主要申请人申请量分布。全球申请人均在 OPC 方面拥有大量的申请，其次在 MDP 方面也存在相对较多的专利，而在 DFM 和 YM 方面的专利申请量较少，这两方面的占比总和都未超过生产总量的 10%，这可能是因为 OPC 是影响晶圆生产的非常重要的因素。在 OPC 方面，ASML 占据第一位，申请量为 351 项，这与 ASML 为全球最大的光刻机制造厂商有关，也充分说明了 ASML 在 OPC 方面占据巨大的优势。台积电、华虹宏力和中芯国际紧随 ASML 之后，分别位列第二、三、四位，申请量分别为 275 项、258 项和 247 项。在 MDP 方面，台积电位列第一，申请量为 98 项，而东芝、中芯国际和新思分列第二、三、四位。DFM 和 YM 这两方面，新思和明导分列第一位和第二位，台积电位列第三，说明台积电作为全球最大的晶圆代工厂，在晶圆生产方面的优势不容小觑。

图 4-3-13 是 EDA 制造类晶圆生产技术中国主要申请人申请量分布。中国申请人均在 OPC 方面具有大量的申请，其次在 MDP 方面也存在相对较多的申请，而在 DFM 和 YM 方面的专利申请量较少；这一占比与全球的申请量技术分布相一致。在 OPC 方面，华虹宏力和中芯国际分别占据第一位和第二位，申请量为 258 件和 247 件，这与两者是国内有名的晶圆制造厂商有较大关系，也说明了两者在 OPC 方面占据巨大的优势。位列第三的微电子所申请量仅为 26 件，与华虹宏力和中芯国际在数量上存在较大的差异。在 MDP 方面，中芯国际和华虹宏力分别位列第一和第二，申请量为 76 件和 33 件；而位居第三位的上海集成电路研发中心有限公司申请量有 9 件，与中芯国际和华虹宏

力也存在一定的差距。在 DFM 和 YM 这两方面，位居第一的是微电子所，但其申请量共有 12 件，而 EDA 制造类晶圆生产技术方面申请量排名第一和第二的中芯国际和华虹宏力的数量也均仅为 4 件和 3 件，众多的中国申请人的申请数量为 0 件，说明中国在 DFM 和 YM 方面的研究还有待于进一步提高。

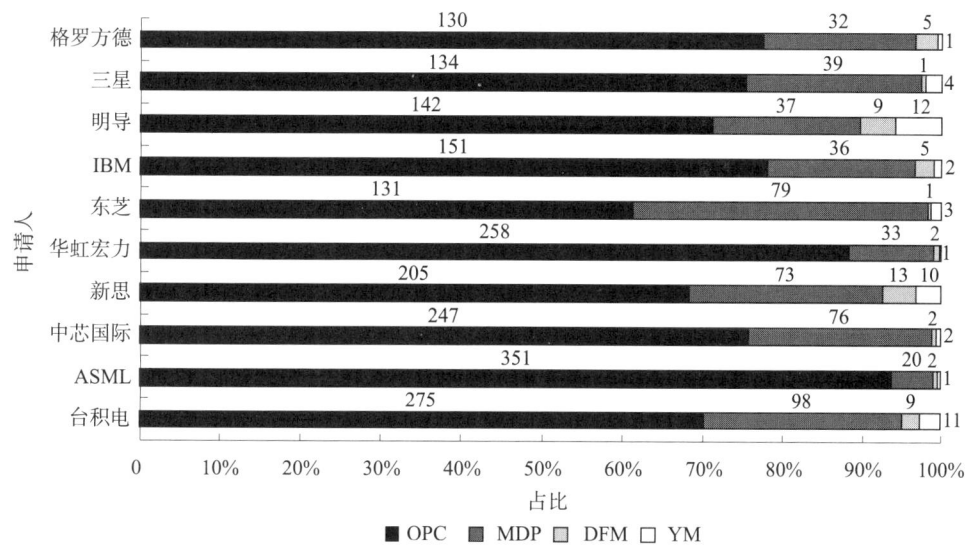

图 4-3-12　EDA 制造类晶圆生产技术全球主要申请人申请量分布

注：图中数字表示申请量，单位为项；各申请人的条状图形划分仅展示该申请人在不同技术分支的申请量对比。

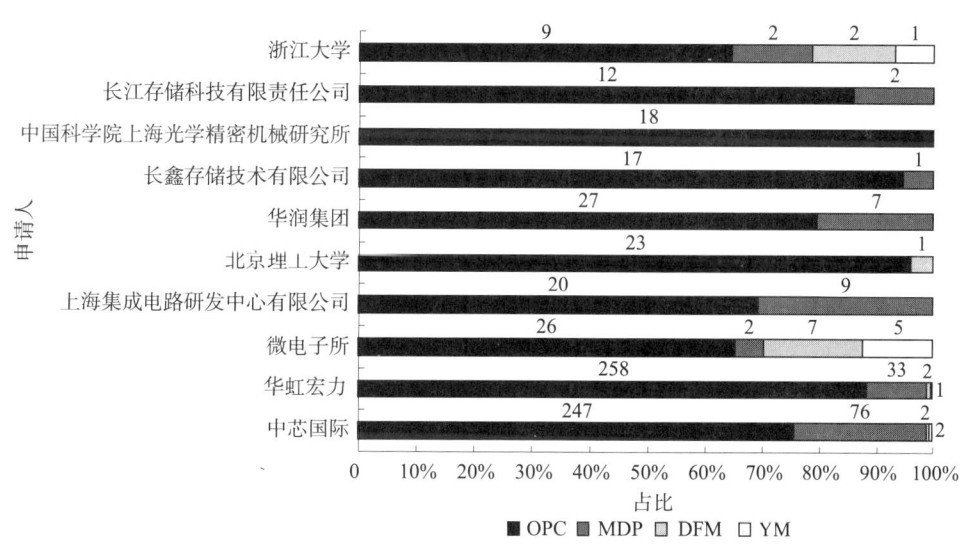

图 4-3-13　EDA 制造类晶圆生产技术中国主要申请人申请量分布

注：图中数字表示申请量，单位为件；各申请人的条状图形划分仅展示该申请人在不同技术分支的申请量对比。

4.4 小　　结

从上述 EDA 制造类技术专利分析中可以看出：

EDA 制造类技术的专利申请在 20 世纪 80 年代初开始出现，早期数量较少。得益于计算机软件技术和超大规模集成电路制造技术的大力发展，从 1995 年开始，全球的 EDA 制造类技术申请量进入快速增长的阶段。2008~2021 年，申请量有所起伏，但整体上仍呈现上升趋势，表明创新主体在该领域持续投入研发力量。

EDA 制造类技术的专利授权量和授权率美国最高，中国的专利申请量已经超过美国排名第一，但授权量和授权率均低于美国，表明中国作为后发国家，开始追赶先进国家，但是在专利质量方面还存在一定的差距。在 EDA 制造类技术工艺平台开发这个技术分支上，中国的专利申请量和授权量均已经超过美国，但是在 EDA 制造类技术晶圆生产这个技术分支上，无论是申请量还是授权量，与美国还存在一定的差距。

在 EDA 制造类技术的专利申请排名前 20 位的申请人当中，台积电、ASML、华虹宏力排名前三；EDA 领域三巨头新思、楷登、明导均位列前 20，其中新思排名第四位，明导排名第八位，楷登排名第 13 位，排名并不是特别突出，这可能与该类技术更偏向于制造类企业有关。

在专利申请国家/地区布局方面，EDA 制造类技术的专利申请主要分布在美国和中国，表明美国和中国是该领域的主要市场。全球各创新主体都比较重视美国和中国这两大市场。从技术原创国家/地区可以看出，美国是第一原创国，日本、中国分列第二、第三。国外申请人的专利布局虽然以本国家/地区市场布局为主，但专利申请国家/地区布局更加广泛，在全球范围内也进行了一定的布局，并积极通过 PCT 的方式进行专利布局；而中国申请人在其他国家/地区进行专利布局的非常少。

第5章 EDA 封装类技术专利状况分析

本章主要研究了 EDA 封装类技术的专利情况，并将该技术分为 EDA 封装类设计技术、EDA 封装类仿真技术和 EDA 封装类验证技术三个分支进行研究。

5.1 总体状况分析

本节对 EDA 封装类技术总体专利申请情况进行研究。

5.1.1 全球/中国申请和授权态势分析

图 5-1-1 为 EDA 封装类技术全球/中国申请态势。

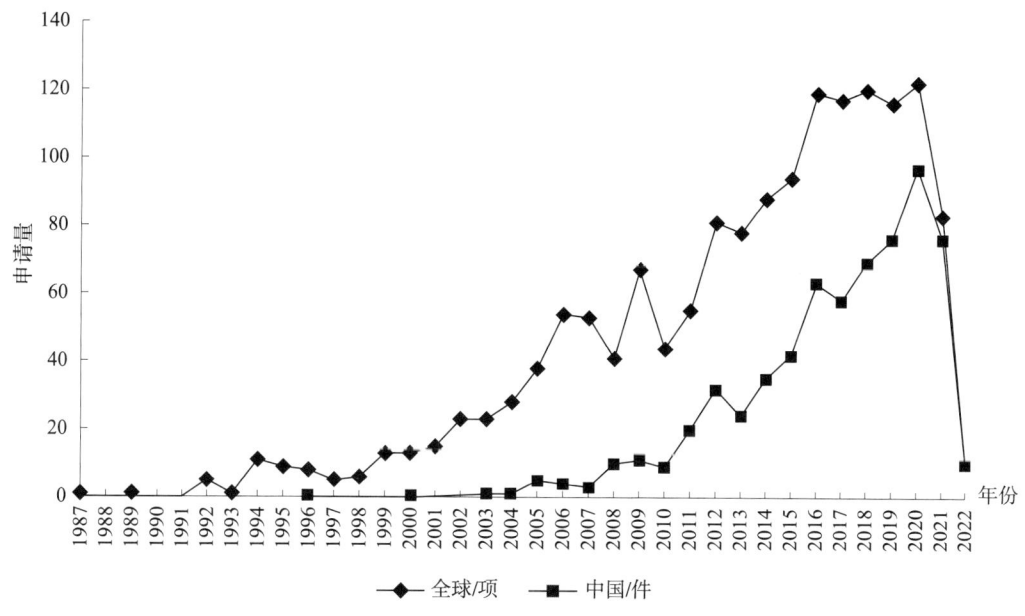

图 5-1-1 EDA 封装类技术全球/中国申请态势

从 EDA 封装类技术全球申请态势来看，1987～1991 年，全球的申请量处于低位。这是由于 20 世纪 70 年代到 80 年代主要使用通孔插装和表面贴装技术，对半导体速度和封装并未提出很高的要求，全球半导体封装技术处于一个缓慢发展的时期。1992～2000 年，全球的申请量略有增长，原因是随着对半导体速度的需求不断提高，对更好封装的需求也在不断增加。这一阶段出现了四方扁平无引线（quad flat no-lead，QFN）及其他表面贴装技术，并且出现了球栅阵列（ball grid array，BGA）封装技术。

2001～2020年，出现了申请量快速上涨的局面。在这一阶段，芯片封装已经进入了现代封装的时代，多芯片组件、三维封装、系统级封装开始出现，以芯片级封装（chip scale package，CSP）、BGA、晶圆级封装（wafer level package，WLP）等主要封装形式进入大规模生产时期。从中国申请态势来看，中国的技术萌芽期出现较晚，一直到2010年申请量都处于低位。2011～2020年，中国申请量开始持续增长，与全球的增长趋势同步。可见，虽然前期中国发展较为滞后，但是技术爆发期是与全球同步的。

图5-1-2为EDA封装类技术主要国家/地区授权态势。在EDA封装类技术主要国家/地区授权态势可看出，美国专利申请授权总量最多。美国在EDA领域具有先发优势，授权量从2001年开始快速增长，并在很长一段时间内均处于领先地位，远超其他国家/地区。欧洲、日本、韩国一直处于缓慢发展期。专利申请授权量排名第二的是中国。中国虽然发展起步晚，但从2008年开始增长势头强劲，并于2017年真正意义上超过了美国的授权量，达到了最高的49件。可见，主要国家/地区都非常重视在中国进行专利布局。

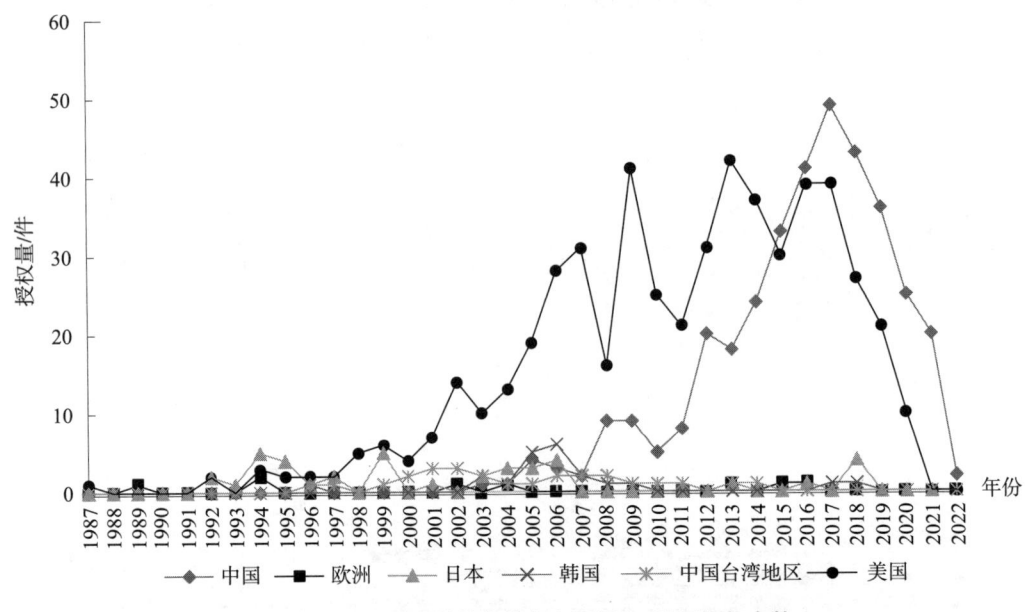

图5-1-2 EDA封装类技术主要国家/地区授权态势

5.1.2 主要国家/地区申请量和授权量分析

图5-1-3是EDA封装类技术主要国家/地区申请量和授权量情况。可以看出，中国的申请量最大，美国申请量排名第二，中国台湾地区、日本次之，韩国和欧洲排名靠后。美国的授权量最大，中国授权量则排名第二，日本、中国台湾地区次之，韩国和欧洲排名靠后。美国的授权率最高，达到了86.41%；中国的授权率仅为54.62%，处于较低的水平，这与中国在该领域核心技术专利申请量占比较低有关，专利整体质量有待进一步提高。反观美国的专利申请授权率相对较高，这说明其专利申请整体技

术含量高、核心技术占比较大。从申请量以及授权量可以看出，美国和中国是该领域技术发展驱动力的核心，日本、中国台湾地区、欧洲、韩国已经处于落后地位。

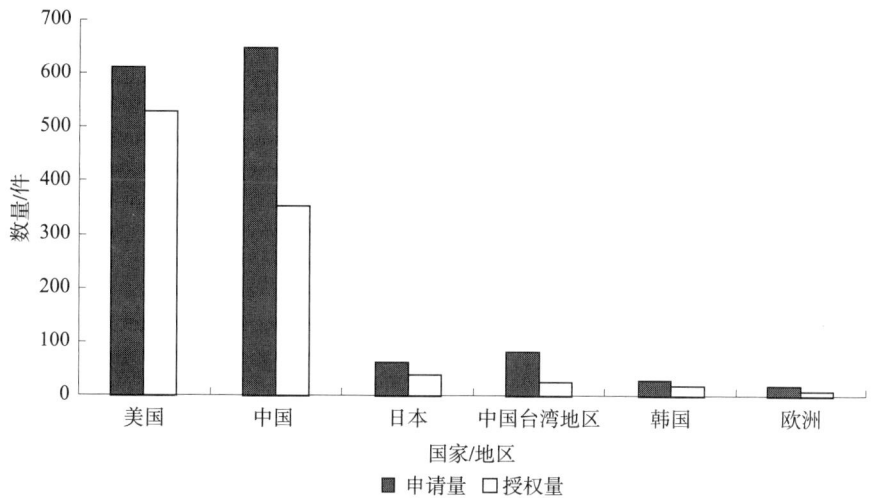

图 5-1-3　EDA 封装类技术主要国家/地区申请量和授权量

5.1.3　全球/在华主要申请人分析

图 5-1-4 为 EDA 封装类技术全球申请人申请量前 20 位的排名情况。

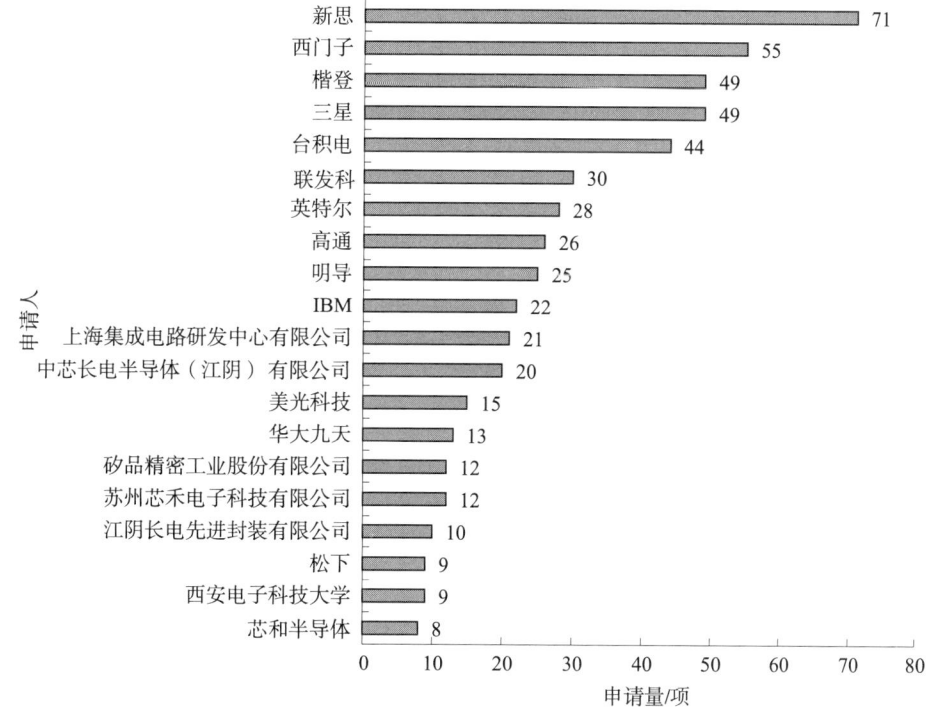

图 5-1-4　EDA 封装类技术全球申请人申请量排名前 20 位

在 EDA 封装类技术领域,全球专利申请量排名前 20 位的申请人分别来自美国、中国、中国台湾地区、日本和韩国。其中美国有 8 名申请人进入了前 20 位,包括排名前十的新思、明导和楷登,而这三家企业也是全球 EDA 产业的领导企业,占据了绝大部分的市场份额,充分反映出美国在 EDA 封装类技术上的领先地位。此外,中国有 7 名申请人进入了前 20 位,包括上海集成电路研发中心有限公司、华大九天以及 2 家长电科技关联的公司——中芯长电半导体(江阴)有限公司和江阴长电先进封装有限公司。中国台湾地区有 3 家企业上榜。日本有 1 家企业上榜。韩国也仅有三星 1 家企业申请量进入前 20 位,但其申请量排名第四。在 EDA 先进封装技术上,三星较早推出了 2.5D 封装技术 I-Cube,并在 2020 年 8 月又宣布推出了新一代 3D 封装技术——X-Cube,其可基于硅穿孔(through silicon via, TSV)技术将不同芯片堆叠,目前已用于 7nm 及 5nm 工艺。近年来,三星加速发力 EDA 先进封装类技术。

图 5-1-5 为 EDA 封装类技术在华申请人申请量排名前 20 位的情况。

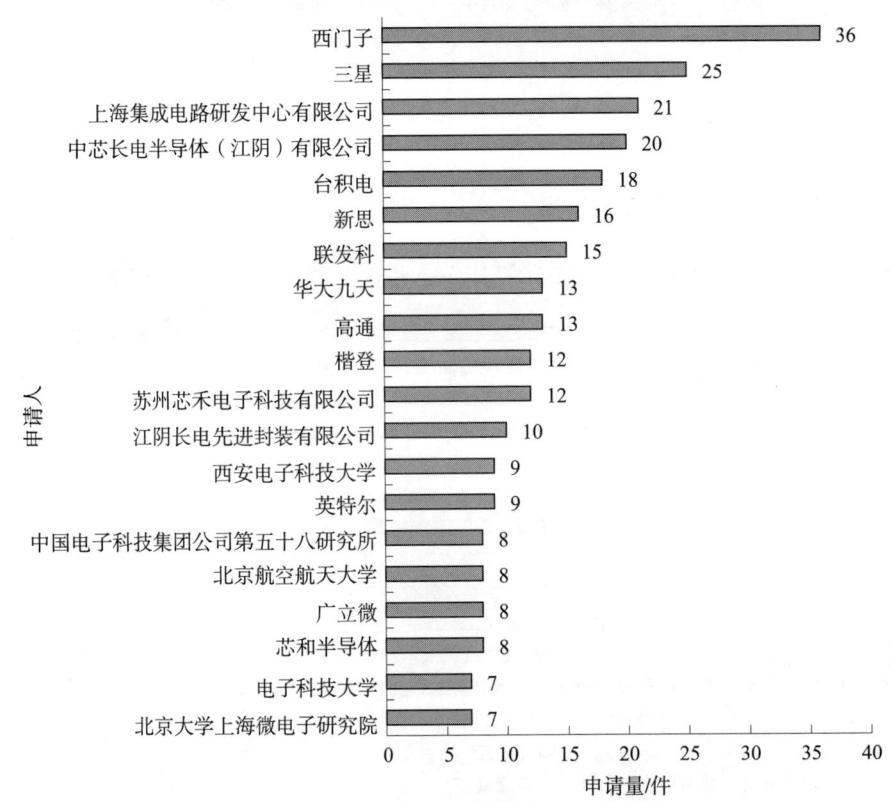

图 5-1-5　EDA 封装类技术在华申请人申请量排名前 20 位

申请量排名前 20 位的在华申请人中有 9 家境外公司,其余均为中国申请人。国内申请人中排名第一的上海集成电路研发中心有限公司成立于 2002 年,是国家支持组建的、产学研合作的集成电路研发中心。排名前 20 位中还包括两家长电科技关联的公司——中芯长电半导体(江阴)有限公司和江阴长电先进封装有限公司。作为国内封装测试行业的龙头企业,长电科技布局了高集成度的晶圆级 WLP、2.5D/3D、系统级封装（system in package，SiP）技术和高性能的 Flip Chip 和引线互联封装技术，产品服务涵盖了主流集成电路系统应用，包括网络通信、移动终端、高性能计算、车载电子、大数据存储、AI 与物联网、工业智造等领域。国内申请人中的华大九天是国内最早从事 EDA 研发的企业之一，前身为中国华大集成电路设计集团有限公司 EDA 部门，继承了首部国产 EDA "熊猫系统"的核心技术，核心团队深耕行业近三十年，已成为国内规模最大、产品线最完整、综合技术实力最强的 EDA 企业。西安电子科技大学、北京航空航天大学、中国电子科技集团公司第五十八研究所、电子科技大学、北京大学上海微电子研究院均为电子封装技术领域国内的知名高校、科研院所。广立微是领先的集成电路 EDA 软件与晶圆级电性测试设备供应商，深耕芯片成品率提升和电性测试快速监控技术，依托软件工具授权、软件技术开发和测试机及配件三大主业，为代工厂与 Fabless 厂商提供从 EDA 软件、测试芯片设计服务、电性测试设备到数据分析等一系列产品和服务。芯和半导体是国产 EDA 行业的领军企业，提供覆盖集成电路、封装到系统的全产业链仿真 EDA 解决方案。

5.1.4 全球布局地分析

图 5-1-6 为 EDA 封装类技术全球目标市场占比情况。从全球目标市场占比可以看出，中国和美国是最重要的两个市场，吸引着全球创新主体的注意力。其次为中国台湾地区、日本、韩国和欧洲。此外，还有 6.55% 的专利申请选择了 PCT 申请，排名第四，这说明一定数量的专利是以进入多个市场为目标的。上面的数据表明，中国和美国是专利申请选择的主要目标，这与二者存在庞大的市场是相关的，市场的大小在一定程度上决定了专利申请数量的多少。

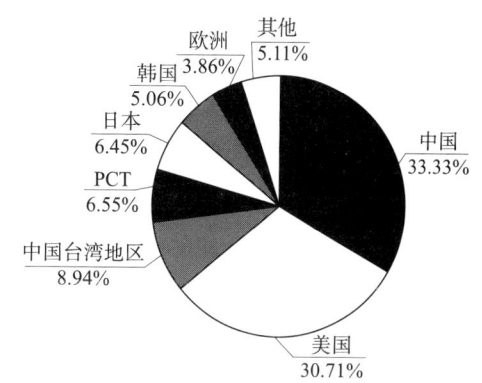

图 5-1-6　EDA 封装类技术全球目标市场占比

注：因修约问题，图中百分数相加不等于 100%。

图 5-1-7 为 EDA 封装类技术全球原创地占比情况。

从全球原创地占比可以看出，美国原创技术占比达到 46.53%，是全球第一大创新体，其拥有 EDA 产业的三巨头新思、楷登和明导。中国作为全球另一个重要的创新驱动力，占比 35.44%，仅落后美国 11 个百分点左右。中国自 2008 年开始出现申请量快速增长以来，大量中国申请人投入该领域开展研究。

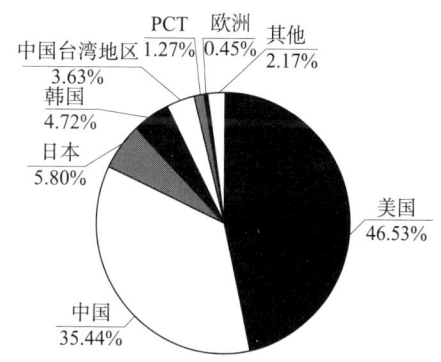

图 5-1-7　EDA 封装类技术全球原创地占比

注：因修约问题，图中百分数相加不等于 100%。

日本、韩国等其他国家/地区发展明显落后于中国和美国。

5.1.5 全球/中国主要技术分支分析

图 5-1-8 为 EDA 封装类技术全球和中国主要技术分支申请量分布情况。可以看出，在仿真和设计两个分支中，中国的申请量已经占到全球的申请量的一半左右；在验证领域中国的申请量占比则较低，仅达到 20% 左右。这主要是由于中国近年来对于封装领域的政策引导和产业规划，以及行业关注度和市场投、融资的爆发，大量中国申请人投入该领域研究，因此吸引了中外各创新主体的目光，更愿意在中国进行专利布局。

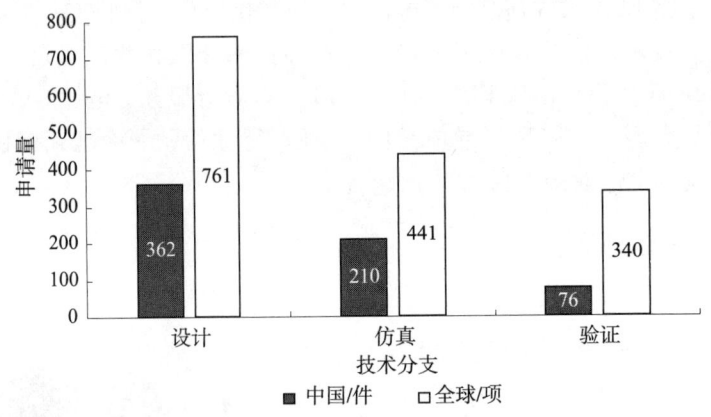

图 5-1-8　EDA 封装类技术全球/中国主要技术分支申请量分布

5.1.6 全球/中国主要申请人布局重点分析

表 5-1-1 为 EDA 封装类技术全球主要申请人申请量年度分布。从 EDA 封装类技术全球主要申请人申请量年度分布来看，新思、楷登、IBM 和松下布局最早。其中，松下自 2004 年以后停止了相关专利的申请，被挤出了市场。同时期，明导、英特尔、三星以及中国台湾地区的两家集成电路制造厂商先后进入了市场开始布局。新思则一直保持着技术上的优势。另外，上海集成电路研发中心有限公司、长电科技的 2 关联公司等在 2008 年及以后开始专利布局后加速，引领了中国在该领域的专利申请。

表 5-1-2 为 EDA 封装类技术中国主要申请人申请量年度分布。从 EDA 封装类技术中国主要申请人申请量年度分布来看，上海集成电路研发中心有限公司最先开始布局并持续发展，多数年份均保持一定的申请量。上海交通大学作为国内重点高校，起步也较早，但从申请量来看并不算突出。两家长电科技关联的公司——中芯长电半导体（江阴）有限公司和江阴长电先进封装有限公司，开始布局后也都断续保持少量的申请。苏州芯禾电子科技有限公司和华为开始布局较早，都在 2012 年开始出现相关申请。排名第 16 位的付伟为浙江熔城半导体有限公司的法定代表人，该公司独立开发完成超高密度扇出面板级封装（fan-out panel level package，FOPLP）制造，为客户提供 UHD-FO-3D-SiP 系统集成整体解决方案。

第5章 EDA封装类技术专利状况分析

表5-1-1 EDA封装类技术全球主要申请人申请量年度分布

单位：项

申请人	1994	1995	1996	1998	1999	2000	2001	2002	2003	2004	2005	2006	2007	2008	2009	2010	2011	2012	2013	2014	2015	2016	2017	2018	2019	2020	2021	2022
新思	1	3						1							4		3		10	12	4	8	7	7	3	2	2	
西门子				1	2			1												2	9	5	11	9	17	1		
三星									1		7	2	2					2	10	2	2	2	3	6	8	3		
楷登	2			1	1		2		1		1		1	1			5		4	5	2	4	6	6	3		1	
台积电															3		5	4	2	2	5	7	2	2	4	13	1	
联发科						3		2		2					1				2		4	13	4	4		2		
英特尔															1		3	1		1	2	4	3	1	3	2	2	
高通														1		2	2			1	6	4	3	1	5			
明导												1			1		1	2	2	3		5	3	2	1	1		
IBM	3		1						1		2			1					5	1	2	2	2	1				
上海集成电路研发中心有限公司																		3				5	10	2	2	3		
中芯长电半导体（江阴）有限公司																			2	2	1	2	1	2	4	2		
美光科技							2											1	2	2	2		2	1	1	1	1	
华大九天								2	1	1											1		2	1	3			
矽品精密工业股份有限公司												1						9			1			1		2		
苏州芯禾电子科技有限公司																		3				3	3		3			
江阴长电先进封装有限公司																					1	1	3	2			2	
西安电子科技大学																								2	3	4		
松下	2			1	2		1	1		2																2	2	
芯和半导体																										2	4	2

表 5-1-2 EDA 封装类技术中国主要申请人申请量年度分布

单位：件

申请人	2008	2009	2010	2011	2012	2013	2014	2015	2016	2017	2018	2019	2020	2021	2022
上海集成电路研发中心有限公司	1	1		2	3		1	2	5		1	2	3		
中芯长电半导体（江阴）有限公司									2	10	2	4	2		
华大九天					1		2			2	1	1	3	2	1
苏州芯禾电子科技有限公司					9				3						
江阴长电先进封装有限公司					3			1	1	3				2	
西安电子科技大学											2	3	4		2
芯和半导体					1				1	1			2	4	
北京航空航天大学											2	2	1	2	
广立微								1			1	5	1	1	3
中国电子科技集团公司第五十八研究所					2			2	1	2				2	
华为				4					1	1			1	3	
电子科技大学							1	2	1	1	1			1	
长电科技						1	2								
北京大学上海微电子研究院											6			6	
汉芯国科											4				
付伟										1					
长鑫存储技术有限公司														1	1
复旦大学													3	2	
上海交通大学			2		1						2				
华天科技（昆山）电子有限公司								2	2	1					

年份

图 5-1-9 为 EDA 封装类技术全球主要申请人申请量国家/地区分布情况。可以看出，申请人在本国/本地区的申请量是最大的，申请量第二位、第三位的国家/地区更能说明每位申请人所侧重的国家/地区。对主要国家/地区的申请人来说，除了在本国/本地区申请外，申请量最大的国家就是美国和中国两国，可见美国和中国是最受重视的两个目标市场。此外，还可以看出，西门子、新思、明导和英特尔这些大公司更注重 PCT 申请和在欧洲的申请，具有更强的专利布局意识，采用以进入多个市场为目标的专利布局策略。中国公司则少有 PCT 申请。

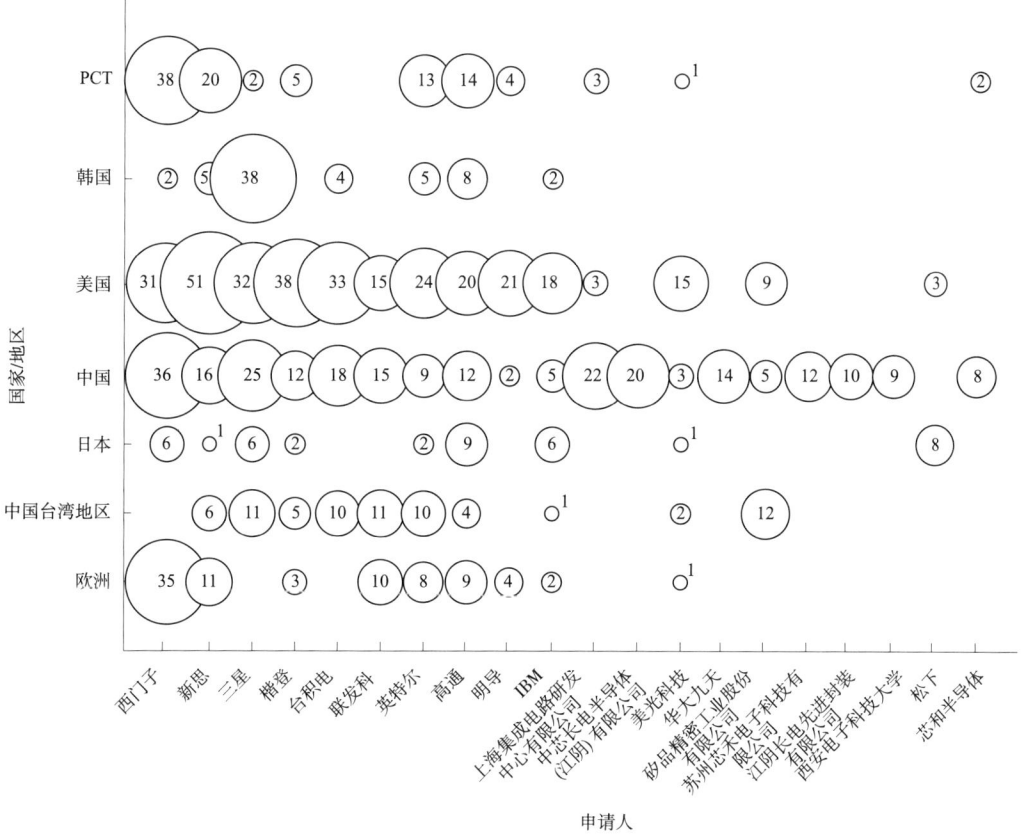

图 5-1-9　EDA 封装类技术全球主要申请人申请量国家/地区分布

注：图中数字表示申请量，单位为件。

图 5-1-10 为 EDA 封装类技术中国主要申请人申请量国家/地区分布情况。从 EDA 封装类技术中国主要申请人申请量国家/地区分布来看，国内申请人大部分以中国为主进行布局，较少进行海外布局，仅有上海集成电路研发中心有限公司、芯和半导体和华为三位专利布局意识较强的申请人进行了总共 8 件 PCT 申请。可见，我国申请人海外专利数量少且布局区域不平衡，缺乏全球性布局意识。这可能也与我国企业很难打进别国市场，因此放弃进行海外布局有关。

图 5-1-11 为 EDA 封装类技术全球主要申请人申请量技术分布情况。从全球主要

申请人申请量技术分布来看,在 EDA 封装类技术领域,新思和明导这些 EDA 软件提供商主要布局在设计和仿真两个技术分支;三星、英特尔、高通、台积电和联发科这些集成电路制造商更倾向于布局在设计和验证两个技术分支;IBM 在三个分支上均有涉及,且布局较为平均;两家长电科技关联的公司——中芯长电半导体(江阴)有限公司和江阴长电先进封装有限公司布局较为偏重于设计分支;华大九天仅布局在设计和仿真两个分支。这与申请人企业的业务构成相关。

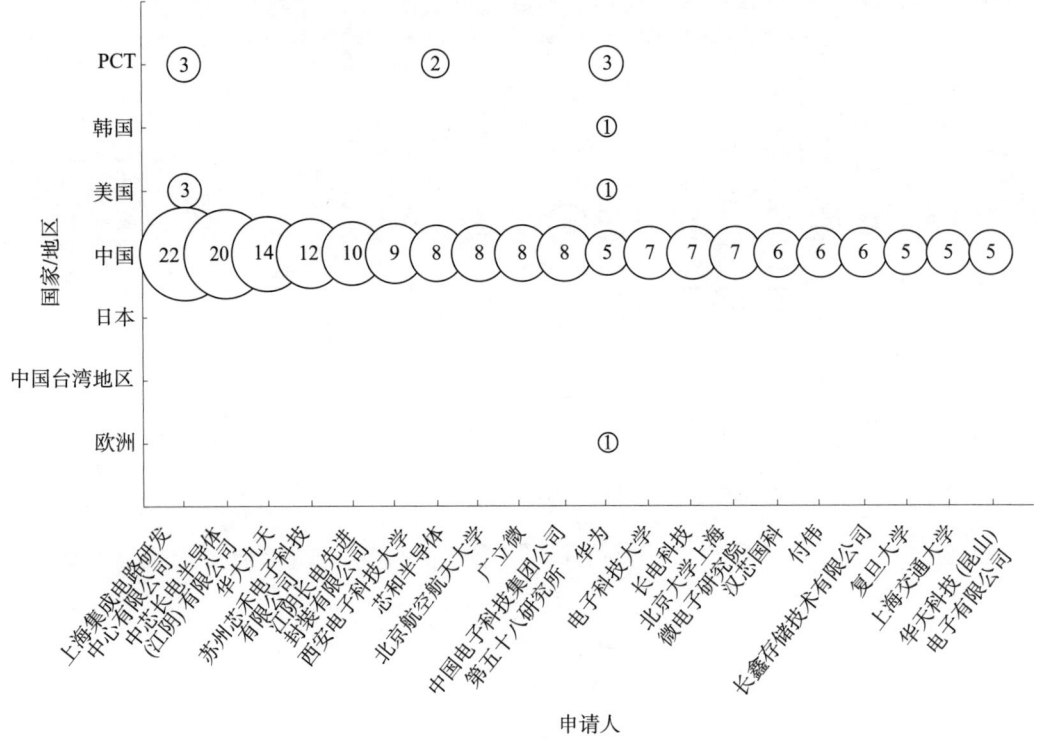

图 5-1-10　EDA 封装类技术中国主要申请人申请量国家/地区分布

注:图中数字表示申请量,单位为件。

图 5-1-12 为 EDA 封装类技术中国主要申请人申请量技术分布情况。从中国主要申请人技术分布来看,上海集成电路研发中心有限公司作为申请量排名第一的申请人,其主要布局在仿真分支,达到了 17 件,远超第二名的 7 件。在设计分支,排名第一的为中芯长电半导体(江阴)有限公司,其申请量为 18 件,遥遥领先于第二名的 9 件。在验证分支,国内申请人布局较少,总和仅为 6 件。现阶段,全球半导体封装测试市场呈现出双雄并立的局面,来自中国和美国的半导体封装测试企业占据了绝大部分市场份额。全球范围内,围绕半导体先进封装测试技术的角逐愈发激烈。我国封装测试产业的整体水平和国外相比,还存在较大差距。

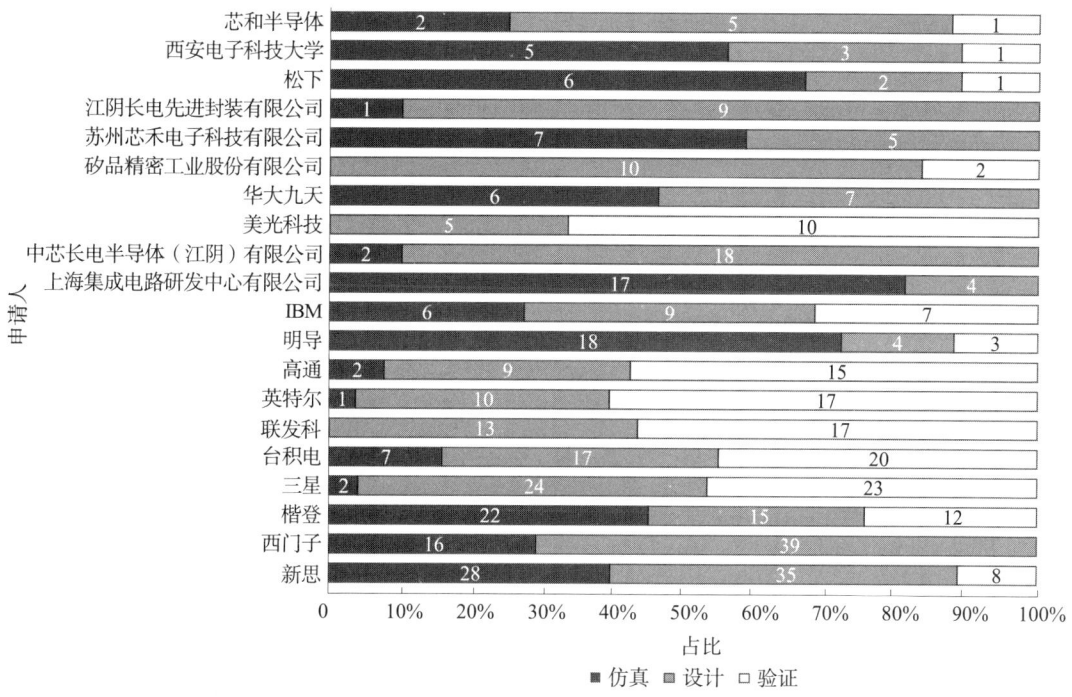

图 5-1-11 EDA 封装类技术全球主要申请人申请量技术分布

注：图中数字表示申请量，单位为项；各申请人的条状图形划分仅展示该申请人在不同技术分支的申请量对比。

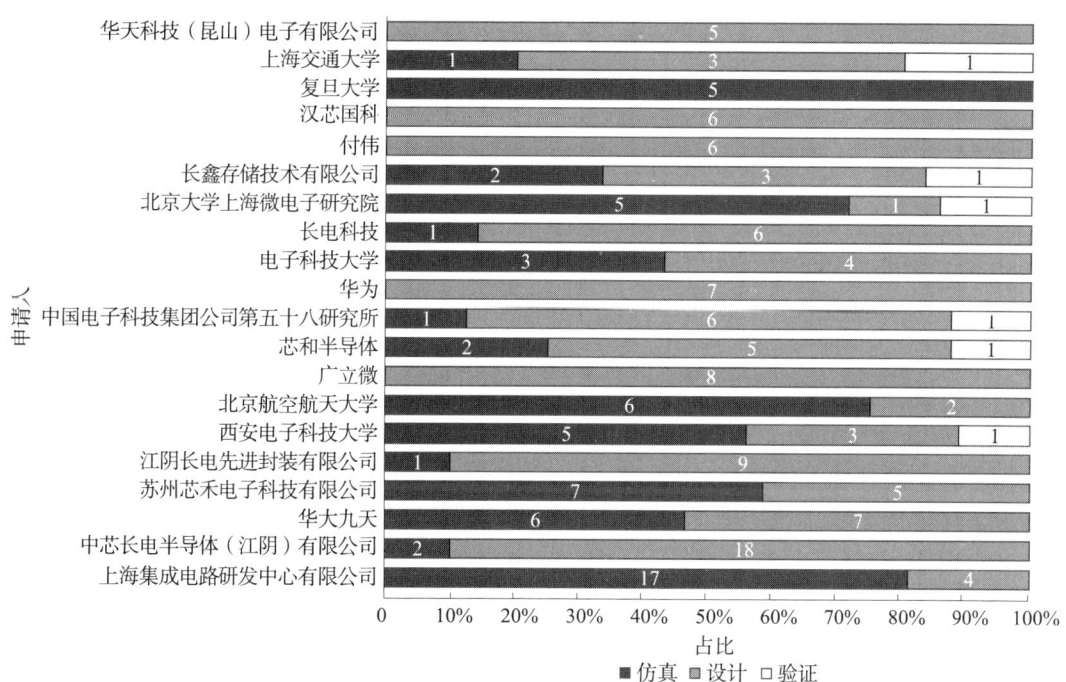

图 5-1-12 EDA 封装类技术中国主要申请人申请量技术分布

注：图中数字表示申请量，单位为件；各申请人的条状图形划分仅展示该申请人在不同技术分支的申请量对比。

5.2 EDA 封装类设计技术专利状况分析

本节对 EDA 封装类设计技术总体专利申请情况进行研究。

5.2.1 全球/中国申请和授权态势分析

图 5-2-1 为 EDA 封装类设计技术全球/中国申请态势。从全球申请态势来看，1987~2001 年，全球的申请量处于低位，从 2002 年开始迅速增加。原因是进入 21 世纪以来，全球半导体封装以 CSP、BGA、WLP 等主要封装形式进入大规模生产时期，中国进入该领域较晚，从 2010 年开始申请量才出现较大增长，之后与全球增长趋势类似，进入了迅猛发展期；同时向多芯片组件、三维封装、SiP 发展。

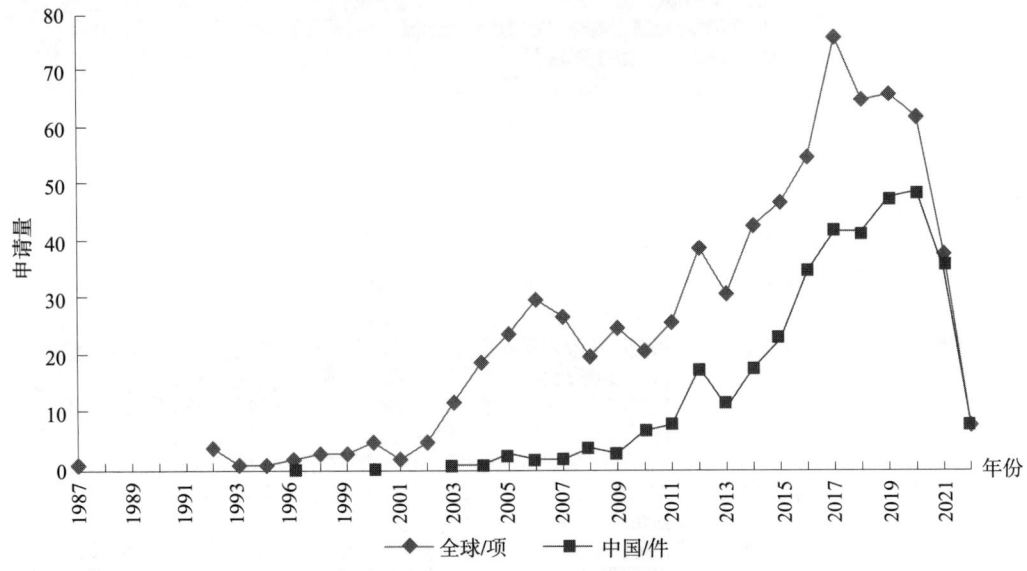

图 5-2-1 EDA 封装类设计技术全球/中国申请态势

中国进入该领域较晚，从 2010 年开始申请量才出现增长，之后与全球增长趋势类似，进入了迅猛发展期。

图 5-2-2 为 EDA 封装类设计技术主要国家/地区授权态势。在主要国家/地区授权量中，中国和美国的授权总量最多，且基本持平。美国在 EDA 领域具有先发优势，授权量从 2002 年开始保持快速增长，并在很长一段时间内均处于领先地位，远超其他国家/地区，直到 2017 年才出现下滑趋势。中国授权量在 2011 年后开始由低位迅速增长，并于 2015 年一跃超过美国，成为授权量最高的国家。由于在先进封装技术中，大部分技术是 2012 年后发展起来的，主要国家/地区从业者几乎处在同一起跑线上。随着资金开始积极进入，行业迅速扩张，资本大量投入，中国在封装设计技术上得到了充分的发展。从图中可见，欧洲、日本、韩国一直处于较低的授权量水平。

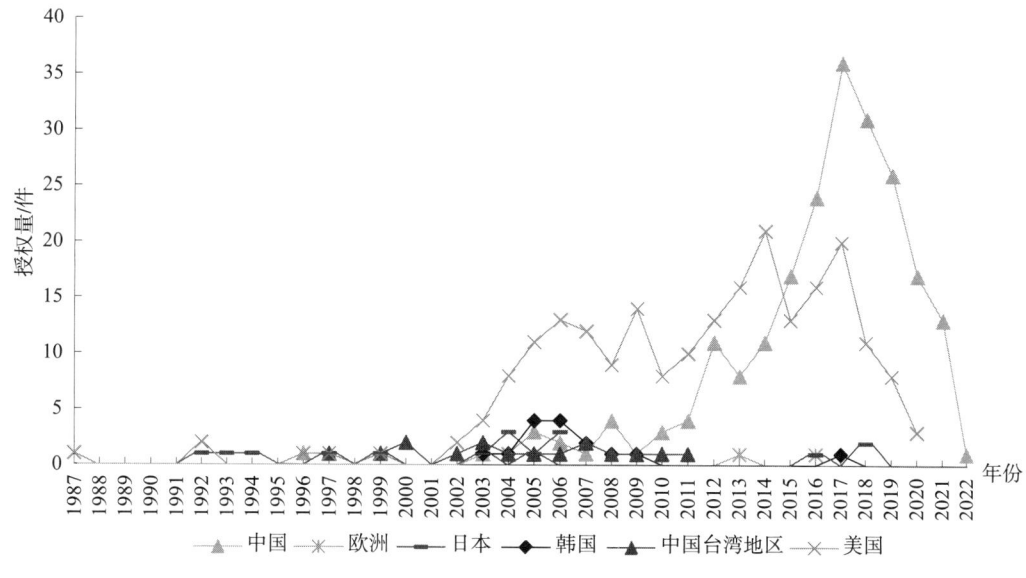

图 5-2-2　EDA 封装类设计技术主要国家/地区授权态势

5.2.2　主要国家/地区申请量和授权量分析

图 5-2-3 为 EDA 封装类设计技术主要国家/地区申请量和授权量。可以看出，中国的申请量最高，超过第二名美国 100 余件；美国和中国的授权量最高，并且基本持平。美国的授权率最高，达到了 86.51%，远超其他国家/地区。中国的授权率仅为 59.67%，处于比较低的水平，这与中国在该领域核心技术专利申请量占比较低有关，说明专利整体质量有待进一步提高。反观美国的专利申请授权率则相对较高，说明其专利申请整体技术含量高，核心技术占比较大。中国和美国基本是该领域技术发展驱动力的核心，日本、欧洲、韩国已经处于落后地位。

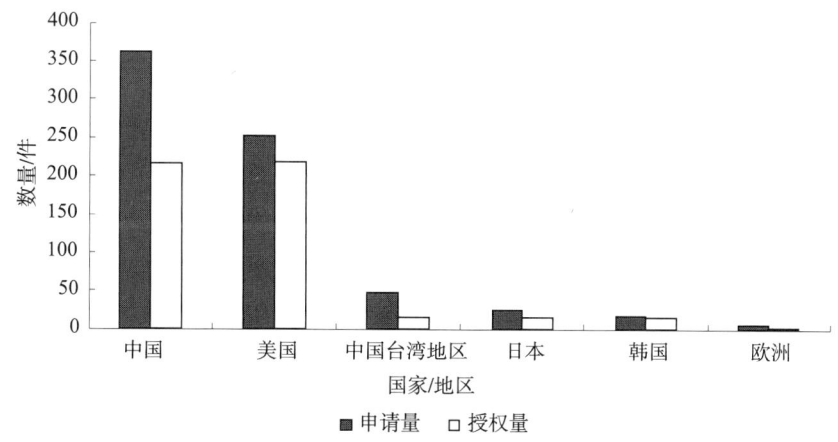

图 5-2-3　EDA 封装类设计技术主要国家/地区申请量和授权量

5.2.3 全球/在华主要申请人分析

图 5-2-4 为 EDA 封装类设计技术全球申请量排名前 20 位的申请人。在 EDA 封装类设计技术领域，中国的申请人数量排名第一，共有 11 名申请人进入了前 20。申请人数量排名第二的美国有 6 名申请人进入了前 20 位。虽然美国入围的申请人数量少于中国，但申请量却遥遥领先，其中新思和楷登也是全球 EDA 产业的领导企业，占据了绝大部分的市场份额，这充分反映出美国在 EDA 封装类技术上的领先地位。目前包括英特尔和台积电在内的一众全球半导体巨头正在积极投资先进封装技术。韩国虽然仅有一家企业申请量进入前 20 位，但其申请量排名第三。

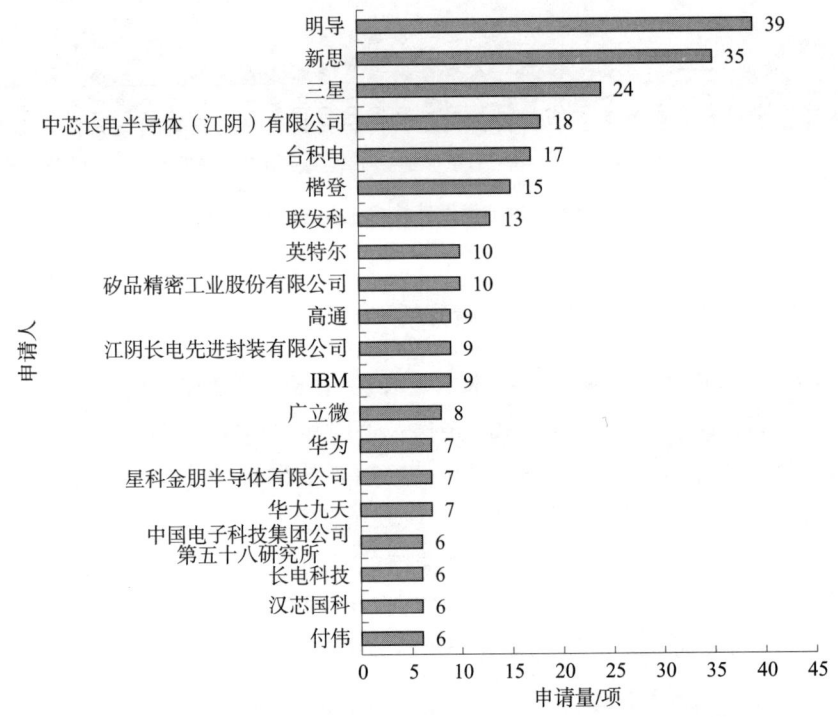

图 5-2-4　EDA 封装类设计技术全球申请人申请量排名前 20 位

图 5-2-5 为 EDA 封装类设计技术在华申请人申请量排名前 20 位。排名前 20 位的在华申请人中有 6 家境外公司，其余均为中国申请人。中国申请人方面包括两家长电科技关联的公司——中芯长电半导体（江阴）有限公司和江阴长电先进封装有限公司。作为国内封装、测试行业的龙头企业，早在 2015 年，长电科技就获得了苹果的 SiP 模组订单。排名第七的广立微是领先的集成电路 EDA 软件与晶圆级电性测试设备供应商，其深耕芯片成品率提升和电性测试快速监控技术，依托软件工具授权、软件技术开发和测试机及配件三大主业，为代工厂与 Fabless 厂商提供从 EDA 软件、测试芯片设计服务、电性测试设备到数据分析等一系列产品和服务。华为作为在集成电路领域深耕多年的企业，申请量排名第 16。华大九天作为国内 EDA 的龙头企业，致力于打

造覆盖集成电路设计、制造、封装、测试全周期的全流程 EDA 工具系统，其在封装类设计技术领域申请量排名第九。中国电子科技集团公司第五十八研究所是超大规模集成电路研究、开发、生产的国家重点骨干研究所，主要从事陶瓷封装，提供多项目晶圆（multi project wafer，MPW）项目封装、晶圆工艺评价封装、特殊封装开发、失效分析，以及减薄、划片、检漏等单项工艺服务。

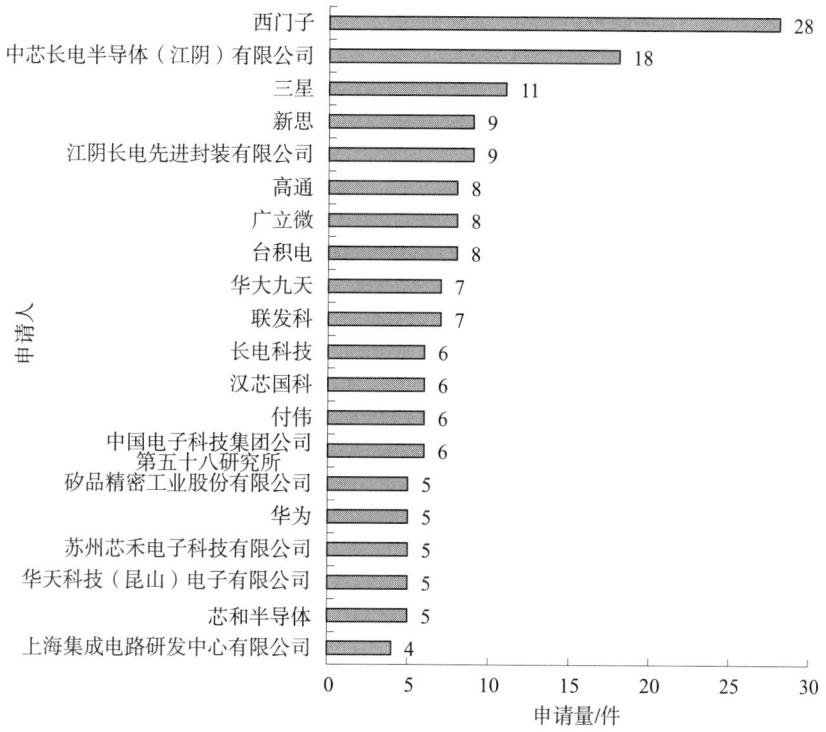

图 5-2-5　EDA 封装类设计技术在华申请人申请量排名前 20 位

5.2.4　全球布局地分析

图 5-2-6 为 EDA 封装类设计技术全球目标市场占比。可以看出，中国和美国是最重要的两个国际市场，各企业都非常重视在美国和中国的专利申请。尤其是目标市场为中国的专利申请占比达到了 33.71%，高于第二名美国的 25.87%，这也与 EDA 封装类设计技术中国申请人的申请量大有直接的关系。其后为中国台湾地区、日本、韩国和欧洲，占比分别为 8.60%、6.56%、6.49% 和 6.33%，都处于一个比较低的占比。

图 5-2-7 为 EDA 封装类设计技术全球原创国家/地区占比。可以看出，美国原创技术占比达到 40.42%，中国原创技术占比达到 40.29%，二者占比基本相当，是全球第一和第二大的创新群体。美国作为全球最重要的创新驱动力，具有 EDA 产业的三大巨头新思、楷登和明导，还具有英特尔等航母级的芯片厂商。日本、韩国等其他国家/地区发展明显落后于中国和美国。

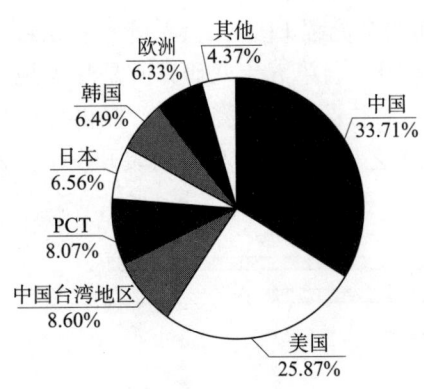

图 5-2-6 EDA 封装类设计技术
全球目标市场占比

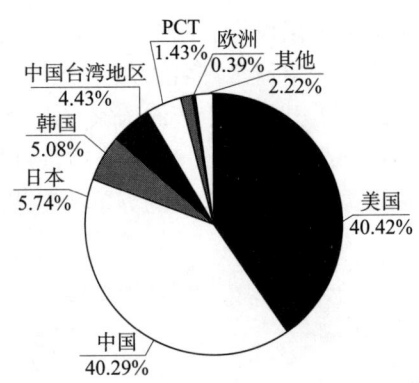

图 5-2-7 EDA 封装类设计技术
全球原创国家/地区占比

5.2.5 全球/中国主要技术分支分析

图 5-2-8 为 EDA 封装类设计技术全球/中国申请量主要技术分支分布。可以看出，在 SiP 和 WLP 两个分支中，中国的申请量已经占到全球的申请量的一半多；在 3D 封装领域中国的申请量占比略低，但也达到 40% 以上。在三个技术分支上，中国申请都布局得比较平衡。中国近年来对于封装领域的政策引导和产业规划吸引了中外各创新主体的目光，使其更愿意在中国进行专利布局。

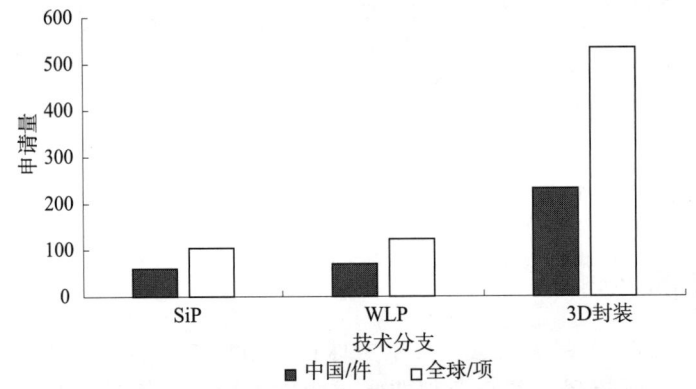

图 5-2-8 EDA 封装类设计技术全球/中国申请量主要技术分支分布

5.2.6 全球/中国主要申请人布局重点分析

表 5-2-1 为 EDA 封装类设计技术全球主要申请人申请量年度分布情况。从全球主要申请人申请量年度分布来看，英特尔、三星作为老牌的芯片技术企业从技术发展早期已经开始布局。西门子、新思、楷登作为最大的三家 EDA 厂商也在封装技术领域进行了大量布局。在国内申请人方面，两家长电科技关联的公司——中芯长电半导体（江阴）有限公司和江阴长电先进封装有限公司也进入了申请人前 20 名，引领了中国在该领域的专利申请。

第5章 EDA封装类技术专利状况分析

表 5-2-1 EDA封装类设计技术全球主要申请人申请量年度分布

单位：项

申请人	2000	2002	2003	2004	2005	2006	2007	2008	2009	2010	2011	2012	2013	2014	2015	2016	2017	2018	2019	2020	2021	2022
西门子																2	8	8	13	1		
新思															6	5	5	4	3			
三星			1									2	4	8	3		2	2	4			
中芯长电半导体（江阴）有限公司					6	1	1	1	1							2	9	2	3	2		
台积电							2					3				2				5		
楷登							1				2		1	1	2	2	4	1	2			
联发科									1		2		2	4		7	1	2			1	
英特尔	1			1							2					3			3			
矽品精密工业股份有限公司		1				1						3			1		2			2	2	
江阴长电先进封装有限公司								1		2	2				1	1	2			1		
高通								1	1				1	2			1		2			
IBM					2			1									1	1	1	1		
广立微				1										1			2			1	1	3
华大九天																			1		1	1
星科金朋半导体有限公司						6						2			2		2	1				
华为												2			2	1	2	1			1	
长电科技															2	1	1	1				
汉芯国科																	6				1	
付伟																		6	5			
中国电子科技集团公司第五十八研究所																					1	

年份

表 5-2-2 为 EDA 封装类设计技术中国主要申请人申请量年度分布。从中国主要申请人申请量年度分布来看，两家长电科技关联的公司——中芯长电半导体（江阴）有限公司和江阴长电先进封装有限公司申请量排名最高，并且江阴长电先进封装有限公司最先开始布局。长电科技是全球第三、中国第一的芯片封装测试龙头，也是国家集成电路产业基金和中芯国际支持的企业。另外，华为和苏州芯禾电子科技有限公司也在 2012 年开始布局。华为是国内最大的一家芯片综合公司，在设计、制造、封装等多个领域均有布局。苏州芯禾电子科技有限公司则专注 EDA 软件、集成无源器件（integrated passive device，IPD）和 SiP 微系统的研发。

表 5-2-2　EDA 封装类设计技术中国主要申请人申请量年度分布　　申请量：件

申请人	2012	2014	2015	2016	2017	2018	2019	2020	2021	2022
中芯长电半导体（江阴）有限公司				2	9	2	3	2		
江阴长电先进封装有限公司	3		1	1	2				2	
广立微						1	2	1	1	3
华为	2		2		2					
华大九天		1			2		1	1	1	1
中国电子科技集团公司第五十八研究所								5	1	
长电科技			2	1	1	1			1	
汉芯国科					6					
付伟						6				
华天科技（昆山）电子有限公司			2	2	1					
芯和半导体								1	3	1
苏州芯禾电子科技有限公司	4			1						

图 5-2-9 为 EDA 封装类设计技术全球主要申请人布局地分布情况。可以看出，申请人在本国/本地区的申请量是最大的，申请量第二、第三位的国家/地区更能说明每位申请人所侧重的国家/地区。对于主要国家/地区的申请人来说，除了在本国/本地区申请外，目标最大的国家就是美国和中国两国，可见美国和中国是最受重视的两个目标市场。此外，还可以看出西门子、新思、高通和英特尔等国际化大公司更注重 PCT 申请和欧洲申请，具有更强的专利布局意识，采用以进入多个市场为目标的专利布局策略。

图 5-2-10 为 EDA 封装类设计技术中国主要申请人布局地分布情况。从图 5-2-10 来看，中国申请人大部分以国内为主进行布局，较少进行海外布局。仅有华为一位专利布局意识较强的申请人进行了 3 件 PCT 申请和 1 件美国的申请布局。可见，我国申请人海外专利数量少且布局区域不平衡，缺乏全球性布局意识。这可能也与我国企业很难打进别国市场，因此放弃进行海外布局有关。

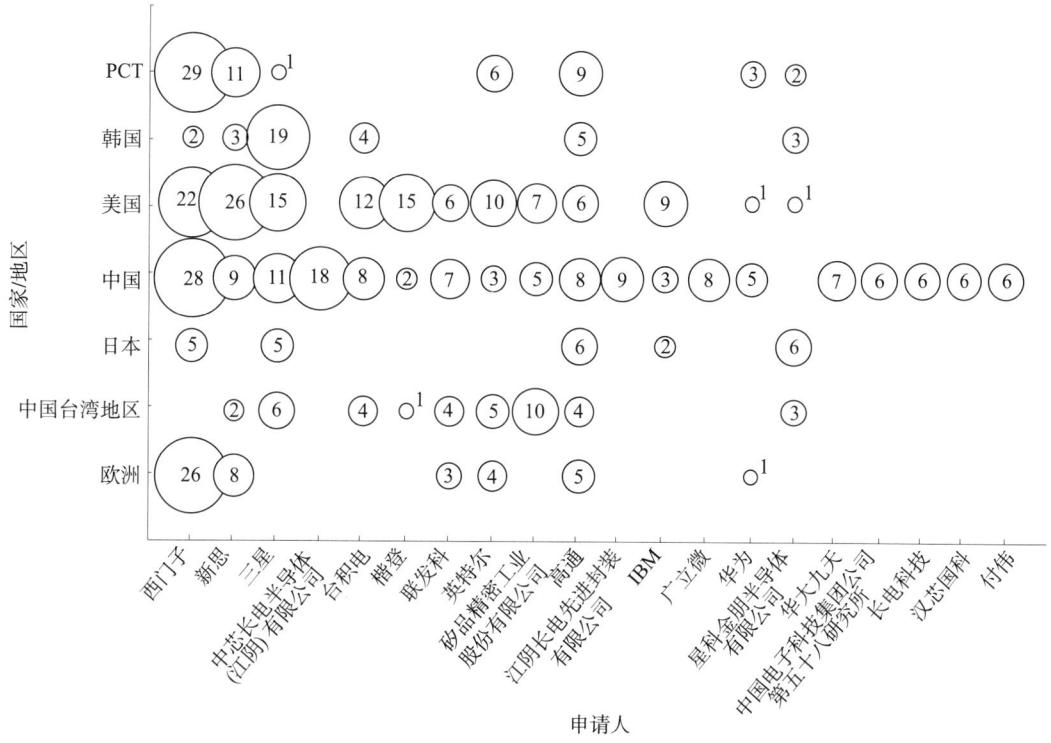

图 5-2-9　EDA 封装类设计技术全球主要申请人布局地分布

注：图中数字表示申请量，单位为项。

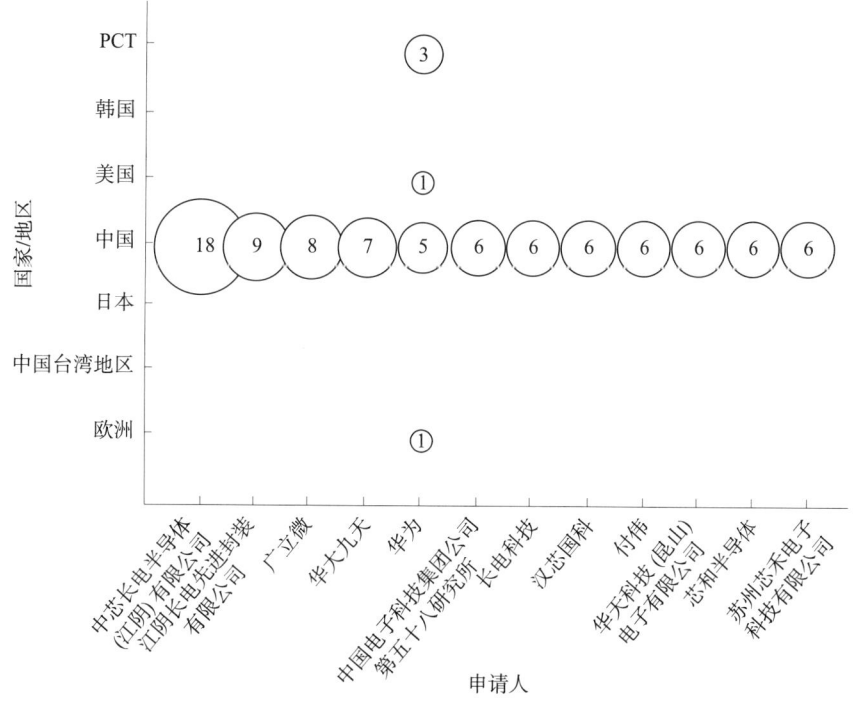

图 5-2-10　EDA 封装类设计技术中国主要申请人布局地分布

注：图中数字表示申请量，单位为件。

图 5-2-11 为 EDA 封装类设计技术全球主要申请人申请量技术分布情况。从图 5-2-11 来看，江阴长电先进封装有限公司主要布局在 WLP 设计上，联发科和中芯长电半导体（江阴）有限公司主要布局在 3D 封装和 WLP 设计两个分支，华为布局在 3D 封装和 SiP 两个分支。绝大部分的企业都将布局重心落在了 3D 封装技术分支上。3D 封装是必然的发展趋势：随着芯片越来越复杂，芯片面积、良率和复杂工艺的矛盾难以调和，到一定程度就必须把大的芯片拆解成一些小的芯片。

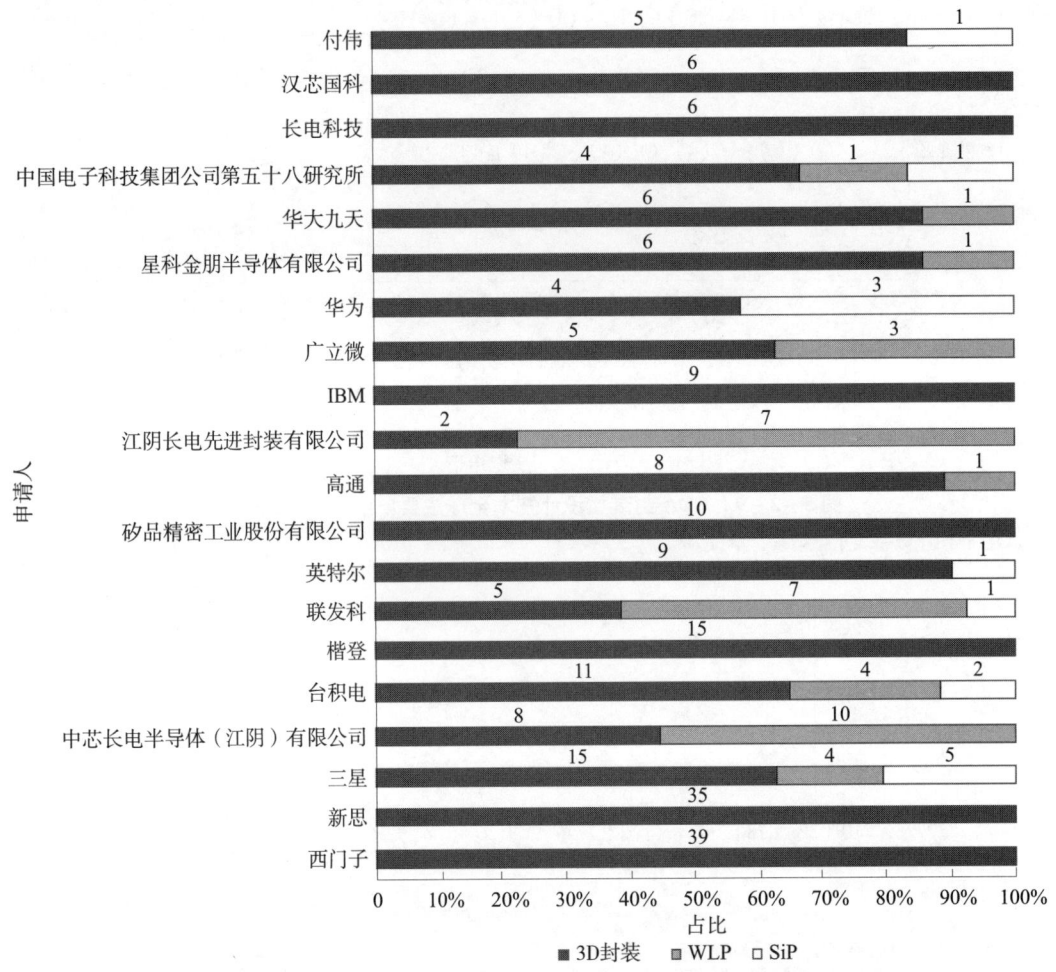

图 5-2-11　EDA 封装类设计技术全球主要申请人申请量技术分布

注：图中数字表示申请量，单位为项；各申请人的条状图形划分仅展示该申请人在不同技术分支的申请量对比。

图 5-2-12 为 EDA 封装类设计技术中国主要申请人申请量技术分布情况。从图 5-2-12 来看，两家长电科技关联的公司——中芯长电半导体（江阴）有限公司和江阴长电先进封装有限公司，以及华天科技（昆山）电子有限公司主要布局在 3D 封装和 WLP。华为布局在 3D 封装和 SiP 两个分支。其余企业都将布局重心落在了 3D 封装技术分支上。3D 集成电路未来在中国将呈现爆发式的增长，从需求来看，这也是一个必然的趋势。对性能有极致追求的应用，势必要用芯粒或者 3D 集成电路的解决方案。

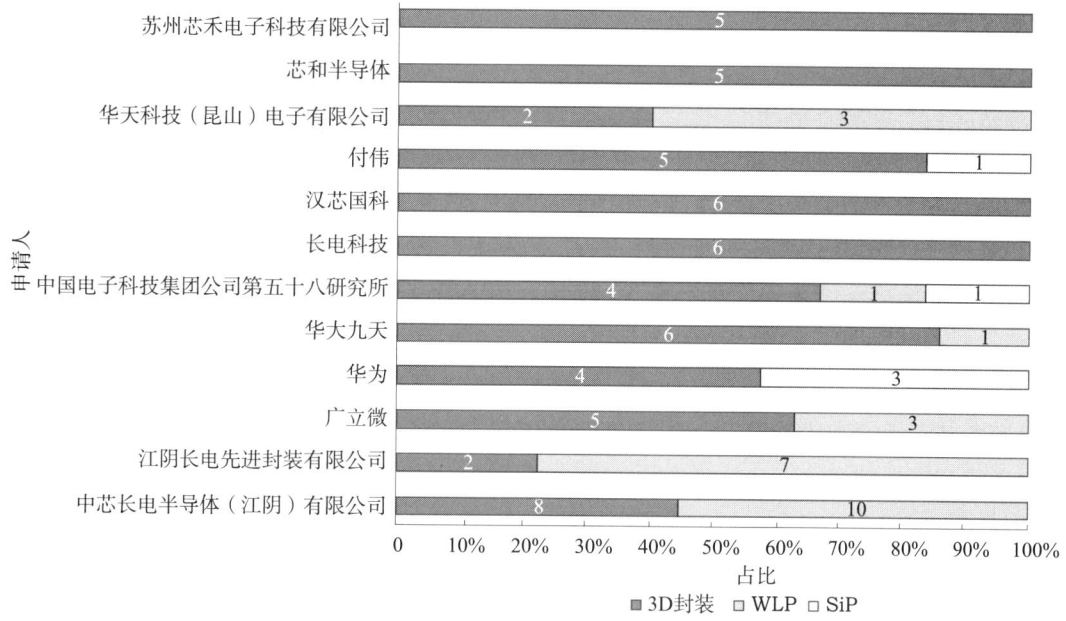

图 5-2-12　EDA 封装类设计技术中国主要申请人申请量技术分布

注：图中数字表示申请量，单位为件；各申请人的条状图形划分仅展示该申请人在不同技术分支的申请量对比。

5.3　EDA 封装类仿真技术专利状况分析

本节对 EDA 封装类仿真技术总体专利申请和授权情况进行研究。

5.3.1　全球/中国申请和授权态势分析

从图 5-3-1 所示的 EDA 封装类仿真技术全球/中国申请态势来看，在全球范围内，从 1992 年开始出现了 EDA 封装类仿真技术方面的专利申请。在 2006 年之前，专利申请的数量较少且整体上呈波动态势，并没有出现明显的整体增长态势。这表明，1992～2005 年，EDA 封装类仿真技术处于起步阶段。2006～2009 年，申请量开始整体迅速增加，并于 2009 年达到高峰 23 项，这说明 EDA 封装类仿真技术开始进入一个相对较快的发展阶段。2010～2012 年经过短暂的回落之后，申请量从 2013 年开始再次迅速增长，于 2021 年达到历史最高的 35 项，这充分反映了市场主体对于 EDA 封装类仿真技术的关注程度。

在中国范围内，EDA 封装类仿真技术在中国的专利申请最早出现于 2005 年。2006～2009 年，和国际申请态势一样，中国的专利申请量也出现明显的增长，不过整体申请量处于较低水平。在 2010 年以后，EDA 封装类仿真技术在中国的专利申请量呈现较快的增长态势，自 2014 年开始申请量继续攀升，于 2021 年达到历史最高的 32 件。从图 5-3-1 还可以看出，EDA 封装类仿真技术领域的国内申请年度增长趋势与全球增长趋势保持一致，申请人都非常重视在中国进行专利布局。

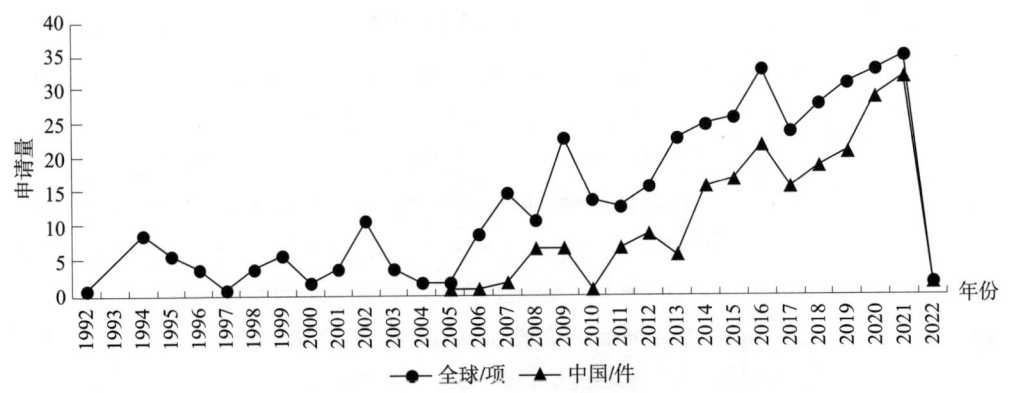

图 5-3-1　EDA 封装类仿真技术全球/中国申请态势

从图 5-3-2 所示的 EDA 封装类仿真技术全球/中国授权态势可以看出，在全球范围内，1992~2005 年，EDA 封装类仿真技术的全球专利申请的授权数量处于低位水平，且呈波动态势。从 2006 年开始相关专利的授权量迅速攀升至较高水平，这与这一时期相关技术的专利申请量的迅速增长密切相关。2010~2012 年整体短暂回落之后，全球专利申请的授权量又迅速增加至新的高度；2016 年，EDA 封装类仿真技术的全球专利申请的授权量达到最高的 22 项。在中国范围内，EDA 封装类仿真技术的专利申请的授权量在 2007~2013 年处于较低水平，然而从 2014 年开始，随着专利申请量的快速增长，专利授权数量也呈现快速增长的态势，并且在 2015 年和 2016 年连续两年达到较高水平，有 13 项专利申请获得授权。在全部的授权专利中，中国授权量占全球授权量的一半以上。

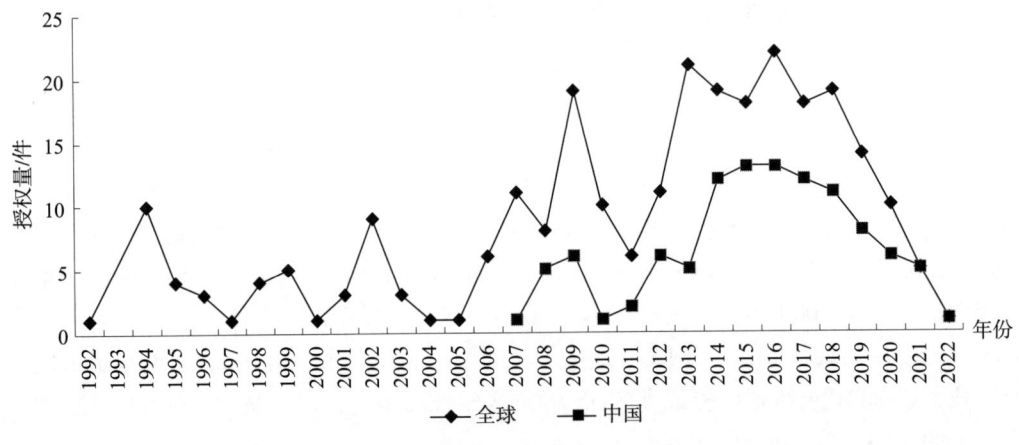

图 5-3-2　EDA 封装类仿真技术全球/中国授权态势

5.3.2　主要国家/地区申请量和授权量分析

从图 5-3-3 所示的全球主要国家/地区申请量和授权量的对比可以看出，中国的申请量排名第一，授权量排名第二；美国的申请量排名第二，但授权量排名第一。美国的授权率最高，达到 81.0%。日本和韩国的授权率次之，分别达到 57.9% 和

57.1%。中国的授权率相对较低，为49.8%。欧洲的授权率在其中排名垫底，为40.0%。可见，虽然中国是第一申请大国，但授权率相对较低，主要是因为中国在该领域核心技术专利申请量占比相对较低，专利整体质量有待进一步提高。美国不仅保有较高的申请量，还具有最高水平的授权量，其技术产出不仅数量多，专利申请的整体技术含量也比较高，核心技术占比较大。从申请量以及授权量也可以看出，中国、美国基本是该领域技术发展驱动力的核心，日本、欧洲、韩国已经处于落后地位。

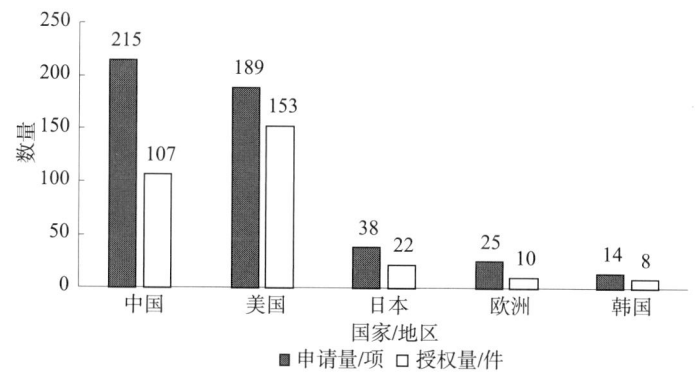

图5-3-3　EDA封装类仿真技术全球主要国家/地区申请量和授权量

5.3.3　全球/在华主要申请人分析

如图5-3-4所示，在EDA封装类仿真技术领域，全球专利申请量排名前15名的申请人分别来自美国、中国、日本和德国。其中，美国申请人数量最多，包括企业申请人新思、楷登、IBM等，以及个人申请人Victor Moroz、Steven Teig。在企业申请人中，新思和楷登分别排名第一和第二，为该领域的技术领先者。这两家公司不仅通过企业自身研发进行专利布局，还积极开展专利的购买活动以增强其在该领域的实力，如前述个人申请人Victor Moroz和Steven Teig所申请的专利就分别被新思和楷登收购。明导在该领域排名第三，同样具有较强的技术实力，其在2016年被德国公司西门子收购之后，在EDA封装类仿真技术领域和西门子实现强强联合。另外，美国的IBM在该技术领域也有一定的专利布局。中国有4位申请人进入前15名，分别是上海集成电路研发中心有限公司、北京航空航天大学、华大九天和苏州芯禾电子科技有限公司，其中，上海集成电路研发中心有限公司为研发机构，北京航空航天大学为高校，华大九天和苏州芯禾电子科技有限公司为EDA软件供应商。此外，日本的富士通、松下和日本电气以及中国台湾地区的台积电在该技术领域也有一定的研究——上述四家公司均为芯片制造公司。

从上述分析可以看出，美国企业在EDA封装类仿真技术领域实力最强，与之相比，中国企业虽然存在一定的差距，但是也已具备一定的技术储备。中国EDA软件供应商应当考虑与研究成果较为出众的科研院所和高校联合，在利用自身的资金和资源实现技术落地的同时，积极引进人才或培养技术人员，最终提高企业的技术竞争力和生产实力。

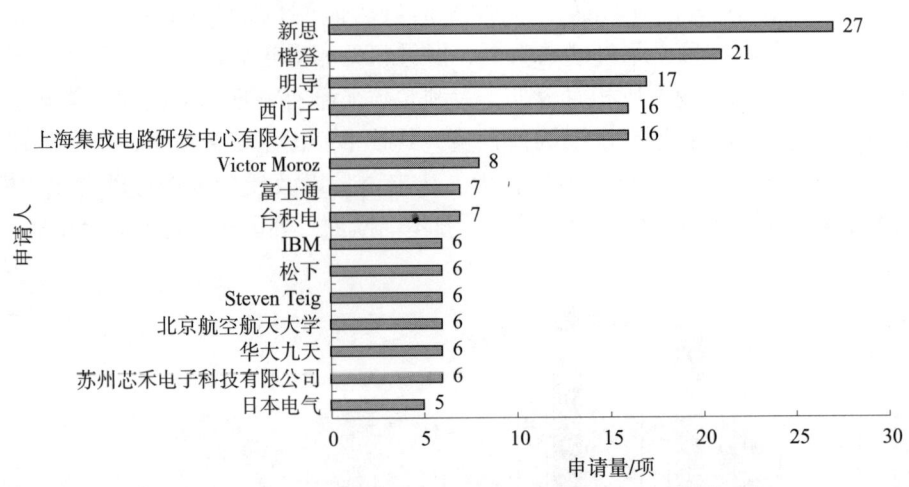

图 5-3-4　EDA 封装类仿真技术全球申请人申请量排名前 15 名

在如图 5-3-5 所示的在华申请人排名中，排名前 15 名的有 3 家外国公司，分别是西门子、新思和楷登，其余均为中国申请人。排名第一的是上海集成电路研发中心有限公司，其作为由中国集成电路相关企业集团和高校联合投资组建的面向全行业集成电路企业、高校及科研院所开放的公共研发机构，具有庞大的研究专家团队和良好的研究条件，在该领域也有深入的研究。北京航空航天大学的专利申请量在国内高校中排名第一，其他具有一定技术基础的高校或高校下属机构包括西安电子科技大学、电子科技大学、复旦大学、桂林电子科技大学、哈尔滨工业大学、北京大学上海微电子研究院和天津大学等，众多高校上榜表明学界对该技术领域有着较高关注度和兴趣。国内 EDA 龙头企业华大九天和专注 EDA 软件、IPD 和 SiP 微系统研发的苏州芯禾电子科技有限公司在 EDA 封装类仿真技术方面也有较强的技术实力。此外，集成电路设计公司国微电子在该领域也有一定的专利布局。

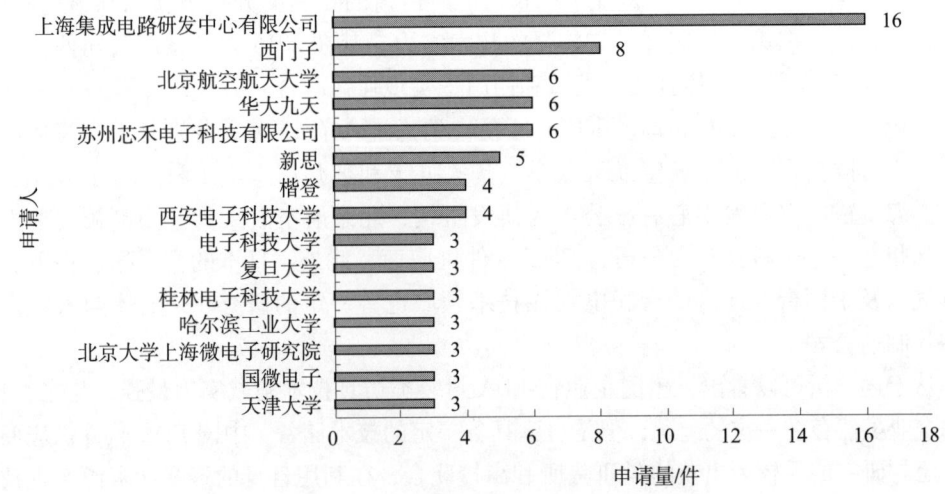

图 5-3-5　EDA 封装类仿真技术在华申请人排名

5.3.4　全球布局地分析

从图 5-3-6 所示的 EDA 封装类仿真技术全球目标市场占比可以看出，中国是最重要的国际市场，美国排名第二。美国和中国是市场大国，吸引着全球创新主体的注意力，各创新主体都非常重视在美国和中国的专利申请。日本和欧洲的占比次之。目标市场地分布与技术原创地占比排名情况类似，均集中在上述几个国家/地区，这说明 EDA 封装类仿真技术在全球市场地域相对集中。此外，还有 6% 的专利申请选择了 PCT 申请，排名第四，这说明一定数量的专利是以进入多个市场为目标的。以上数据表明，中国和美国是专利申请选择的主要目标国，这与两国存在庞大的市场是相关的，市场的大小一定程度上决定了专利申请数量的多少。

从图 5-3-7 所示的 EDA 封装类仿真技术全球原创国家/地区占比可以看出，中国原创技术占比达到 44%，排名第一。这与芯片封装技术的不断发展，包括 EDA 软件供应商、科研院所和高校等在内的国内创新主体不断加大 EDA 封装类仿真技术的研发投入密切相关。美国作为全球另一个重要的创新驱动力，原创技术占比 43%，与中国基本持平，具有如新思、楷登、明导等全球重要的申请人，代表性企业力量突出。在其他国家/地区中，日本的原创技术较为领先，但是与中国和美国相比已具有较大的实力差距。韩国和欧洲等其他国家/地区的发展则明显落后，其总体占比仅达到 6%。

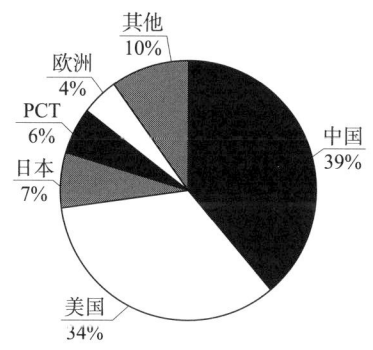

图 5-3-6　EDA 封装类仿真技术
全球目标市场占比

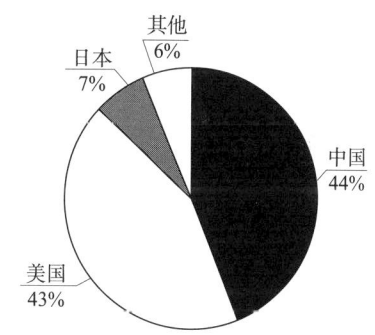

图 5-3-7　EDA 封装类仿真技术
全球原创国家/地区占比

5.3.5　全球/中国主要技术分支分析

从图 5-3-8 所示的 EDA 封装类仿真技术全球/中国主要技术分支申请量分布可以看出，三个技术分支中结构仿真分支的专利申请量最多，热仿真的申请量次之，电磁仿真的申请量最少。在热仿真方面，中国的申请量占到全球申请量的 62.5%，占比最高。在电磁仿真和结构仿真方面，中国的申请量占全球申请量的比例也达到 43.4% 和 49.8%。这说明中外各创新主体在 EDA 封装类仿真技术领域比较重视在中国的专利布局。

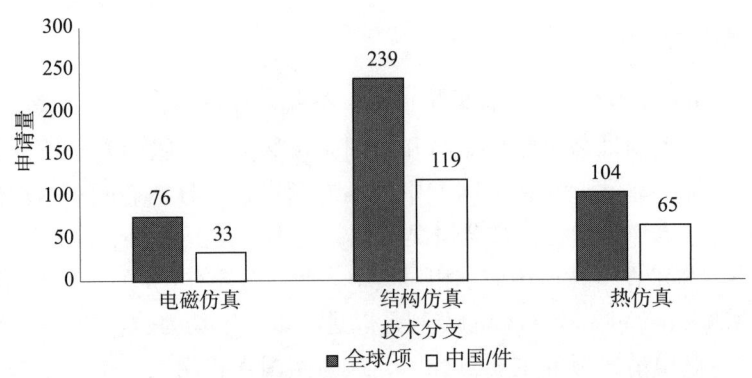

图 5-3-8　EDA 封装类仿真技术全球/中国主要技术分支申请量分布

5.3.6　全球/中国主要申请人布局重点分析

从表 5-3-1 所示的 EDA 封装类仿真技术全球主要申请人申请量年度分布来看，新思、楷登的相关专利申请从技术发展初期就已经开始布局。个人申请人 Victor Moroz 和 Steven Teig 的专利申请也相对较早，这些专利申请后来分别被新思和楷登收购。因此，新思和楷登早期在 EDA 封装类仿真技术领域具有明显的技术优势。受 2.5D 封装技术和 3D 封装技术的引领，从 2012 年附近开始，新思和楷登在 EDA 封装类仿真技术方面的专利申请量均有明显的提升。

明导和西门子在该技术领域的专利申请相对较晚，除西门子在 2002 年有 1 项相关专利申请以外，二者其他专利申请出现于 2012 年及之后。然而，2012~2019 年，二者保持了较高的技术产出。在 2016 年西门子收购明导之后，其在 EDA 封装类仿真技术领域已经拥有较强的技术实力，稳居三巨头之一的位置。在晶圆制造企业中，日本的富士通、松下和日本电气均在早期进行了专利布局，但在 2006 年以后在该技术领域的专利申请量则一直为零。与之相比，台积电在 EDA 封装类仿真技术领域的专利布局相对较晚，最早出现于 2015 年。与日本的晶圆制造企业不同，台积电最近在该技术领域仍有研发投入。中国申请人整体上开始布局的时间相对较晚，除上海集成电路研发中心有限公司于 2008 年较早地开始相关专利申请以外，北京航空航天大学、华大九天以及苏州芯禾电子科技有限公司均在 2012 年开始进行布局。

从表 5-3-2 所示的 EDA 封装类技术中国主要申请人申请量年度分布来看，上海集成电路研发中心有限公司的申请量最多，且最先于 2008 年开始布局。上海集成电路研发中心有限公司是由中国集成电路相关企业集团和高校联合投资组建的面向全行业集成电路企业、大学及研究所开放的公共研发机构，在 EDA 封装类仿真技术领域具有较强的技术实力。北京航空航天大学、华大九天和苏州芯禾电子科技有限公司的申请量排名紧随其后，并于 2012 年开始进行专利布局。另外，排名靠前的创新主体还有西安电子科技大学、复旦大学、桂林电子科技大学、哈尔滨工业大学、北京大学上海微电子研究院、国微电子和天津大学。

第5章 EDA封装类技术专利状况分析

表5-3-1 EDA封装类仿真技术全球主要申请人申请量年度分布

单位：项

申请人	1992	1994	1995	1996	1998	1999	2000	2002	2004	2005	2006	2008	2009	2010	2011	2012	2013	2014	2015	2016	2017	2018	2019	2020	2021
新思		1	2			1		1					1	1	1		6	2	1	3	1	3		1	2
楷登		2			1					1			2				3	1	2	2	2	3	1		
明导																1			4	4	3	2	1		
西门子								1										1	3	3	3	1	4		
上海集成电路研发中心有限公司												1			1	2		1	2	4		1	2	1	
Victor Moroz				2	1								6				2								
富士通		4																	1				2	3	1
台积电																	1	1							
IBM		3																		1	1	2			1
松下		2			1	2			1							1						1		2	1
Steven Teig								6																	
北京航空航天大学						1	1																		
华大九天																1		1							
苏州芯禾电子科技有限公司																4				2					
日本电气	1										2														

143

表 5-3-2 EDA 封装类仿真技术中国主要申请人申请量年度分布

单位：件

申请人	2008	2009	2011	2012	2013	2014	2015	2016	2017	2018	2019	2020	2021
上海集成电路研发中心有限公司	1	1	1	2		1	2	4	1	1	2	1	
北京航空航天大学				1				1		2			1
华大九天				1		1				1		2	1
苏州芯禾电子科技有限公司				4				2					
西安电子科技大学									1		2	2	2
电子科技大学												2	1
复旦大学							1		1	1	1	1	
桂林电子科技大学			2			1							
哈尔滨工业大学					2	1							
北京大学上海微电子研究院								1					
国微电子											1		
天津大学													1

从图 5-3-9 所示的 EDA 封装类仿真技术全球主要申请人布局地分布可以看出，新思、楷登和明导的专利布局主要集中在美国，也都在中国和欧洲也有一定的布局，其中明导则在美国之外很少有专利布局，新思更重视通过 PCT 的方式进行专利布局。西门子则采用不同的布局策略，在美国、欧洲、中国有着较为均衡的专利布局。日本晶圆制造企业以本国为主要布局区域，同时在美国也有一定的专利布局。同为晶圆制造企业的台积电则以美国作为主要布局区域，并以中国为次要布局区域。在中国申请人中，上海集成电路研发中心有限公司的全球布局意识较好，除在中国进行专利布局之外，还在美国有所布局，剩余的申请人则仅在中国有所布局。

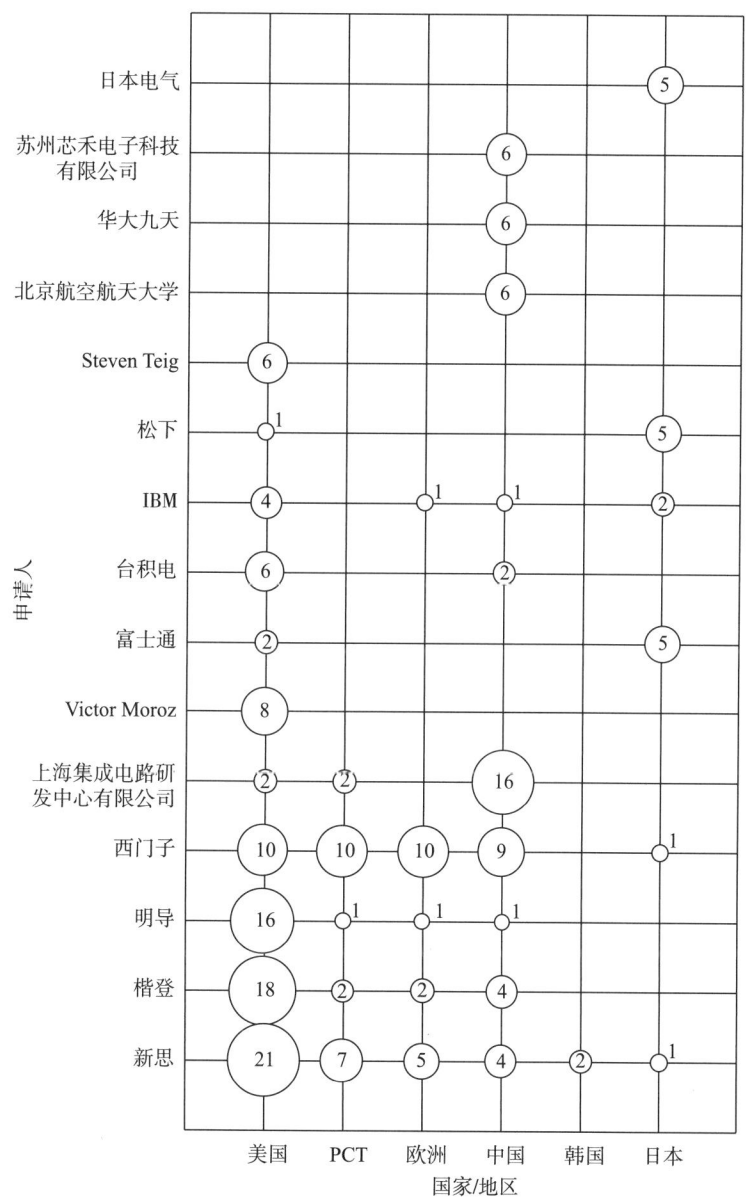

图 5-3-9 EDA 封装类仿真技术全球主要申请人布局地分布

注：图中数字表示申请量，单位为项。

从图 5-3-10 所示的 EDA 封装类仿真技术中国主要申请人布局地分布来看,国内申请人大部分以中国为主进行布局,较少进行海外布局,仅上海集成电路研发中心有限公司专利布局意识较强,进行了一定的海外布局。可见,我国申请人整体来看海外专利数量少且布局区域不平衡,缺乏全球性布局意识。对于关键技术或高价值专利,建议企业通过 PCT 形式开展海外布局以提升其全球竞争实力。

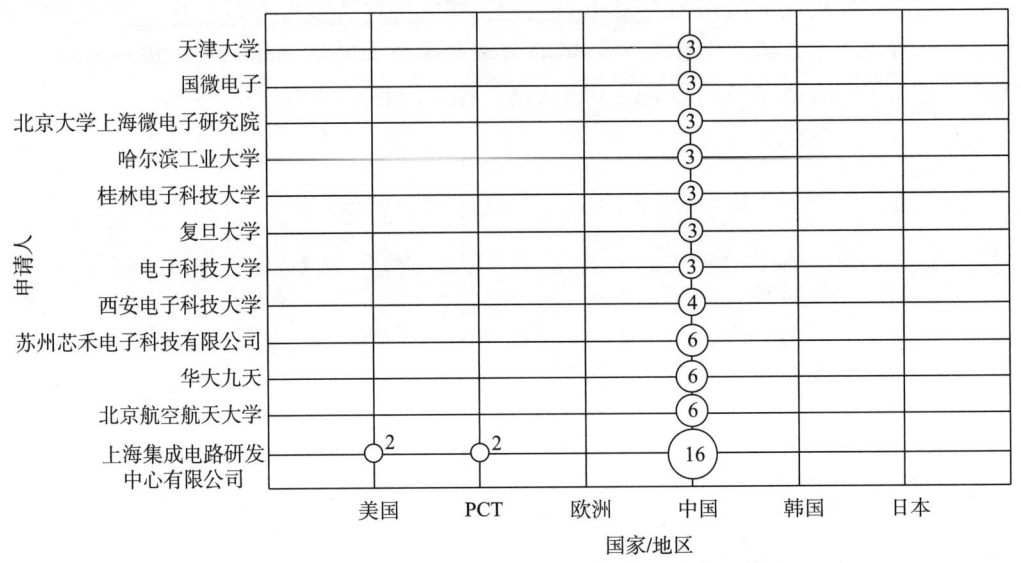

图 5-3-10 EDA 封装类仿真技术中国主要申请人布局地分布

注:图中数字表示申请量,单位为件。

从图 5-3-11 所示的 EDA 封装类仿真技术全球主要申请人申请量技术分布来看,新思、楷登、明导、西门子、上海集成电路研发中心有限公司和 IBM 在电磁仿真、结构仿真和热仿真均有布局,且均以结构仿真布局为主。其中,新思、楷登和西门子在结构仿真方面有着较高的专利申请量,明导则在热仿真方面有着相对较强的布局。个人申请人 Victor Moroz 和 Steven Teig 的专利申请全部集中于结构仿真。台积电的专利申请全部集中于电磁仿真。北京航空航天大学的专利申请全部集中于结构仿真。国内 EDA 软件公司华大九天的专利布局覆盖结构仿真和热仿真方面,且以结构仿真为主;苏州芯禾电子科技有限公司的专利布局覆盖电磁仿真和结构仿真,且以电磁仿真为主。

从图 5-3-12 所示的 EDA 封装类仿真技术中国主要申请人申请量技术分布来看,上海集成电路研发中心有限公司技术实力最强,其在电磁仿真、结构仿真和热仿真均有布局,且以结构仿真布局为主。北京航空航天大学和国微电子的专利申请全部集中于结构仿真。电子科技大学的专利申请则全部集中于热仿真。其他创新主体的专利布局则覆盖两个技术分支:国内 EDA 软件公司华大九天的专利布局覆盖结构仿真和热仿真方面,且以结构仿真为主;苏州芯禾电子科技有限公司的专利布局覆盖电磁仿真和结构仿真,且以电磁仿真为主;天津大学的专利布局在电磁仿真和热仿真方面;北京大学上海微电子研究院的专利布局在结构仿真和热仿真方面。

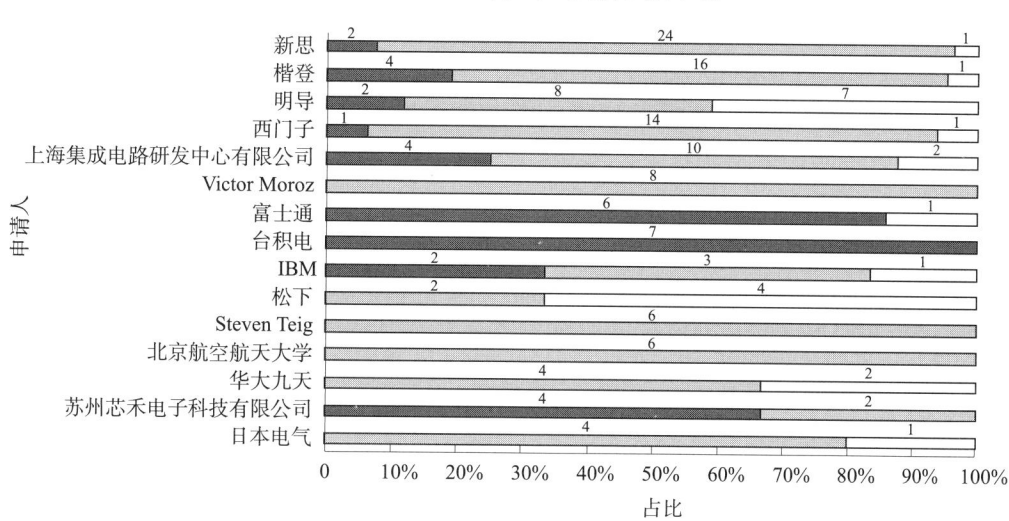

图 5-3-11　EDA 封装类仿真技术全球主要申请人申请量技术分布

注：图中数字表示申请量，单位为项。

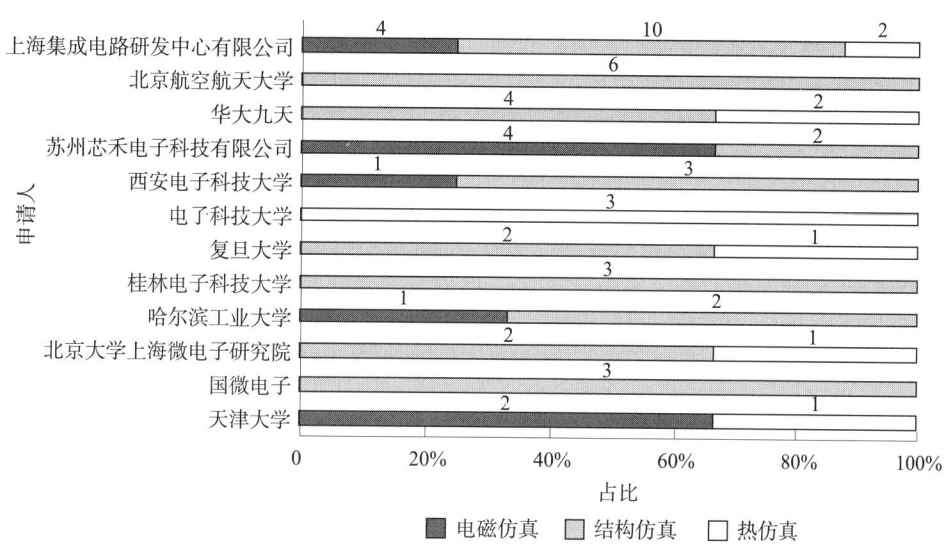

图 5-3-12　EDA 封装类仿真技术中国主要申请人申请量技术分布

注：图中数字表示申请量，单位为件。

5.4　EDA 封装类验证技术专利状况分析

本节对 EDA 封装类验证技术总体专利申请和授权情况进行研究。

5.4.1 全球/中国申请和授权态势分析

图5-4-1为EDA封装类验证技术全球/中国申请态势。从图5-4-1来看，在全球范围内，从1995年开始出现了EDA封装类验证技术方面的专利申请，但是在2000年之前，专利申请的数量比较少，并没有出现明显的增长态势。这表明，1995～2000年，EDA封装类验证技术处于起步阶段。2001～2011年，全球申请量上了一个新的台阶，并于2009年达到高峰的17项，这说明EDA封装类仿真技术开始进入一个相对较快的发展阶段。全球申请量从2012年开始再次突破前高，并于2016年达到历史最高的27项，这充分反映了市场主体对于EDA封装类验证技术的关注程度。

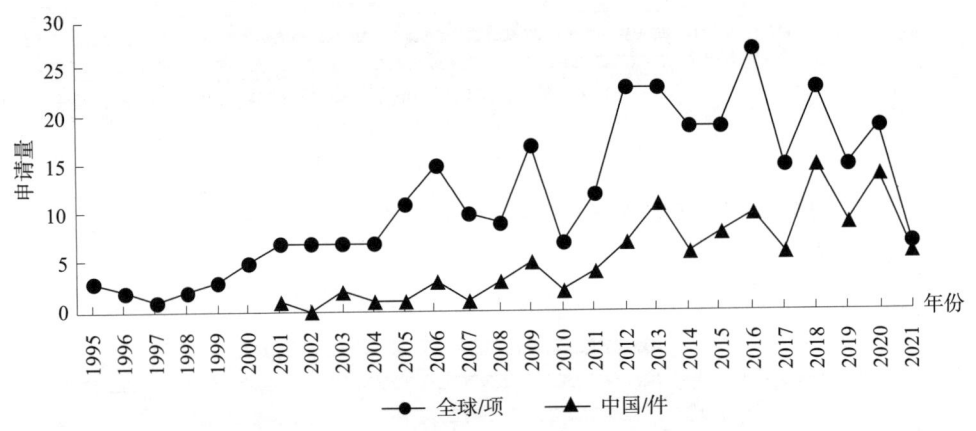

图5-4-1　EDA封装类验证技术全球/中国申请态势

此外，在中国范围内，EDA封装类验证技术在中国的专利申请最早出现于2001年。伴随2001～2011年全球申请态势迈入新的台阶，中国的专利申请量开始起步并呈现一定的上升态势，但是其整体申请量处于较低水平。同样，在2011年以后，EDA封装类验证技术的中国专利申请数量再次攀升至新的高度，于2018年达到历史最高的15件。

从图5-4-1还可以看出，EDA封装类验证技术领域的国内申请年度增长趋势与全球增长趋势大致保持一致，各申请人都非常重视在中国进行专利布局。

图5-4-2为EDA封装类验证技术全球/中国授权态势。可以看出，1995～2000年，EDA封装类验证技术的全球专利申请的授权数量处于低位水平。2001～2004年，相关专利的授权量整体攀升至新的高度，这与期间相关技术的专利申请量的增长密切相关。之后，全球专利申请的授权数量呈现宽幅震荡且逐渐上升的趋势，2005～2016年，授权数量的低谷从2008年的4件上升至2014年的11件，授权数量的高峰从2006年的14件上升至2016年的16件。在中国范围内，EDA封装类验证技术的专利申请的授权最早出现在2001年，2001～2004年仅存在零星的专利授权。从2005年开始，随着专利申请量的快速增长，专利授权数量呈现明显的上升态势。

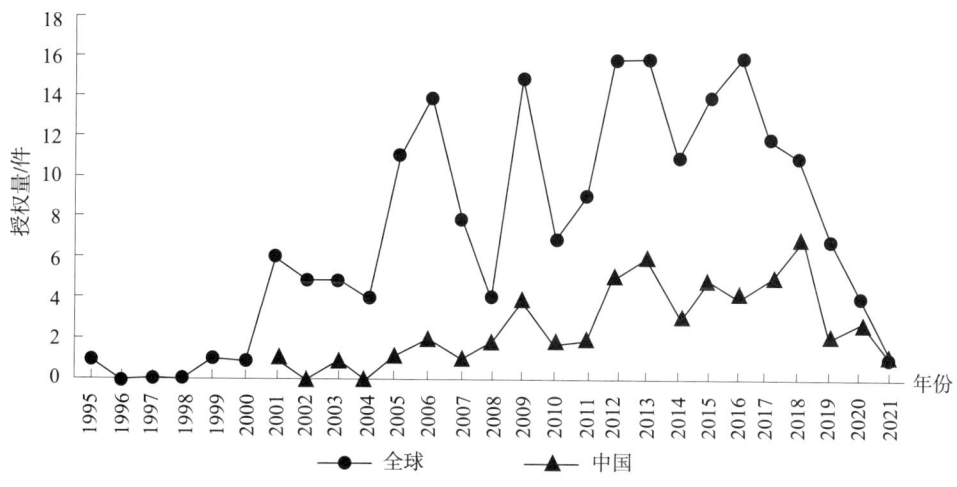

图 5-4-2　EDA 封装类验证技术全球/中国授权态势

5.4.2　主要国家/地区申请量和授权量分析

图 5-4-3 为 EDA 封装类验证技术主要国家/地区申请量和授权量情况。从主要国家/地区申请量和授权量的对比可以看出，美国的申请量和授权量均排名第一，授权率也是最高的，达到 78.4%，这说明其专利申请整体技术含量高，核心技术占比较大。中国的申请量和授权量均排名第二，但是授权率相对较低，为 49.6%，这主要是因为中国在该领域核心技术专利申请量占比相对较低，专利整体质量有待进一步提高。韩国、日本和欧洲的专利申请量和授权量均明显低于美国和中国，三者之中，韩国申请量最高，日本次之，欧洲最低。在授权率方面，日本的授权率达到 64.7%，处于较高水平；韩国的授权率次之，为 46.7%；欧洲的授权率最低，仅为 40.7%。从申请量以及授权量可以看出，美国是该领域技术发展驱动力的核心；中国具有相对优势的专利申请保有量，但在专利质量方面有待进一步提高；韩国、日本和欧洲则已经处于落后地位。

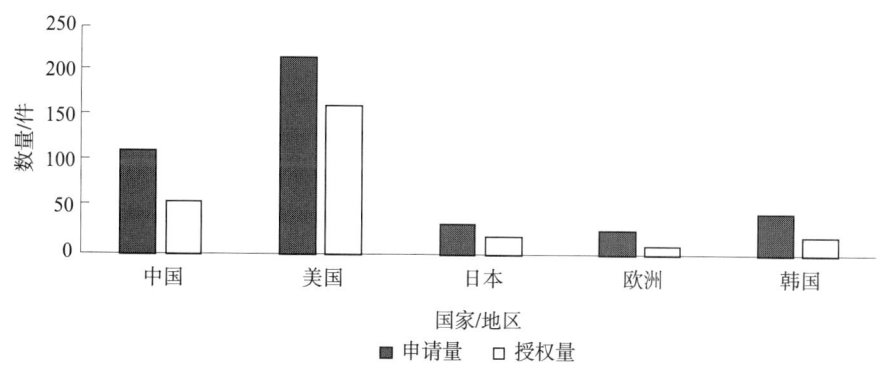

图 5-4-3　EDA 封装类验证技术主要国家/地区申请量和授权量

5.4.3 全球/在华主要申请人分析

图5-4-4为EDA封装类验证技术全球主要申请人申请量排名。在EDA封装类验证技术领域，全球申请人中三星的申请量排名第一，台积电的申请量排名第二，分别为20项和19项。英特尔和联发科的申请量排名分列第三名和第四名。上述四家企业均属于全球领先的芯片制造企业。同属芯片制造企业的高通和美光科技分别排名第六名和第七名。在全球专利申请量排名前十的申请人中，芯片制造企业占据6位，表明芯片制造企业对EDA封装类验证技术的重视。EDA软件供应商楷登和新思分别排名第五名和第八名，在众多EDA软件公司中实力最强。另外，IBM和个人申请人Mcelvain Kenneth S也并列排名第八名，具有一定的专利布局，其中Mcelvain Kenneth S的部分专利申请后来被新思所收购，进一步增强了新思在该技术领域的技术实力。

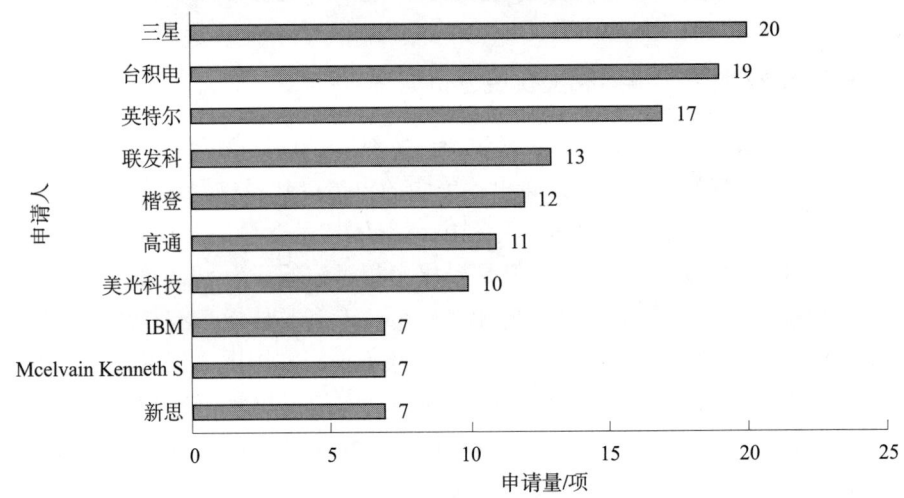

图5-4-4 EDA封装类验证技术全球主要申请人申请量排名

在排名前十的申请人中有7名来自美国，包括排名第三的英特尔，排名第五的楷登以及分列第五至八名的高通、美光科技、IBM、Mcelvain Kenneth S和新思，这充分反映出美国在封装类技术的领先地位。韩国的三星申请量在众申请人中排名第一，也具有较强的技术实力。中国台湾地区的申请人进入前十的有2家，分别是台积电和联发科。中国则没有申请人排进前十，这表明中国在EDA封装类验证技术领域技术实力相对薄弱，亟待加强。

图5-4-5为EDA封装类验证技术在华申请人申请量排名。排名前12名的在华申请人中有9家境外公司，分别为韩国的三星和SK，美国的英特尔、楷登、高通和美光科技，中国台湾地区的台积电、联发科、钰桥半导体，其余均为中国申请人。在中国申请人方面，排名靠前的有分列第10~12名的日照旭日电子、上海飞骧电子和无锡江南计算技术研究所。台积电和联发科在EDA封装类验证技术领域具有较强

的技术实力。台积电作为全球最大的半导体代工厂,拥有 7 件中国专利申请。联发科是全球第四大晶圆厂半导体公司,在移动终端、智能家居应用、无线连接技术即物联网产品等市场位居领先地位,其同样对 EDA 封装类验证技术具有深入的研究,拥有 6 件中国专利申请。中国申请人的专利申请量明显较少,日照旭日电子、上海飞骧电子和无锡江南计算技术研究所的申请量仅各有 2 件,在该技术领域的布局较弱。中国台湾地区在该技术领域具有较强的竞争实力;中国申请人排名相对靠后,且申请量明显较少,表明中国在 EDA 封装类验证技术方面技术薄弱,亟待加强。

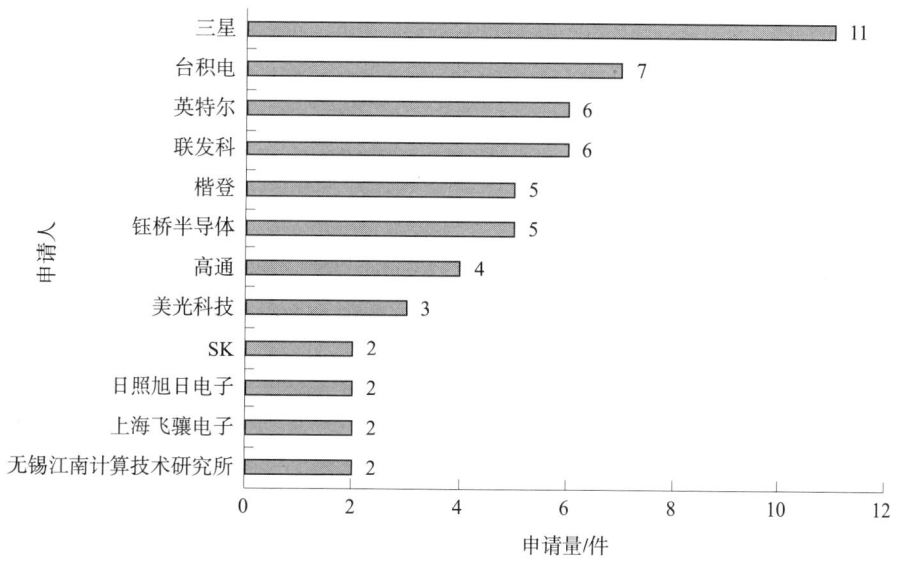

图 5-4-5 EDA 封装类验证技术在华申请人申请量排名

5.4.4 全球布局地分析

图 5-4-6 为 EDA 封装类验证技术全球目标市场占比。可以看出,美国是最重要的国际市场,吸引着全球创新主体的注意力,其占比达到 39%。不仅美国本土创新主体倾向于优先在美国进行专利布局,位于美国之外的创新主体同样将美国作为最重要的专利布局地。中国排名第二,占比为 20%,这得益于中国的巨大的市场空间。中国台湾地区也是 EDA 封装类验证技术的重要目标市场,这与台积电和联发科在中国台湾地区有大量专利布局密切相关。韩国、日本和欧洲的相关专利申请量相对次之,占比分别为 8%、6% 和 5%。

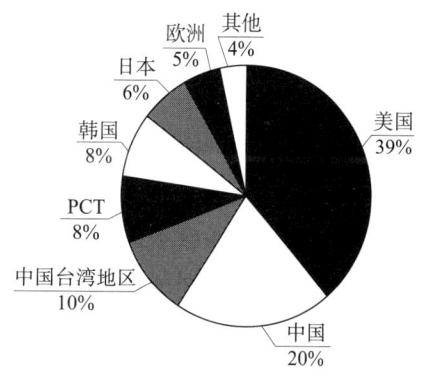

图 5-4-6 EDA 封装类验证技术全球目标市场占比

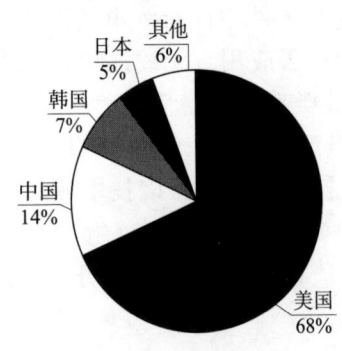

图5-4-7 EDA封装类验证技术全球原创地占比

此外,还有8%的专利申请选择了PCT申请,排名第四,这说明一定数量的专利是以进入多个市场为目标的。

图5-4-7是EDA封装类验证技术全球原创占比。可以看出,在EDA封装类验证技术领域,美国的原创技术占比达到68%,排名第一,具有绝对优势——这是因为全球排名靠前的申请人主要来自美国。中国的原创技术排名第二,占比为14%,与美国存在明显的差距。韩国和日本在该技术领域的技术产出相对比较薄弱,占比分别为7%和5%。

5.4.5 全球/中国主要技术分支分析

图5-4-8为EDA封装类验证技术全球/中国主要技术分支申请量分布情况。可以看出,信号完整性技术分支的全球专利申请量相对较多,为203项;电源完整性分支的全球申请量则相对较少,为112项。与之相对应,信号完整性技术分支相对于电源完整性分支在中国专利申请量也相对较多。这表明在EDA封装类验证技术领域,创新主体对信号完整性的技术内容更为重视。在信号完整性方面,中国的申请量占全球申请量较低;而在电源完整性方面,中国的申请量占全球申请量的比例则相对较高。这表明中国申请相对于全球申请而言更重视在电源完整性上的布局。

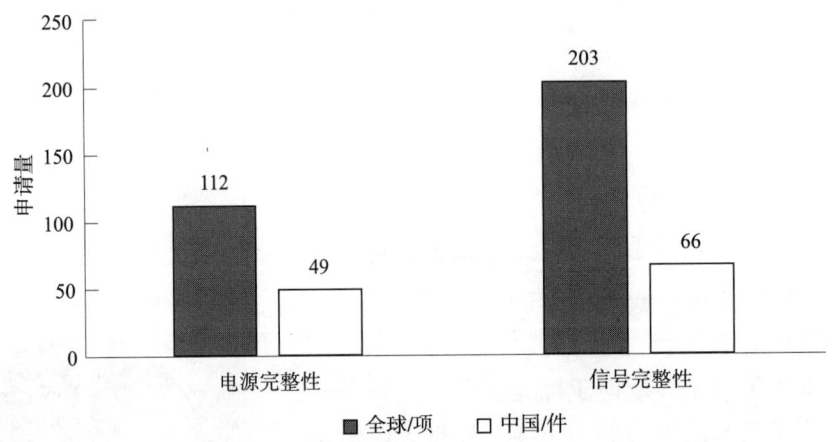

图5-4-8 EDA封装类验证技术全球/中国主要技术分支申请量分布

5.4.6 全球/在华主要申请人布局重点分析

表5-4-1为EDA封装类验证技术全球主要申请人申请量年度分布。

表 5−4−1 EDA封装类验证技术全球主要申请人申请量年度分布 单位：项

申请人	1995	1996	1998	1999	2000	2001	2002	2003	2004	2005	2006	2008
三星										1	1	
台积电												
英特尔						2		2		2		
联发科												
楷登				1		1	1	1				1
高通												
美光科技							2	1				
IBM			1						1			
Mcelvain Kenneth S												
新思	1		1									

申请人	2009	2011	2012	2013	2014	2015	2016	2017	2018	2019	2020	2021
三星				5	2		2	1	4	2	2	
台积电			1		1	3	4	2	2	2	2	4
英特尔		1	1			1	1	3	1		2	1
联发科						4	3	2	2		2	
楷登	1	1					2		2			
高通					1	4	2	1	1	2		
美光科技		1		1		1	2			2		
IBM				3				1	1			
Mcelvain Kenneth S	6											
新思	1				2			1			1	

从全球主要申请人申请量年度分布来看，EDA 封装类验证技术的早期专利主要集中在美国公司手中，其中，新思、楷登和 IBM 的专利布局较早，在 2000 年以前已有相关技术的专利申请；英特尔和美光科技的专利布局相对较晚，二者分别在 2000 年和 2001 年才开始提出相关技术的专利申请；高通开始专利布局的时间在美国公司中相对较晚，在 2014 年才首次提出相关专利申请。三星的专利布局最早出现在 2005 年，明显晚于上述部分美国申请人。台积电和联发科的专利申请相对更晚一些，分别出现在 2012 年和 2015 年。可以看出，在 EDA 封装类验证技术领域，美国在早期具有绝对领先的技术实力。从 2013 年开始，三星、台积电和联发科等美国以外重要申请人的专利申请量迅速增长，进行了大量的专利布局；而在 2013 年之后美国申请人中除高通的申请量有明显提升之外，其他主要申请人专利申请量的增加则并不明显；海外创新主体在该技术领域呈现明显的追赶态势。

表 5 - 4 - 2 为 EDA 封装类验证技术在华主要申请人申请量年度分布情况。从在华主要申请人布局年度分布来看，台积电的申请量最多，且较早地于 2012 年开始布局，技术实力最强。申请量排名第二的联发科开始布局的时间相对较晚，为 2015 年。早在 2012 年，台积电就开始大规模投产 CoWoS（chip - on - wafer - on - substrate）芯片封装技术，2015 年，台积电又研发出了 CoWoS - XL 封装技术。与先进封装技术进步相伴的，是台积电从 2012 年开始在 EDA 封装类验证技术领域进行布局，并在 2015 年进一步加大相关技术的专利布局力度。与台积电从 2015 年开始加大 EDA 封装类验证技术领域的布局力度相同步，联发科从 2015 年开始也大量开展专利布局，同样具有较强的技术实力。台积电和联发科同属中国台湾地区企业，这表明中国台湾地区在该技术领域实力较强。中国企业在 EDA 封装类验证技术领域的专利申请量较少，且在 2018 年之后仅有零星的布局，这表明中国在该技术领域实力较弱，需要进一步加强。

表 5 - 4 - 2　EDA 封装类验证技术在华主要申请人申请量年度分布　　单位：件

申请人	2012 年	2013 年	2014 年	2015 年	2016 年	2017 年	2018 年	2019 年	2020 年	2021 年
台积电	1		1	3	4	2	2	2	4	
联发科				4	3	2	2		2	
钰桥半导体		2	1			1	1			
日照旭日电子										2
上海飞骧电子							2			
无锡江南计算技术研究所								1		1

图 5 - 4 - 9 为 EDA 封装类技术全球主要申请人布局地分布。从全球主要申请人布局地分布可以看出，排名第一的三星专利布局主要集中在韩国、美国和中国；将美国和中国作为重点布局地的原因一方面在于美国和中国是重要的目标市场，另一方面是

因为美国和中国分别是相关领域知识产权纠纷高发区域和潜在风险较高区域。与之布局思路相同,台积电和联发科也将美国和中国作为重点布局区域。美国申请人主要以美国作为布局重点区域,对于海外布局则采用不同的策略,其中英特尔、高通、美光科技和IBM在中国、韩国、欧洲、日本均有较为均衡的布局,EDA巨头楷登和新思在海外则分别仅在中国和/或日本有所布局。在全球主要申请人中,英特尔、高通、楷登、新思和美光科技更重视通过PCT的形式进行专利布局。

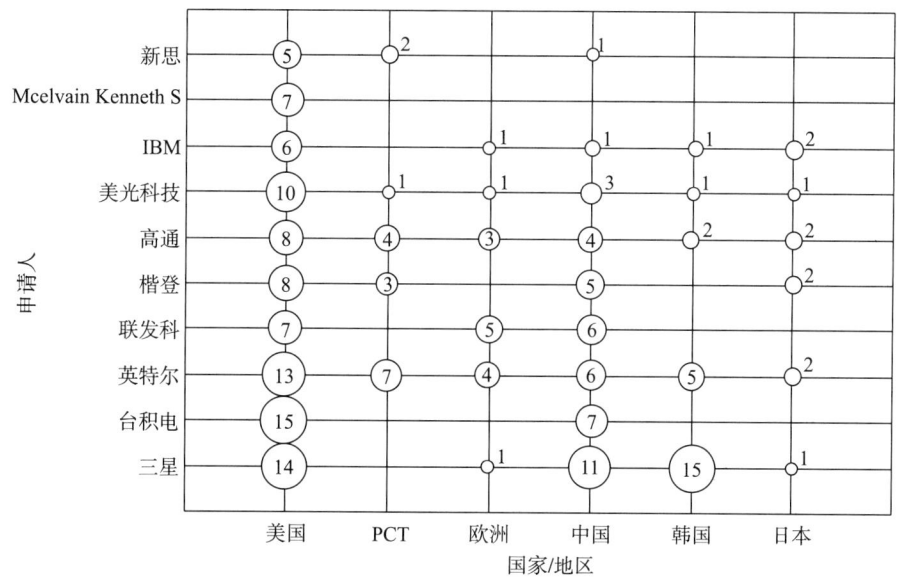

图 5-4-9　EDA 封装类验证技术全球主要申请人布局地分布

注:图中数字表示申请量,单位为项。

图 5-4-10 为 EDA 封装类验证技术在华主要申请人布局地分布情况。

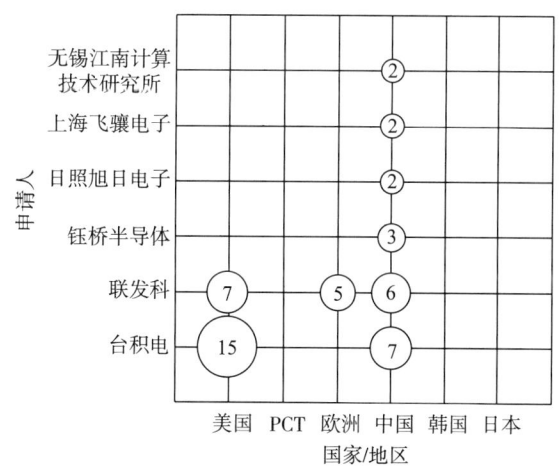

图 5-4-10　EDA 封装类验证技术在华主要申请人布局地分布

注:图中数字表示申请量,单位为件。

从图 5-4-10 来看，台积电和联发科将美国和中国作为重点区域进行布局，且对美国的专利布局更为重视。其中，联发科除在美国和中国进行布局以外，在欧洲也进行了布局，这表明其对欧洲市场的重视程度较高。钰桥半导体、日照旭日电子、上海飞骧电子和无锡江南计算技术研究所的申请量较少，技术实力薄弱，其专利申请全部布局在中国，没有进行海外布局。根据上述可以看出，中国申请人专利海外布局意识较弱，随着其技术实力的不断增强，应当加强在海外的专利布局。另外，PCT 申请是进行海外布局的有效途径，目前全部申请人均无 PCT 申请。对于关键技术或高价值专利，企业可以考虑通过 PCT 形式开展海外布局以提升其全球竞争实力。

图 5-4-11 为 EDA 封装类验证技术全球主要申请人申请量技术分布情况。从图 5-4-11 来看，在企业申请人中联发科仅在电源完整性方面进行专利布局，其他企业申请人在电源完整性和信号完整性两个方面均有专利布局。整体而言，信号完整性方面的专利申请数量高于电源完整性方面的专利申请数量，这显示创新主体对该技术分支的重视。在信号完整性方面，三星的专利申请量为 15 项，排名第一。台积电、英特尔分别以 12 项和 11 项的申请量排名次之。EDA 巨头楷登在信号完整性方面的申请量为 9 项，多于新思的 4 项；不过新思从 Mcelvain Kenneth S 收购了部分信号完整性方面的专利申请，技术实力有所加强。在电源完整性方面，联发科的专利申请量为 13 项，排名第一。台积电、英特尔和三星则分别以 7 项、6 项和 5 项的申请量分列第二至四名。

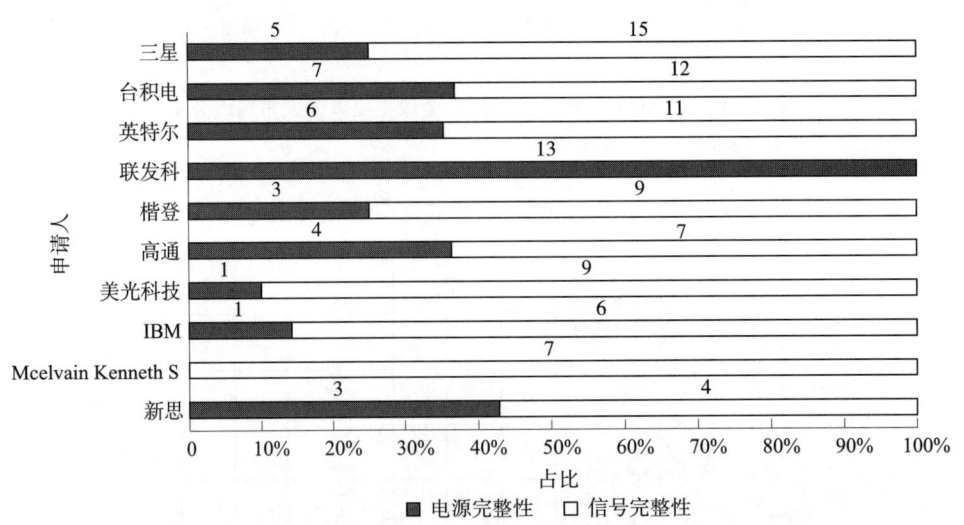

图 5-4-11 EDA 封装类验证技术全球主要申请人申请量技术分布

注：图中数字表示申请量，单位为项。

图 5-4-12 为 EDA 封装类验证技术在华主要申请人申请量技术分布。可以看出，台积电的技术实力最强，其在电源完整性和信号完整性方面均有布局，且以信号完整性的布局为主。联发科的专利申请量次之，且全部集中于电源完整性。二者的布局侧重点明显不同。钰桥半导体、日照旭日电子、上海飞骧电子和无锡江南计算技术研究

所的申请量较少,其中钰桥半导体的专利申请全部集中于信号完整性方面,日照旭日电子、上海飞骧电子和无锡江南计算技术研究所的专利申请则全部集中在电源完整性方面。

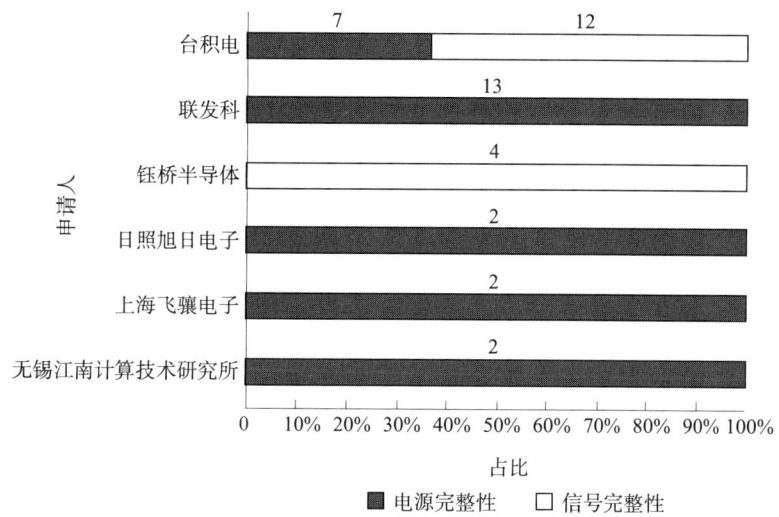

图 5-4-12　EDA 封装类验证技术在华主要申请人申请量技术分布
注:图中数字表示申请量,单位为件。

5.5　小　结

从上述 EDA 封装类技术专利分析中可以看出:

(1) EDA 封装类技术的专利申请在 20 世纪 80 年代末开始出现申请,到 2000 年之前增长较为缓慢,从 2005 年以后开始迅猛增加,尤其是 2015 年之后,随着中国申请量的激增,带动全球申请量呈爆发式增长,表明创新主体在该领域投入了较多的研发力量。

(2) EDA 封装类技术的专利授权量和授权率上美国最高。中国的专利申请量已经超过美国排名第一,但授权量和授权率均低于美国,表明中国作为后发国家开始追赶先进国家,但是在专利质量方面还存在较大的差距。在 EDA 封装设计类和封装仿真类这两个技术分支上,中国的专利申请量已经超过美国,授权量也在向美国看齐,但是在封装验证类这个技术分支上,无论是申请量还是授权量,与美国的差距都相对较大。

(3) 在 EDA 封装类的专利申请排名前 20 的申请人当中,美国的企业申请人占到了 8 家,其中新思、楷登、明导三家公司属于 EDA 行业的龙头企业,无论在专利技术上还是市场占比上都处于垄断地位。中国有 7 名企业申请人进入排名前 20 的行列。中国的申请人当中除西安电子科技大学以外,其他均为企业,表明中国在该领域的产业应用较为成熟。

（4）在专利布局区域方面，EDA封装类技术的专利主要分布在美国和中国，表明美国和中国是该领域的主要市场。各创新主体都比较重视美国和中国这两大市场。从技术原创国可以看出，美国是第一原创国，中国紧随其后。尤其是最近几年，伴随中美贸易争端，中国不断加大EDA技术的研发投入，中国的EDA封装类技术的申请量已逐渐超过美国。美国作为EDA技术的实际垄断者，新思、楷登和明导在领域中仍占据核心位置。

第6章 关键技术分支分析

6.1 逻辑综合技术专题

逻辑综合是通过逻辑综合工具将硬件描述语言描述的设计通过转译、优化和映射产生与实现工艺相关的网表文件。网表文件是一种记录有逻辑门之间连接关系及延时信息的文件。逻辑综合是连接电路高层与物理实现的桥梁，综合结果的好坏决定了电路设计的成败，综合给定的限制条件与综合之后的门级网表将传送到后端工具用于布局布线。

6.1.1 概 述

随着设计自动化程度的提高，越来越多的 EDA 工具被用于芯片的设计工作，大大减少了手工的工作量，减少了错误，提升了效率。20 世纪 90 年代初，HDL 的出现使得数十万门的设计得以实现，设计者通过编写 Verilog 或超高速集成电路硬件描述语言（very-high-speed integrated circuit hardware description language，VHDL）代码对芯片的逻辑功能进行描述，通过一系列的 EDA 工具就能得到最后的版图，这大大地推动了集成电路的发展。

逻辑综合工具的出现使原本用单个门来手动设计芯片电路的工程师可以用电脑语言来"写"电路的功能，能够通过逻辑综合进行设计实现，极大提升了芯片设计的效率，从而让工程师将更多精力集中在创造性的设计上。

逻辑综合可以划分为转译以及优化映射两个技术分支。转译是将 HDL 代码转为通用的布尔门阵列。优化映射主要是根据时序/面积/功耗等方面的约束，将电路按照设计的约束优化和综合，并映射到特定厂家目标工艺库中的逻辑器件。

国际上主要是新思和楷登有比较成熟产品。尤其是新思就是从逻辑综合软件业务起家，并通过市场拓展、外部并购以及内部研发等方式持续做大，发展成为今天全球第一大 EDA 厂商的。

DC 是新思综合软件的核心产品，其自 20 世纪 80 年代末问世以来，在 EDA 市场的综合领域一直处于领导地位。几乎所有的大型半导体厂商和集成电路设计公司都使用 DC 来进行设计。而国内目前还没有成熟的逻辑综合工具，尚处于开发阶段。

图 6-1-1 为逻辑综合技术全球/中国申请态势。可以看出，1985~1991 年，全球和中国的申请量处于低位。1986 年，Aart de Geus 博士发明了逻辑综合技术以取代手动设计过程。利用这种新工具，可以在几分钟或几小时内完成以前需要数周才能完成的设计工作，而且成果更佳、这彻底改变了数字设计的概念，为商业化奠定了基础。1992~2000 年，逻辑综合技术全球申请量整体迅速增长。这一阶段硬件语言趋于标准化以及芯片设计技术在不断丰富，是 EDA 发展的黄金期。从 2001 年至今，逻辑综合技术全球申请

量整体处于平稳的趋势。而中国申请量自 2001 年开始才出现并增长,并且申请量一直处于个位数。以 20 世纪 90 年代逻辑综合技术兴起算,中国起步比美国和日本晚 10 年左右,到 2012 年中国申请量才超过 10 件。但 2017 年,逻辑综合技术中国申请量开始爆发式增长,到 2019 年几乎追赶上了全球申请量,这主要是因为 2018 年以来中美贸易摩擦,国内高新技术企业遭到美国制裁,国家层面也将对国内半导体产业的关注提升到新的高度。

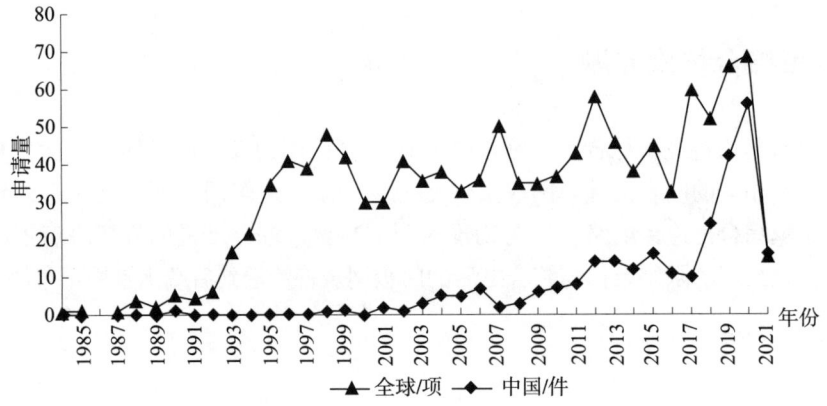

图 6-1-1 逻辑综合技术全球/中国申请态势

图 6-1-2 为逻辑综合技术全球技术原创地占比。可以看出,美国原创技术占比达到 55%,是全球第一大创新体。日本虽然排名全球第二大创新体,占比达到了 22%,但远远落后美国 33 个百分点。中国作为全球另一个重要的创新驱动力,占比 19%。韩国等其他国家和地区发展明显落后于中国和美国。

图 6-1-3 为逻辑综合技术全球目标市场占比。可以看出,美国、日本和中国是最重要的三个国际市场,吸引着全球创新主体的注意力。其后为欧洲、中国台湾地区和韩国。此外,还有 8% 的专利申请选择了 PCT 申请,这说明一定数量的专利是以进入多个市场为目标的。

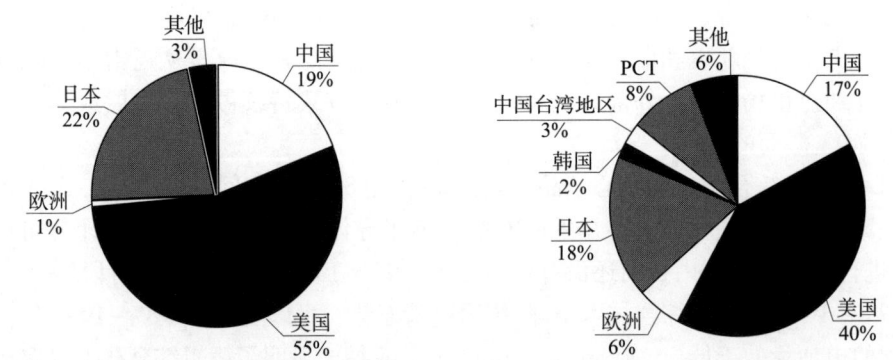

图 6-1-2 逻辑综合技术全球技术原创地占比　　图 6-1-3 逻辑综合技术全球目标市场占比

通过以上的分析可以看出,美国、中国和日本申请量较多。在原创地和目标市场方面,美国、中国和日本遥遥领先。因此,下文将重点研究日本、美国专利情况,以寻找可以借鉴的方面。

图 6-1-4 为逻辑综合技术全球目标市场占比。通过对美国、中国和日本的历年申请量进行分析可以看出，在 1992~2002 年这一阶段，美国的申请量持续增长，而日本申请量体现出了由增长到走低的一个兴衰周期。2002~2012 年这一阶段，美国申请量一路领先，中国和日本的申请量在低位徘徊。从 2012 年至今，日本申请量进一步探底，中国开始发力并追赶上了美国。

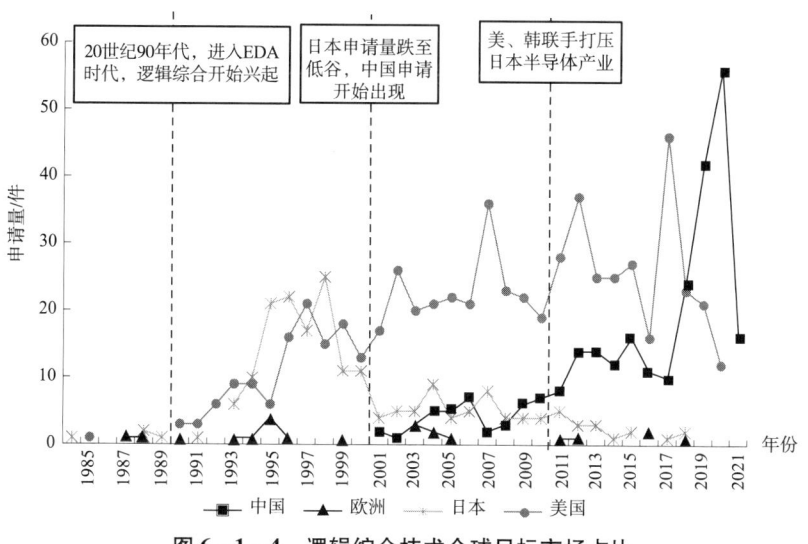

图 6-1-4　逻辑综合技术全球目标市场占比

6.1.2　日本企业的申请变化趋势及技术路线

本小节对日本企业在逻辑综合技术领域的申请变化趋势及技术路线进行研究。图 6-1-5 为 2000 年及之前逻辑综合技术领域各重要申请人的申请趋势。

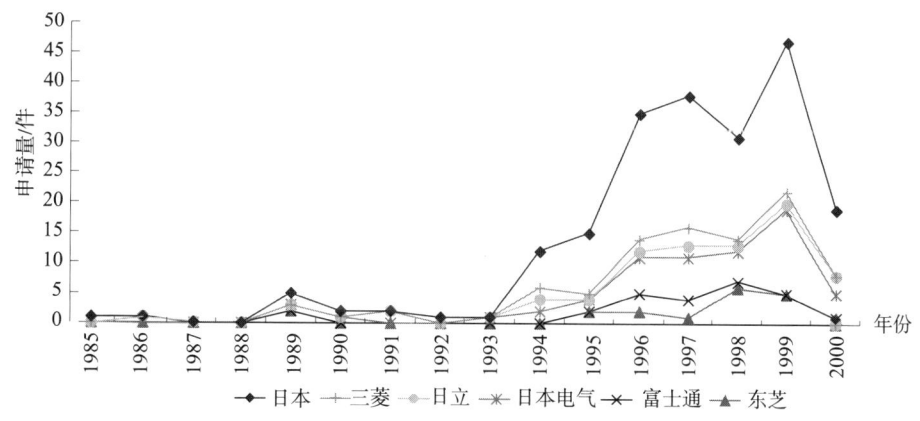

图 6-1-5　2000 年及之前逻辑综合技术领域日本重要申请人申请趋势

6.1.2.1　日本半导体早期发展历程

从 2000 年以前日本各重要申请人申请趋势来看，1985~1993 年，日本在逻辑综合技术领域的专利申请量处于低位；从 1993 年左右开始，日本的申请总量和各重要申请人的专利申请量均开始迅速增加，一直持续到1999年。这种爆发式的增长与日本在早期发展阶段政府的出资助力和日本电气、日立、富士通、三菱、东芝五大企业的联合是密不可分的。在20世纪80、90年代，日本由VLSI技术研究所牵头，集体发力，促进日本在逻辑综合领域的快速成长。

1963年，日本电气公司自美国仙童半导体获得平面工艺技术（planar technology）的授权。日本政府要求日本电气将取得的技术和国内其他厂商分享。日本政府的这项举措为日本半导体产业发展营造了良好的氛围，日本的三菱、京都电气等也开始进入半导体产业，由此日本半导体行业进入了高速发展阶段。1973年石油危机爆发后，欧美经济停滞，电脑需求放缓，影响了半导体产业，这给了日本可乘之机。1976年3月，经日本通商产业省、自民党、大藏省多次协商，日本政府启动了"DRAM制法革新"国家项目，由日本政府出资320亿日元，日立、日本电气、富士通、三菱、东芝五大企业联合筹资400亿日元，总计投入720亿日元（2.36亿美元）为基金，由日本电子综合研究所和日本计算机综合研究所牵头，设立国家性科研机构——"VLSI技术研究所"。截止到1989年，日本芯片在全球的市场占有率达53%，美国仅37%。在半导体产业的繁荣下，日本经济进入了黄金时代，在资本主义阵营中，眼看就要和美国并驾齐驱。日本政府及企业在初级阶段对今后如何研发半导体技术以及如何让相关制造设备国产化均有明确的方针。伴随着逻辑综合技术在20世纪90年代的蓬勃发展，日本各重要申请人在政府的资金支持、政策扶植、联合研发多措并举的助力下发展迅速；集中力量办大事的举国体制助力日本集成电路产业的腾飞。

6.1.2.2 美国对日本半导体产业的措施

意识到竞争危机的美国迅速对日本的半导体行业展开相应的行动，先后出台了多项举措，抑制日本半导体行业的发展。图6-1-6为美国对日本半导体产业采取的措施。

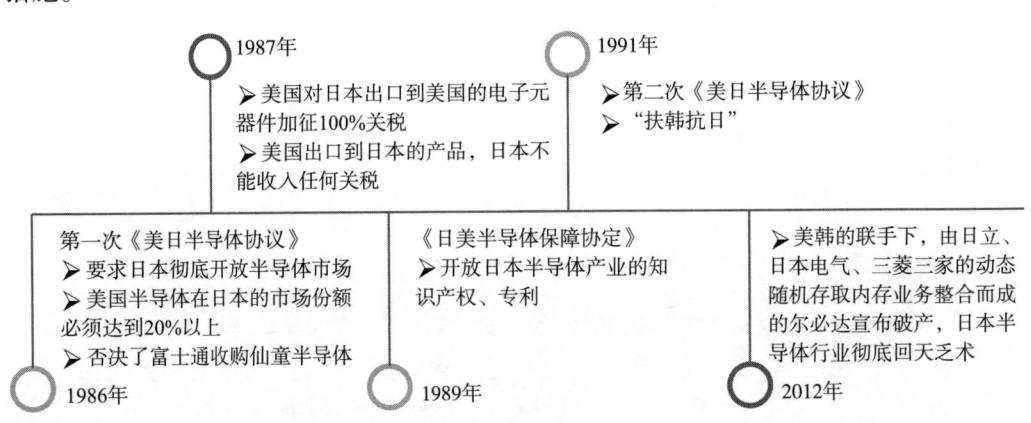

图6-1-6 美国对日本半导体产业采取的措施

1982年，美国对三菱和日立进行了制裁打压，美国联邦调查局人员假扮IBM员工，故意把IBM公司的27卷绝密设计资料中的10卷发给了日立高级工程师林某。林某很快上当，表示还想要换取更多资料，美国联邦调查局马上拿到证据并公之于众，称"日本企业窃取美国技术",日立和三菱被美国法律制裁得元气大伤,但日本的半导体产业还是处于高速发展之中。1986 年,美国和日本签订第一次《美日半导体协议》,该协定认为日本的贸易保护、政府补贴严重违反市场自由竞争秩序,要求日本彻底开放半导体市场,美国半导体在日本的市场份额必须达到 20% 以上;该协议还否决了富士通收购仙童半导体。1987 年,为了提升本国产品竞争力,美国还对日本所有出口到美国的电子元器件加征 100% 关税,而对美国出口到日本的产品,日本不能征收任何关税,直接将日本元器件的价格优势抹杀。1989 年,美国和日本又签订了不平等条约《日美半导体保障协定》,开放日本半导体产业的知识产权。1991 年,按照日本的统计口径,美国半导体在日本的市场份额已经占到 22%,但是美国仍旧认为是 20% 以下。尝到了甜头的美国,再次强迫日本签订了第二次《美日半导体协议》。1999 年,为了保存最后一丝火苗,日立、日本电气、三菱电机三家的动态随机存取内存(dynamic random access memory,DRAM)业务开始整合,尔必达成立。但是美国依然没有放过日本。在抗争了十几年后,2012 年 2 月 28 日,在美韩的联手下,尔必达宣布破产,日本半导体行业彻底回天乏术,从此一蹶不振。

图 6-1-7 为逻辑综合技术日本重要申请人申请趋势。2000 年以后,虽然逻辑综合技术仍处于蓬勃发展的阶段,然而由于日本受到美国的压制,半导体产业走向下滑,富士通、东芝、日立、松下等企业逐渐退出该领域,仅剩日本电气的少量申请,但其已独木难支,曾经辉煌一时的日本半导体产业大势已去。

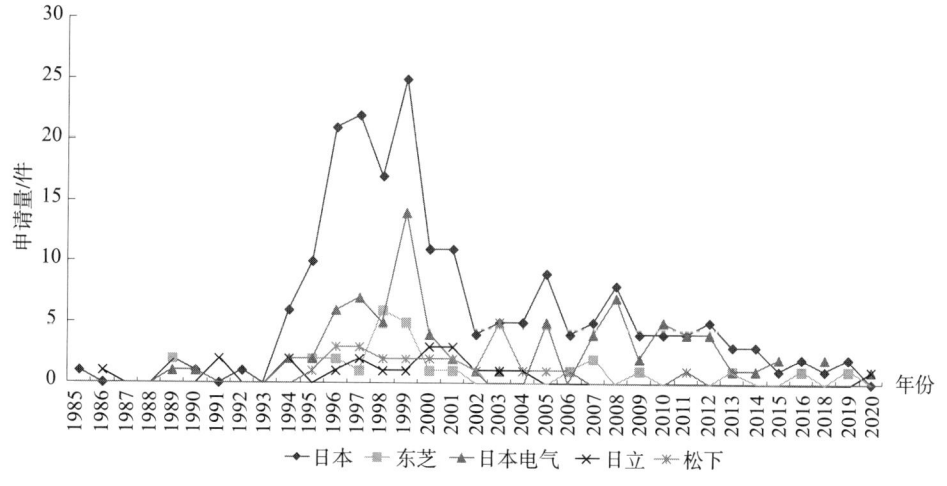

图 6-1-7 逻辑综合技术日本重要申请人申请趋势

图 6-1-8 为日本电气逻辑综合技术路线。可以看出,日本电气早期在"转译"和"优化映射"技术分支均有布局,前期以"转译"为主;后期,尤其是在 2000 年后逐步转向"优化映射"技术分支,基本放弃了在"转译"技术分支的专利布局。这一方面证明了"优化映射"技术分支在逻辑综合技术中的重要性,另一方面表明作为历经 EDA 兴衰全过程的日本电气,依然在逻辑综合技术领域选择保持对"优化映射"的持续研发,也为我国发明创新主体提供了研发切入点的参考。

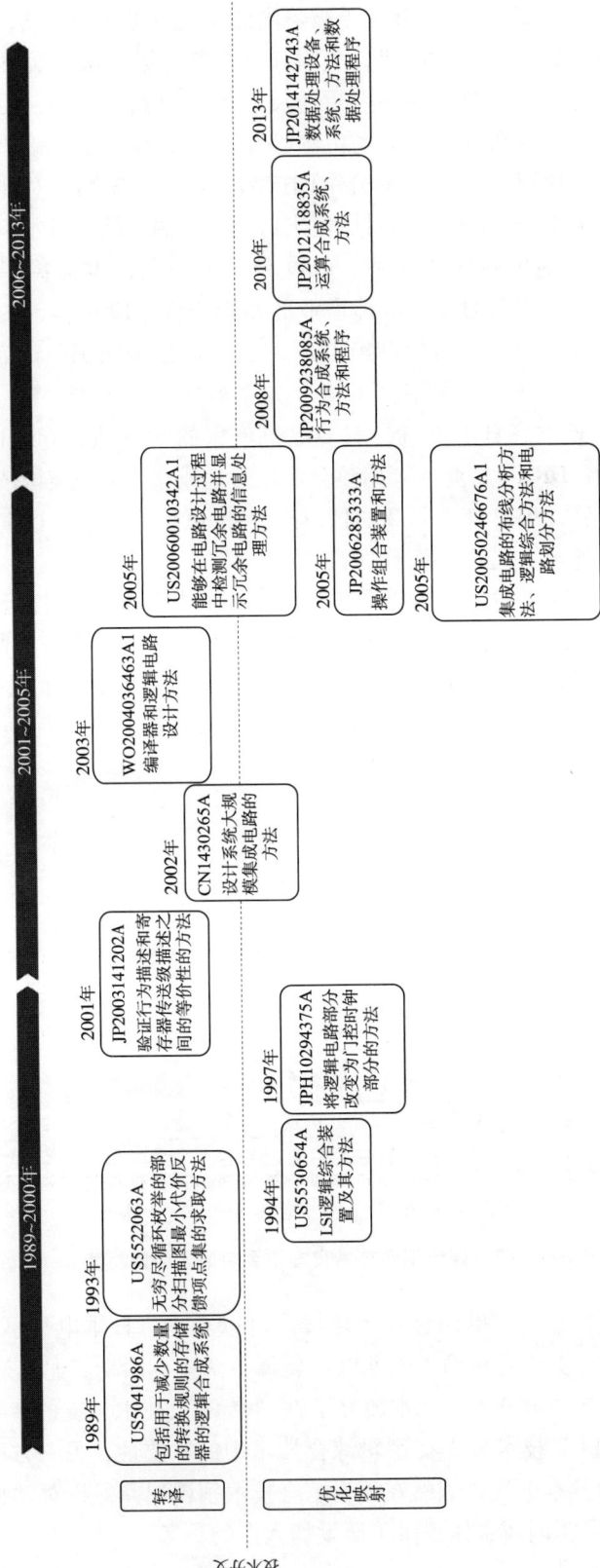

图 6-1-8 日本电气逻辑综合技术路线

6.1.3 美国新思在并购过程中的专利布局策略分析

在逻辑综合技术领域，全球专利申请量排名前20位的申请人，主要来自美国、日本和中国，其中排名前五位的就有4家美国公司，新思遥遥领先，从技术和市场上都占绝对主要地位，详情如图6-1-9所示。

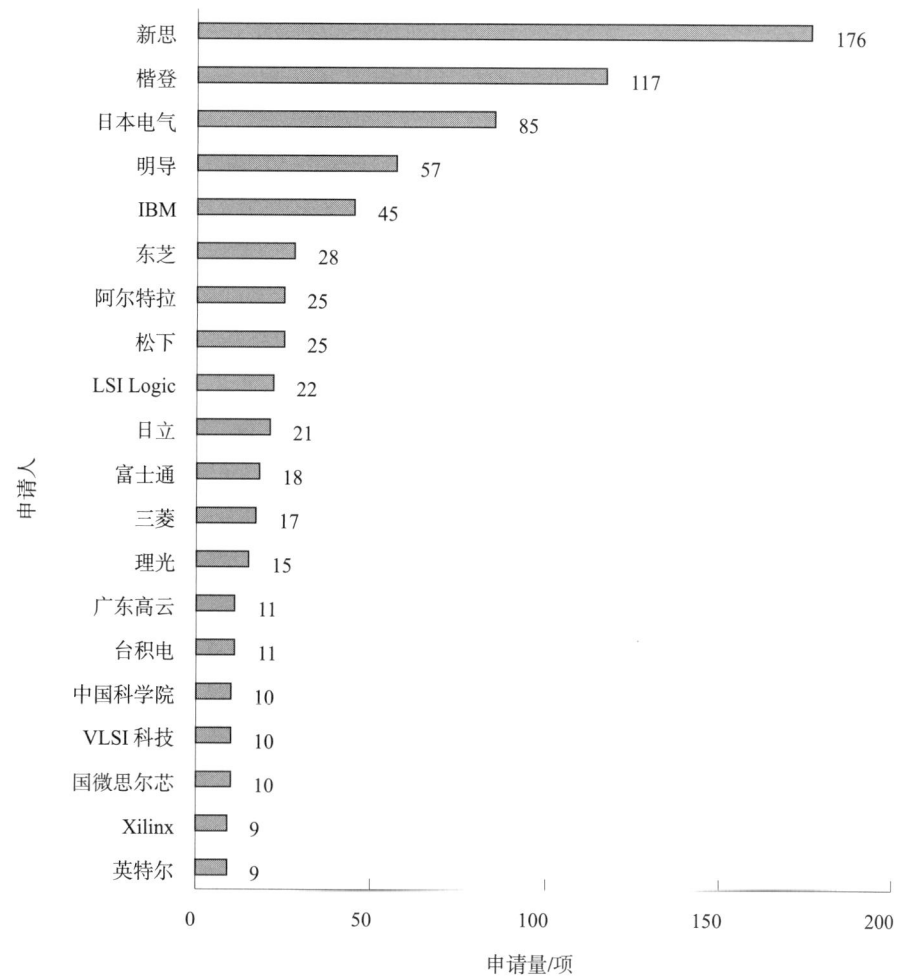

图6-1-9 逻辑综合技术全球申请人申请量排名

而从中国排名前14名的申请人申请量和新思对比来看，中国排名前14位的申请人的申请总量仍不及新思一家，详情如图6-1-10所示。

通过对以新思为代表的美国公司进行研究发现，其往往通过频繁并购以及内部研发等方式持续做大（见图6-1-11）。新思首次并购发生在1990年，并持续到现在，总计超过百起，前后端能力持续得到补强。

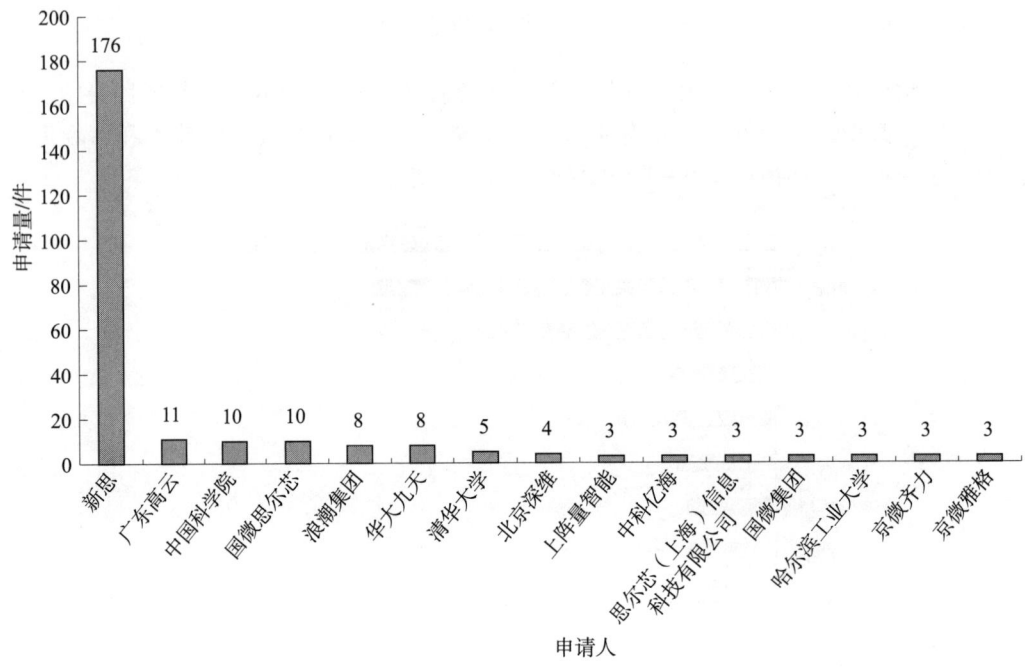

图 6-1-10　逻辑综合技术中国前 15 位申请人申请量和新思对比

由图 6-1-11 可以看到，新思的专利申请有 2/3 是自己研发的，1/3 是来自并购企业的。在并购的专利当中，有接近一半的是来自同一家公司，即 Synplicity。Synplicity 提供专门针对现场可编程门阵列（field programmable gate array，FPGA）和复杂可编程逻辑器件（complex programmable logic device，CPLD）实现的逻辑综合工具，Synplicity 的工具涵盖了 PLD（FPGAs、PLDs 和 CPLDs）的综合、验证、调试、物理综合及原型验证等领域。新思于 2008 年收购了 Synplicity。

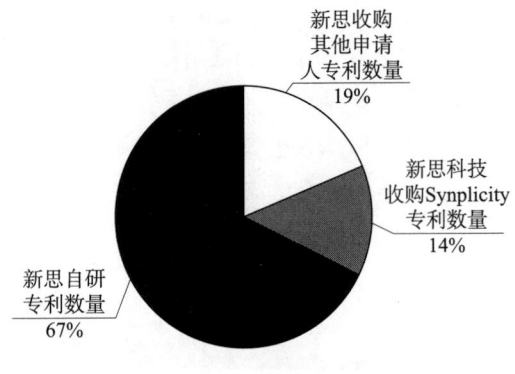

图 6-1-11　新思专利构成

通过 Synplicity 与新思自身的逻辑综合技术领域专利对比（见图 6-1-12）以及 2008 年并购时的数据对比（见图 6-1-13）可以发现，新思在逻辑综合技术领域有一定的优势，Synplicity 在 FPGA 方面优势更为明显。并且 Synplicity 的专利质量很高，新思在收购 Synplicity 后成功占领了 FPGA 综合的市场。

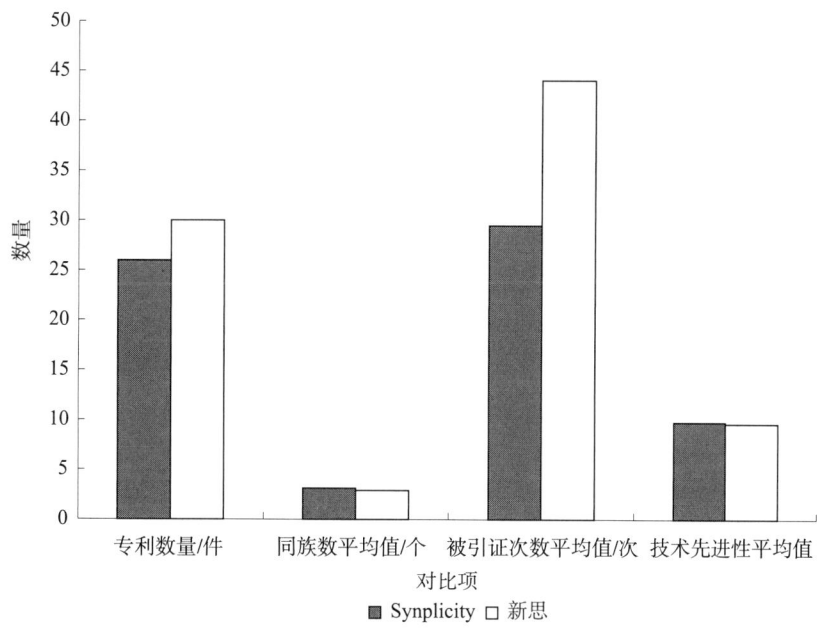

图 6-1-12　新思与 Synplicity 的逻辑综合技术领域专利对比

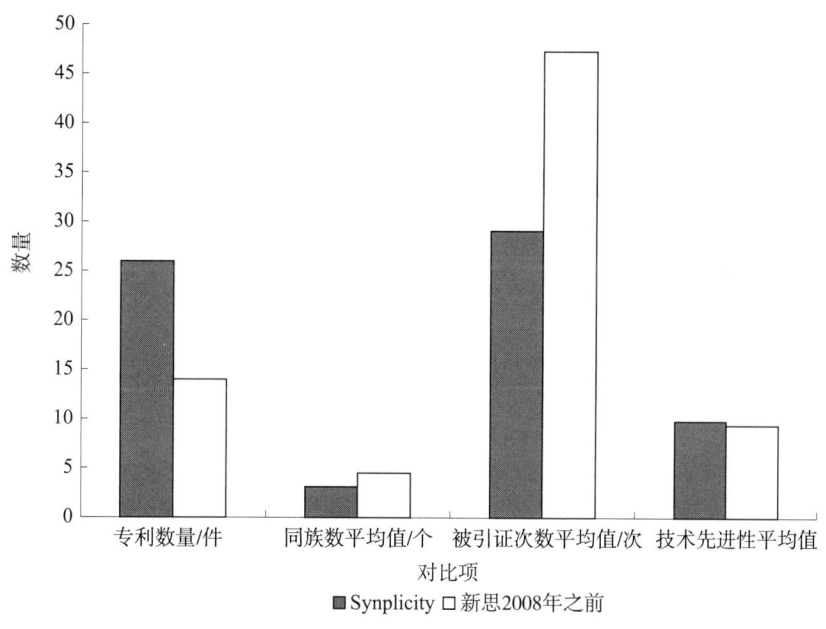

图 6-1-13　新思与 Synplicity 的 FPGA 专利对比

从新思的重要专利统计来看（见图 6-1-14），其主要分布于优化映射这一技术分支。在收购 Synplicity 前，新思在 FPGA 领域仅有两件重要专利。通过并购，新思完善了在 FPGA 方面的专利布局，并在 2008 年收购后依托 Synplicity 又产生了 3 件 FPGA 领域的重要专利。

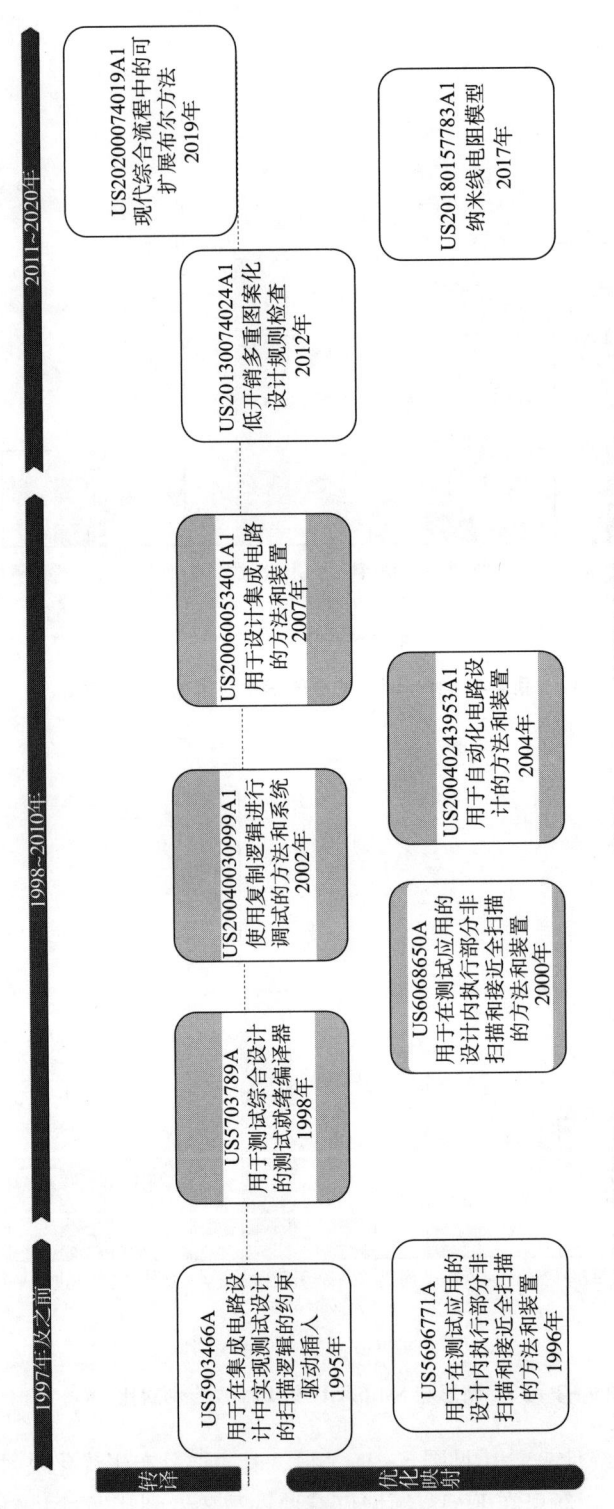

图 6-1-14　新思和Synplicity的重要专利

注：无底色方形为新思专利，有底色方形为Synplicity专利。

通过对新思的专利构成分析可以发现，对于头部企业可以通过并购、控股的方式整合行业资源，进一步完善专利布局，快速占领市场。

6.1.4 国内创新主体专利布局和技术路线分析

如图 6-1-15 所示，与美国、日本相比，国内在逻辑综合技术领域的申请时间晚了整整十五年，2000 年左右国内创新主体才开始在该领域进行专利申请，申请量长期小幅波动增长，但申请数量总体上较少，年申请量仅为个位数；2008 年受国际金融危机影响，申请量一度下挫，之后，总体申请趋势增长，但数量仍不多，直到 2021 年大幅升至高峰。这与我国这段时间在芯片设计领域整体发展状况相关。在 EDA 工具方面，主要由新思、楷登、明导等行业巨头垄断，新思的 DC 和明导的 RTL Complier 占据主导地位，国内 EDA 行业在逻辑综合技术领域还没有成熟的产品。

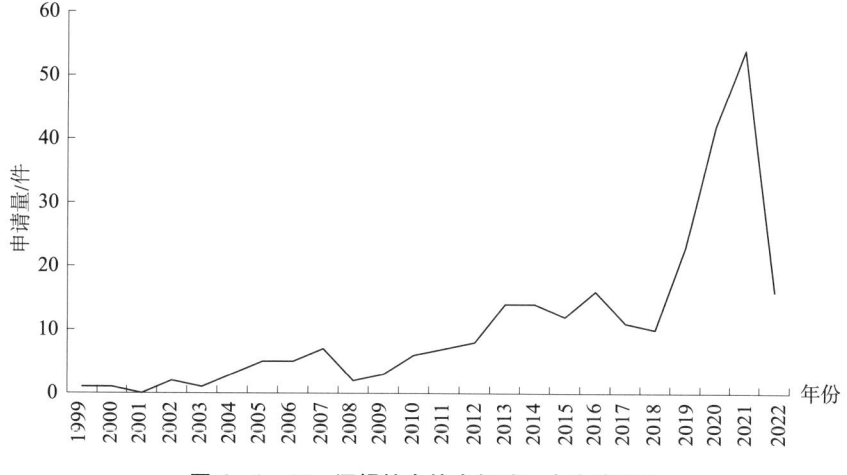

图 6-1-15 逻辑综合技术领域国内申请趋势

2016 年之后，受中美贸易摩擦影响，我国开始重视 EDA 工具的自主研发工作，国家出台了多项支持战略性新兴产业的政策措施，该领域的申请量开始爆发式增长。如图 6-1-16 所示，创新主体也从已高校、科研院所为主转为以企业为主，显示出我国在逻辑综合技术领域由研发阶段逐渐过渡到了产业应用阶段。

从国内创新主体重要专利布局（见图 6-1-17）中可以看出，从时间分布上看，2006~2016 年，国内创新主体以中国科学院为主，2016 年之后，广东高云、华大九天、国微思尔芯等企业申请人的重要专利逐渐增多；从技术路线上看，国内创新主体的重要专利主要布局在优化映射技术分支上，这与该领域的技术发展趋势是比较吻合的。

从国内主要申请人技术重点分布（见图 6-1-18）中可以看出，在技术布局方面，国内各个申请人一般仅聚焦于某一个技术点进行了技术研发，缺乏对逻辑综合技术领域的全面布局。各创新主体对 FPGA 这一分支的关注度普遍较高，对逻辑综合技术后期的技术如网表优化、迭代优化有一定的专利布局，但对于逻辑综合技术的核心关键技术还没有形成有效的突破。

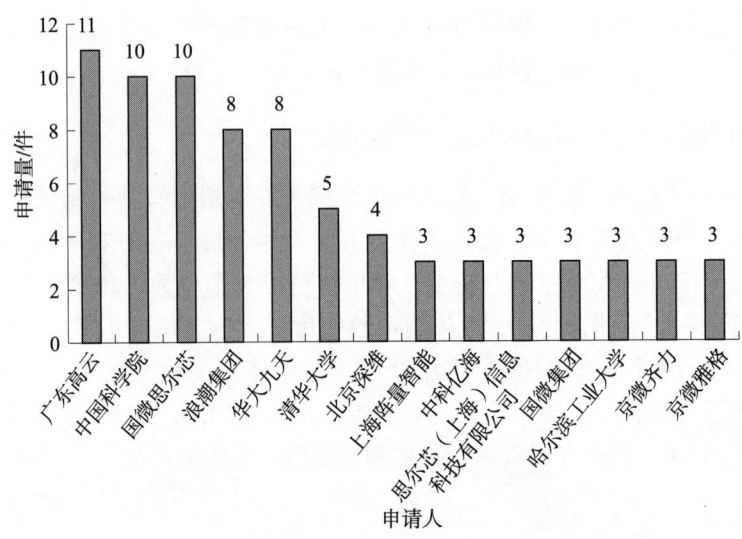

图6-1-16 逻辑综合技术领域国内主要创新主体申请量

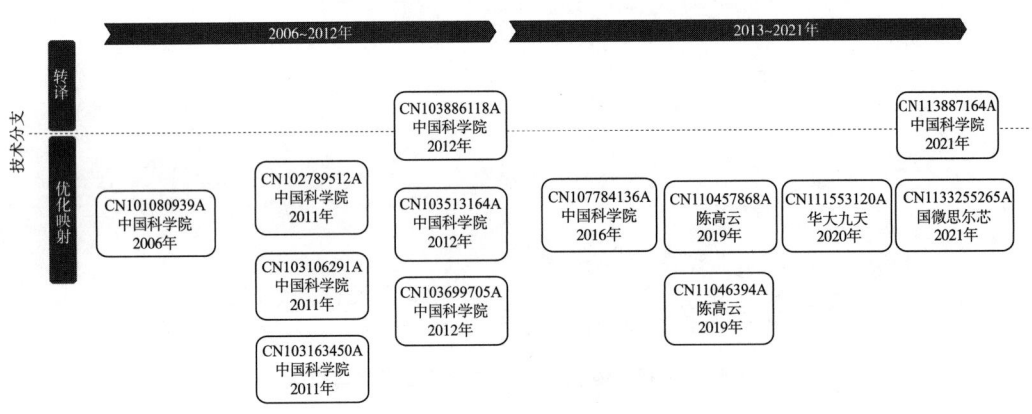

图6-1-17 逻辑综合技术领域国内创新主体重要专利布局

国内创新主体逻辑综合技术领域重要专利如下。

（1）微电子所

CN101082939A：一种片上系统设计中的复位电路设计方法，通过将复位电路的类型分为SoC的知识产权子模块、适用于全同步复位的SoC、全异步复位的SoC来实现。

CN102789512A：Multi-FPGA系统的EDA工具设计方法，根据FPGA逻辑基本单元库和约束条件，生成综合结果文件，对电路分割，生成网表文件，根据约束条件，对各网表文件映射，生成映射结果文件；根据映射结果文件和约束条件，布局布线，生成布局布线结果文件；根据布局布线结果文件和约束条件，生成配置文件且下载到FPGA芯片中。

CN103106291A：基于Multi-Vt技术的低功耗FPGA及配套的EDA设计方法，在基本不影响电路性能的基础上降低FPGA中晶体管漏电流带来的静态功耗。

CN103163450A：对特定结构FPGA进行测试的导航映射方法，读取综合结果网表文件，读取用于导航映射的用户约束文件，根据用户约束文件，进行映射。

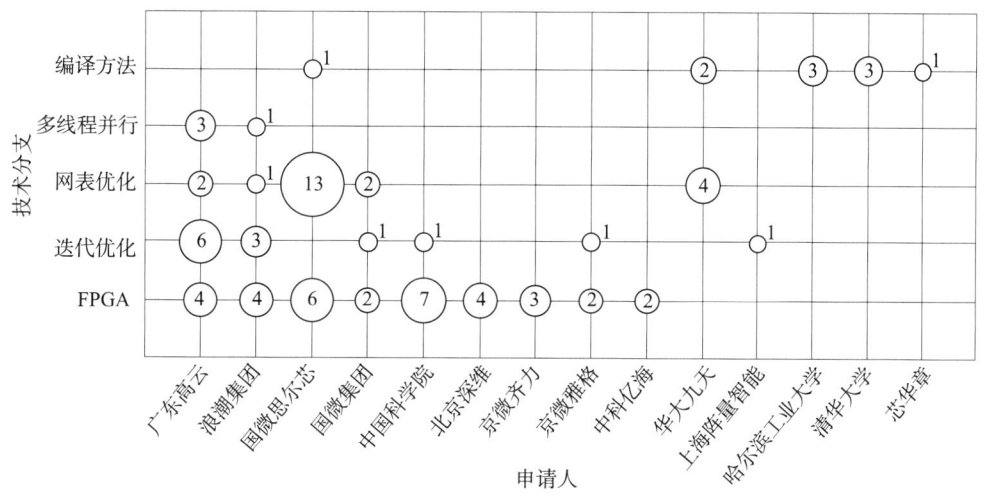

图 6-1-18　逻辑综合技术领域国内主要申请人技术重点分布

注：图中数字表示申请量，单位为件。

CN103886118A：针对集成电路异质型逻辑单元的重综合方法，逆拓扑序排列工艺映射后网表中所有节点，计算每个节点的割点（cut），用功能性等价的查找表（look up tables，LUTs）结构与函数进行布尔匹配。

CN103699705A：用于 FPGA 结构设计的系统及其方法，选定所需编辑的结构项目的方法是通过图形用户界面（graphical user interface，GUI）向导图，全自动结构评估模块对新 FPGA 详细结构图进行评估。

CN107784136A：标准单元库的创建方法，通过确定基本逻辑单元的分类，生成至少一个分类单元，然后再确定每个所述分类单元的驱动强度数量，最后确定所述基本逻辑单元的器件尺寸。

（2）中国科学院计算技术研究所

CN113887164A：FPGA 开发方法，使得设计者不需要手动的方式进行烦琐的跨超级逻辑区域（super logic regions，SLR）设计迭代与局部布局布线的调整，降低了开发门槛，有助于大型逻辑设计在堆叠硅片互联（stacked silicon interconnect，SSI）类型的 FPGA 云环境与本地环境上的映射实现与快速部署。

（3）广东高云

CN110457868A：FPGA 逻辑综合的优化方法，根据后端反馈的优化指示信息实现对逻辑综合的优化，提高了前端逻辑综合的结果与后端实际需求的匹配度。

CN110046394A：集成电路网表生成方法，采用 FPGA 综合工具对原始设计文件进行逻辑综合处理，生成目标集成电路网表，使得目标集成电路网表中的目标模块名称、目标器件名称和目标信号名称携带有设计信息，并达到命名唯一性的要求。

（4）华大九天

CN111553120A：数字电路局部时钟网络仿真电路模拟器（simulation program with integrated circuit emphasis，SPICE）网表的生成方法，将不在根节点到指定叶节点路径上的中间节点删除，保留分支节点后一级的负载信息，能够在不损失精度的同时提高仿真效率。

（5）国微思尔芯

CN113255265A：分割及验证方法，通过基于设计层级进行多层级分割处理，可支持用户设计自定义分组，满足用户个性化分割验证需求。

6.1.5 小　　结

从上述中国和日本、美国在逻辑综合技术领域的专利分析中可以看出：在逻辑综合技术领域美国一枝独秀，在技术和市场占有率上都遥遥领先；日本历经 EDA 由兴转衰的全过程，但依然在逻辑综合技术领域选择保持对"优化映射"的持续研发；我国专利申请量从数据到质量上都远低于美国和日本，国内各申请人技术点相对集中，缺乏整体布局。

6.2　数字集成电路布局布线技术专题

6.2.1　概　　述

6.2.1.1　技术定义

1971 年，英特尔的微处理器 4004 仅有 2300 个晶体管；2022 年，苹果公司的 M1 Ultra 芯片已经集成了 1140 亿个晶体管。1970~2022 年，中央处理器（central processing unit，CPU）芯片中晶体管的数量已经提升了近 1 亿倍。在芯片上晶体管的数量快速增长的背景下，对于如今动辄包含千亿个级晶体管的芯片，如何高效地进行布局布线是个严峻的问题。

EDA 数字集成电路技术分支下的布局布线技术正是解决该问题的核心技术，其对构成集成电路的元器件及子模块和相互连通进行合理规划和自动实现，使得到的芯片具有较短的连线长度和较小的布局布线面积。

6.2.1.2　技术分支

根据设计流程，将数字集成电路布局布线划分为四个分支，分别定义如下：

布局：即布局规划和单元放置。一般连接线较多的单元通常会被放在中间而不是边缘。

时钟树：对于数字电路来说，芯片需要时钟网络来驱动电路中所有的时序单元负载，并且要平衡延时。

布线：布线是指在满足工艺规则和布线层数、线宽、线间距和各线网可靠绝缘的电性能的约束条件下，根据电路的连接关系将各单元用互连线连接起来。同时，在时序驱动条件下，保证关键时序路径上的连线长度最小。

版图设计：在最终产生供制造用的 GDS 数据前可能需要对版图进行加工处理。

6.2.1.3　产业现状

纵览数字集成电路布局布线产品的产业现状，三巨头新思、楷登、明导通过一系列的收购，拥有了完整的全流程产品。丰富的集成度是 EDA 巨头们的超级壁垒。国外巨头的产品拥有包括布局布线技术在内的全流程功能。反观国内企业，最大的 EDA 企业华大九天仅在原理图编辑工具、电路仿真工具、版图编辑、物理验证工具、寄生参数提取工具、电路仿真工具等方面有产品，还没有独立的布局布线工具产品推出；其他的几家国内企业例如芯行纪、上海立芯、深圳鸿芯微纳、紫光国微、芯愿景等也仅仅是推出了相应的点工具。由此可以看出，在布局布线产品方面，我国在市场上尚处于整体落后的位置。

分析导致目前此状况的一个重要原因为：数字集成电路布局布线技术与半导体制造技术的制程发展密切相关，相辅相成，不论是应对成熟的14nm制程，还是进一步向7nm、3nm跨越，布局布线与制程技术都需要不断交互验证、共同发展。新思与台积电、三星都有良好的合作。例如，台积电在开发N7工艺时，新思同步启动EDA设计平台开发，经过了两家公司的相互优化和实际生产的验证流程；再如，新思与三星共同研发了一套可定制的iPDK套件，推出了SAFE云设计平台。

此外，从全球制程的竞争格局上看，2002~2022年，掌握最先进制造技术的企业一路从26家锐减到3家（英特尔、三星、台积电）。国内最先进的相关企业中芯国际2000年成立，目前量产制程停留在14nm，7nm技术开发初步完成。制程上的落后限制着数字集成电路布局布线技术的发展。面对这样的产业状况，课题组尝试从专利的角度分析追赶和超越的可能。

6.2.2 发展态势

6.2.2.1 技术发展与制程演进密切相关

图6-2-1显示出全球以及三大国外巨头新思、楷登、明导与不同制程相应的时间段与相关申请量的分布情况。从主要国外申请人的申请行为发现，专利申请和制程的演进密切相关，例如2001年、2014年、2017年三次制程演进都伴随着前后几年的专利申请量爆发。目前全球制程正处于向3nm演进的阶段，同时伴随新技术GAAFET应用的关键节点，因此也是专利布局的关键时机，我们需要密切关注。

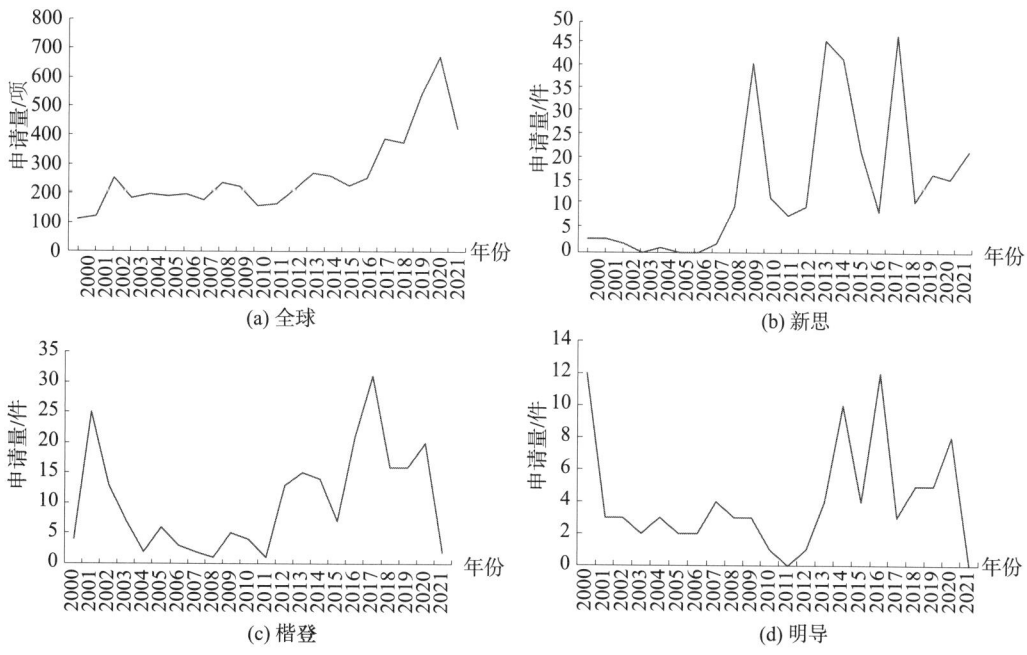

图6-2-1　全球以及三巨头与制程的时间段相对应的数字集成电路布局布线技术申请量分布情况

6.2.2.2 国外巨头长期技术垄断

再来看数字集成电路布局布线技术全球申请量排名前 26 位的申请人分布情况，如图 6-2-2 所示。可以看出，美国三巨头新思、楷登、明导均排名靠前，中国大陆企业和高校、科研院所共占据 13 席，但排名靠后。无论是从产业、专利数量，还是产品的市场占有率来看，中国在该分支均处于落后的位置，想要争取在全球范围内的一席之地很困难，因此应聚焦国内市场，争取机遇。

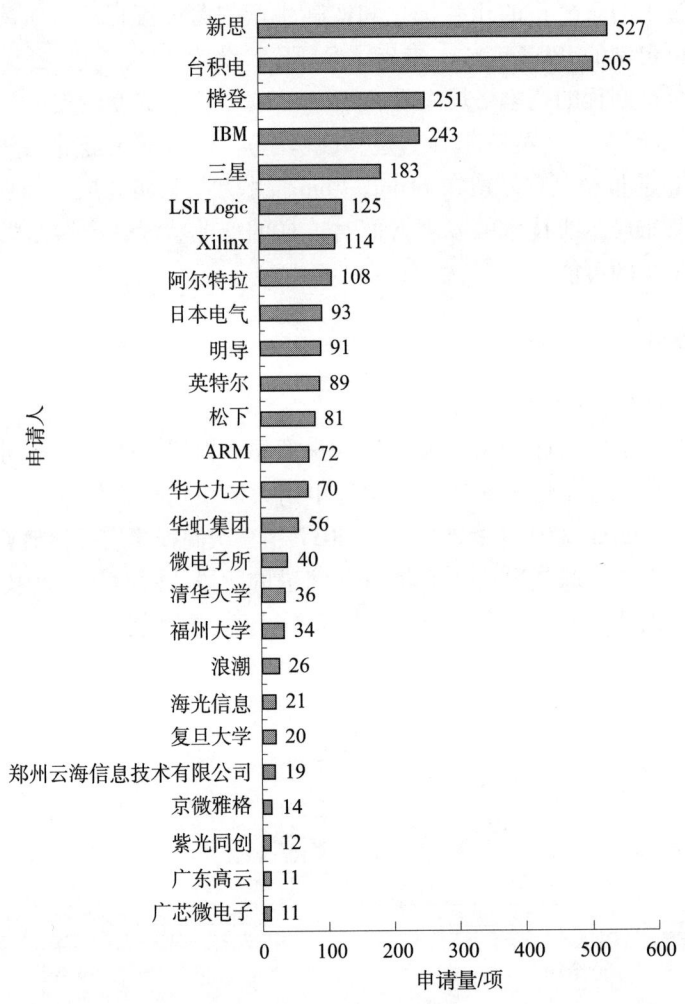

图 6-2-2 数字集成电路布局布线技术全球申请量排名前 26 位的申请人分布情况

6.2.2.3 近年国内创新主体涌现活跃度提升

表 6-2-1 显示出数字集成电路布局布线技术竞争格局的变化。从竞争格局上看，2003~2022 年，美国拥有新思、楷登、IBM 等众多传统领先企业，申请人在头部聚集，长期保持领先势头，活跃度长期较高；日本从 2008 年之后持续走弱；韩国和欧洲是个别单体公司较为突出；而中国创新主体不断涌现，近年来活跃度紧追美国——这也代表着我国企业主体在数字集成电路布局布线技术领域在持续追随、不断创新。

表 6-2-1　数字集成电路布局布线技术竞争格局的变化

申请量排名	全部年份	2003~2022年	2008~2022年	2013~2022年	2018~2022年
1	新思	新思	新思	新思	台积电
2	台积电	台积电	台积电	台积电	三星
3	楷登	IBM	三星	三星	新思
4	IBM	楷登	IBM	IBM	IBM
5	三星	三星	楷登	楷登	楷登
6	Xilinx	阿尔特拉	阿尔特拉	阿尔特拉	Xilinx
7	阿尔特拉	Xilinx	Xilinx	Xilinx	英特尔
8	明导	英特尔	英特尔	英特尔	华大九天
9	日本电气	ARM	ARM	ARM	浪潮集团
10	英特尔	明导	华大九天	华大九天	ARM
11	松下	华大九天	高通	高通	华虹集团
12	ARM	高通	明导	浪潮集团	福州大学
13	华大九天	日本电气	华虹集团	华虹集团	中国科学院
14	高通	松下	浪潮集团	明导	ASML
15	富士通	华虹集团	中国科学院	中国科学院	海光信息
16	华虹集团	浪潮集团	日本电气	福州大学	紫光集团
17	LSI Logic	中国科学院	福州大学	格罗方德	高通
18	浪潮集团	富士通	格罗方德	AMD	瑞昱
19	中国科学院	清华大学	联发科	联发科	明导
20	东芝	AMD	富士通	ASML	广东高云

再来看国内申请量，从图6-2-3（a）可以看出，整体专利申请量保持上升的趋势，我国申请虽起步较晚，但申请量在持续增长。图6-2-3（b）则聚焦在中国布局引用次数大于10次的重要专利数量，从中可以看出，2003~2019年，中国在申请质量提升方面基本上可以和美国保持同频；相信通过技术积累，中国在未来国内市场上还是有机会突围的。

6.2.2.4　主要申请人技术分布及技术路线

图6-2-4（见文前彩色插图第2页）显示出全球和中国在数字集成电路布局布线技术四个技术分支上申请的增长情况，从中可以看出，布局和布线两个分支属于长期的重点布局技术，相信在未来一段时间仍将是研究的热点。下面看看我国重点申请人的追随情况。

图6-2-5（见文前彩色插图第3页）显示出境内外主要申请人在数字集成电路布局布线技术四个分支的专利布局情况。可以看出，布线是申请人普遍正在布局的技术分支，中国申请人也在积极跟进，尤其是华大九天，虽然其目前没有相关产品，但可以在完善技术的基础上尝试尽快推出自己的产品，形成单点突破；而布局技术分支也是当前热点，但中国申请人的研发热情相对没有那么高，与境外存在较大的差距。

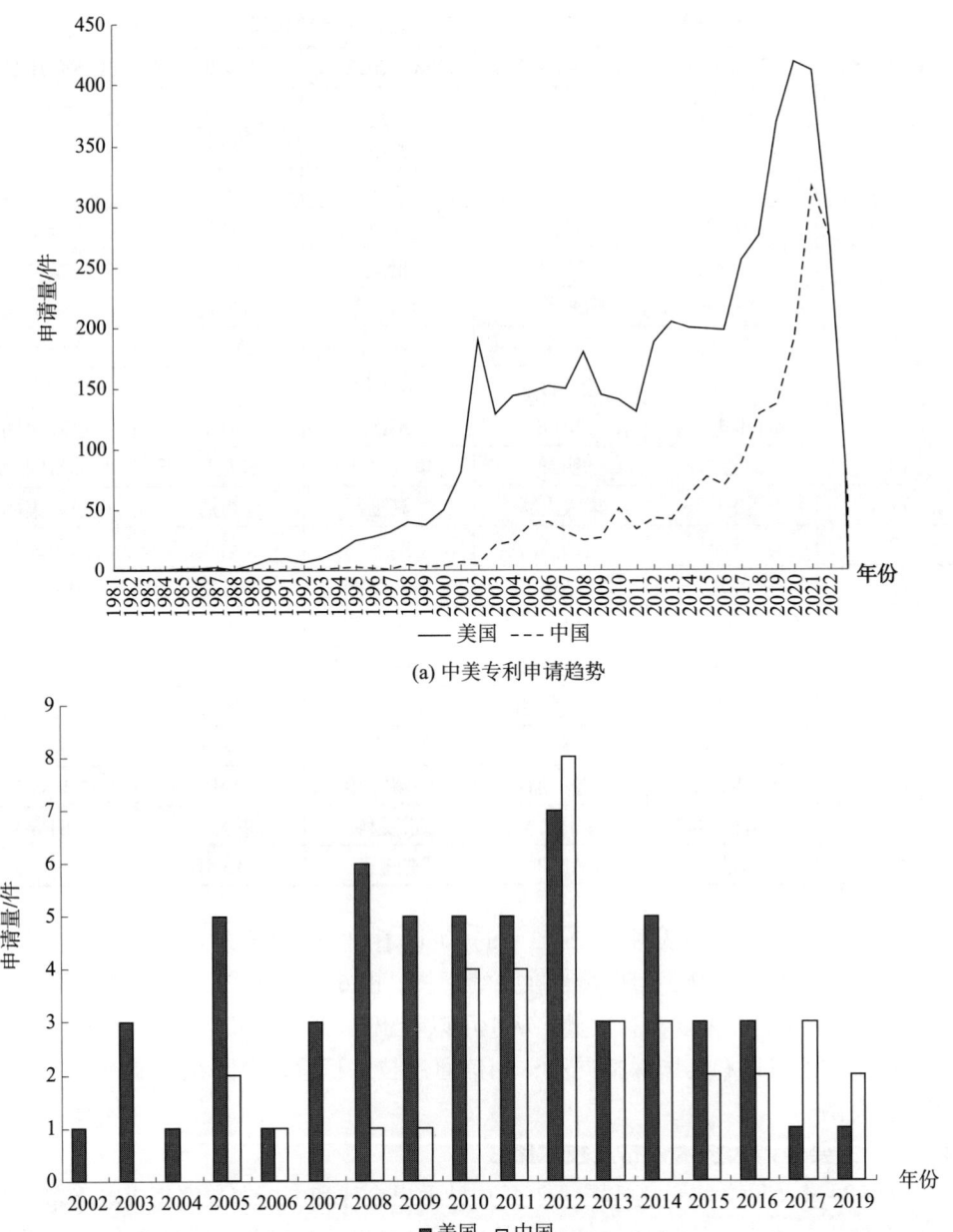

图 6-2-3 数字集成电路布局布线技术国内申请量趋势以及中美重要专利在华布局对比

聚焦国外的新思以及国内的华大九天，两者的技术路线图，分别如图 6-2-6 和 6-2-7 所示。从图 6-2-6 中可以看出，新思在四个分支一直有持续的布局，特别是布局和布线两个技术分支，在布局技术分支的并发式处理、3D 布局、布线的拥塞优化、关键路径延迟改进、电源布线等方面覆盖很全面。华大九天的布局相对较晚，在布线技术分支和时钟树技术分支方面有一系列布局，但布局技术分支上布局还不够。

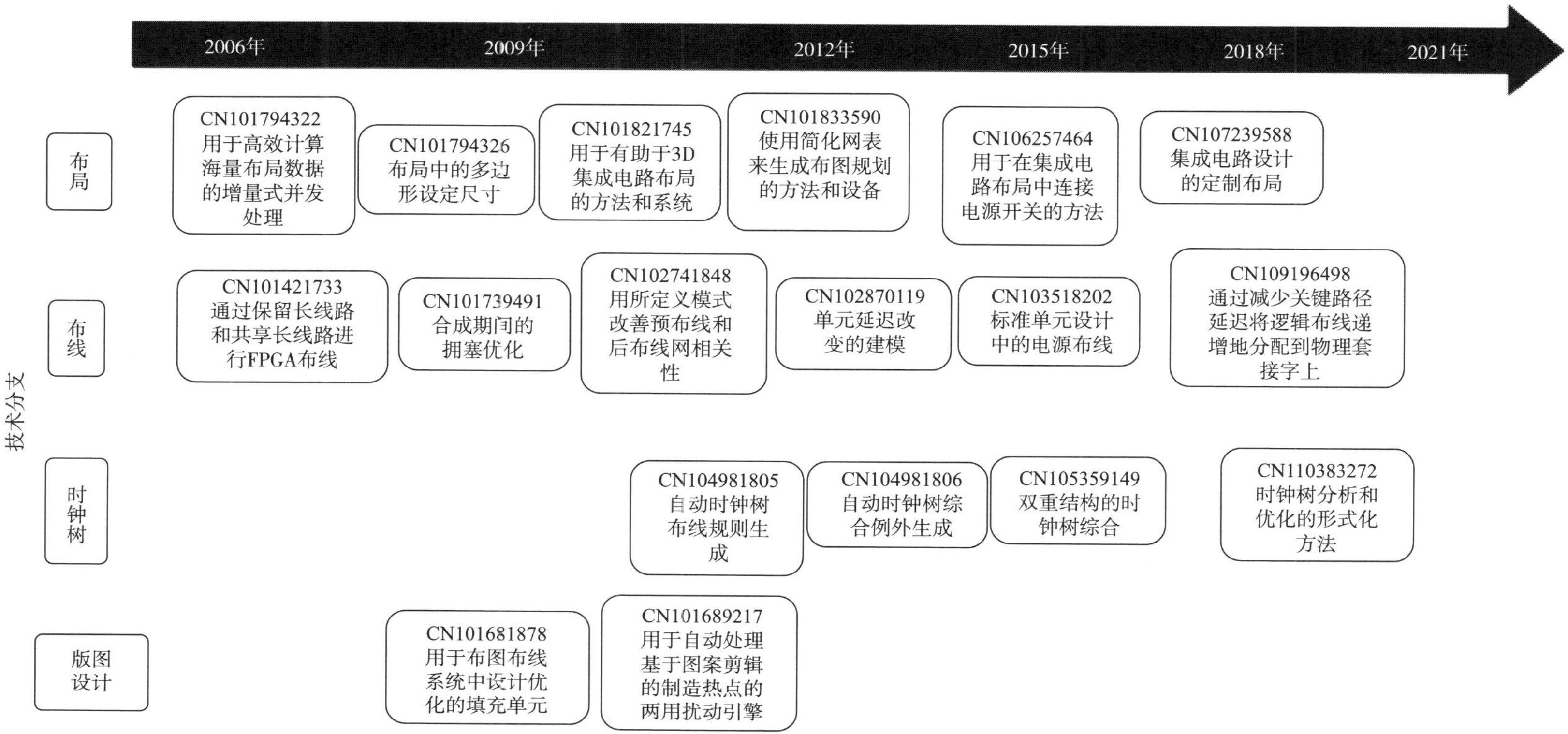

第 6 章 关键技术分支分析

图 6-2-6 新思在数字集成电路布局布线技术四个分支的专利申请布局情况

布局：
- CN101794322 用于高效计算海量布局数据的增量式并发处理（2006年）
- CN101794326 布局中的多过形设定尺寸（2009年）
- CN101821745 用于有助于3D集成电路布局的方法和系统（2009年）
- CN101833590 使用简化网表来生成布图规划的方法和设备（2012年）
- CN106257464 用于在集成电路布局中连接电源开关的方法（2015年）
- CN107239588 集成电路设计的定制布局（2018年）

布线：
- CN101421733 通过保留长线路和共享长线路进行FPGA布线（2006年）
- CN101739491 合成期间的拥塞优化（2009年）
- CN102741848 用所定义模式改善预ület布线和后布线网相关性（2012年）
- CN102870119 单元延迟改变的建模（2012年）
- CN103518202 标准单元设计中的电源布线（2015年）
- CN109196498 通过减少关键路径延迟将逻辑布线迁移地分配到物理套接字上（2018年）

时钟树：
- CN104981805 自动时钟树布线规则生成（2012年）
- CN104981806 自动时钟树综合例外生成（2012年）
- CN105359149 双重结构的时钟树综合（2015年）
- CN110383272 时钟树分析和优化的形式化方法（2018年）

版图设计：
- CN101681878 用于布图布线系统中安详热点优化的填充单元（2009年）
- CN101689217 用于自动处理基于图案剪辑的制造热点的两用扰动引擎（2009年）

时间轴：2006年 — 2009年 — 2012年 — 2015年 — 2018年 — 2021年

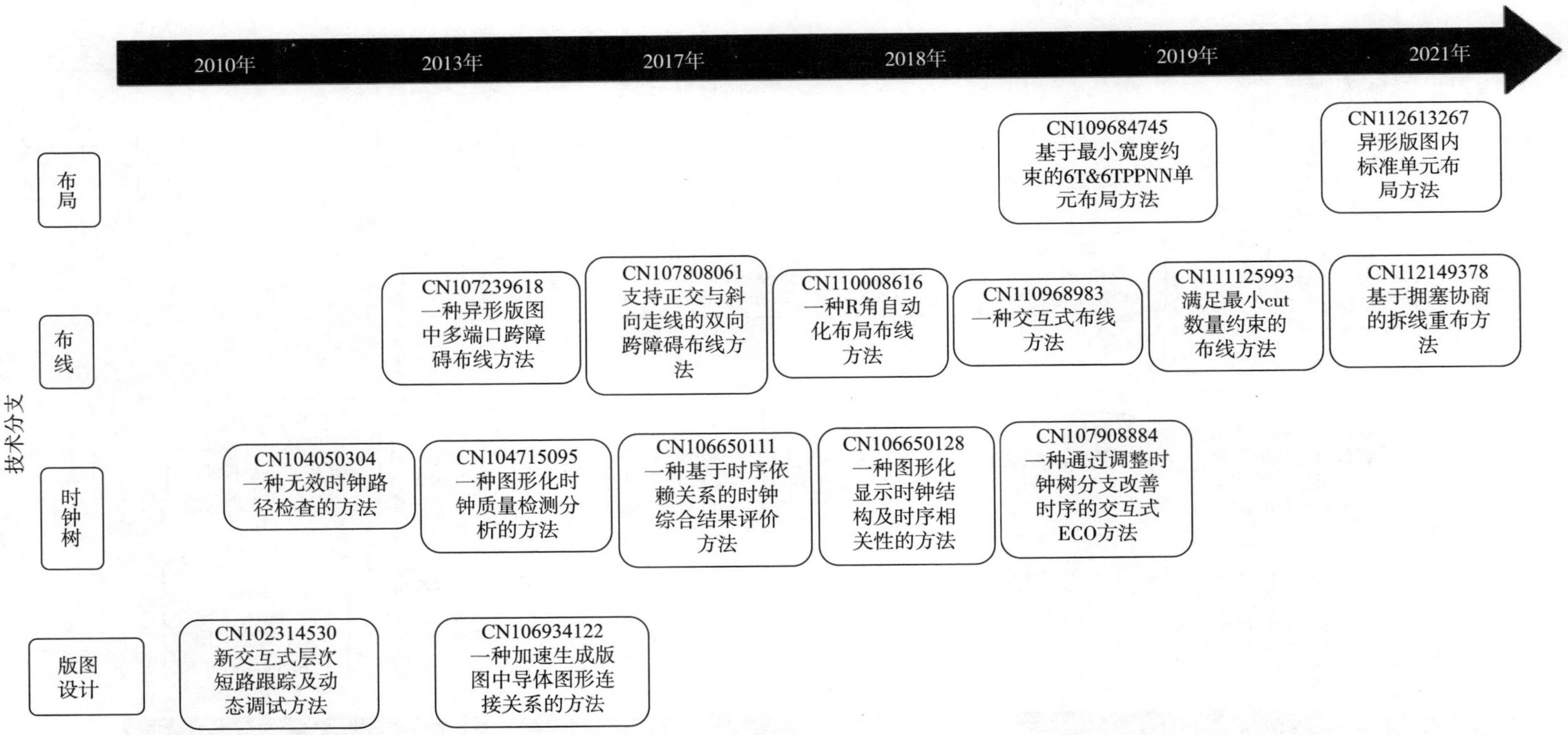

图 6-2-7 华大九天在数字集成电路布局布线技术四个分支的专利申请布局情况

6.2.3 我国的发展机遇与挑战

课题组紧跟布线分支进行分析。图6-2-8显示出布线分支的主要申请人的技术路线,从中可以看出,对于我国紧跟的布线技术分支,其中新思和楷登是美国巨头,Xilinx是美国FPGA领域巨头,华大九天是国内企业,福州大学和清华大学是国内高校,安路是专精特新企业。从图6-2-8中布局可以看到,目前呈现出三方面特点。第一,新思等国外巨头保持着长期的专利布局,在减少布线串扰等技术方面已经形成专利壁垒。第二,国内申请人中,清华大学作为高校代表,较早进行专利布局,专利具有一定的竞争力,但连续性较差,早期专利已失效;福州大学2014年开始在布线方面进行专利布局;华大九天等国内企业近期开始加速在跨障碍布线等技术领域进行专利布局;国内高校在一些技术点上有知识积累,经有效运用后可以作为企业的技术补充。第三,整体上看,近期技术出现结合AI技术的发展趋势,图6-2-8中黑色底色的即为AI相关的布线专利。

通过上面的分析了解了数字集成电路布局布线方面的专利布局情况和发展趋势,我国创新主体可以从以下几个方面进行追赶和超越。

6.2.3.1 国外申请人重点核心技术借鉴

先学习并借鉴,后追赶并超越。课题组为此分析了重点申请人的重要发明专利,并将其对应为成熟制程和先进制程,如图6-2-9(见文前彩色插图第4页)所示,并给出如下建议。

(1) 针对成熟制程

针对第一点技术壁垒,我们要关注并借鉴学习境外重点技术。对全球重点申请人的技术借鉴是发展的必经之路。以新思、楷登、台积电为例,2012~2015年它们申请的专利对应全球14nm制程时间点,能够作为满足我国现有14nm制程对应的布线参考技术,帮助我国企业尽快推出点工具以补足产品链。

(2) 针对先进制程

三个重点申请人在2016~2022年的专利技术对应制程10nm以下的时间节点,可以作为我国预研技术参考。对于风险防范而言,对于可能进入我国的重点技术要加以关注,避免侵权纠纷。

6.2.3.2 国内申请人专利布局优劣势

知己知彼,百战不殆。课题组为此分析了国内代表申请人在专利布局方面的优劣势。

EDA技术很多来源于大学,需要帮助高校提高专利价值意识。以清华大学为例,如图6-2-10,在布线技术分支早期具有较多的重点专利,但图中10件被引用次数大于7的重要专利均无同族,无海外布局,且授权后由于未缴年费处于无效状态,说明申请人具有专利申请意识,但缺乏专利价值意识。

以图6-2-11清华大学的这2件高价值专利为例,引用它们申请人包括新思、明导、IBM等多家头部企业,说明专利价值很高。然而,上述2件专利2011年左右就因未缴年费而终止了专利权。

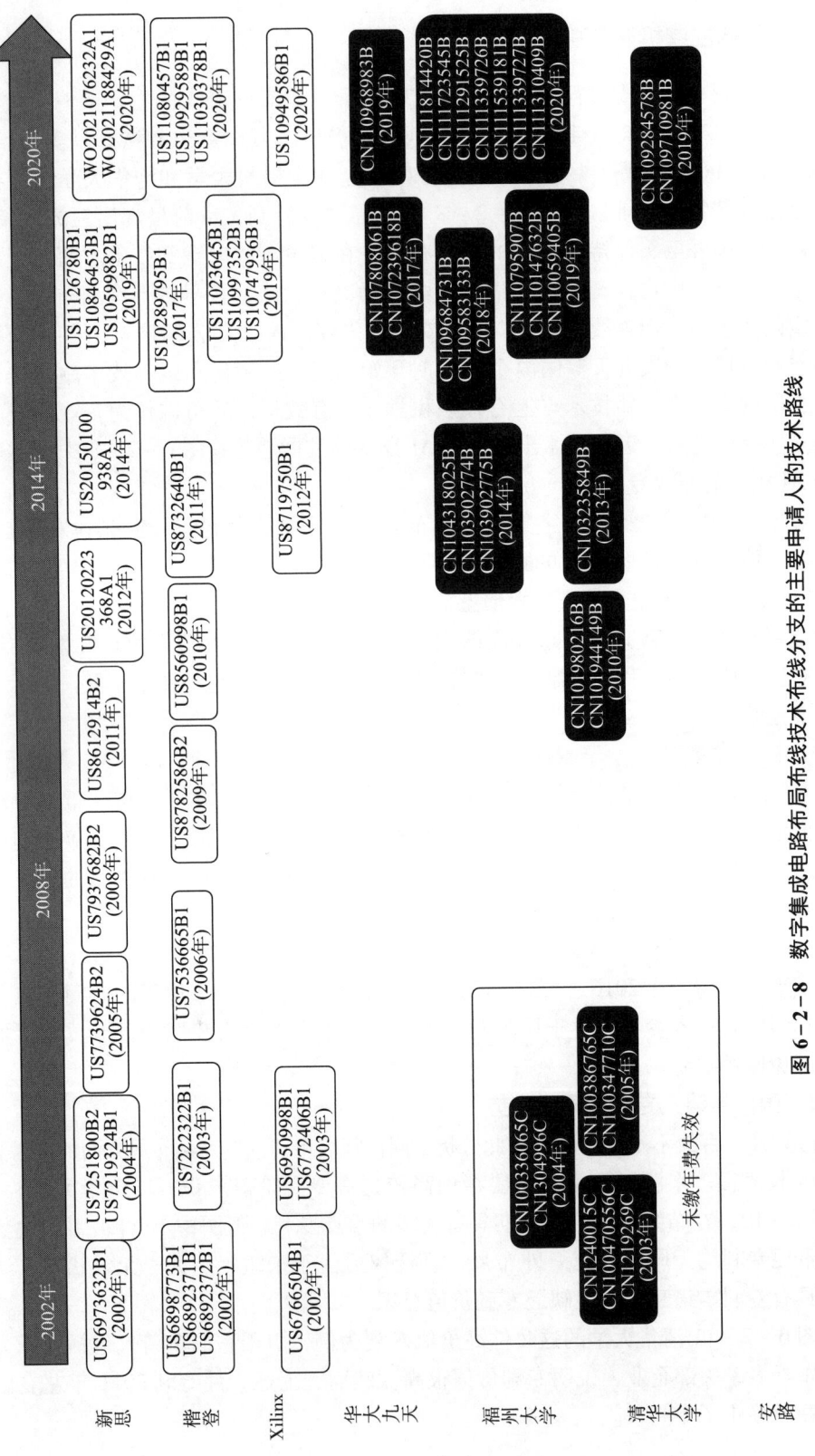

图 6-2-8 数字集成电路布局布线技术布线分支的主要申请人的技术路线

注：图中黑色色底为AI相关布线专利。

公开号	被引证次数/次	被引用申请人数/个	被引用的申请人	授权年份	未缴费年份
CN1472680A	13	9	IBM、赛英特半导体、华为、鸿富锦、云创、信泰光学、中国航空无线电研究所、杭州电子工业学院、亚洲光学	2005	2010
CN1862546A	13	7	新思、明导、英业达、华大九天、扬智科技、清华大学、重庆大学	2008	2011
CN1687934A	11	3	新思、英业达、国防科技大学	2007	2011
CN1604094A	10	5	福州大学、江苏大学、北京航空航天大学、东南大学、三峡大学	2007	2010
CN1564164A	7	5	IBM、英业达、扬智科技、广州视源、清华大学、苏州领佰思	2006	2011
CN1588381A	19	5	华大九天、福州大学、江苏大学、中山大学、三峡大学、国防科技大学	2007	2010
CN1540554A	8	3	IBM、华大九天、复旦大学	2006	2009
CN1529268A	9	4	日立、三峡大学、福州大学、清华大学	2009	2010
CN101957876A	17	6	台积电、华大九天、苏州芯禾电子科技有限公司、清华大学、华南理工大学、武汉大学	2012	2016
CN101916317A	9	3	格力集团、武汉理工大学、清华大学	2012	2016

→ 清华大学洪先龙教授研究团队，8件重点专利均涉及总体布线技术领域

→ 清华大学周强教授研究团队，2件重点专利均涉及多层布线技术领域

图 6-2-10 清华大学数字集成电路布局布线技术布线技术分支重点专利布局分析

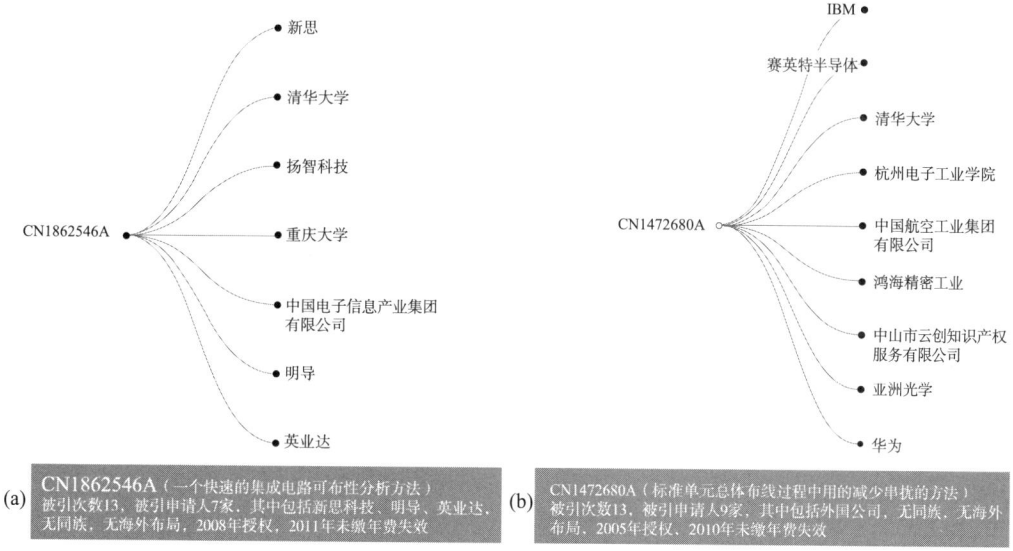

(a) CN1862546A（一个快速的集成电路可布性分析方法）
被引次数13，被引申请人7家，其中包括新思科技、明导、英业达，无同族，无海外布局，2008年授权，2011年未缴年费失效

(b) CN1472680A（标准单元总体布线过程中用的减少串扰的方法）
被引次数13，被引申请人9家，其中包括外国公司，无同族，无海外布局，2005年授权，2010年未缴年费失效

图 6-2-11 清华大学数字集成电路布局布线技术分支重点专利被引用关系

虽然清华大学的专利失效非常可惜，但研究发现福州大学的几件被引用次数大于2的专利也非常重要且都被积极申请了PCT，说明福州大学对高价值专利具有海外布局意识，如图6-2-12所示。因此，对于高校的重要专利，需要提示研究团队不要轻易终止专利权。

同时，如图6-2-13所示，在研究中也发现，清华大学放弃的专利首权字数大都上千，保护范围很小，而仅有的2件首权字数较少的申请在审查中也被指出得不到说明书的支持，修改增加了特征，缩小了范围。保护范围小可能也是导致放弃专利权的原因之一。而近年福州大学的申请首权字数为300左右，说明其专利价值意识在提升。由此可见，除了要引导申请人提升撰写水平外，同时要引导申请人对于具有核心价值的专利要审慎对待审查意见，必要时据理力争，提高授权专利的价值。

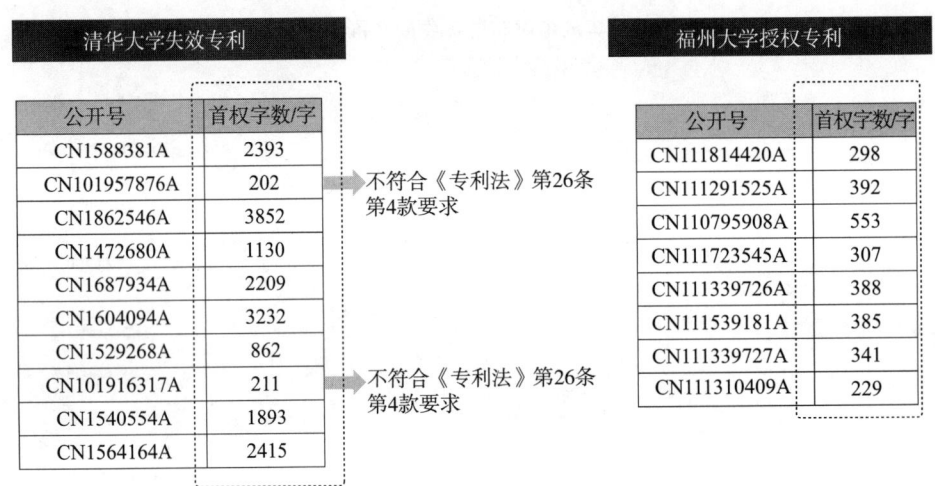

图 6-2-12 福州大学数字集成电路布局布线技术分支重点专利布局分析

图 6-2-13 清华大学和福州大学数字集成电路布局布线技术失效专利首权字数情况

6.2.3.3 结合 AI、云计算的中外技术发展对比

针对近期数字集成电路布局布线技术出现结合 AI、云计算等新技术的发展趋势，课题组特别对该类专利进行分析研究；该趋势可能成为我国实现弯道超车的可能。

（1）AI、云计算相关专利申请比较

如图 6-2-14 所示，从目前申请数量上，在结合 AI、云计算方面，国内外申请数量相当，但国外申请聚集度高，集中掌握在几家大公司手中；国内申请人相对分散，没有形成合力。因此，一方面，要引导这些国内申请人形成合力，高效布局；另一方面，从审查角度，我们要关注相关申请人和此类专利申请，助力我国此方面的创新主体布局。

（2）国外申请人发展动向

我们梳理出了需要关注的国外申请人在 AI、云计算方向的发展动向，把重要专利圈定出来，国内创新主体可以做重点关注，如图 6-2-15 所示。

申请人	数量/件	核心技术
新思	9	集中在如何训练集成电路设计模型，提高布局的可布线性，分配连接，是否满足时序等约束条件
InstaDeep	4	神经网络引导候选线路搜索，确定要执行的动作等。
谷歌	4	神经网络生成计算机芯片平面图
楷登	2	时钟树合成迭代聚类
明导	1	宽泛地进行电路图像聚类
NetSpeed	1	在云服务器中实现基于约束生成平面布置图的集成描述之间的连接

(a) 国外AI+、云计算相关专利（总量为28件）

申请人	数量/件	核心技术
湖南大学	2	版图热点聚类、物理设计布局阶段的时序预测
上海立芯	2	考虑进位链和位置约束的异质型布局合法化方法、可布线性
华大九天	1	最小宽度约束下的某类型单元布局
南京理工大学	1	聚类实现自动布线，将同一个引脚功能簇的引脚进行布线连接
深圳晶源	1	掩模辅助图形的优化
国微思尔芯	1	多个FPGA的设计分割
苏州领佰思	1	基于云计算平台的大规模集成电路布线的方法
中国科学院计算技术研究所	1	在云环境的容器中进行整体布局布线
浙江盘云	1	云服务器数据处理和增强现实重建模

(b) 国外AI+、云计算相关专利（总量为28件）

图 6-2-14 数字集成电路布局布线技术中 AI、云计算相关专利申请比较

注：图中为部分列举，非全部。

新思	申请号	技术主题
	WOUS21022353	使用机器学习模型基于设计流程早期阶段的部分电路设计的特征来预测整个电路是否可能满足约束
	WOUS20047686	将机器学习模型应于网表来基于编译时间预测布局和布线策略
	WOUS19013753	使用量化预测函数的机器学习电路优化
	WOUS20049739	集成电路设计中的机器学习驱动预测
	US16574923	利用机器学习生成相关路径组
	US16904103	基于机器学习图像识别的芯片连接
	US15903024	基于机器学习系统预测电路布局中的多个热点的位置和空白空间，并重新分布以改善可路由性

谷歌	申请号	技术主题
	WOUS19064553	使用神经网络生成集成成电路布图规划

InstaDeep	申请号	技术主题
	WOGB20053053	由神经网络引导实现候选路线选择

NetSpeed	申请号	技术主题
	US16258149	在云服务器中实现基于约束生成平面布置图的集成描述之间的连接

图 6-2-15 国外申请人在结合 AI、云计算方向的发展动向

从图中可以看出，新思作为 EDA 行业的龙头已经在 EDA 工具中使用了机器学习等 AI 算法且广泛布局。而除了传统 EDA 公司，作为提供互联网产品和服务的谷歌，作为提供 AI 方案的企业 InstaDeep、NetSpeed 等，也开始涉足集成电路设计领域，并利用自身优势，将神经网络、云服务等融入 EDA 工具实现。特别是上述申请人很多提出了 PCT 申请，有广泛布局的动机，我国创新主体要注意这些申请在进入中国国家阶段后，可能会对我国此方面技术的发展造成制约。

（3）国内申请人研究优势

我们还梳理了国内申请人在数字集成电路布局布线技术方面涉及 AI、云计算的重要专利，如表 6-2-2 与表 6-2-3 所示，以期帮助我国创新主体合理确定保护范围，加快审查进程，提早有效布局。

可以看出，国内申请人的重要专利集中在布局布线优化、布局合法化、芯片打线自动化设计、引线键合结构参数反演方法及装置、总体布线方法等。抓住数字集成电路布局布线中的一些特定方面，利用新兴的 AI、云计算加以解决，从而提高布局布线的效率和质量，是我国追赶和超越的一条路径。

表6-2-2　国内申请人在布局布线方面AI国内重点专利

申请人	公开号	主题
上海立芯	CN113673196A	一种基于可布线性预测的全局布线优化方法
上海立芯	CN113343632A	一种考虑进位链和位置约束的异质型布局合法化方法
苏州复鹄	CN113221500A	一种基于AI算法的芯片打线布局自动化设计方法
中国电子科技集团公司第三十八研究所	CN112270151A	基于智能算法的引线键合结构参数反演方法及装置
南京师范大学	CN112183015A	一种面向深度神经网络的芯片布图规划方法
福州大学	CN113312874A	基于改进深度强化学习的总体布线方法

表6-2-3　国内申请人在布局布线方面云计算国内重点专利

申请人	公开号	主题
苏州领佰思	CN102637217A	基于云计算平台的大规模集成电路布线的方法及其系统
中国科学院计算技术研究所	CN113887164A	一种面向SSI器件的FPGA持续集成开发方法与系统

6.2.4　小　结

本节梳理了 EDA 重点技术分支中的数字集成电路布局布线技术，从技术定义、技术分支、产业现状进行了分析，并对数字集成电路布局布线技术的发展态势，从技术发展与制程演进、国外巨头的垄断、国内创新主体活跃度、主要申请人的技术分布以及技术路线，给出了全面系统的分析，并给出了相关的建议。

从上述分析可知，就现状而言，在数字集成电路布局布线技术方面，我国在技术、市场上全面落后，但在 AI 结合方面存在发展机遇。

6.3　EDA 设计类模拟集成电路版图设计技术专题

模拟集成电路版图设计技术是模拟集成电路设计技术的一部分，在集成电路设计的全流程里属于后端。模拟集成电路版图设计需要按照模拟电路的要求和一定的工艺参数，设计出元件的图形并进行排列互连，以设计出一套供集成电路制造工艺中使用的光刻掩膜版的图形。

6.3.1　概　述

模拟集成电路版图设计是电路设计图和模拟集成电路芯片制造之间的"桥梁"（见图6-3-1）。设计工程师把电路设计好之后，版图工程师需要通过 EDA 设计工具进行集成电路后端的版图设计和验证，最终产生送交供集成电路制造用的 GDS Ⅱ 数据。模拟版图是电路设计和制造之间非常关键的一个环节：对于同样的线路，如果版图设计出现问题，轻则会导致芯片性能较差，重则会导致芯片无法工作。芯片的性能和功耗都是用来衡量芯片的标尺。在集成电路设计中，模拟集成电路版图设计需要进行版图布局规划等工作，版图工程师所做的工作会在很大程度上影响芯片的性能、功耗和成本。模拟集成电路版图设计最核心的工作就是画版图，具体包括：①版图规划工作，包括但不限于模块设计、顶层布局、布线和拼图等工作；②版图绘制工作，这一步就是要把电路图绘制成版图；③版图验证工作，主要包括设计规则检查（design rule check，DRC）和（layout versus schematics，LVS）验证。

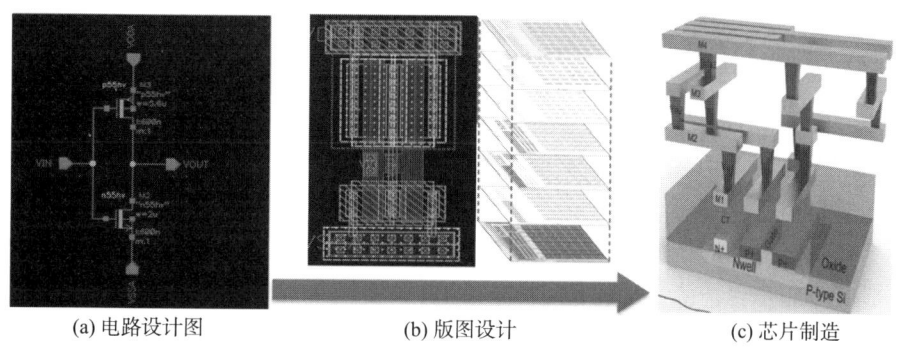

(a) 电路设计图　　　　(b) 版图设计　　　　(c) 芯片制造

图6-3-1　电路设计图和模拟集成电路芯片制造之间的"桥梁"

在实际设计工作中，版图工程师需要使用模拟集成电路版图设计进行设计。如图6-3-2所示，全球范围内，美国楷登的Virtuoso设计平台占据统治地位，其占据了模拟集成电路版图设计市场的78%。而作为电路设计的其他两个巨头，新思和明导的产品也分别占据了10%和8%，剩下的相关实体市场份额非常少。

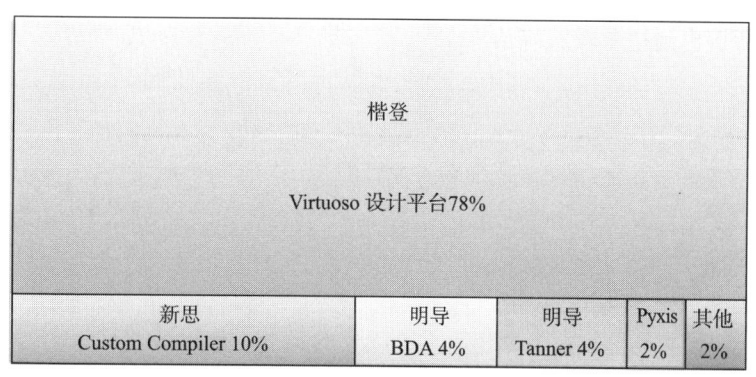

图6-3-2　模拟集成电路版图设计工具市场份额

课题组对模拟集成电路版图设计技术国内外专利文献进行了检索，结合技术和产业相关信息及全球和中国的专利文献的初步检索状况，确定了技术分解表如图6-3-3所示，具体分为五个主要方向：电路布局、器件布局、布线方法、布线结构、掩膜。

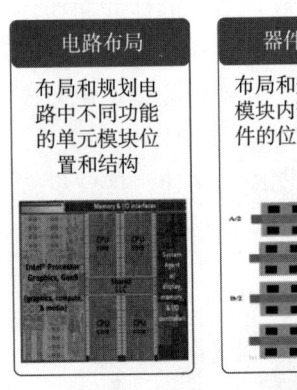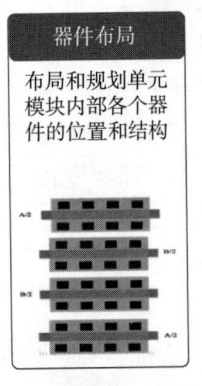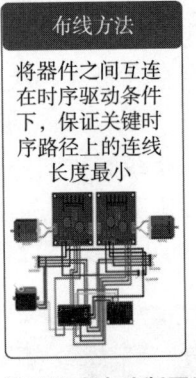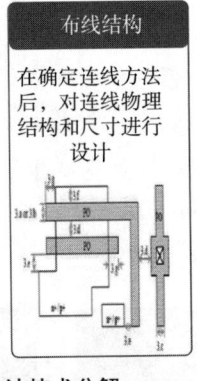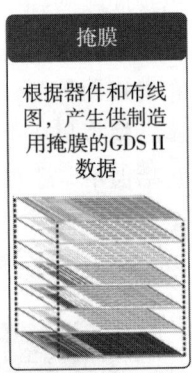

图 6-3-3 模拟集成电路版图设计技术分解

6.3.2 发展现状

图 6-3-4 为模拟集成电路版图设计的申请趋势。从 1982 年开始，全球就进行了模拟集成电路版图设计的布局，但 1982~2002 年模拟集成电路版图设计还处于早期萌芽阶段，尤其是中国申请的申请量基本为个位数，而全球的申请量则自 1991 年之后呈现明显的递增趋势，这与美国 NSF 自 1984 年开启了 1190 个与 EDA 相关的课题研究有一定的关系，由于其资金的投入，提高了其本国申请人的研发热情，从而带动全球的申请量呈现出了递增趋势。2003~2007 年，模拟集成电路版图设计到达了第一平台期，中国申请量出现了小幅下降，全球申请量呈现波动。而自 2008 年开始，基于美国电子复兴计划的启动以及计算机技术的快速发展，全球申请量达到了新高度，中国申请量也出现了逐年递增的趋势，尤其是 2008 年中国"核高基"专项扶持 EDA 政策的出台，使得中国申请量也到达了较大峰值。

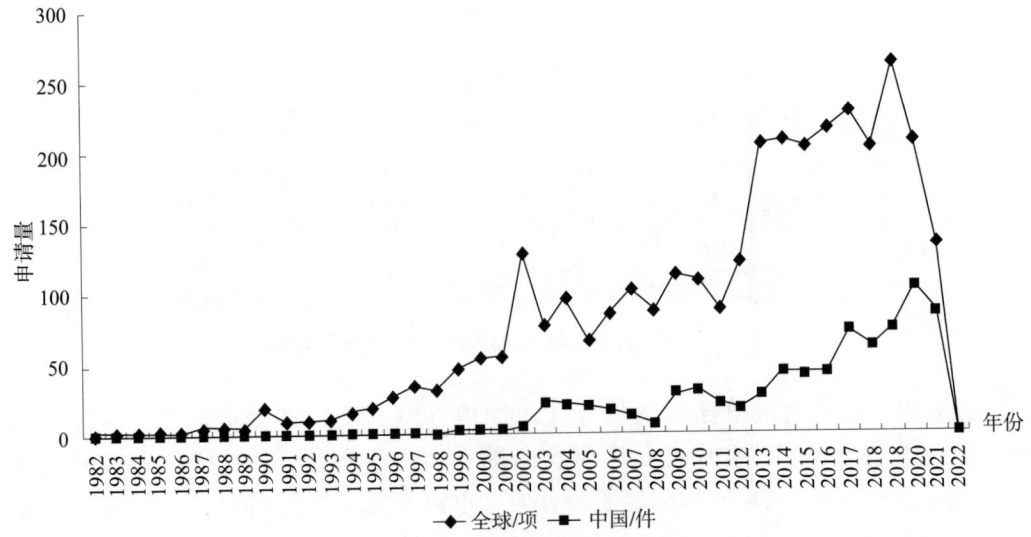

图 6-3-4 模拟集成电路版图设计申请趋势

图 6-3-5 示出了模拟集成电路版图设计目标市场占比,其中重要市场为美国、中国和日本,而这些国家/地区也是模拟集成电路制造和 EDA 设计企业集中的国家/地区。

图 6-3-6 示出了模拟集成电路版图设计技术输出国分布。美国在模拟集成电路设计上的技术储备最为雄厚,原创于美国的技术占到全球总量的 2/3。中国在这一方面也具有一定的实力,其排名第二位,占比为 16%。

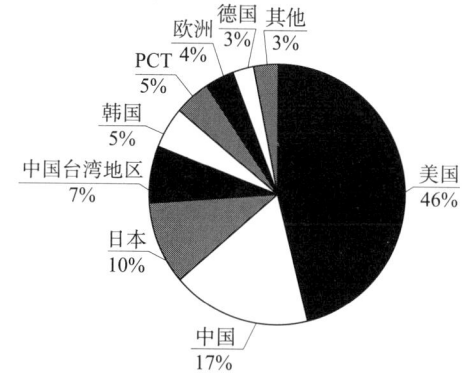

图 6-3-5 模拟集成电路版图设计目标市场占比

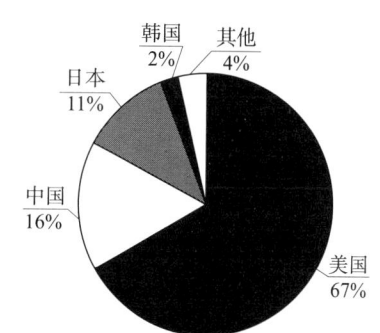

图 6-3-6 模拟集成电路版图设计技术输出国家/地区占比

图 6-3-7 和图 6-3-8 分别示出了模拟电路集成电路版图设计全球和中国各级分支申请量占比。中国和全球申请的各个技术分支申请量占比较为相似,说明在模拟集成电路版图设计上我国已经捕捉到技术的热点,并开始布局。全球和中国各级分支中,电路布局申请量占比最高,分别为 47% 和 50%,这和模拟电路集成电路版图设计的核心技术有关系,因为最终都需要以电路的形式呈现出来。

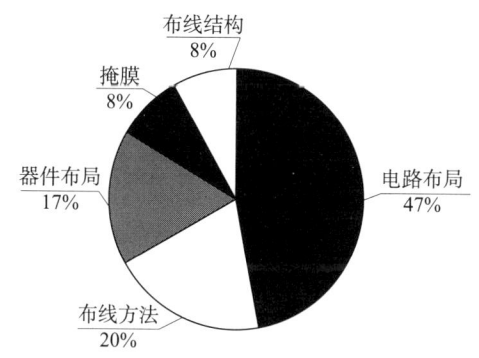

图 6-3-7 模拟集成电路版图全球技术分支申请量占比

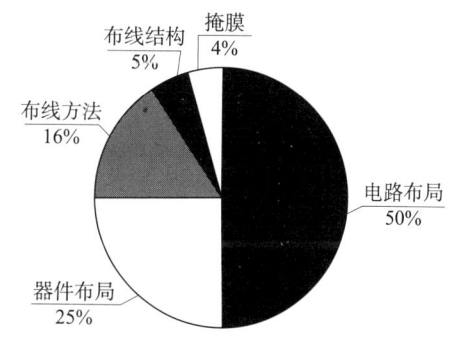

图 6-3-8 模拟集成电路版图中国技术分支申请量占比

图 6-3-9 示出了模拟集成电路版图设计技术分支申请量占比趋势。电路布局的占比大于其他几个分支,且整体呈现递增趋势,说明电路布局一直是模拟集成电路版

图设计的研究核心；布线方法的占比变化趋势较小，这是因为对于布线的改进更多的会与方法相关；布线结构下降明显，是因为对于结构的改进难度相对较大；器件布局呈现明显的递增趋势，这可能与新的器件结构的出现具有较大的关系。

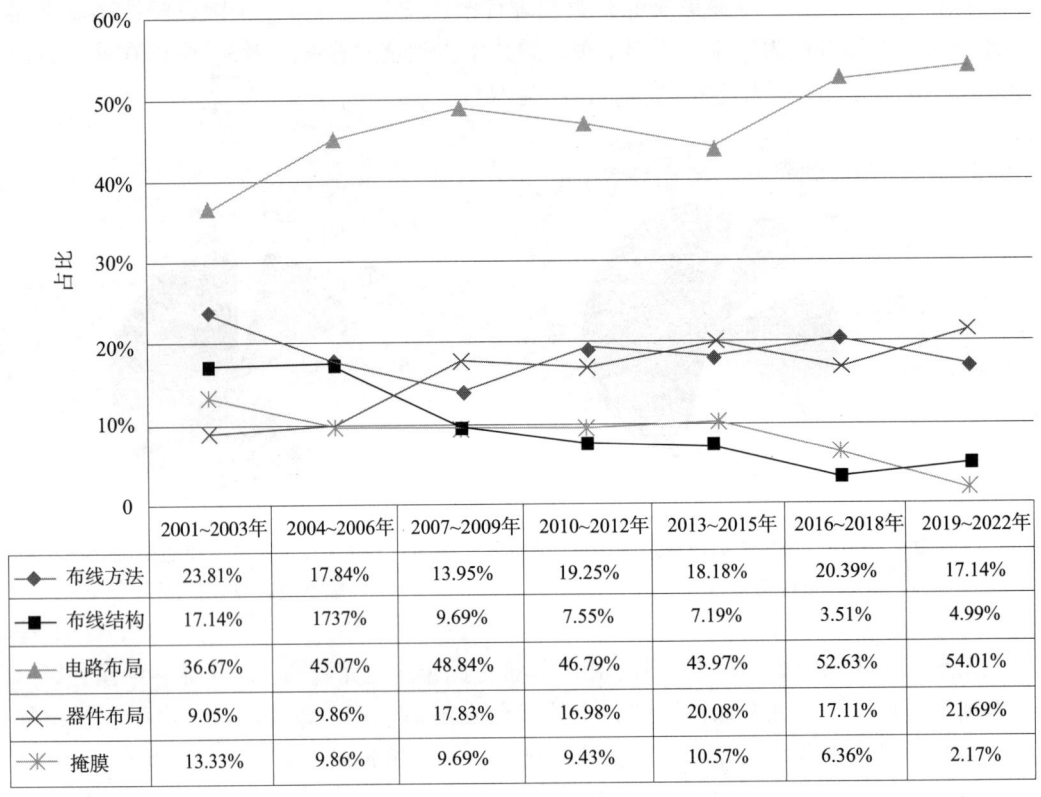

图6-3-9　模拟集成电路版图设计技术分支申请量占比趋势

6.3.3　全球主要申请人技术发展及重要专利分析

图6-3-10示出了模拟集成电路版图设计全球申请人申请量排名前20位。重要申请人主要是台积电、楷登、新思、IBM、三星等。中国台湾地区的台积电排名第一位，说明了台积电作为全球知名的制造厂商在该领域的重要地位。排名前20位中，美国申请人数量最多且申请量大，说明美国依然处于这一领域的领先地位。华大九天、中国科学院和清华大学排名靠后，说明中国还需加强在该领域的研发。

图6-3-11示出了模拟集成电路版图设计中国申请人申请量排名前20位。华大九天和中国科学院并列第一位，清华大学位列第三位。华大九天是我国唯一一家能够实现模拟集成电路设计EDA全流程覆盖的企业，而中国科学院和清华大学则是我国科研实力非常雄厚的研发单位，三者并驾齐驱，也说明了我国在模拟集成电路版图设计方面能够相对容易地开展产学研结合。

第6章 关键技术分支分析

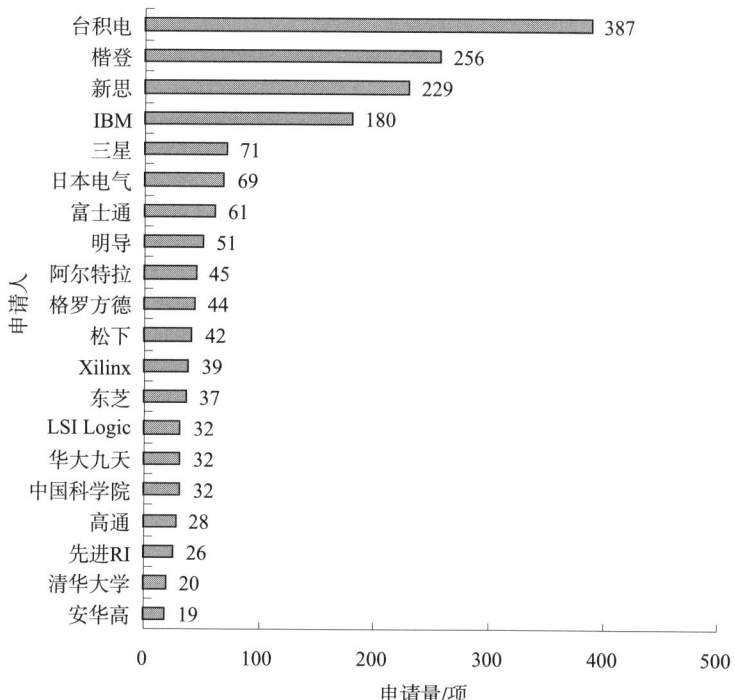

图6-3-10 模拟集成电路版图设计全球申请人申请量排名前20位

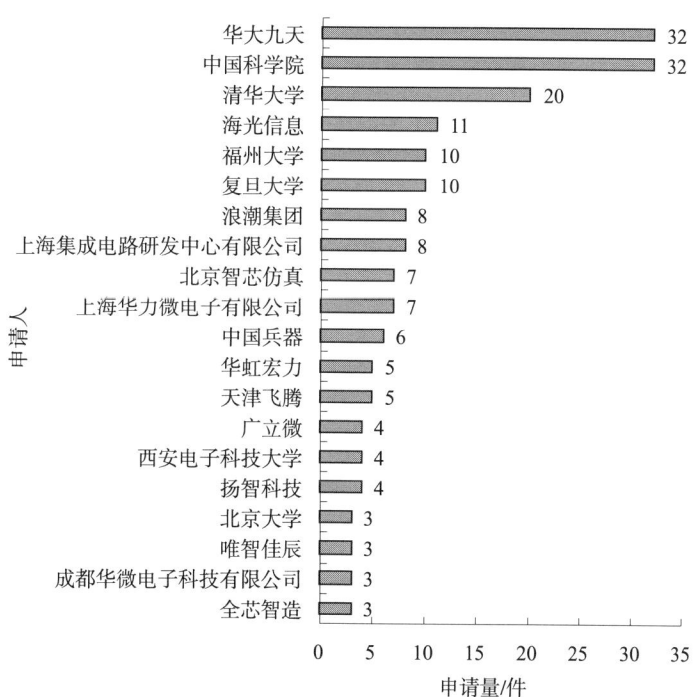

图6-3-11 模拟集成电路版图设计中国申请人申请量排名前20位

图 6-3-12 示出了模拟集成电路版图设计重要申请人各技术分支申请量分布。器件布局和电路布局属于当前的布局热点，尤其是电路布局这一分支的申请量大。排名靠前的申请人在各技术分支均进行了布局。台积电集中在电路布局、器件布局以及掩膜这三个分支。楷登集中在电路布局、布线结构和布线方法这三个分支。新思除了布线结构这一分支之外，在其他几个分支的布局比较均匀。华大九天、中国科学院和清华大学均在布线方法、电路布局和器件布局方面有所涉猎，但是数量都相对较少，其中华大九天在布线结构上有一定的布局，但是其数量与排名前几位的申请人相比都存在较大的差距。总体来说，中国申请人在各分支的布局不够完善，还存在一定的缺陷，需要努力补齐短板并加大已有分支的布局力度。

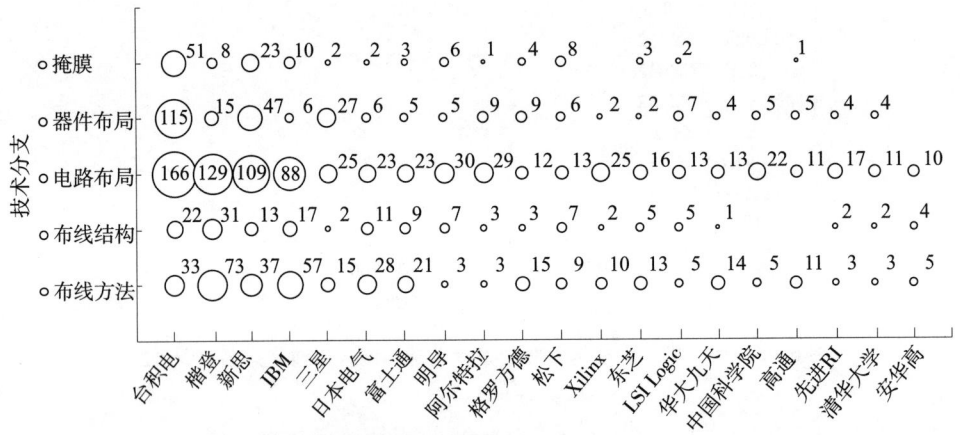

图 6-3-12　模拟集成电路版图设计重要申请人各技术分支申请量分布

下面对全球申请人申请量排名前四位的主要申请的各技术分支发展作进一步研究，了解其在模拟集成电路版图设计领域的专利布局情况。

（1）台积电

图 6-3-13 示出了台积电技术发展路线及重点专利，分为布线方法、布线结构、器件布局、电路布局和掩膜五个方面。在这五个方面，台积电都有重点专利，其中器件布局、电路布局和掩膜都较早且拥有较为系统的专利布局；布线结构虽然布局较早，但是在中间存在断层；而布线方法布局相对较少且布局不够系统。在器件布局方面，早期台积电针对具有特定端头的栅带的晶体管（US7939384B2）进行模拟集成电路版图设计，随着多器件布局的发展，其针对层到单元边界的间隔（CN101752368A）、密度梯度平滑的金属氧化物半导体（MOS）阵列边缘（CN103377883A），以及在多器件之间设置有填充单元（US2014325466A1、CN1018231602A）等方面进行了布局研究。在电路布局方面，台积电早期是为了改善集成电路的布局面积（CN101661524A1），后期则是为了更好地进行模拟集成电路版图设计，从而基于各种设计规则（CN103377304A、US2018150585A1）进行了相应布局。在掩膜方面，台积电针对不同的掩膜结构、制备方法作了相应的布局。

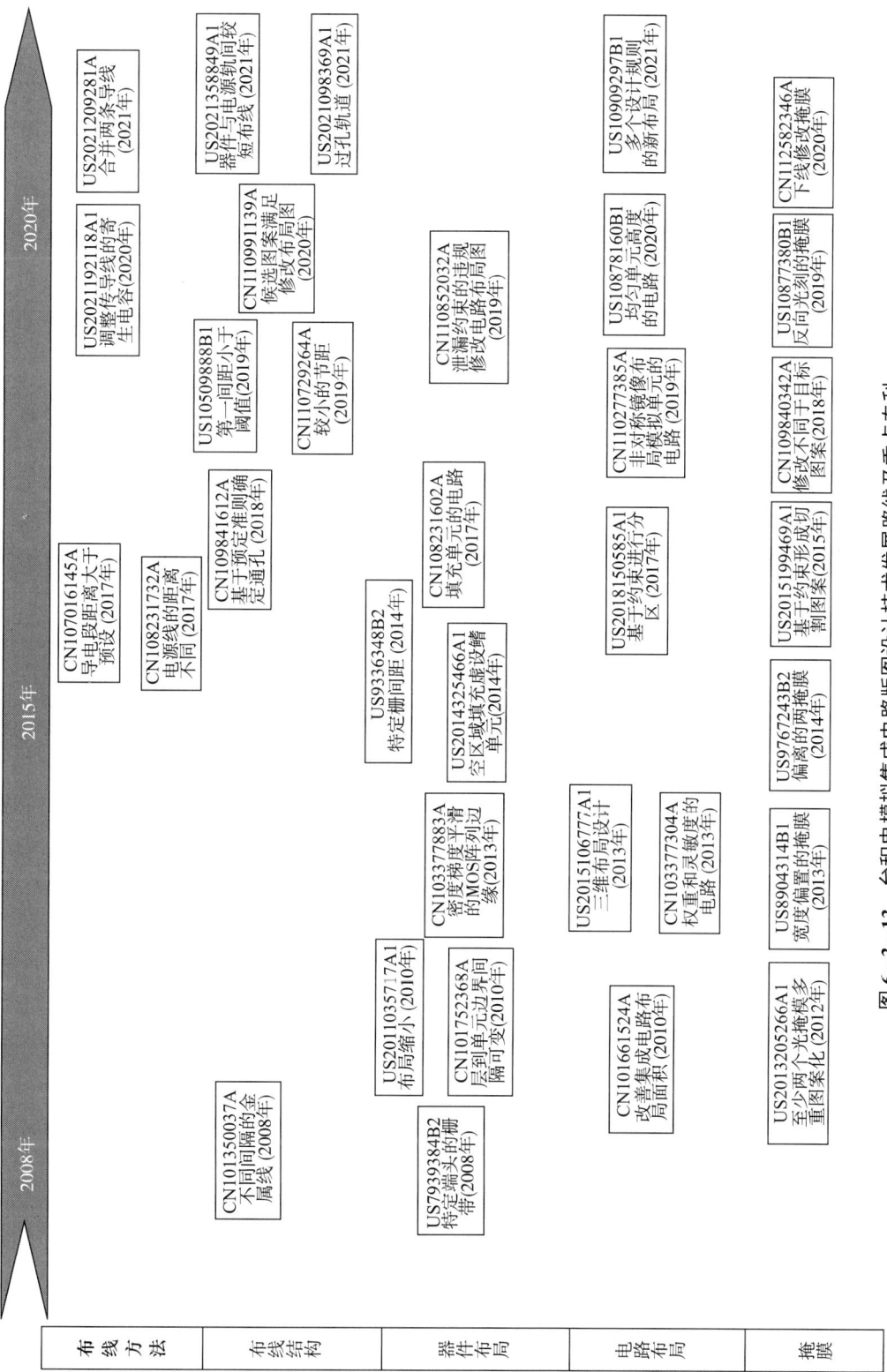

图 6-3-13 台积电模拟集成电路版图设计技术发展路线及重点专利

(2) 楷登

图 6-3-14 示出了楷登模拟集成电路版图设计技术发展路线及重点专利，分为布线方法、布线结构、器件布局、电路布局和掩膜五个方面。在这五个方面，楷登也均有重点专利，其中电路布局较早且拥有较为系统的专利布局，而在布线方法、布线结构、器件布局和掩膜方面的重点专利较少。在电路布局方面，楷登基于模糊逻辑模板驱动布局电路（US5768479A）、电路布局的压缩和优化方面（US7665054B1），以及针对与电路相关的引脚优化（US7971174B1）和特定电路（US7735048B1）进行了布局；在布线方法方面，其对细节方面（US8671368B1）、总体方面（US10325052B1、US11087064B1）以及非对称方面（US11276677B1）进行了布局。

(3) 新思

图 6-3-15 示出了新思模拟集成电路版图设计技术发展路线及重点专利，分为布线方法、布线结构、器件布局和电路布局四个方面，在掩膜方面没有相关的重点专利。在这四个方面，新思在布线方法和器件布局方面布局相对较早且拥有较多的重点专利，而布线结构和电路布局方面的重点专利相对较少。在布线方法方面，新思在针对布线网的结构（US8732645B2、US7739624B2）、与布线相关的约束和因子（CN102741848A、US8429589B2）方面进行了布局。在器件布局方面，新思针对特定沟道（US8869078B2、CN106663594B）、特定的器件结构（US10990722B2、US8924908B2、US8595661B1）进行了相关布局。

(4) IBM

图 6-3-16 示出了 IBM 模拟集成电路版图设计技术发展路线及重点专利，分为布线方法、布线结构、器件布局和电路布局四个方面，在掩膜方面没有相关的重点专利。在这四个方面，IBM 各分支的重点专利相对于台积电、楷登和新思较少，在布线结构和电路布局两方面布局相对较多，其中布线结构的重点专利在时间上较为零散，电路布局的重点专利则较为集中，而在布线方法和器件布局方面布局较少。在布线结构方面，IBM 针对特定形状的布线（US2006072257A1、US8413098B2）、特定线宽（US6308302B1）以及基于 SADP 的布线（US10726187B2）进行了相关的布局。在电路布局方面，IBM 主要针对特定网格的电路（US9245076B2、US10755017B2）、去除金属填充的电路（US10943051B1）以及特定缩放规则的电路（US8918749A1）进行了相应布局。

6.3.4 华大九天技术发展现状及应对策略

华大九天成立于 2009 年，是国产 EDA 的龙头企业，一直聚焦于 EDA 工具的开发、销售及相关服务业务，其具体发展历程如图 6-3-17 所示。华大九天的主要产品包括模拟电路设计全流程 EDA 工具系统、数字电路设计 EDA 工具、平板显示电路设计全流程 EDA 工具系统和晶圆制造 EDA 工具等 EDA 软件产品，并围绕相关领域提供包含晶圆制造工程服务在内的各类技术开发服务。

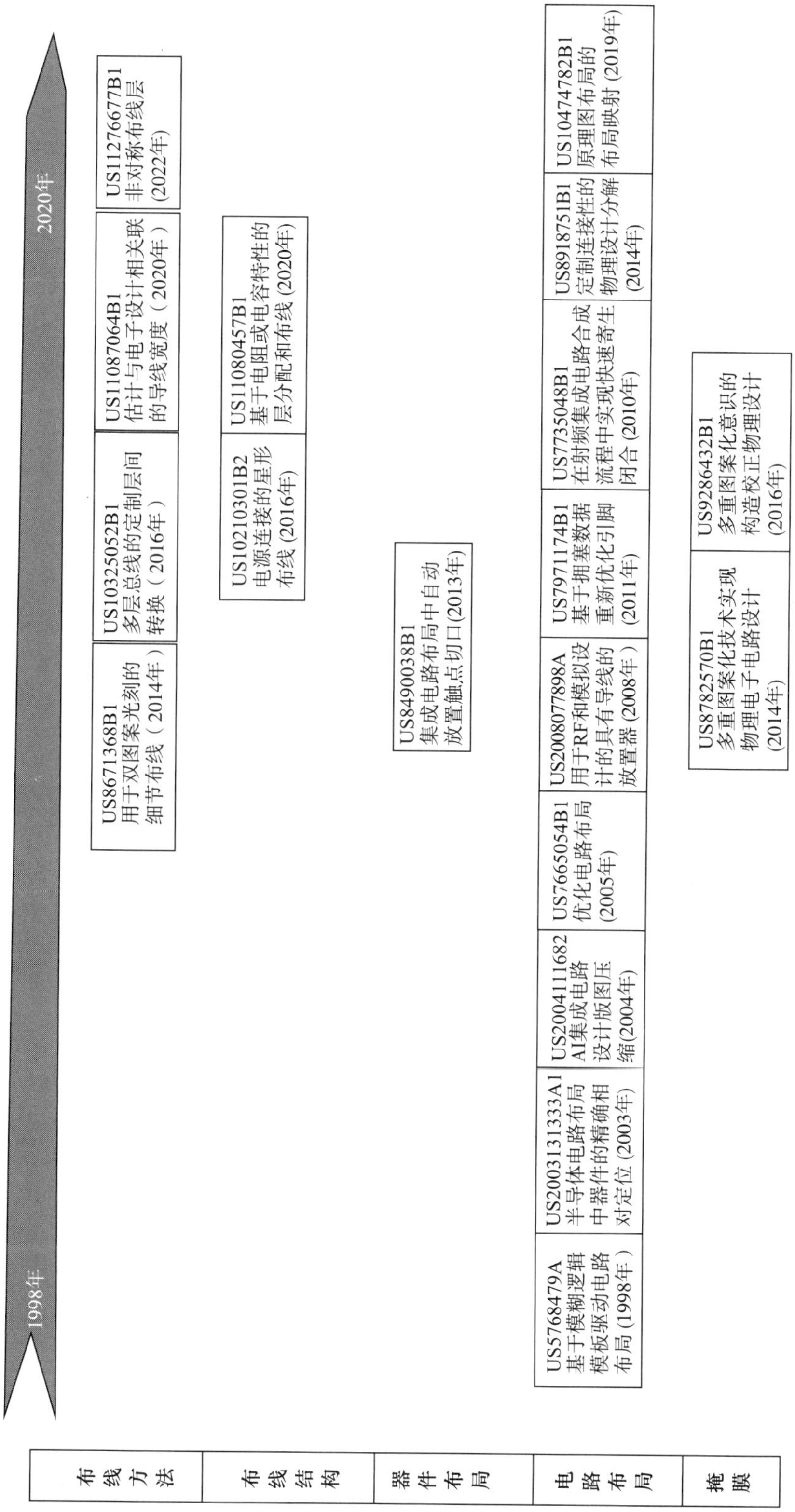

第6章 关键技术分支分析

图 6-3-14 楷登模拟集成电路版图设计技术发展路线及重点专利

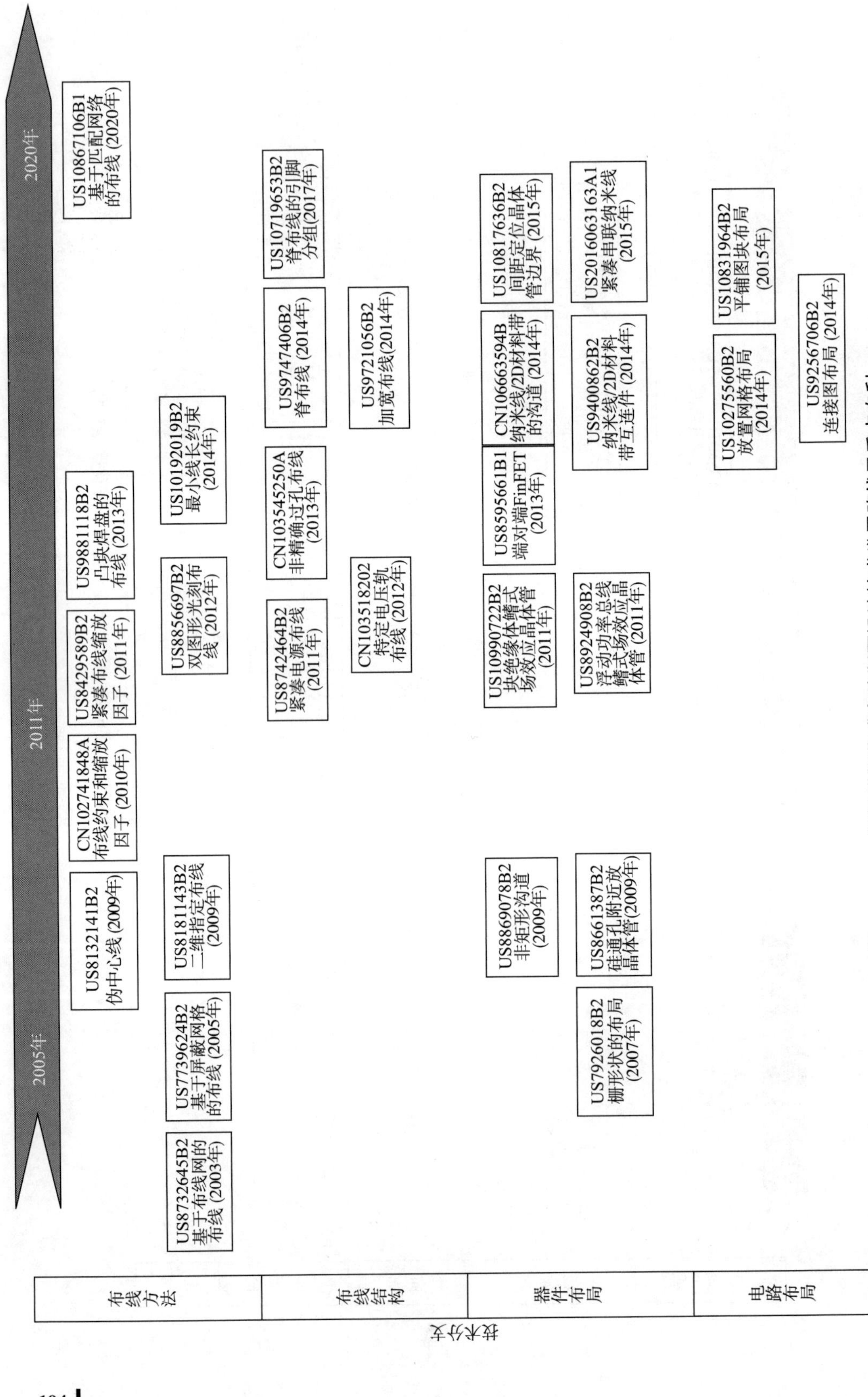

图 6-3-15 新思模拟集成电路版图设计技术发展路线及重点专利

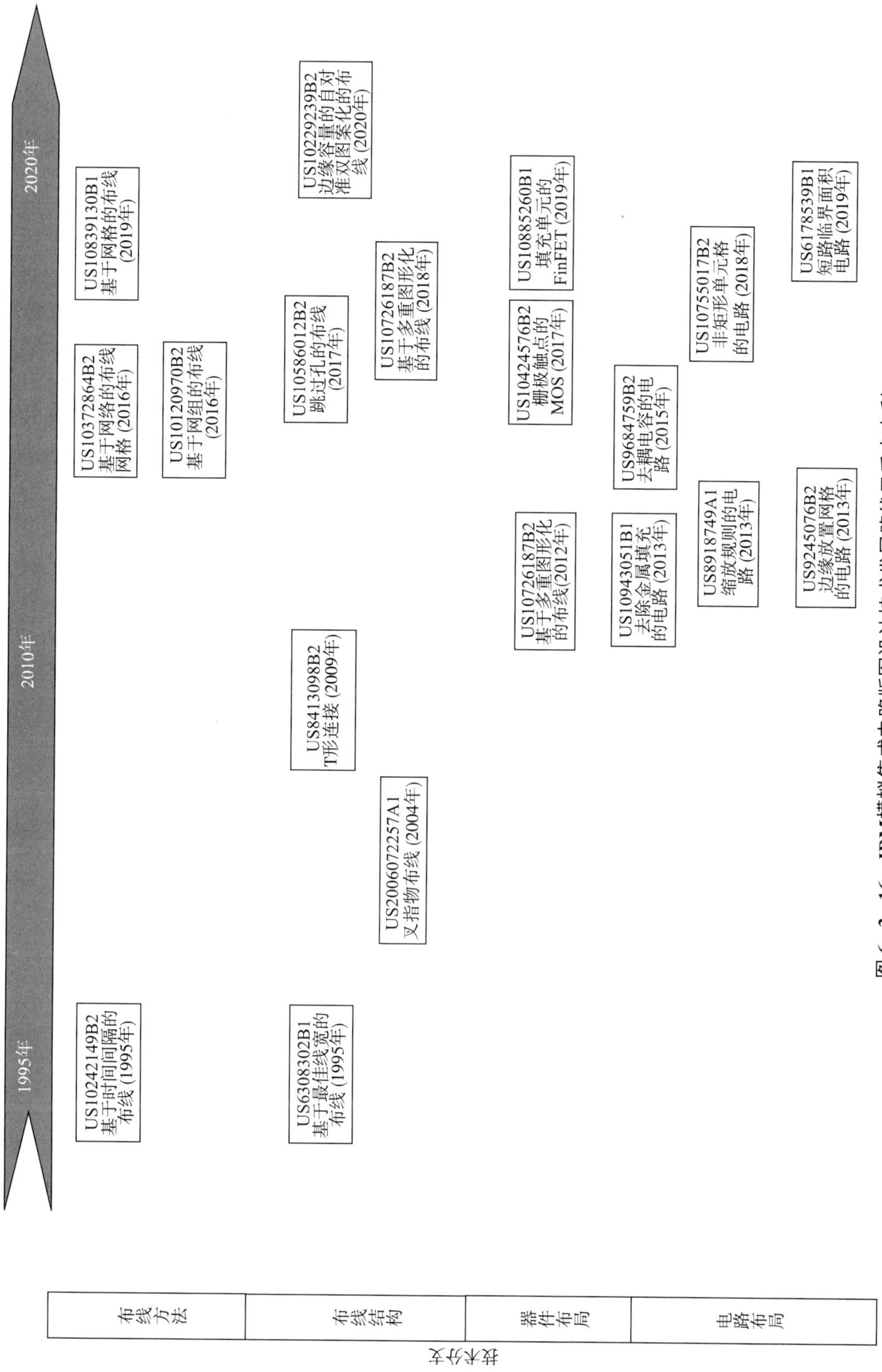

第6章 关键技术分支分析

图 6-3-16 IBM模拟成集成电路版图设计技术发展路线及重点专利

时间轴（1995年—2010年—2020年）上的重点专利：

布线方法
- US10242149B2 基于时间间隔的布线（1995年）
- US10372864B2 基于网络的布线网格（2016年）
- US10120970B2 基于网组的布线（2016年）
- US10839130B1 基于网格的布线（2019年）

布线结构
- US6308302B1 基于最佳线宽的布线（1995年）
- US2006072257A1 叉指物布线（2004年）
- US8413098B2 T形连接（2009年）
- US10586012B2 跳过孔的布线（2017年）
- US10726187B2 基于多重图形化的布线（2018年）
- US10229239B2 边缘容量的自对准双图案化的布线（2020年）

器件布局
- US10726187B2 基于多重图形化的布线（2012年）
- US10943051B1 去除金属填充的电路（2013年）
- US9684759B2 去耦电容的电路（2015年）
- US10425476B2 栅极单触点的MOS（2017年）
- US10885260B1 填充单元的FinFET（2019年）

电路布局
- US8918749A1 缩放规则的电路（2013年）
- US9245076B2 边缘放置网格的电路（2013年）
- US10755017B2 非矩形单元格的电路（2018年）
- US6178539B1 短路临界面积电路（2019年）

195

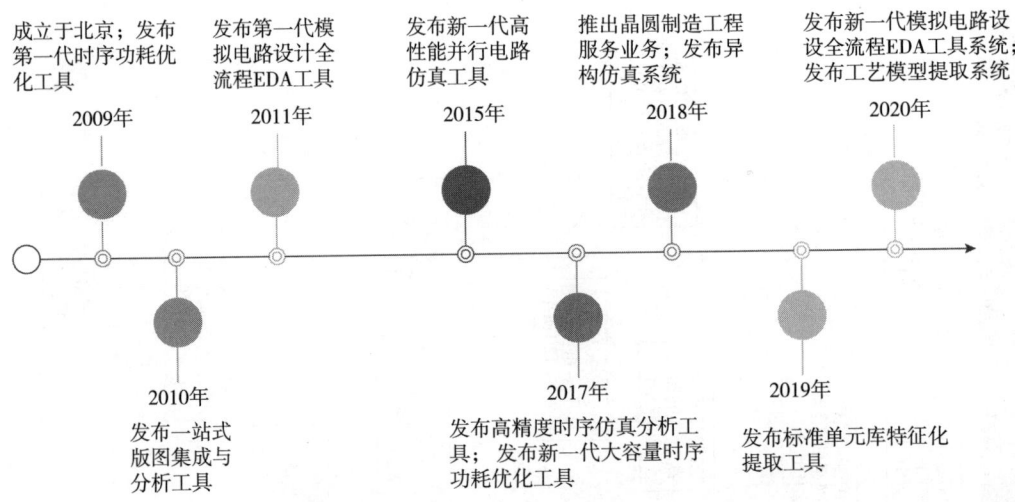

图 6-3-17 华大九天发展历程

华大九天模拟电路设计全流程 EDA 工具系统包括原理图编辑工具、版图编辑工具、电路仿真工具、物理验证工具、寄生参数提取工具和可靠性分析工具等，为用户提供了从电路到版图、从设计到验证的一站式完整解决方案，具体如图 6-3-18 所示。

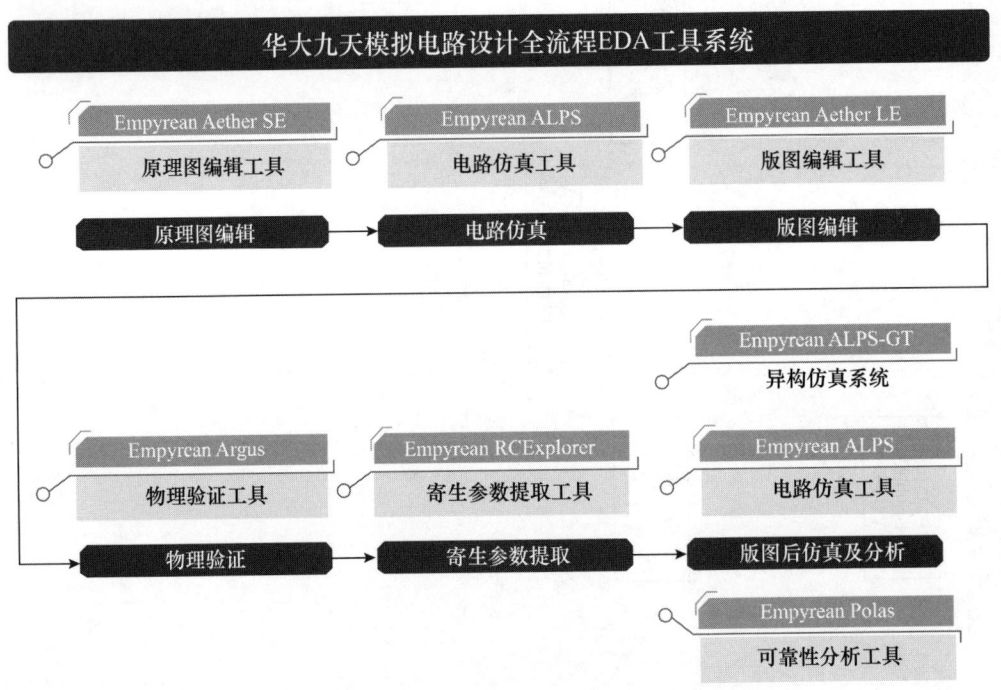

图 6-3-18 华大九天模拟电路涉及工具

资料来源：www.empyrean.com.cn。

其中，原理图和版图编辑工具 Empyrean Aether 搭建了一个高效便捷的模拟电路设计平台，它支持原理图编辑、版图编辑以及仿真集成环境，同时和电路仿真工具（Empyrean ALPS）、物理验证工具（Empyrean Argus）、寄生参数提取工具（Empyrean RCExplorer）以及可靠性分析工具（Empyrean Polas）无缝集成，为用户提供了完整、平滑、高效的一站式设计流程。

由图 6-3-19 可知，华大九天从 2008 年开始出现模拟集成电路版图设计技术方面的专利申请，在 2010 年后，出现曲折增长趋势。华大九天进行了一定数量的专利布局，但是总量和海外巨头尚有较大的差距。华大九天在 2010 年推出了一站式版图集成与分析工具，2011 年发布了第一代模拟电路设计全流程工具，但从图 6-3-19 可以看出，华大九天在技术领域的专利申请较少，缺少专利布局，无法通过专利布局对其产品提供保护。华大九天自第一代工具推出后的十年间，在模拟集成电路版图设计技术领域进行了专利布局，虽然总的申请量并不多，但已经具有一定的专利布局的强度。其在 2020 年推出新一代模拟电路设计全流程工具，上述专利已经可以对其产品提供一定的保护，但与国际上的其他相关企业还具有较大差距。

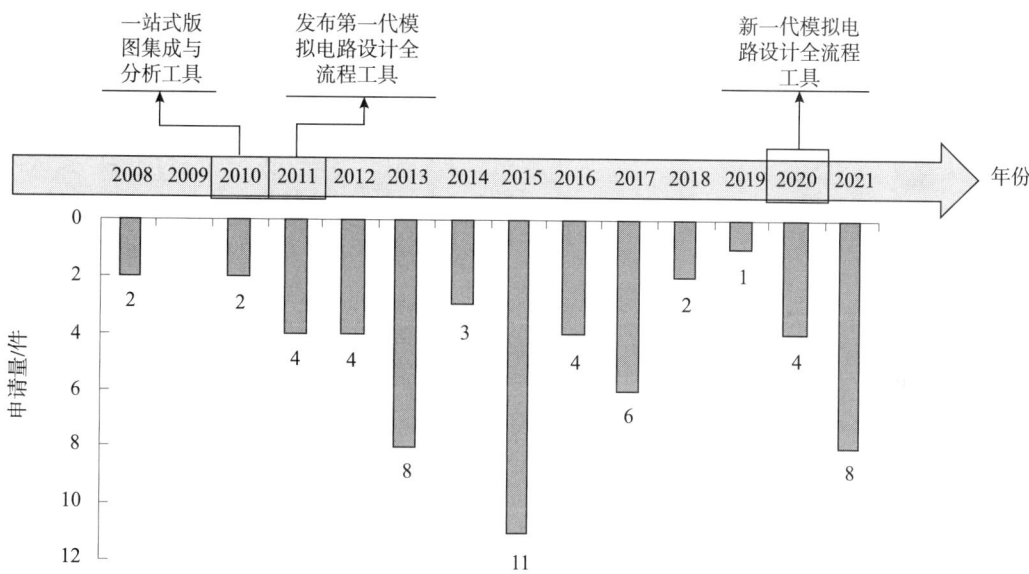

图 6-3-19　华大九天模拟集成电路设计专利申请态势

华大九天在模拟集成电路版图设计技术领域专利的技术覆盖不够全面，其专利申请仅涉及布线方法、器件布局和电路布局技术分支。

图 6-3-20 示出了华大九天的模拟集成电路版图设计技术路线中，其在器件布局和电路布局等技术分支的专利布局较少，没有形成较为明确的技术路线。华大九天一直持续关注布线方法技术分支，在该分支具有一定实力，自 2013 年开始就开始涉及，近期发展方向仍然主要集中在该领域。

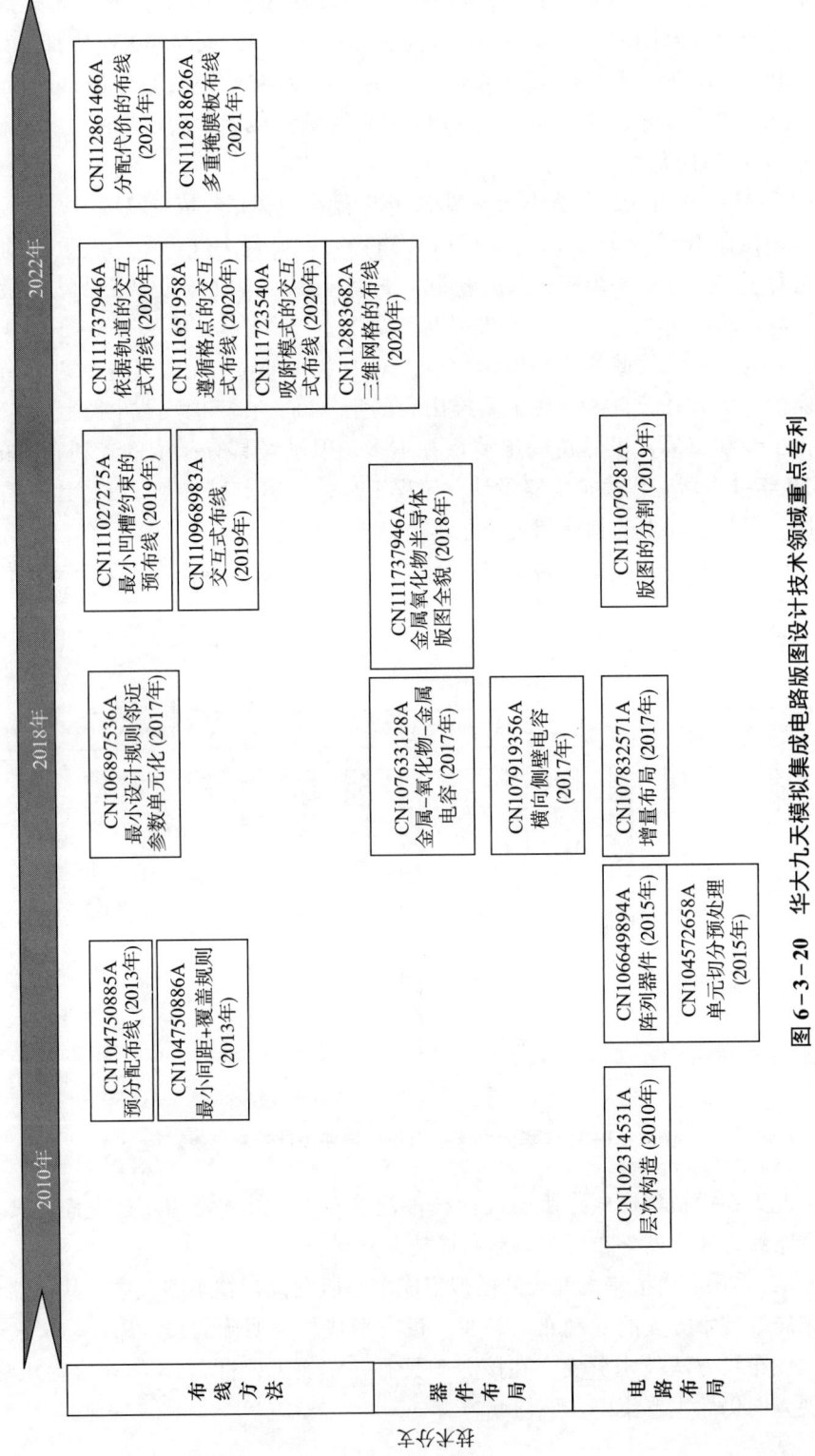

图6-3-20 华大九天模拟集成电路版图设计技术领域重点专利

例如在布线方法技术分支，2013 年，专利申请 CN104750886A 提出一种集成电路版图布线中确定引脚连接区域的方法，在引脚中引出金属线和通孔的点的集合构成了引脚连接的区域；分析了忽视引脚连接的设计规则约束会引起不必要的设计规则违例，实现了引脚正确高效的连接。同年，专利申请 CN104750885A 提出在集成电路版图布线中对引脚进行布线资源预分配的方法，该方法很好地考虑了线网之间对布线资源的竞争，避免了先布线网对后布线网的布线资源的不合理侵占，大大缓解了布线次序对布线质量的影响，减少了设计规则违例，提高了布线质量。2019 年，专利申请 CN110968983A 提供了一种交互式布线方法，能够自动检测起始点的图形，动态设置交互式布线的层次、宽度，以及调整交互式布线的起始点，保证交互式布线的一致性，满足制造要求。2020 年，专利申请 CN111651958A 提供了一种集成电路版图中遵循布线格点的交互式布线方法，能够在正交或者 45°布线方向上，满足布线格点的要求，从而保证交互式布线的规则性，最终满足制造要求。在器件布局技术领域，2017 年，专利申请 CN107919356A 提供了一种提高电容匹配度的版图结构，使用横向的侧壁电容，减小纵向电容，从而减小端口的寄生电容，增加单位电容之间的匹配精度。在电路布局领域，2010 年，专利申请 CN102314531A 提供了一种集成电路版图自动构造层次方法，将集成电路版图空间划分为大小不等的多级网格；并将几何图形或单元实例放入适当大小的网格中；将重复出现的组合构造成新的单元并重复调用这些新单元。

国际上大公司十分重视专利对其产品的保护，在推出新产品之前通常会相应地进行专利布局。从图 6 - 3 - 21 可以看出，美国的楷登在产品推出前会提前进行少量布局，产品发布前 5 年为专利布局高峰期，产品推出后对相关技术持续进行布局。作为国产 EDA 的龙头企业，华大九天推出的模拟集成电路版图设计工具承载了非常重大的意义，如何通过专利申请对其产品提供支撑和保护是现阶段亟须解决的问题。

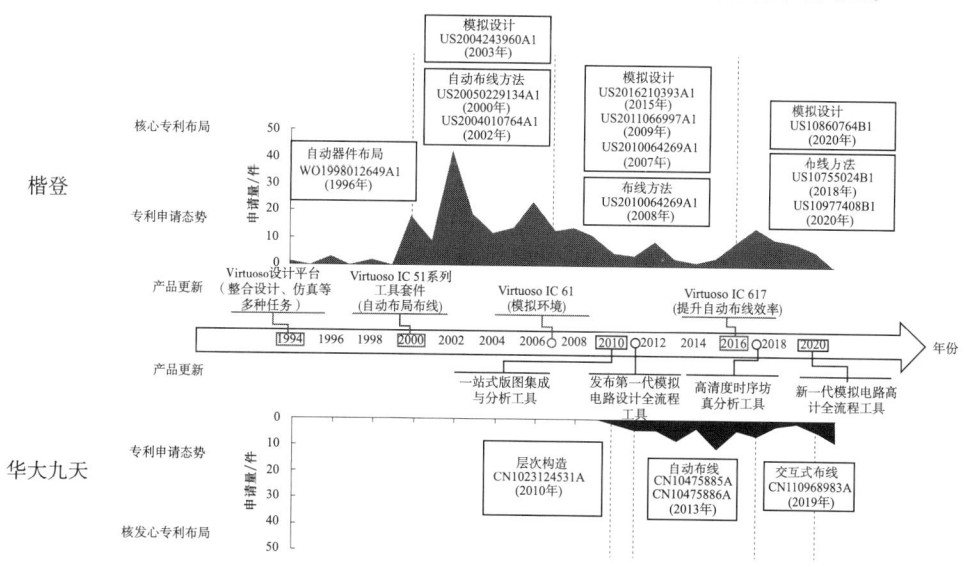

图 6 - 3 - 21　华大九天与楷登产品与专利布局相互驱动对比

注：ADE 为"自动设计工程"（automatic design engineering）。

模拟集成电路版图设计工具的全球市场已经基本被国外三巨头所占据。对于国内龙头企业华大九天来说，模拟集成电路版图设计工具的侵权风险、专利壁垒显然也会主要来自国外的相关企业。为了抵御来自外部的侵权风险，克服专利壁垒，可以考虑加强与国内申请人的合作。由本节对于模拟集成电路版图设计技术的专利分析可知，国内排名前三的申请人为：华大九天、中国科学院、清华大学，并且华大九天、清华大学、中国科学院在技术上存在互补性。

图6-3-22示出了华大九天、中国科学院及清华大学的模拟集成电路版图设计技术路线。可以看出，清华大学在布线方法和电路布局两个技术分支具有一定专利申请，但没有形成明确技术路线，缺乏延续性。中国科学院在布线方法、布线结构和电路布局技术领域都具有一定重点专利，其中在电路布局技术领域已经有一定量的专利申请数量。可见国内排名前三的申请人在布线方法及电路布局技术领域存在一定的技术交叉，可以开展相近技术的合作研发；在布线构造和器件布局领域，存在一定程度的互补性。

例如在布线方法技术分支，中国科学院在2011年的专利申请CN102117350A提供一种多线网之间物理短路位置的自动定位方法，可自动实现集成电路物理版图设计过程中多线网之间物理短路的自动定位，以替代设计人员在物理版图上手工寻找物理短路位置，从而提高物理版图的设计效率。清华大学在2007年的专利申请CN1963827A中提供一种基于多步长迷宫算法的模拟集成电路自动布线方法，包含了带有多线宽约束条件的最短路径搜索方法，并采用了启发式的搜索方法，在有网格模型下实现了对模拟电路的自动布线过程，实验结果表明该方法能有效地解决模拟电路的多线宽约束，能适应任意线宽的布线；在2006年的专利申请CN1731406A中提供了一种基于电源/地网格与行对齐的消除串扰的总体布线方法，解决了基于电源/地网格的串扰消除的问题，同时实现了减少电路的延时的布线的优化。

在电路布局技术领域，中国科学院在2009年的专利申请CN101587509A中提供了一种频率合成器芯片版图结构，各个版图区布局固定，位置布局合理，优化了频率合成器芯片的设计，从而减小了数字噪声对模拟/RF电路的干扰；2012年的专利申请CN102314522A提供了一种模拟集成电路设计优化方法，提高了电路评测的可信度和优化速度，从而降低了电路设计和物理设计之间的地带次数，提高了设计效率，缩短了设计周期；2018年的专利申请CN107633524A提供了一种版图边界提取方法，可以同时获取多个子模块和/或模块的顶点，实现对多个子模块和/或模块的边界提取。

6.3.5 小　　结

本节通过对模拟集成电路版图设计领域全球和国内的专利文献进行定量分析，梳理了该领域在全球和中国申请趋势、国家/地区布局、技术分支等宏观趋势。

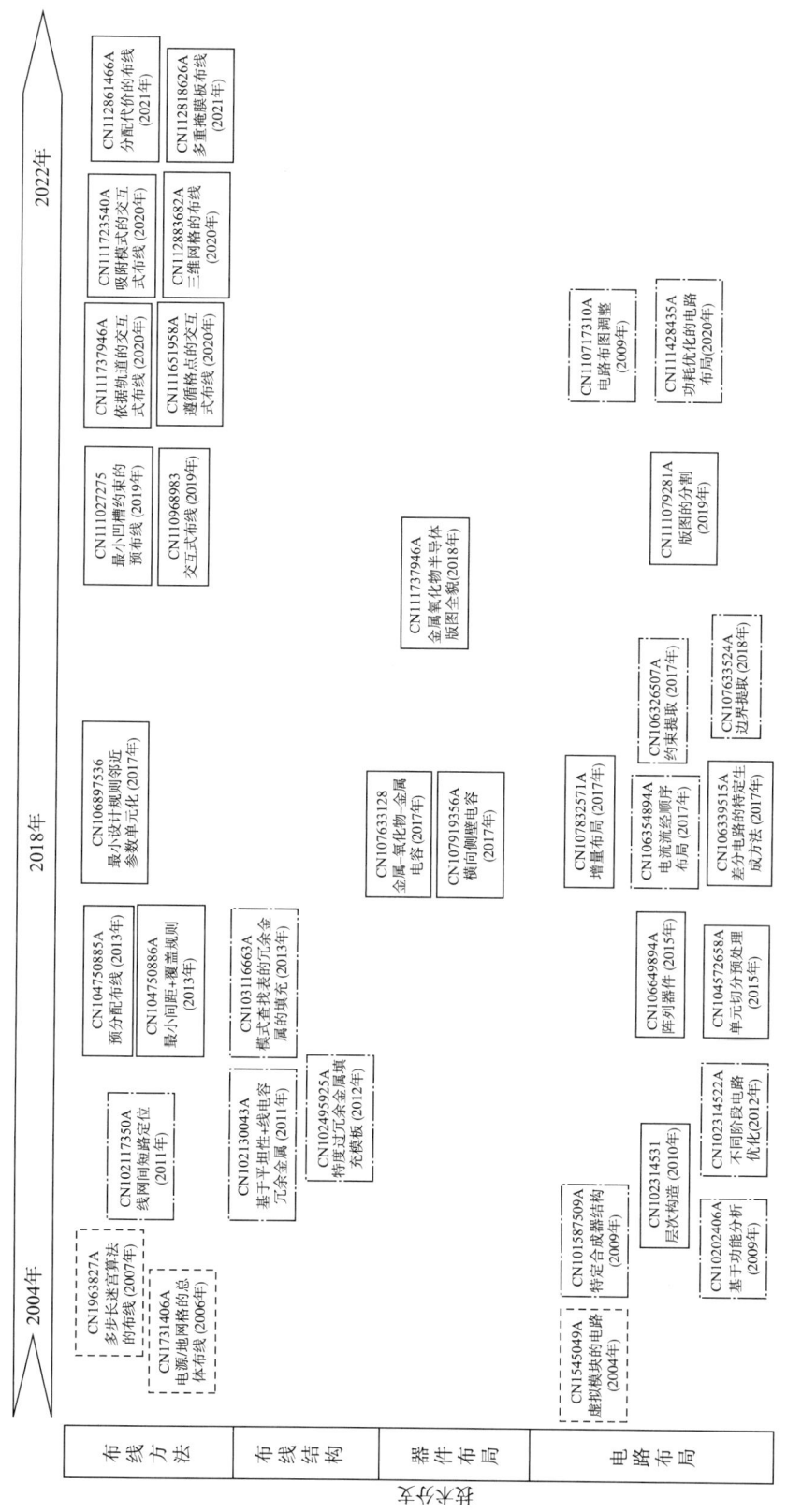

图6-3-22 华大九天、中国科学院及清华大学在模拟集成电路版图设计技术领域重点专利

在申请趋势方面，模拟集成电路版图设计经历了早期萌芽期、第一平台期和第二平台期，在 2012～2021 年进入快速增长期，且在 2019 年达到顶峰；在国家/地区布局上，美国是最大的市场以及技术输出国；在技术构成方面，电路布局这一技术分支的申请量占到了整个模拟集成电路版图设计的近一半；在申请人方面，台积电、楷登、新思、IBM、三星排名前四位，而华大九天、中国科学院和清华大学排名相对靠后。

通过对申请量排名前四位的全球申请人的重点专利进行分析，对台积电、楷登、新思和 IBM 在各技术分支的重点专利进行比较，台积电和楷登在电路布局、器件布局、布线构造、布线方法和掩膜五个方面均有重点专利布局，而新思和 IBM 均未在掩膜上存在重点专利。

为了对进入全球申请人前 20 位，且是中国主要从事模拟集成电路版图设计 EDA 的企业——华大九天作出指引，课题组详细研究了华大九天的专利申请态势、公司产品以及重点专利，通过与新思、楷登和 IBM 这三大 EDA 巨头的相关情况进行比对，提出以清华等高校的重点专利为补充，加强产学研结合的建议。

6.4 制造类 OPC 技术专题

6.4.1 概　况

6.4.1.1 技术定义

由于光学邻近效应的存在，在光刻工艺中，光掩模通过光线照射到硅片表面成像时会发生一定的图形失真。OPC 技术通过主动改变光掩模图形数据以补偿由于光学邻近效应所引起的上述图形失真，使得芯片的最终图形尽量接近于原始设计图形；它是集成电路设计到制造落地的关键环节。

6.4.1.2 技术分支

目前，实现 OPC 的方法包括基于规则的 OPC（rule-based OPC）技术、基于模型的 OPC（model-based OPC）技术、亚分辨率辅助图形（sub-resolution assist feature，SRAF）技术、光源掩模协同优化（source mask optimization，SMO）技术和反演光刻技术（inverse lithography technology，ILT）。图 6-4-1 示出了 OPC 技术分支发展情况。

基于规则的 OPC 技术又称作基于经验的 OPC 技术，其主要根据以往芯片制造过程中工程师修改的经验法则来建立资料库（即规则库），在应用时，一般依照线与线之间的间隙与线本身的线宽，通过查表法的方式在资料库中获得对应的替换数据模组块，然后进行一一替换，从而达到校正光掩模的目的。由于基于规则的 OPC 技术是采用已建好的备用替换数据模组的方式，因此具有速度快的优点和精确度较低的缺点。目前，基于规则的 OPC 技术被广泛应用于 180nm 及以下工艺节点，在 130nm 工艺节点其精确度差强人意，等到了 90nm 工艺节点时其已经无法满足精确度的需求，此时需要采用精确度更高的基于模型的 OPC 技术来进行 OPC。

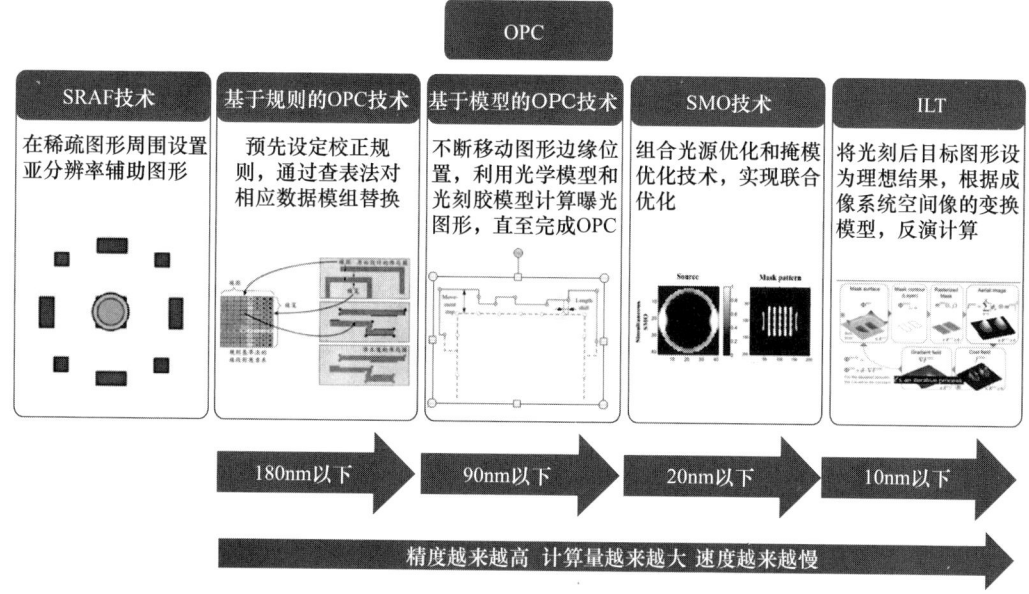

图 6-4-1 OPC 技术分支发展情况

基于模型的 OPC 技术利用光刻计算模型来计算曝光后的图形，在校正的过程中，首先识别待校正图形的边缘，然后移动调整该边缘位置并计算出调整后的曝光图形，使该曝光图形与设计目标图形进行对比获得二者的差别，即边缘放置误差（edge placement error，EPE），以 EPE 作为衡量修正质量的指标不断重复上述调整边缘位置及计算的步骤，直到逼近理想的图形。基于模型的 OPC 技术具有精确度高的优点，但是因为计算量巨大而具有计算时间成本高的缺点，其从 90nm 工艺节点开始被广泛使用，是目前主流的 OPC 技术。基于模型的 OPC 技术的关键是建立精确的光刻计算模型，包括光学模型和光刻胶光化学反应模型。同时，能够实现快速计算也被人们所关注。

在一个设计中通常既有密集分布的图形，也有稀疏的图形。密集分布图形的光刻工艺窗口与稀疏图形的光刻工艺窗口是不一样的，适用于密集图形曝光的光照条件并不适合稀疏图形的曝光。因此，在设计中需要添加 SRAF 来克服上述技术问题。SRAF 被放置在稀疏设计图形的周围，使稀疏图形在光学的角度上看像密集图形。在曝光时，它们只对光线起散射作用，而不应该在光刻胶上形成图像。SRAF 技术最早于 90nm 节点时被引入，几乎和基于模型的 OPC 技术同时引入。

随着工艺节点的不断缩小，图形的复杂度不断增大，简单的定制化光源，例如常规照明、环形照明、四极照明等已经不能满足光刻分辨率的需求。为了满足更小工艺节点下 OPC 的需要，就产生了 SMO 技术。SMO 技术通过对光掩模图形和光源进行协同优化，获得了适合于设计图形的定制化像素化光源和与之对应的优化光掩模图形组合，进一步提高了 OPC 的精确度，目前已被广泛应用于 20nm 以下工艺节点。在极紫外

（extreme ultra – violet，EUV）光刻中，SMO 已经成为一种必不可少的技术。在硬件方面，SMO 技术需要光刻机具备像素式光照系统的硬件条件，以对每个像素的光源强度实现计算机程序控制，从而形成任意形式的光照强度分布。另外，相对于基于模型的 OPC 技术，SMO 技术引入了像素化光源的优化步骤，需要大量的迭代计算，对于实际版图而言，目前还无法对整个芯片进行光源掩模协同优化。

ILT 是以要实现的图形为目标，通过复杂的反演计算得到理想的掩模图形的方法，即将 OPC 或光源掩模协同优化的过程看作逆向处理的问题，将光刻后的目标图形设为理想的成像结果，根据已知成像结果，根据成像系统空间像的变换模型，反演计算出掩模图像。与传统掩模的像素由微小的曼哈顿图形组成不同，ILT 计算得到的掩模图形包含曲线形状，更加自由，因而能够进一步提高掩模的精确度，可以被用于 10nm 及以下工艺节点。ILT 通常被认为计算太慢，这很大程度上限制了其应用场景，同时，受曲线掩模制造工艺的限制，如何实现快速且低成本地制造曲线掩模也是 ILT 广泛应用的又一障碍。

6.4.1.3 产业现状

在芯片设计完成以后，需要通过一系列工艺步骤制造出芯片（即流片），在芯片通过测试之后才能够进入量产阶段。流片环节是一颗芯片从设计到量产的关键环节。工艺节点越高、流片费用越贵。据估算，在 14nm 工艺节点下，一次流片费用达到 200 万美元，而在 7nm 工艺节点下，一次流片费用将达到 3000 万美元。越先进的工艺节点，流片所需要使用的光掩模的层数越多，在流片费用中，光掩模的成本占据大头，因此，芯片制造厂商对掩模制造十分重视。在 180nm 工艺节点以下，对光掩模进行 OPC 已必不可少，因此，与芯片制造厂商对掩模制造十分重视相对应，OPC 软件在各种制造类 EDA 软件中的市场份额排名第一。

在众多 OPC 软件产品中，芯片制造厂商更倾向于选择采用综合性能最优的产品，这导致国内 OPC 软件的市场逐渐被明导、新思和 ASML 旗下的 Brion 所垄断；如图 6 – 4 – 2 所示，此 OPC 三巨头在国内的市场份额一度达到 85% 以上。芯片制造厂在选购 OPC 软件之后将与软件供应商形成深度绑定，其往往不倾向于更换软件，这不利于市场后来者抢占市场。国内 OPC 软件供应商主要包括东方晶源和全芯智造等，两家公司分别成立于 2014 年和 2019 年，进入市场较晚，目前在国内的市场份额占比较低。

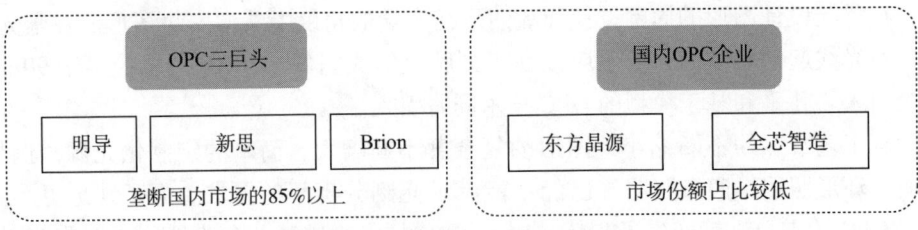

图 6 – 4 – 2　OPC 产品主要供应商

6.4.2 专利概况

本小节将对 OPC 技术专利申请及布局态势进行分析，对各技术分支的专利申请态势、技术发展路线及核心基础专利进行梳理，并对 OPC 技术专利审查概况进行概述。

6.4.2.1 专利申请趋势及布局态势

如图 6-4-3 所示，OPC 技术领域的专利申请最早出现于 1995 年。1995~1999 年，OPC 技术的专利申请数量缓慢增长，并整体上维持在较低水平，这个阶段处于初期发展阶段，进步缓慢——这主要是因为当时芯片制造工艺处在 180nm 工艺节点以上，芯片制造对 OPC 的需求并不迫切。2000~2007 年，OPC 技术全球专利申请数量进入快速增长阶段，并于 2007 年达到最高，从 47 件增加至 201 件。从 2000 年开始，芯片制造工艺进入 180nm 及以下工艺节点，OPC 已必不可少，迫切的需求是促进 OPC 技术快速发展的主要因素。全球专利申请量在 2008 年受经济危机的影响有所下降，并在 2008~2020 年整体上呈振荡走势，这与传统 OPC 技术比如基于规则的 OPC 技术和基于模型的 OPC 技术已经较为成熟，但新型 OPC 技术比如 SMO 技术和 ILT 等难以取得突破性进展有关。

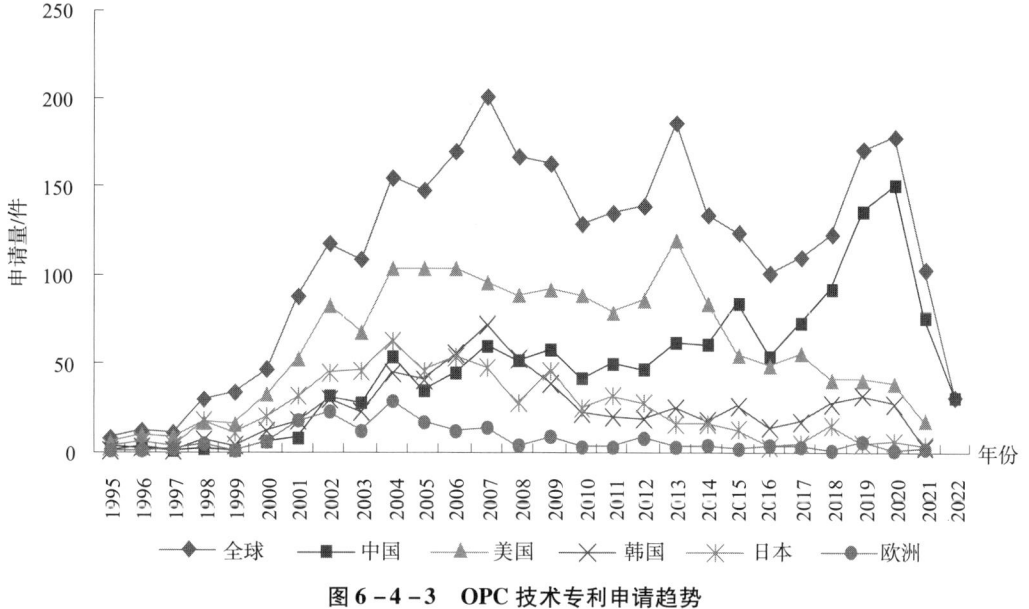

图 6-4-3 OPC 技术专利申请趋势

从主要国家/地区专利申请走势看，日本在 2000 年以前处于领先地位，虽然在 2000 年以后其专利申请量有明显增长，但从 2002 年开始便被美国所超越，在 2008 年以后的振荡发展期，其专利申请数量维持在较低水平。美国在 OPC 技术发展初期的专利申请数量并不高，但在 2000 年之后其专利申请出现爆发式增长，引领全球 OPC 技术的快速增长。即使在进入 OPC 技术振荡发展期之后，美国仍然保持较高的专利申请数量。对于中国而言，中国专利申请数量从 2000 年开始才明显有所增长，但整体上处于较低水平，这与外国企业在中国开展专利申请的活动密切相关。从 2007 年开始，中国的专利申请数量明显增加，这得益于中国芯片制造厂商如中芯国际等的快速发展。从

2015年开始，中国的专利申请数量开始超越美国排名第一，这与我国半导体行业的快速发展密不可分。另外，韩国也保有一定的专利申请数量，其专利申请量在2007年以前逐渐增加，而在2007年以后则逐渐减小。

从图6-4-4的OPC技术全球目标市场分布可以看出，中国是最大目标市场，占比38%；美国是排名第二的目标市场，占比为28%。美国和中国作为市场大国，吸引着全球创新主体的注意力，二者的目标市场占比总和超过了50%，可见，各创新主体对在美国和中国的专利申请都非常重视。随后是日本和韩国，其占比均在13%附近，相差不大。

从图6-4-5的OPC技术全球技术来源分布可以看出，美国的原创技术占比达到49%，是全球第一大创新体，这也显示了美国在OPC技术领域领先的技术实力。中国占比达到24%，排名第二，这得益于中国对于半导体和EDA领域的政策引导和产业规划，不仅促进了原有申请人的快速发展，还吸引大量申请人投入该领域研究。紧随其后的是日本和韩国，二者占比分别为11%和9%，与其所拥有的较强半导体技术实力相匹配。欧洲在OPC技术领域不仅目标市场占比较低，技术创新实力也相对较弱。

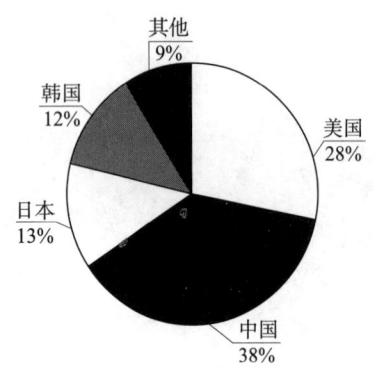
图6-4-4　OPC技术全球目标市场分布

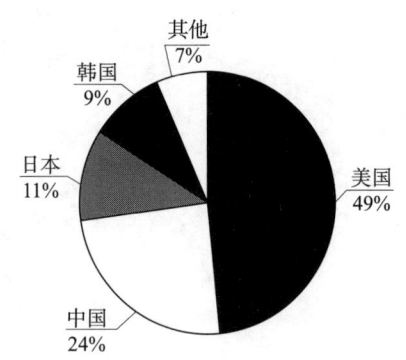
图6-4-5　OPC技术全球技术来源分布

6.4.2.2　技术发展路线及核心基础专利

图6-4-6给出了OPC技术各技术分支的申请走势，其中基于模型的OPC技术专利申请数量最高，是进行OPC的最主要的手段。SRAF技术从90nm工艺节点开始和基于模型的OPC技术一起被引入，以使整个设计图形具有统一的光刻工艺窗口，从而实现在同一光源条件下的OPC，其专利申请数量排名第二，足见人们对该技术的重视。基于规则的OPC技术的专利申请数量排名第三，但与SRAF技术的申请数量相差不大，虽然不能满足90nm及以下节点OPC的精确度需求，但是其由于具有简单快速的优点，常被用来处理光掩模图形中精确度要求不高的部分以提高处理速度。SMO技术和ILT是满足更先进工艺节点的OPC技术，二者的专利申请数量相对较低，因为其计算量巨大、计算速度慢、使用成本高等因素，使其应用范围受到了限制，在提高计算速度和降低使用成本等方面有待进一步的技术突破。

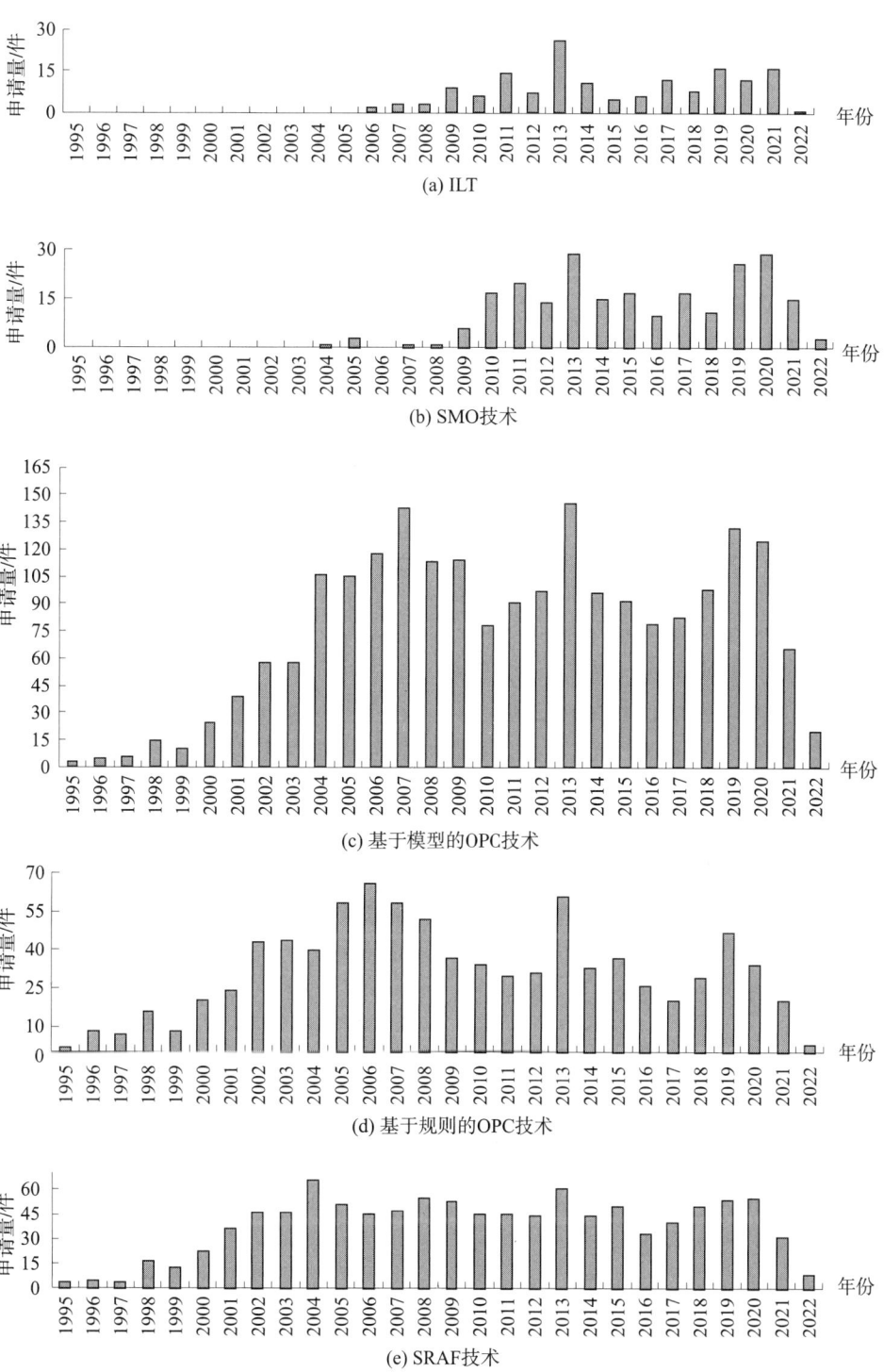

图 6-4-6 OPC 技术各技术分支申请走势

从各技术分支专利申请趋势看，基于规则的 OPC 技术、基于模型的 OPC 技术和 SRAF 技术发展较早，其专利申请最早均出现于 1995 年。在 2000 年以前，上述各技术分支的专利申请数量处于较低水平，其中，基于规则的 OPC 技术的申请量相对较高，是当时的研究重点。但在 2000 年以后，OPC 技术进入快速发展阶段，上述各技术分支的专利申请量均迅速增加，其中，基于模型的 OPC 技术专利申请数量最高，尤其在 2004 年以后，随着芯片制造工艺进入 90nm 及以下工艺节点，基于模型的 OPC 技术的专利申请数量已远远超过上述其他两项技术分支的专利申请数量。在 2008 年之后，上述各技术分支的专利申请数量均有所下降并成振荡走势，尤其是基于规则的 OPC 技术申请数量下降明显，这表明相关技术发展已经较为成熟。上述各技术分支的专利申请出现早，技术发展时间长，申请数量高，专利布局较为成熟。SMO 技术的专利申请最早出现于 2004 年，晚于该技术最早出现的 2000 年。在之后的几年中，SMO 技术的专利申请数量呈缓慢增加的趋势，直到 2010 年达到相对较高的 17 件；从 2011 年开始，相关专利申请数量有所下降，但在 2018 年之后申请数量再次出现明显的上涨，这与 AI 技术迅猛发展并应用于 SMO 技术中密切相关。ILT 专利申请开始出现的时间为 2006 年，随着时间的推移，其申请量逐渐增加并一度有所回落，但在 2017 年之后申请数量也再次出现明显上升，这同样是得益于 AI 技术与 ILT 的结合。SMO 技术和 ILT 出现的时间较晚，专利申请数量不高，相对于传统 OPC 技术而言，其专利布局尚未成熟。

图 6-4-7（见文前彩色插图第 5 页）给出了 OPC 技术各分支技术发展路线。各分支都追求校正的准确性，关注算法、模型参数的设置与完善，致力于通过分层处理、并行运行、提取热点等方法减少计算量，通过对掩膜的不同图形设置相应函数、调整滤波内核卷积算法降低计算误差，缩短校正时间。伴随着基于模型的 OPC 技术、SMO 技术和 ILT 的发展，以及计算量指数级增长和计算复杂度的不断攀升，将 OPC 与深度学习、神经网络相结合受到越来越多的关注，OPC 中 AI 技术应用专利布局热度高，指向性明确。核心专利梳理显示，OPC 早期的基础专利存在很大比例的专利权转让；综合申请热度、布局和技术路线三个角度，可见 OPC 在传统分支专利壁垒很高，国内企业风险比较大，而在新技术分支上全球均为刚起步阶段，存在一定机遇。

如表 6-4-1 所示，在基于规则的 OPC 技术方面，早期的专利申请主要集中在建立规则库以实现 OPC 方面，比如 Lsi Logic 的 US6425117B1，其公开了建立集成电路掩模设计执行 OPC 的单元库，并从所述单元库中选择 OPC 单元放置在集成电路设计中的技术方案。随着所需处理图形复杂度的增加，基于形状进行处理以及通过识别布局以提高处理效率的方案则相继被提出。Numerical Technologies 在 US6523162B1 中提出了基于形状的识别调用相应的处理动作，形状包括手指锤头，非连续边缘等各种形状，这使得 OPC 具有更大的灵活性。Frank E. Gennari 等在 US8091047B1 中公开了自动识别集成电路布局中的二维形状并对待校正目标进行有针对性的图形校正的技术方案，这有效提高了图形处理的效率。另外，手动方式创建 OPC 规则耗时大且易出错，Carl P. Babcock 在 US7281222B1 中提出了自动创建优化 OPC 规则集的方法，大大简化了 OPC 规则库的创建难度。

表 6-4-1 基于规则的 OPC 技术的核心专利

申请人	申请日	公开号/公告号	技术方案
LSI Logic	1997-09-29	US6425117B1	建立集成电路掩模设计执行 OPC 的单元库，并从所述单元库中选择 OPC 单元放置在集成电路设计中
Numerical Technologies	2000-08-02	US6523162B1	基于形状的识别调用相应的处理动作，形状包括手指锤头、非连续边缘等，实现 OPC 更大的灵活性
Carl P. Babcock	2004-06-02	US7281222B1	提供自动创建优化 OPC 规则集的方法，弥补了手动创建 OPC 规则集耗时大、易出错的缺点
Frank E. Gennari 等	2009-12-22	US8091047B1	自动识别集成电路布局中的二维形状，对待校正目标进行有针对性的图形校正

表 6-4-2 为基于模型的 OPC 技术的核心专利。基于模型的 OPC 技术早期主要集中于计算模型的建立和完善。Numerical Technologies 在 WO9914636A1 中提出了基于曝光光源、光阻处理参数，采用霍普金森模型/最佳相关近似进行模拟的技术方案。IBM 在 US5553273A 中通过在预扭曲掩模的同时仅偏置关键特征，并尽可能消除额外顶点的产生，来增强超大规模集成电路（very large scale integration circuit, VLSI）图案转移操作的保真度。随着技术的不断发展，如何提高计算速度和改进计算精确度成为研究的重心。在提高计算速度方面，各创新主体从不同角度提出改进思路。明导在 WO0067075A1 中提出在集成电路设计中提供标签标识符，并通过标签标识符来识别集成电路设计中特别复杂的和易于出错的区域的方案，以实现针对性的 OPC 处理。Numerical Technologies 则在 US2004015808A1 中公开了通过利用自动化的缺陷分析工具准确、有效地确定缺陷以及并行地运行多个作业来提高处理效率的方法。Frank E. Gennari 等在 US7818707B1 中则基于未能满足期望的 OPC 容差水平来确定待修改的情况集合，并按照具体情况调整曼哈顿提取半径来实现计算复杂度的降低。在改进计算精确度方面，Peng Liu 等于 2007 年在 US7703069B1 中提供了一种具有亚波长特征的光刻掩模的三维掩模模型，其通过将空间域滤波内核与薄掩膜透射函数卷积产生近场图像，并将该近场图像用于光刻仿真系统中，从而获得更好的计算精确度。最近几年，AI 与 OPC 技术结合的 AI + OPC 技术成为了人们研究的重点。新思在 2014 年的 US2014358830A1 中提出采用识别不同类型热点拓扑的多个不同机器学习内核的组合来进行光刻图形热点识别的技术方案，实现了高精度、低误报率的热点识别。英特尔于 2017 年在 WO2017171890A1 公开了使用人工神经网络（artificial neural network, ANN）机器学习算法的 OPC 技术，减少了 OPC 模型的矫正误差。ASML 则在 2018 年的专利 WO2019048506A1 中提供了用于辅助 OPC 的机器学习训练方法，其利用设计

图案空间移位 OPC 数据集来训练机器模型,并利用机器模型来预测目标设计图案的 OPC 方案。

表 6-4-2 基于模型的 OPC 技术的核心专利

申请人	申请日	公开号/公告号	技术方案
IBM	1995-04-17	US5553273A	通过预扭曲掩模,同时仅偏置关键特征,并尽可能消除额外顶点的产生,来增强 VLSI 图案转移操作的保真度
Numerical Technologies	1998-09-17	WO9914636A1	提出基于曝光光源、光阻处理参数,采用霍普金森模型/最佳相关近似进行模拟的技术方案
明导	2000-03-14	WO0067075A1	在集成电路设计中提供一标签标识符,定义了一组用于边缘片段的性质。通过标签标识符识别集成电路设计中特别复杂的和易于出错的区域,以针对性地 OPC 处理
Numerical Technologies	2003-07-11	US2004015808A1	利用自动化的缺陷分析工具准确、有效地确定缺陷,同时,允许并行地运行多个作业,提高了处理效率
Frank E. Gennari 等	2006-12-12	US7818707B1	基于未能满足期望的 OPC 容差水平来确定待修改的情况集合,按照情况调整曼哈顿提取半径,降低计算复杂度
Peng Liu 等	2007-08-14	US7703069B1	提供了一种具有亚波长特征的光刻掩模的三维掩模模型,通过将空间域滤波内核与薄掩膜透射函数卷积产生近场图像,并将该近场图像用于光刻仿真系统中,能够获得更好的精度
新思	2014-05-27	US2014358830A1	不同的机器学习内核被训练以识别不同类型的热点拓扑,采用多个不同的机器学习内核组合进行光刻图形热点识别,实现了高精度、低误报率
英特尔	2017-10-05	WO2017171890A1	使用 ANN 机器学习算法,减少 OPC 模型的矫正误差
ASML	2018-09-05	WO2019048506A1	提供一种用于辅助 OPC 的机器学习训练方法,利用设计图案空间移位 OPC 数据集训练机器模型,并采用机器模型预测目标设计图案的 OPC 方案

表 6-4-3 为 SRAF 技术的核心专利。在 SRAF 技术方面，米克鲁尼蒂系统工程公司于 1995 年在 CN1140493A 中提出了设置散射条以调整特征图形的焦深范围的技术方案，其通过在掩模孤立边缘邻近设置作为散射条的附加线，其间距使孤立和密集的边缘梯度相匹配，使得不同类型特征图形的焦深范围接近。之后，研究人员就如何设置 SRAF 及如何优化其设置方面开展了诸多研究。Robert John Socha 等人于 2004 年在 US20050142470A1 提出了利用干涉图表示优化辅助图形设置的方案，其通过从给定掩模的可解析特征生成干扰图表示，并修改所述干扰图表示以最大化可解析特征的强度，然后据此获得优化的辅助特征尺寸。另外，Hamouda Ayman Yehia 于 2007 年在 US20080193859A1 中提出了对多边形定义特征图案的辅助特征优化方案，其将亚分辨率辅助特征的数据添加到光刻工艺打印的特征图案的多个多边形的数据之后，分割多边形数据并将亚分辨率辅助特征边缘片段映射到打印特征边缘片段，确定打印特征边缘片段的 OPC 和映射的亚分辨率辅助特征边缘片段 OPC，从而改善了映射的打印特征边缘片段成像特性。

表 6-4-3 SRAF 技术的核心专利

申请人	申请日	公开号/公告号	技术方案
米克鲁尼蒂系统工程公司	1995-02-09	CN1140493A	通过在掩模孤立边缘邻近设置作为散射条的附加线，其间距使孤立和密集的边缘梯度相匹配，使得不同类型特征图形的焦深范围接近
Robert John Socha 等	2004-10-29	US20050142470A1	通过从给定掩模的可解析特征生成干扰图表示，并修改所述干扰图表示以最大化可解析特征的强度，然后据此获得优化的辅助特征尺寸
Hamouda Ayman Yehia	2007-02-09	US20080193859A1	将亚分辨率辅助特征的数据添加到光刻工艺打印的特征图案的多个多边形的数据之后，分割多边形数据并将亚分辨率辅助特征边缘片段映射到打印特征边缘片段，确定打印特征边缘片段的 OPC 和映射的亚分辨率辅助特征边缘片段 OPC，从而改善了映射的打印特征边缘片段成像特性

表 6-4-4 为 SMO 技术的核心专利。在光源掩模协同优化技术方面，Socha Robert 在 2004 年较早地提出了同时优化光源和掩模的技术方案，其在 US2004265707A1 中提出了一种优化掩模照明源的方法，通过在初始图像的像平面中选择碎裂点，并使碎片点处的图像对数斜率最大并且具有在预定范围内的强度以确定最佳照明源作为照明源，然后在最佳照明源下进行掩模优化。随着技术的发展，便出现了实现光源的像素化控

制及优化。Yuri Granik 在 US2008174756A1 中将光源划分为像素并确定每个像素的最佳强度，使得在以确定的像素强度同时照明所述像素时，将在所述晶片上产生的特征图案和所需特征图案之间的误差最小化。之后，采用带电粒子束作为光源的技术被提出：Akira Fujimura 等在 US2013205264A1 通过确定形成图案的带电粒子束射束，并重叠射束以形成光刻图案，这样有效地减小了特征尺寸。近年来，采用 AI 技术实现的光源掩模协同优化技术成为人们研究的重点，如 Xtal Inc 在 US2018341173A1 中提供了使用神经网络来确定光刻的近场光学图像的 SMO 技术，其在获得足够精度的同时大大提高了计算速度。

表 6-4-4 SMO 技术的核心专利

申请人	申请日	公开号/公告号	技术方案
Socha Robert	2004-03-31	US2004265707A1	提供了一种优化掩模照明源的方法，其在初始图像的像平面中选择碎裂点，并通过使碎片点处的图像对数斜率最大并且具有在预定范围内的强度来确定最佳照明源作为照明源，并在最佳照明源下进行掩模优化
Yuri Granik	2007-06-28	US2008174756A1	将光源划分为像素并确定每个像素的最佳强度，使得在以确定的像素强度同时照明所述像素时，将在所述晶片上产生的特征图案和所需特征图案之间的误差最小化
Akira Fujimura 等	2012-02-05	US2013205264A1	确定形成图案的带电粒子束射束，重叠射束减小特征尺寸
Xtal Inc	2017-05-26	US2018341173A1	在 SMO 技术中使用神经网络来确定光刻的近场光学图像，在具有足够精度的同时能够具有高的计算

表 6-4-5 为 ITL 的核心专利。在 ITL 方面，Abrams Daniel S 等在 US2007196742A1 中提出了基于设计目标图案，利用建模模块执行逆光刻计算来确定掩膜图案的技术方案。由于 ITL 计算量巨大、计算速度慢，ITL 常被用来处理掩膜图形的部分区域。Liu Yong 等在 US2009293037A1 中提出了将 ITL 与传统 OPC 技术结合使用的技术，对于常规区域采用传统 OPC 技术进行处理，对于热点区域则采用 ITL 进行处理。另外，如何降低计算量、提高计算速度一直是 ITL 的研究重点。P Jeffrey Ungar 等在 US7856612B1 中利用光学投影的物理原理，确定了一种基于空间频率分析的解决方案。其通过进行空间频率分析并去除截止频率的分量，减少了计算量，在保持准确性的基础之上提高了计算速度。随着近年来 AI 技术的发展，人们也试图将 AI 技术与 ITL 相结合以实现计算速度方面的突破。Xtal 在 US2019324366A1 中提出了采用快速行进法计算的 ITL，能够减少计算时间和资源，提高整体优化效率。

表6-4-5 ILT的核心专利

申请人	申请日	公开号/公告号	技术方案
Abrams Daniel S 等	2006-10-04	US2007196742A1	基于设计目标图案，提供建模模块执行逆光刻计算来确定掩膜图案
Liu Yong 等	2009-04-14	US2009293037A1	将ILT与传统OPC技术相结合，对于无法采用传统OPC技术处理的热点区域采用ILT进行校正
P Jeffrey Ungar 等	2007-09-28	US7856612B1	利用光学投影的物理原理，确定了一种基于空间频率分析的解决方案。其通过进行空间频率分析并去除截止频率的分量，在保持准确性的基础之上提高了计算速度
Xtal	2018-04-23	US2019324366A1	提供了一种采用快速行进法计算的ILT，能够减少计算时间和资源，提高整体优化效率

6.4.2.3 专利审查概况

图6-4-8为OPC技术全球专利申请授权率趋势。从OPC技术全球专利申请的授权率趋势来看，在1997年及以前，专利申请的授权率均为100%，这是因为早期的专利申请为原创技术，这些专利申请为该技术领域的基础专利。1998~2002年，专利申请的授权率有所下降，平均授权率在80%附近，处于较高水平。2002年以后，随着专利申请数量快速增加，OPC技术专利申请的授权率进一步下降，这与同时期OPC技术快速发展、各创新主体快速大量申请专利的策略有关。2012~2017年，伴随着OPC专利申请数量的振荡趋势，创新主体的专利布局节奏回归理性，授权率有所提升，平均授权率达到75%以上。从2018年开始，OPC技术专利申请的授权率迅速降低，这是因为存在大量专利申请未审查结案所致，这段时期的专利申请授权率不具有参考价值。整体上看，OPC技术专利申请的平均授权率达到73%以上，技术创新水平较高。

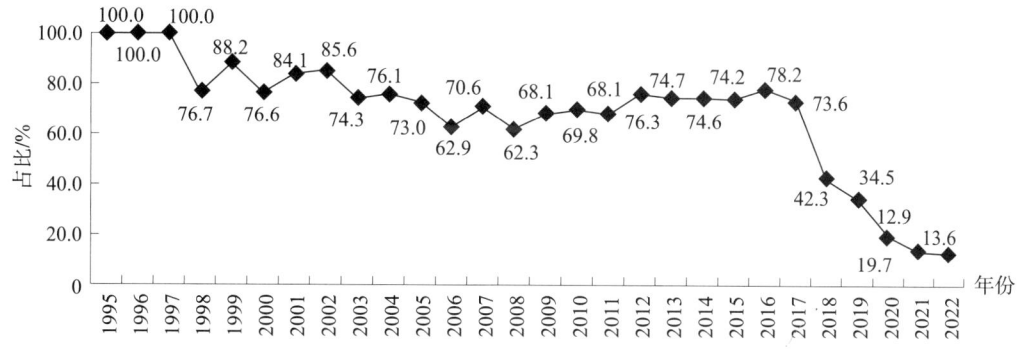

图6-4-8 OPC技术全球专利申请授权率趋势

6.4.3 全球主要申请人及专利分析

本节将对 OPC 技术全球主要申请人及其专利区域布局、专利技术布局以及专利质量状况进行分析。

6.4.3.1 全球主要申请人排名

图 6-4-9 为 OPC 技术全球申请人申请量排名。在 OPC 技术全球申请人排名中,排名第一的是 ASML,其作为全球最大的光刻机设备制造商,对与光刻技术密切相关的 OPC 技术开展了大量的创新研究。2007 年 ASML 收购了拥有较强 OPC 技术实力的 Brion,此项收购之后,ASML 在 OPC 技术领域的实力得到进一步加强,稳居 OPC 三巨头之列。排名第二和第三的是华虹集团和中芯国际,作为中国先进的集成电路制造厂商,二者对光掩模制造技术非常重视,同样对与之密切相关的 OPC 技术投入了大量的研究。美国的新思和明导分别排名第四和第七,与在其他 EDA 技术领域一样,二者在 OPC 技术领域同样具有较强的技术实力。另外,排名靠前的还有中国台湾地区的台积电和联华电子,美国的格罗方德、D2S、IBM 和楷登,韩国的 SK、三星和东部高科以及日本的东芝。在全球排名前 15 位的申请人中,来自美国的申请人最多,有 6 家公司,这表明美国在 OPC 技术领域具有绝对领先的技术实力。来自韩国、中国、中国台湾地区的申请人分别有 3 家、2 家和 2 家,这说明其在 OPC 技术领域有一定的技术实力;上述的申请人均为半导体制造厂商。来自日本的申请人仅有 1 家,且排名较为靠后,这表明日本在该领域的实力相对较弱。在排名靠前的 15 名申请人中,除 OPC 三巨头 ASML、新思和明导之外全部属于半导体制造厂商,这些企业均为 OPC 软件的使用者,并不提供 OPC 产品。因此,OPC 三巨头在占据 OPC 市场垄断地位的同时,其在全部 OPC 软件供应商中拥有绝对领先的技术实力。

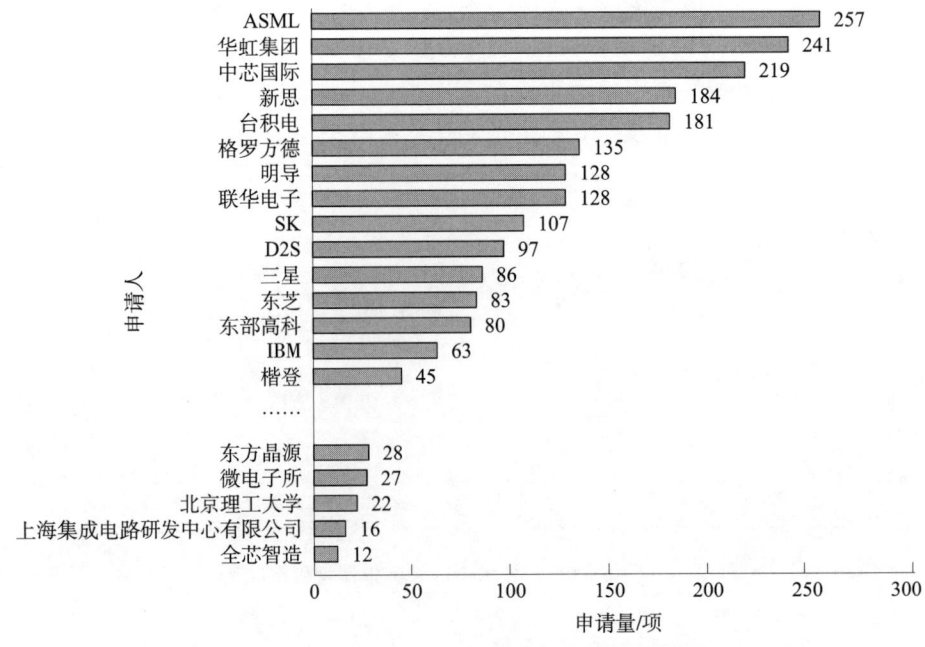

图 6-4-9 OPC 技术全球申请人申请量排名

作为中国 OPC 软件的供应商，东方晶源和全芯智造的申请人分别有 28 项和 12 项的申请量，排名相对靠后，虽然与 OPC 三巨头的技术实力存在一定的差距，但是发展速度较快，目前已经取得不错的成果。其中，东方晶源的 OPC 软件已经进入上海头部晶圆代工企业；全芯智造也已经开发出具有完全自主产权的 OPC 产品并顺利进入国内先进存储客户和先进逻辑芯片客户产线验证。另外，微电子所、北京理工大学以及上海集成电路研发中心有限公司在 OPC 技术领域也开展了诸多研究工作，拥有一定的技术积累。中国企业如果能够和上述国内科研院所展开合作以发挥二者的优势，将有利于国内 OPC 技术的快速发展。

6.4.3.2　全球主要申请人专利区域布局

从图 6-4-10（见文前彩色插图第 6 页）所示的 OPC 技术全球主要申请人布局地分布来看，ASML 不仅在美国和中国申请了大量的专利，在韩国、日本也都申请了大量的专利，其在主要国家/地区的布局较为均衡。新思和明导则以美国为主要布局地，在其他国家/地区的布局比较少。其中，新思在中国的专利申请数量约为在美国的专利申请数量的 1/3，明导在中国的 OPC 技术专利申请则仅有 5 件。由此可以看出，在 OPC 技术领域，美国的专利壁垒较高，中国相对较低。在中国范围内，企业在发展过程中需注意 ASML 的专利壁垒，以降低本土被诉风险。格罗方德和台积电均以美国作为首要布局国家，其次在中国也有较高的专利布局。中芯国际和华虹集团的布局重心均放在了本国市场上，在本土之外仅在美国拥有少量专利申请，还需要进一步提高申请质量以期进入多国市场。本土 OPC 软件供应商东方晶源和全芯智造也以本国市场作为布局中心，其中东方晶源在美国和韩国有零星专利布局，全芯智造在本土之外的专利申请数量则为零。在上述各主要申请人中，ASML、新思和明导拥有较高的 PCT 申请数量，说明其对于全球市场的掌控度较高。在国内申请人中，东方晶源的 PCT 申请量最高，这表明其具有相对较强的海外布局意识相对较强。

6.4.3.3　全球主要申请人技术布局

从图 6-4-11（见文前彩色插图第 7 页）OPC 技术全球主要申请人布局技术分布来看，各创新主体均以基于模型的 OPC 技术作为布局重点，这与该技术是目前进行 OPC 的主流技术有关。基于规则的 OPC 技术和 SRAF 技术则是各创新主体的主要布局方向，其中，ASML 和台积电在 SRAF 技术的专利申请数量明显较高，明导在该技术上的布局则相对较少。在 SMO 技术和 ILT 方面，各创新主体的布局相差较大。其中，对于 SMO 技术，ASML 的专利申请数量最大，达到 68 项，超过上述其他各创新主体的申请量的总和，这表明其在该技术方面具有绝对领先的技术地位。对于 ILT，台积电的专利申请数量为 23 项，排名第一。ASML、新思和明导在 ILT 方面的专利申请量也均达到 15 项左右，具有较强的技术实力。中国申请人在 SMO 技术和 ILT 方面的专利申请数量较低，和国外创新主体存在一定的差距。

6.4.3.4　全球主要申请人专利质量对比

图 6-4-12 展示了 OPC 技术全球主要申请人的专利影响力分布情况。专利影响力的计算综合考虑了权利要求数量、引用在线技术文献数量、引用专利数量、同族专利

数量、专利年龄、专利诉讼等因素。专利影响力的数值越小，表明其影响力越低，数值越大，表明其影响力越高。在专利影响力为 0～10 的专利申请中，华虹集团和中芯国际的专利申请数量分别排名第一和第二，随着专利影响力的增加，二者的专利数量则迅速降低。低影响力专利申请数量巨大，高影响力专利申请数量则很低，这表明二者的专利申请的价值水平存在较大提升空间。ASML 和台积电也保有较高数量专利影响力为 0～10 的专利申请，且随着专利影响力的增加，二者的专利数量也出现明显的降低，但在影响力大于 30 的范围内，二者均保有一定数量的专利申请，表明其专利申请的价值相对较高。EDA 三巨头和 D2S 虽然在专利影响力 0～20 范围也具有相对较高的专利申请量，但随着影响力的增加，其专利申请的数量并未出现明显的降低，在影响力值大于 30 的范围内均保有较高比例的专利申请，这表明其专利申请整体上具有更高的专利价值。

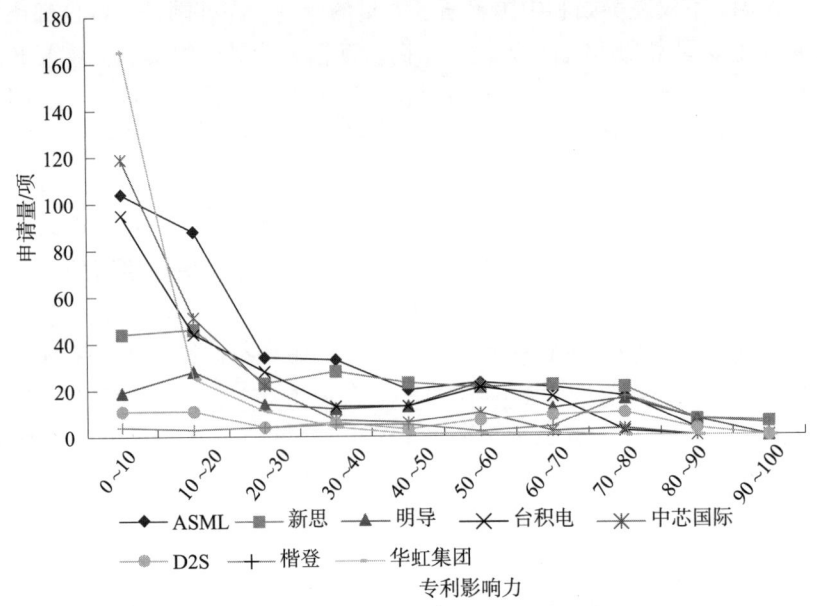

图 6-4-12　OPC 技术全球主要申请人专利影响力分布

图 6-4-13 展示了 OPC 技术中国主要申请人的专利影响力分布占比情况。对于半导体制造厂商中芯国际和华虹集团以及本土 OPC 软件供应商东方晶源和全芯智造的专利申请而言，影响力值在 0～10 之间的专利占比均超过 50%，影响力值低于 20 的专利占比均超过 75%，这表明在 OPC 技术领域国内主要申请人的专利申请价值有待提升。四家公司中，影响力值大于 30 的专利申请占比最高的是中芯国际，华虹集团相对次之，东方晶源和全芯智造则占比最低，这可能与其专利年龄较低以及涉及专利诉讼较少有关。

从图 6-4-14 所示的 OPC 技术全球主要申请人的专利授权率看，各创新主体的专利授权率均比较高，多数达到约 74% 以上，这与 OPC 技术领域整体技术创新度较高有关。在各主要申请人中，半导体制造厂商格罗方德、华虹集团、中芯国际、台积电以及三星的授权率相对较高，ASML 的授权率也较高，EDA 巨头新思和明导的授权率则相对较低。这可能与各主要申请人的专利申请策略不同有关：新思和明导更倾向于获得较宽的保护范围以使专利申请具有较高的价值度,这一定程度上会影响其专利授权率;相对而言,其他主要申请人则更重视专利获得授权,其可以采取适当缩小保护范围的申请策略以便于获取专利授权。

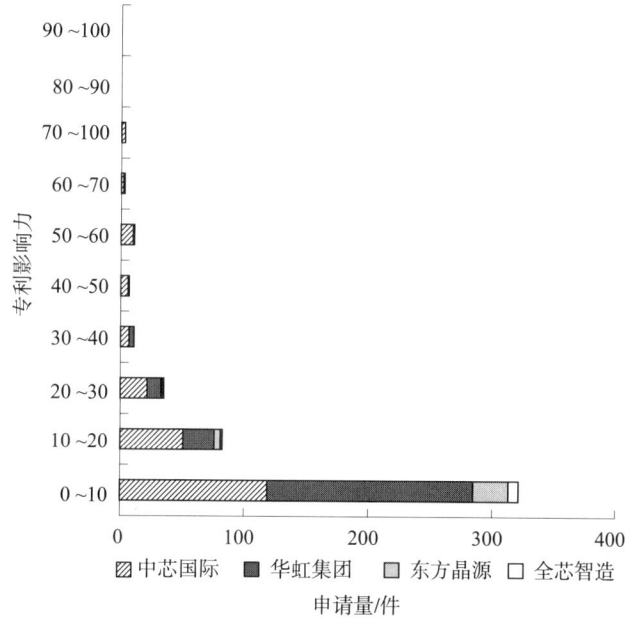

图6-4-13 OPC技术中国主要申请人专利影响力分布占比

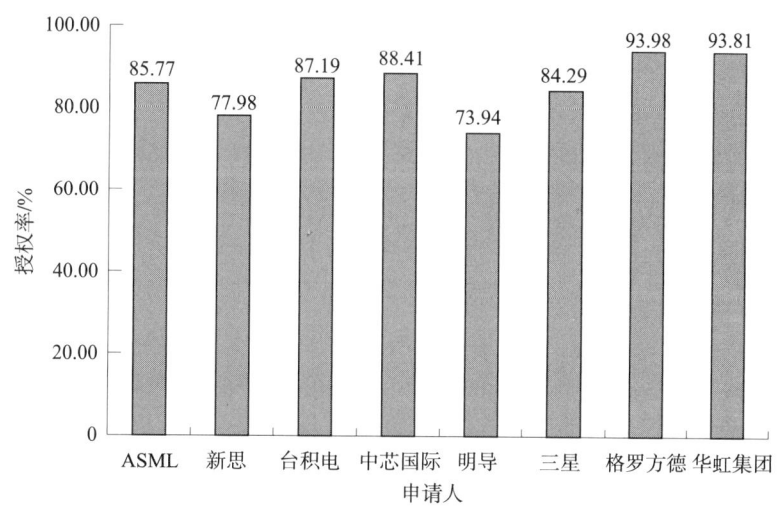

图6-4-14 OPC技术全球主要申请人专利授权率

6.4.4 专利运营及风险分析

本小节将对OPC技术的专利运营及风险状况进行分析。从专利转让的概况、OPC领域竞争态势出发,借鉴典型纠纷案例所给出的启示,分析在当前OPC行业中,我国创新主体所面临的现状,并具体对我国创新主体东方晶源作具体的专利侵权风险分析。

6.4.4.1 专利运营概况

在对 OPC 技术发展路线和核心基础专利的梳理过程中发现，OPC 的核心基础专利，尤其是早期专利许多都发生了转让，提示我们应当关注 OPC 领域的专利运营情况。图 6-4-15 展示了 OPC 技术转让专利的占比以及专利收储前十位创新主体构成。统计显示，OPC 领域 29% 的专利发生过专利权的转让，表明专利技术的市场应用非常活跃；专利收储多是 OPC 领域的一大显著特色。在专利收储的前十位排名中，新思、台积电、格罗方德、ASML、明导占据专利收储榜首，显示出 OPC 领域专利转让是技术扩展和专利储备的有效手段，而前十位的排名中没有中国创新主体出现，反映出中国创新主体整体在 OPC 领域的专利转让相对较少，专利储备多由自主研发积累，运营开展较为落后，运营意识不强。

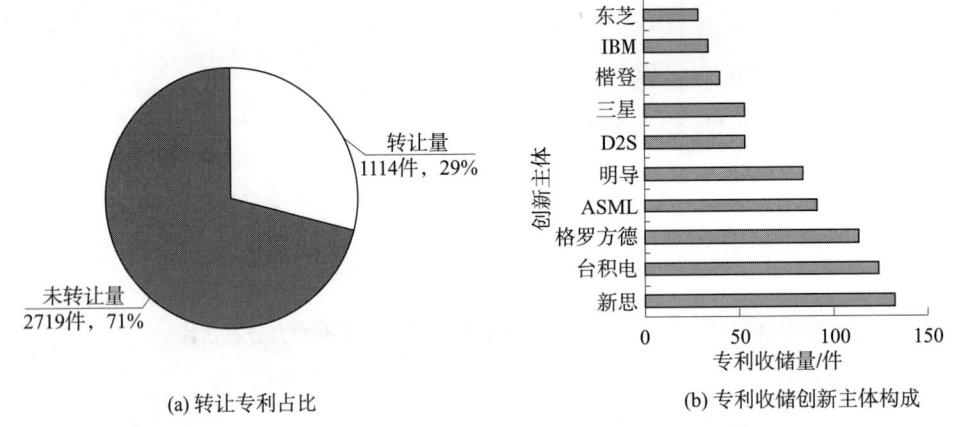

(a) 转让专利占比   (b) 专利收储创新主体构成

图 6-4-15 OPC 技术转让专利占比及专利收储前十位创新主体构成

进一步对 ASML 的专利转让情况进行分析发现，ASML 收储专利对象不仅包括企业，也包括个人申请，而且其对于企业专利的收储不仅包括企业并购后的专利权转让，例如 2007 年对美国 Brion 的收购也一并获得了原属于 Brion 在 OPC 领域的专利，使 ASML 有了计算光刻 OPC 的能力；同时还包括诉讼后的知识产权赔偿，例如 2019 年 Xtal 被判盗窃知识产权并被惩罚性赔偿，鉴于 Xtal 已破产，ASML 以赔偿的方式接受了 Xtal 的大部分专利权。此外，ASML 还不断对领域内的个人申请进行收储（见图 6-4-16），不仅重视知识产权，而且对领域内的研发和市场有很高的敏锐度。

6.4.4.2 专利风险概况及诉讼案例

综合 OPC 技术领域的市场参与者的布局分数、市值、在美诉讼量得出竞争力分析表 6-4-6。其中，在专利布局方面，提供 OPC 产品的 ASML、新思在 OPC 领域属于绝对的引领者，楷登和明导也属于较为领先的地位。而芯片制造企业公司台积电、中芯国际、格罗方德在 OPC 领域也形成了成熟的布局，在专利布局中占据了重要地位。但结合技术输出及产品提供来看，ASML、新思、楷登、明导是提供具体产品的技术输出者，因此也易于成为技术引领者。芯片制造企业台积电、中芯国际、格罗方德作为应用方，也是市场的积极参与者，技术上处于追随地位，但这些公司不仅规模大，还能够在应用过程中不断形成 OPC 过程数据，在模型校正完善的重要环节中不可或缺，对于 OPC 技术的迭代更新具有重要意义。在众多的追随者中，我国创新主体中芯国际能够跻身靠前位置，这与其在这一领域于 2018 年后布局了大量申请有密切关系。对比各创新主体在美诉讼量可以发现，该领域龙头企业 ASML、新思不仅规模大、技术实力强、专利布局广泛，而且诉讼经验丰富。从来自于日本、韩国的创新主体的在美诉讼量来看，其均远高于美国本土企业，反应出美国市场对于非本国的市场参与者存在很高的应诉风险，当相关创新主体有计划进入美国市场时，必须对此有充分的风险意识。

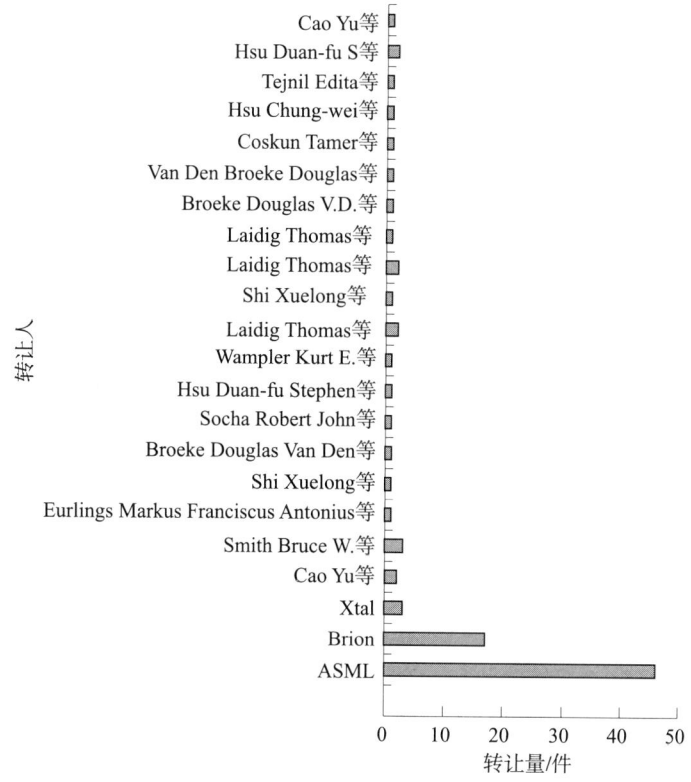

图 6-4-16　ASML 专利收储转让人构成

表 6-4-6　OPC 技术创新主体竞争力数据

创新主体	市值/美元	在美诉讼量/件	布局分数/分
ASML	15 967 640 000.00	53	100
新思	3 685 281 000.00	39	78.1803
台积电	38 390 000 000.00	110	74.04267
楷登	2 682 891 000.00	21	66.33114
中芯国际	3 910 000 000.00	9	52.35949
明导	64 029 960 000.00	215	48.59887

续表

创新主体	市值/美元	在美诉讼量/件	布局分数/分
格罗方德	45 083 308 320.00	88	48.00754
东芝	31 411 630 000.00	477	43.89966
台联电	6 297 041 000.00	27	41.69573
IBM	73 620 000 000.00	432	41.3405
三星	198 144 757 660.00	1660	39.03664
D2S	—	0	34.7084
SK	37 202 012 268.00	132	31.60157
瑞萨电子	6 475 087 251.00	159	30.45166
华虹集团	—	0	27.13109
东部电子	25 000 000 000.00	11	15.99237
中国科学院	—	2	15.69744

挖掘 OPC 领域的涉诉案件可以发现（见表 6-4-7），在这个领域，涉及的诉讼类型既有 337 调查、专利侵权诉讼，也有无效以及涉及商业秘密的侵权纠纷，类型多样。从具体案例来看，TELA 基于其两件美国授权专利对台积电发起诉讼，案件涉及标准单元库中栅极结构的 OPC 调整，这一类型技术方案付诸产品的应用广泛，TELA 选择这一技术发起 337 调查无疑是为了能够形成更广泛和更有针对性的打击力。被诉方台积电随即针对这两件涉案专利进行了无效，而 TELA 又对台积电发起侵权诉讼，经过一年多的多重对抗，两家公司最终在 337 调查和无效案件中都达成了和解意向。该案给我们提供了非常好的 OPC 领域专利布局思路：如果将技术与应用面更为广泛的单元库技术联合，将获得更为有利的保护范围，侵权过程中基于单元库中的单元是否被使用去进行判定较之于普通的软件取证更有优势，而这一思路可推广应用于 EDA 技术的专利布局。另一值得关注的方面是，涉案的两件专利在 2017 年因终止缴费而失效，但 2021 年又被转让至 RPX 公司，提示我们对于失效专利的价值也应予以关注。

表 6-4-7 OPC 领域诉讼典型案例

类型	案号	当事双方	涉及专利	结果
337 调查	337-TA-906	TELA V. 台积电	US8490043	最终和解
			US9635583	
无效	IPR2014-01038	台积电 V. TELA	US9635583	
	IPR2014-01007	台积电 V. TELA	US8490043	
专利侵权	1：2013cv02087	TELA V. 台积电	US9635583	
		TELA V. 台积电	US8490043	

续表

类型	案号	当事双方	涉及专利	结果
专利侵权	3：2000cv00900	ASML V. Numerical Technologies	US5821014	最终和解，Numerical Technologies 后被新思收购
	3：2001cv04120	Numerical Technologies V. ASML		
商业秘密		ASML V. Xtal		Xtal 判赔 8.45 亿美元，破产后，知识产权被 ASML 接手

另外相关联的两件专利侵权纠纷来自 ASML 和 Numerical Technologies 之间的互诉。Numerical Technologies 是一家世界领先的亚波长光刻技术供应商，其产品与 ASML 的产品存在竞争关系。2000 年，ASML 先就发明名称"子分辨率散射条使用掩模上的亚分辨率散射条的中间间距特征的光学邻近校正方法"的授权专利 US5821014 向 Numerical Technologies 发起了侵权诉讼；随后在 2001 年，Numerical Technologies 提出反诉；经过两年的诉讼，双方达成了和解协议。但随后 2003 年 Numerical Technologies 被新思收购，使得新思可以在产品线中提供可制造设计解决方案，加快了先进的亚波长集成电路的制造，明确地将掩膜和光刻方面的条件嵌入到 EDA 的流程中，提高了成品率。

以上案例多以和解告终，并且诉讼双方均是在该领域具有一定规模专利储备的创新主体，是竞争市场的积极参与者，但是当创新主体的知识产权实力较为悬殊时，一旦涉诉，将会对处于弱势的一方带来致命打击，ASML V. Xtal 案就是鲜明的例证。Xtal 是 2014 年由 ASML-Brion 部门前员工创立的，主要设计和制造半导体设备并为行业提供咨询服务，成立一年即获得了许多大公司的青睐，引发市场被抢夺的 ASML 的不满。2016 年 ASML 对 Xtal 公司发起诉讼，指控其前员工窃取包括 OPC 软件、源代码、内部使用的设备手册等商业机密并传给 Xtal，Xtal 参考被盗机密缩短了开发软件的时间。尽管 Xtal 也拥有一定数量的专利，但是与 ASML 在该领域的多年知识产权运营积累相比显然不具备抗衡的能力。2018 年底 Xtal 宣布破产。2019 年美国加州圣克拉拉联邦法院作出判决：ASML 胜诉，Xtal 需赔偿 ASML8.45 亿美元。从中我们可以看出，知识产权诉讼在 OPC 领域是市场争夺、打击竞争对手、企业并购的有力武器。

2021 年 2 月，ASML 在公司财报当中指控东方晶源可能侵犯 ASML 知识产权，引发行业内的热议。

6.4.4.3　我国创新主体面临困境

分析该领域中市场竞争态势、专利运营情况、专利布局和技术布局情况我们能够发现，在该领域中美国技术领先、专利布局成熟、专利运营活跃、注重核心专利收储、海外巨头市场占有率高。可以说，在 OPC 领域技术壁垒与专利壁垒并存。我国企业作为追随者，对成熟技术应用多于创新、专利布局较晚、增势迅猛，但布局多集中在国内、尖端技术涉及较少、专利质量较低、专利运营活跃度并不高。在技术研发方面，受制于光刻技术的瓶颈，我国企业对于 OPC 技术的研发更多处于 20nm 以下相对落后工艺节点的跟进，具体体现在专利布局多集中在基于模型的OPC技术分支，对于先进工艺的研发例如SMO技术和ILT，在欠缺硬件光刻系统支撑以及先进工艺数据反哺的情况下，我国创新主体的专利申请量相对于OPC巨头明显落后。当前在我国尚没有显著的OPC知识产权诉讼发生，但是内在发展需求迫切，破解先进制程的光刻"卡脖子"限制的任务迫在眉睫，一旦技术跟上，技术断供不能扼制我国在该领域的发展时，被借助知识产权优势进行知识产权制裁和打压无疑是我国创新主体在获得进一步发展后可能面对的最大威胁，从ASML对我国东方晶源的侵权指责已可窥见一斑。

6.4.4.4 东方晶源专利侵权风险分析

东方晶源成立于2014年，成立之初确立了以电子束图像检测、关键尺寸量测和计算光刻技术为主攻方向，三者都是实现先进光刻工艺所必需的技术关键。2015年，东方晶源与微电子所签署研究协议，合作开发芯片技术。2021年上半年，东方晶源的CD-SEM成功出机国内晶源代工企业，并开展"极大规模集成电路制造装备及成套工艺"国家重大专项、"工业强基"等项目，被评定为第三批国家级专精特新"小巨人"企业。东方晶源成功自主研发了OPC、纳米级电子束检测装备和关键尺寸两侧装备三款核心产品，填补了国内市场多项空白，已经成为解决我国集成电路领域"卡脖子"问题的重要力量，对全产业链自主可控具有重要的战略价值和意义。

如图6-4-17和图6-4-18所示，对东方晶源28件OPC申请进行检索分析，并将其与ASML的相关专利进行对比发现，96%的相关度在85%以上，近四成相关度在90%以上；从技术主线来看大致相同，数量上"敌众我寡"，ASML占据绝对优势；从时间线上来看，作为Xtal侵权案败北的结果，部分相同主题发明在美权利归属ASML，在我国归属东方晶源；部分案件是在Xtal权利移转至ASML前夕在国内进行的申请，风险在2019年及之前的案件中更为集中，其中一件隶属于SMO技术分支的案件相关度达95%，与多件ASML早期申请技术相关度高，作为未来OPC发展的前沿技术分支，存在很大隐患。从专利分析角度来看，东方晶源应尽快进行技术更新和前瞻性的专利布局，加强储备以扭转当前局面。

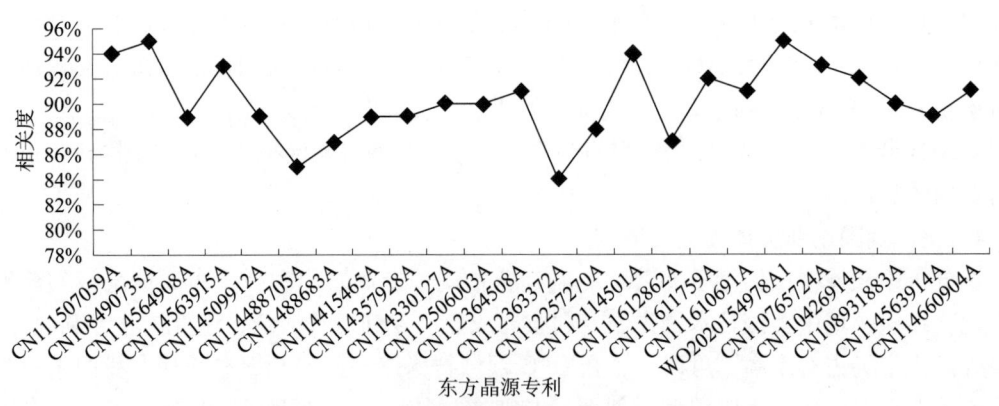

图6-4-17 东方晶源 V. ASML 专利相关度对比

注：为了图形表现清晰，本图中仅显示了部分数据。

如图 6-4-19 所示，针对风险较高的案件，课题组抓取了 ASML90% 以上相关度的重要专利，检索梳理了 12 组无效证据备选列表，证据涵盖非专利文献和对方的早期专利，如果未来发生相关的侵权纠纷，东方晶源可参考这些文献从无效的角度去进行应对。

但是作为实力悬殊，发展较晚的一方，以专利作为武器展开攻势对我们来说并不是上上之策，更多的会是不得已而为之的选择。当前对于国内创新主体来说的当务之急更多地应当是技术的发展、自我的布局。

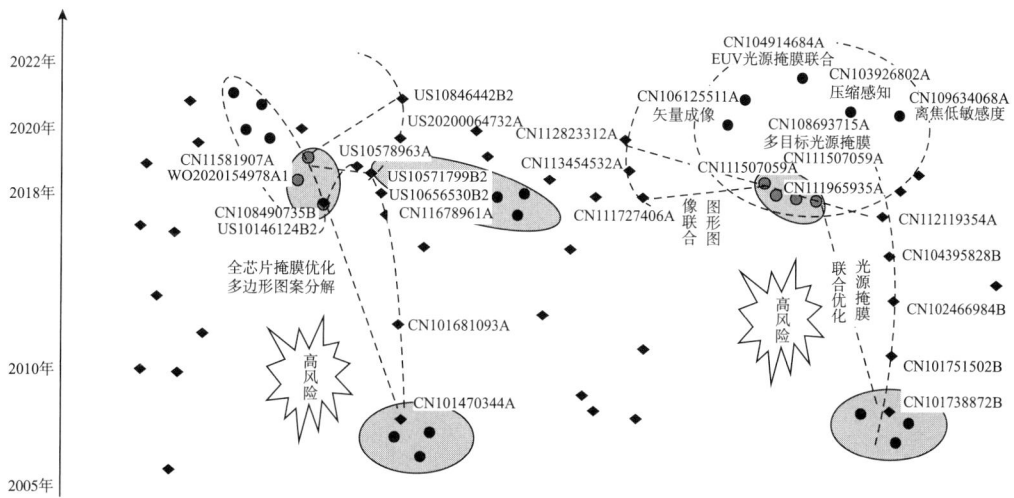

图 6-4-18　东方晶源 V. ASML 专利风险攻防

注：为了图形表现清晰，本图中仅显示了部分数据。

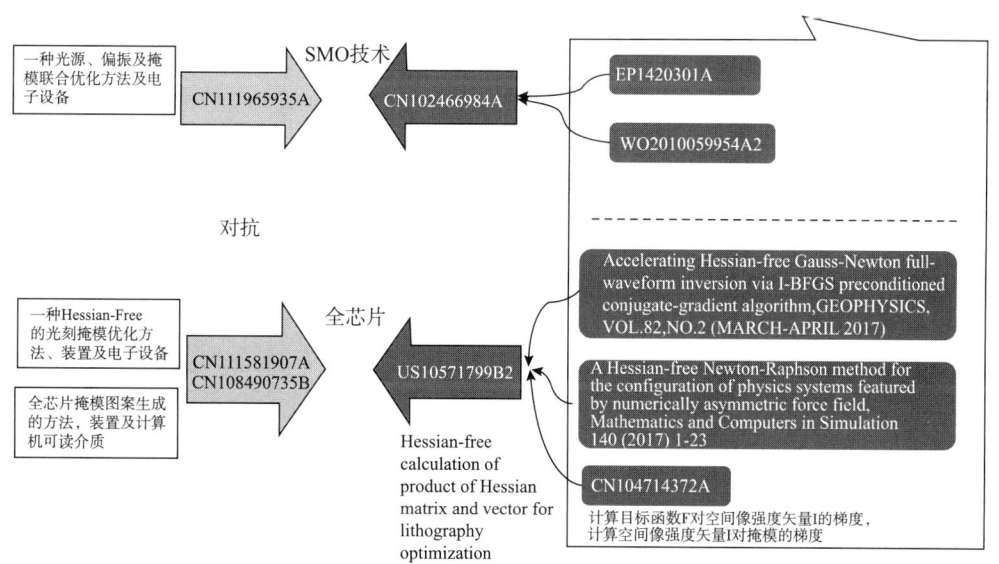

图 6-4-19　东方晶源 v. ASML 高相关度专利对抗

注：为了图形表现清晰，本图中仅显示了部分数据。

6.4.5 助力我国 OPC 技术发展

本节将从 OPC 技术突破的着力点、抓住 OPC 技术与 AI 结合的先机、重点创新主体及专利布局、专利收储与布局策略以及审查政策倾斜等方面进行分析，对如何助力我国 OPC 技术发展给出建议。

6.4.5.1 OPC 技术突破的着力点

（1）保障当前可用——夯实基于模型的 OPC 技术和 SMO 技术的技术落地

从当前 OPC 产业发展现状出发，对于我国创新主体而言，中短期的竞争在于抢占中国市场，OPC 技术突破的着力点应首先秉持实用主义，提供与我国当前集成电路产业工艺水平相当的 OPC 技术，在 EDA 技术受到限制的现状下，尽快提供可替代的、与当前以国外为主的半导体设备的制造环境相匹配的国产软件。当前我国的光刻工艺主流仍是 14nm 以上，28nm 仍然是目前较为高端的 FPGA 等芯片所用工艺，因此，OPC 技术要衔接当前的集成电路设计与芯片制造，首先要实现 14nm 以上的 OPC 技术的国产软件的实际落地——这一工艺节点以下的 OPC 技术以基于模型技术和 SMO 技术为主，从我国创新主体专利申请情况分析，我国创新主体在基于模型的 OPC 技术分支上已形成一定布局，那么要解决我们在 OPC 技术方面被"卡脖子"的局面，我国 OPC 创新主体首先需要在基于模型的 OPC 技术和 SMO 技术分支开展研发投入并注重产品的实际落地。OPC 产品的落地离不开大量的后续数据反馈，计算模型的调整需要依据制造工艺中的实际数据不断修正完善，因此，OPC 产品的落地应当以 OPC 软件在芯片制造厂商的国产化替代为目标，设立 OPC 软件国产替代科技攻关项目，由国内芯片制造厂商和国内 OPC 软件公司联合申请，以财政补贴或税收减免资助为国内芯片制造厂商提供投入支持，并设立产品落地的阶段性目标，力求实效。

（2）跻身先进行列——抓住 OPC 技术与光刻系统联合开发的着力点

OPC 技术进一步向光刻极限迈进，其与光刻硬件技术联系紧密，一定程度上 OPC 技术会成为光刻技术的一部分，这是因为 ILT 的实现需要光刻系统例如光源系统、电子束系统的匹配，其要求的光源条件的搭建需要光刻系统具有，因此，先进工艺配套的 OPC 技术与光刻系统的联合研发相辅相成，例如拥有世界上最先进光刻技术是 ASML 能够在当前 OPC 领域中居于领先地位所具有的先天优势。对于下一代先进技术的研发，不应当是 OPC 软件公司的独角戏。将 OPC 软件的开发和光刻系统研发同步推进，才是最终破解光刻技术瓶颈的着力点。

6.4.5.2 抓住 OPC 技术与 AI 结合的先机

如图 6-4-20 所示，将 AI 与 OPC 技术相结合的 AI + OPC 技术最早出现于 2005 年，但在 2005～2016 年，AI + OPC 的专利申请数量一直处于较低水平，处于发展初期。从 2017 年开始，相关专利申请数量快速增长，并在 2020 年达到最高的 33 件。虽然 2021～2022 年相关专利申请数量有所下降，但这与部分专利申请未公开有关，相信随着时间的推移，AI + OPC 的专利申请数量仍将维持快速增长的趋势。自 2008 年以后，OPC 技术的专利申请进入震荡走势区间，在如何在满足先进工艺节点下 OPC 精度要求的同时有效提高计算效率、减少计算时间方面一直无法实现技术突破。随着 AI 技术的快速发展，人们开始发现采用 AI 技术赋能 OPC 技术可以有效提高计算的准确性和效率，并随之开展了大量的研究。与之相应的，OPC 技术全球专利申请量从 2017 年开始重新步入增长区间，SMO 技术和 ILT 的专利申请数量也从 2017 年开始出现明显的增长。

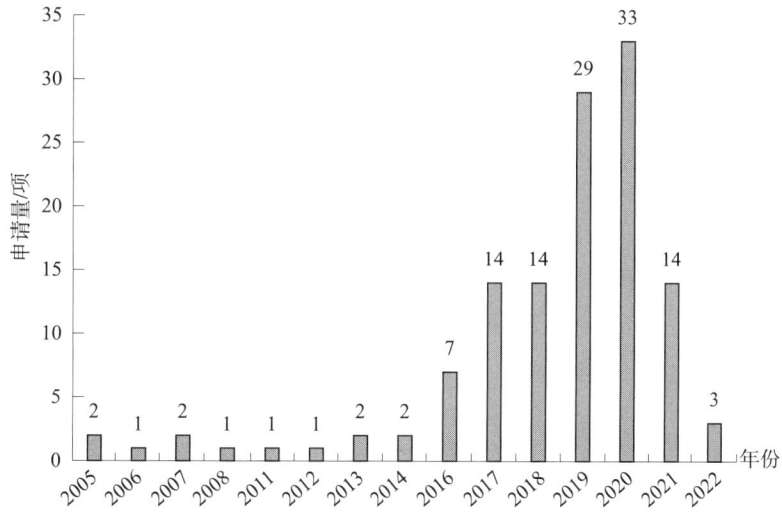

图 6-4-20　AI+OPC 技术全球专利申请趋势

从图 6-4-21 所示的中美在 AI+OPC 技术方面的专利申请趋势对比可以看出，在 2016 年以前的早期阶段，美国相关专利申请的数量领先于中国，但由于申请量整体上处于较低水平，因而其领先优势并不大。但从 2017 年开始，随着 AI+OPC 技术的蓬勃发展，中国的相关专利申请数量已经逐渐赶上美国，并在 2019 年实现超越。中国相关专利申请的快速增加不仅与相关国外创新主体注重在中国进行专利布局有关，也与中国的创新主体在该技术方向不断加大研发有关。

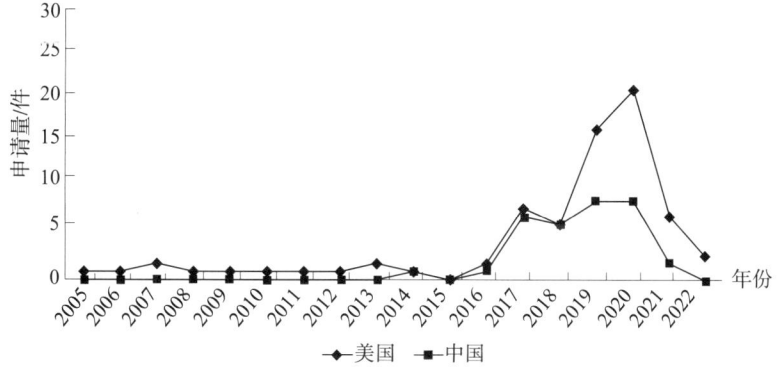

图 6-4-21　AI+OPC 技术中美专利申请趋势对比

如图 6-4-22 所示，在 AI+OPC 技术全球主要申请人中，排名进入前 12 名的企业分别来自中国、中国台湾地区、美国和荷兰，其中来自中国的申请人有 5 位，来自中国台湾地区的有 1 位，来自美国的有 5 位，另外有 1 家来自荷兰。中国和美国进入该排名名单的企业数量相当；和传统 OPC 技术中美技术差距较大不同，中美在 AI + OPC 技术领域差距较小。在各主要申请人中，ASML 的专利申请数量有 32 项，排名第一，远超过其他申请人的专利申请数量，说明其在该技术领域具有较强的领先优势。台积电、英特尔以及上海集成电路研发中心有限公司和北京理工大学具有相对较高的专利申请数量，排名进入前五。美国的新思和明导以及中国的全芯智造和东方晶源也都进行了一定的专利布局，但申请数量均相对较低。

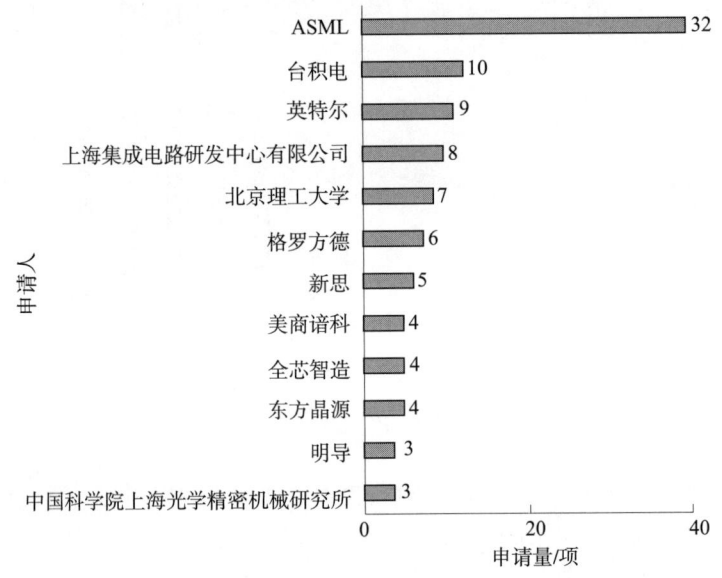

图 6 - 4 - 22　AI + OPC 技术全球主要申请人申请量排名前 12 名

总体来看，AI + OPC 技术从 2017 年开始进入快速发展阶段，虽然美国在早期具有一定领先优势，但是随着中国最近几年在 AI + OPC 技术方面的快速发展，中美之间差距已较小。与传统 OPC 技术方面专利布局较为成熟且中美技术实力差距较大不同，AI + OPC 技术还远未成熟，其专利布局也并不完善，中国创新主体应当抓住先机在该技术领域不断开展深入研究，从而获得领先的技术优势，提高企业的竞争实力。

6.4.5.3　重点创新主体及专利布局

在 OPC 技术领域，国内的重点创新主体包括 OPC 软件供应商、科研院所与高校。OPC 软件供应商包括东方晶源和全芯智造，其中，东方晶源成立于 2014 年，公司主要产品包括 OPC 产品、纳米级电子束（electrons beam inspection，EBI）缺陷检测设备以及微电子设计与制造智能良率优化平台（HPOTM）等，其 OPC 产品已经通过存储器客户验证并实现销售收入。全芯智造成立于 2019 年，致力于从制程器件仿真和 OPC 技术等 EDA 点工具出发，打造大数据 + AI 驱动的集成电路智能制造平台，其 OPC 产品也已进入国内先进存储客户和先进逻辑芯片客户产线验证。这两家企业被认为是未来实现 OPC 技术国产替代的主要创新主体。科研院所包括微电子所、中国科学院上海光学精密机械研究所、上海集成电路研发中心有限公司、广东省大湾区集成电路与系统应用研究院和中国科学院光电技术研究所(以下简称"光电所"),高校则包括北京理工大学、浙江大学、武汉大学和广东工业大学。

如图6-2-23所示,在OPC技术国内重点创新主体中,东方晶源和全芯智造以基于模型的OPC技术作为专利布局重点,同时,就基于规则的OPC技术和SRAF技术开展一定的专利布局,但是二者在SMO技术和ILT方面的专利布局相对较弱。在科研院所中,微电子所、中国科学院上海光学精密机械研究所和上海集成电路研发中心有限公司的整体实力较强,其中,微电子所在基于模型的OPC技术上的申请量最高并在SMO技术方面拥有较高的专利申请量;中国科学院上海光学精密机械研究所在SMO技术方面的专利申请数量最高;上海集成电路研发中心有限公司则在基于模型的OPC技术上拥有较高数量的专利申请。在高校中,北京理工大学和浙江大学的整体实力最强,其中,北京理工大学在基于模型的OPC技术方面的专利申请最高,浙江大学也在基于模型的OPC技术方面拥有较强的技术积累。在SMO技术方面,专利申请数量较高的有中国科学院上海光学精密机械研究所、北京理工大学和微电子所。在ILT方面,专利申请数量较高的有上海集成电路研发中心有限公司和中国科学院上海光学精密机械研究所。

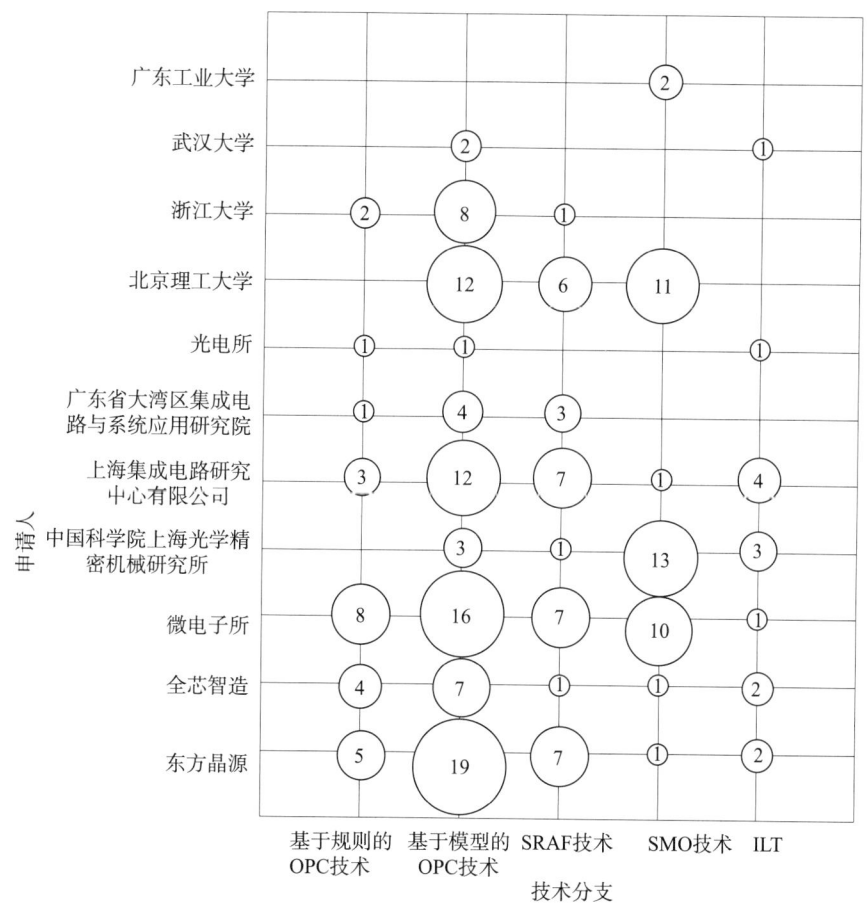

图6-4-23 OPC技术国内重点创新主体技术布局

注:图中数字表示申请量,单位为项。

6.4.5.4 专利收储与布局策略

作为 OPC 三巨头之一的新思和明导在 OPC 技术领域具备领先的技术优势,通过对其专利布局的地域分布情况分析可知,二者均以美国为专利布局的重点,在中国的专利申请数量则比较少。表 6-4-8 和表 6-4-9 分别梳理了新思和明导未在中国进行布局的重要专利申请,这些专利申请被引次数较高、专利价值高,为 OPC 技术领域的基础专利,集中在基于模型的 OPC 技术分支,匹配我国当前工艺制程。国内创新主体可以在中国范围内使用和借鉴上述专利申请的技术内容,在这些基础专利的基础之上开展改进研发,并就改进型研发成果开展专利布局,从而提高其在 OPC 技术领域的技术实力和专利保护强度。

表 6-4-8 新思可利用外国专利

申请号	申请人	发明名称	被引证次数/次
US11433595	Barnes Levi D. Melvin Lawrence S. Ⅲ	Assist feature placement using a process-sensitivity model	199
US12016072	Christopher M. Cork	Hierarchical compression for metal one logic layer	162
US10372066	Numerical Technologies	User interface for a network-based mask defect printability analysis system	74
US10232130	Numerical Technologies	Considering mask writer properties during the optical proximity correction process	66
US10618816	Linyong Pang Fang Cheng Chang	System and method for providing defect printability analysis of photolithographic masks with job-based automation	55
US10208891	Numerical Technologies	Repetition recognition using segments	28
US10327454	Numerical Technologies	Method and apparatus for mixed-mode optical proximity correction	25
US12507336	Changquing Hu Linyong Pang	Determining source patterns for use in photolithography	24
US10683534	Melvin Lawrence S.	Method and apparatus for generating an OPC segmentation based on modeled intensity gradients	23
US11109534	Melvin Lawrence S. Ⅲ Painter Benjamin D.	Method and apparatus for determining an improved assist feature configuration in a mask layout	23
US10364260	Numerical Technologies	Simulation based PSM clear defect repair method and system	21

续表

申请号	申请人	发明名称	被引证次数/次
US10426583	Zhang Youping	Method and apparatus for performing target-image-based optical proximity correction	21
US10910539	Melvin Lawrence S. Ⅲ Painter Benjamin	Method and apparatus for expediting convergence in model-based OPC	20

表6-4-9 明导可利用外国专利

申请号	申请人	发明名称	被引证次数/次
US11621082	Granik Yuri Sakajiri Kyohei	Calculation system for inverse masks	96
US11241732	Shang Shumay D. Swallow Lisa Granik Yuri	Model-based SRAF insertion	69
US11067504	Word James Cobb Nicolas B. Lacour Patrick J	Fragmentation point and simulation site adjustment for resolution enhancement techniques	53
US11364802	Granik Yuri	Calculation system for inverse masks	50
US11041459	Yuri Granik	Source optimization for image fidelity and throughput	49
US10387224	Mentor Graphics Corp	Matrix optical process correction	48
US11236208	Bailey Cobb Nicolas Dudau Dragos	Dense OPC	48
US10696276	Mentor Graphics Corporation	Method and apparatus for performing OPC using model curvature	45
US10206691	Lippincott George Cobb Nick Todd Robert	Caching of lithography and etch simulation results	41
US11209252	Nicolas B. Cobb Eugene Miloslavsky	Integrated OPC verification tool	41
US11626307	Lippincott George P	Opc conflict identification and edge priority system	40
US11824558	Yuri Granik	Source optimization for image fidelity and throughput	29

续表

申请号	申请人	发明名称	被引证次数/次
US11610414	Park Jea Woo	Selective shielding for multiple exposure masks	27
US11198971	Yuri Granik Nicolas B. Cobb	Matrix optical process correction	25
US12145433	Cobb Nicolas B. Miloslavsky Eugene	Integrated OPC verification tool	24
US10873589	Mentor Graphics Corporation	Short edge management in rule based OPC	22
US13844310	Mentor Graphics Corporation	Layout decomposition for triple patterning lithography	20

在 OPC 技术领域，专利转让数量占比较高，OPC 三巨头在成长过程中均有开展大量的 OPC 技术收储以增强其技术实力，因此，专利收储被认为是国内创新主体快速提升技术实力的重要手段之一。由于国外重要的 OPC 专利申请已逐渐集中到 OPC 三巨头手中，国内创新主体可以着眼于 OPC 技术的国内专利申请开展专利收储以补强其技术水平。根据国内主要申请人专利技术布局情况分析发现，东方晶源和全芯智造在 SMO 技术和 ILT 方面的布局较弱。

表 6-4-10 和表 6-4-11 分别展示了 SMO 技术和 ILT 的国内可收储专利信息，其包括来自微电子所、中国科学院上海光学精密机械研究所、北京理工大学和上海集成电路研发中心有限公司的专利申请。东方晶源和全芯智造可以根据上述专利信息，结合自身需要，选择性地开展专利收储工作，缩短与海外巨头之间的专利储备差距。

表 6-4-10 SMO 技术国内可收储专利

微电子所		中国科学院上海光学精密机械研究所		北京理工大学	
公开号	被引次数/次	公开号	被引次数/次	公开号	被引次数/次
CN105825036A	15	CN103926802A	19	CN102692814A	13
CN105574293A	12	CN104714372A	4	CN104914684A	8
CN105425532A	8	CN111781804A	3	CN103631096A	7
CN106339519A	5	CN109031892A	2	CN106125511A	6
CN110989289A	1	CN110320764A	2	CN110244523A	5
CN108919601A	0	CN112558426A	2	CN102707582A	3

续表

微电子所		中国科学院上海光学精密机械研究所		北京理工大学	
公开号	被引次数/次	公开号	被引次数/次	公开号	被引次数/次
CN109683447A	0	CN111624850A	1	CN112083631A	3
CN111025856A	0	CN111929983A	1	CN105892234A	2
CN112327575A	0	CN111338179A	0	CN108693715A	2
CN112817212A	0	CN111399336A	0	CN109634068A	1
		CN112394615A	0	CN109656107A	0
		CN113189851A	0		
		CN113741140A	0		

表6-4-11 ILT国内可收储专利

上海集成电路研发中心有限公司		中国科学院上海光学精密机械研究所	
公开号	被引次数/次	公开号	被引次数/次
CN107908071A	9	CN113568278A	0
CN109976087A	5	CN113589643A	0
CN111310407A	4	CN113589644A	0
CN107942614A	0		

6.4.5.5 审查政策应对

通过对东方晶源和全芯智造在OPC技术领域未审结案的专利申请进行梳理发现（见表6-4-12），东方晶源和全芯智造分别有18件和10件待审结案专利申请。其中，在东方晶源的待审结案专利申请中，15件处于等待实审请求状态，2件处于等待实审提案状态，1件处于一通回案状态；在全芯智造的待审结案专利申请中，10件专利申请均处于待实审提案状态。由于未审结案专利申请的数量在东方晶源和全芯智造的全部OPC技术专利申请中占比较大，较快地完成上述专利申请的实质审查对中国创新主体在OPC技术领域快速提升专利保护水平意义重大。因此，国家知识产权局实质审查部门可以根据申请人的请求对相关专利申请开展加快审查或以集中审查的方式加快审查进度，同时审查过程中注重专利质量提升，从权利范围、保护价值和权利稳定性出发完善权利要求撰写，助力创新主体快速获得专利保护并储备高价值专利，促进我国OPC技术的快速发展。

表6－4－12　OPC国内重要企业未审结案专利申请

申请号	审查状态	申请日	统一申请人
CN201910119545.7	等待实审请求	2019－02－15	东方晶源
CN202210090007.1	等待实审请求	2022－01－25	东方晶源
CN202210085552.1	等待实审请求	2022－01－25	东方晶源
CN202210029186.8	等待实审请求	2022－01－07	东方晶源
CN202210040092.0	等待实审请求	2022－01－13	东方晶源
CN202210035463.6	等待实审请求	2022－01－12	东方晶源
CN202210019487.2	等待实审请求	2022－01－07	东方晶源
CN202111680682.1	等待实审请求	2021－12－31	东方晶源
CN202111644843.1	等待实审请求	2021－12－29	东方晶源
CN202011314970.0	等待实审请求	2020－11－20	东方晶源
CN202010901995.4	等待实审提案	2020－08－31	东方晶源
CN201910133912.9	等待实审请求	2019－02－22	东方晶源
CN201910134377.9	等待实审请求	2019－02－22	东方晶源
CN201910134676.2	等待实审请求	2019－02－23	东方晶源
WOCN19073988	等待实审请求	2019－01－30	东方晶源
CN201911029521.9	等待实审提案	2019－10－26	东方晶源
CN201910689362.9	一通回案	2019－07－29	东方晶源
CN202210085792.1	等待实审请求	2022－01－25	东方晶源
CN202111636322.1	等待实审提案	2021－12－29	全芯智造
CN202111657509.X	等待实审提案	2021－12－30	全芯智造
CN202111639164.5	等待实审提案	2021－12－29	全芯智造
CN202110982389.4	等待实审提案	2021－08－25	全芯智造
CN202110919833.8	等待实审提案	2021－08－11	全芯智造
CN202011486891.8	等待实审提案	2020－12－16	全芯智造
CN202010414230.8	等待实审提案	2020－05－15	全芯智造
CN201911401569.8	等待实审提案	2019－12－30	全芯智造
CN202111161488.2	等待实审提案	2021－09－30	全芯智造
CN202111643956.X	等待实审提案	2021－12－29	全芯智造

第 7 章　重要专利及其动态信息智能获取工具

7.1　概　　述

7.1.1　重要专利

重要专利一般是指在本领域某项技术上具有一定的开创性或取得重要突破、能够产生实际或潜在经济价值、得到行业认可或关注、研发投入大、受重视程度高的专利技术。

重要专利对整个行业或一个技术领域的发展路线、发展方向有着引领作用，是该行业和技术领域最核心、最重要的专利技术，是从业者和研究人员快速把握技术发展脉络和发展方向、进行技术改进所必不可少的专利数据。重点专利的获取对整个行业或领域的技术分析具有重要意义。

7.1.2　现有工具及研究意义

7.1.2.1　现有工具

现有的专利检索和分析工具包括 incoPat、Patentics 等工具。

incoPat 全球科技分析运营平台是全球首个面向华语研发创新人员的专利情报平台，可以提供及时、全面、准确的情报信息，从而帮助企业跟踪研究最新的技术发展，规避专利侵权风险，掌握竞争对手的研发动态，实现知识产权的商业价值。该平台包括 266 个检索入口、9 种检索方式，通过多种检索结果排序方式、独有 R 算法排序、合享价值度来聚焦重点专利。

Patentics 是集专利信息检索、下载、分析与管理为一体的平台系统，包括服务器端和客户终端，采用网页浏览格式、用户安装终端格式、及建立局域服务器网络格式呈现专利数据，是全球最先进的动态智能专利数据平台系统。其分为网页版和客户端版，包括大数据分析模块、专利运营分析平台和专利分析系统三大块。Patentics 智能客户端分析功能提供专利攻防分析，首次提出专利攻防概念，提供分析价值信息。

然而现有的工具操作界面复杂，需要学习成本，不适合快速上手，并且没有针对 EDA 专利进行专门分析的工具；现有工具语段多、入口杂，需要用户在系统了解专利知识的基础上才能进行筛选；另外，只能提供简单的数据图表，不能提供数据宏观和微观的分析。最后，现有工具对于重点专利的筛选是根据一些算法完成的，准确率较低。

7.1.2.2　EDA 专利数据特点分析及研究意义

EDA 工具作为集成电路领域的上游基础工具，贯穿于集成电路设计、制造、封测等环节，涉及的细分领域和技术点相当繁杂。EDA 是一个流程很长的产业，需要种类繁多的软硬件工具相互配合从而形成工具链。以三巨头之一的新思为例，其完整覆盖芯片全流程设计的工具链号称有500多种。

本课题在对EDA专利进行分析的过程中，确定的技术分解表中包括二级分支3个，三级分支7个，四级分支33个，涵盖了EDA技术中从设计、制造到封测的全流程技术。EDA领域主要技术方向经过检索后中文有10979篇，全球有29288篇，专利数量较大，技术分支相当复杂。研究人员和创新主体需要在众多的专利数据中快速获取自己所关注技术点的专利数据，从业者对于整个EDA行业各个技术分支的发展情况、发展趋势和专利情况也有迫切的需求。

另外，在对EDA专利进行分析的过程中可以发现。美国三巨头经过长时间的积累，在设计、制造和封测领域均掌握着大量的重要专利技术。EDA三巨头在我国EDA市场的占有率总和达到77.7%，尤其是在设计领域，基本垄断了整个的高端芯片设计市场。如何快速获取和分析这些重要专利进行学习和创新，如何把握技术热点和发展趋势，这些情报数据对于创新主体意义重大。

7.2 智能获取工具方法论

7.2.1 数据标引情况

7.2.1.1 EDA专利标引情况

本课题对EDA领域29288篇专利在"序号、申请号、申请日、申请人、标题、发明人、发明人数量、公开（公告）号、公开（公告）日、公开国家/地区、优先权号、最早优先权日、优先权国家/地区、专利类型、IPC主分类、CPC分类、摘要、权利要求数量、首权字数、引证专利、被引证专利、引证次数、被引证次数、简单同族、简单同族个数、同族国家/地区、母案、分案、专利有效性、当前法律状态、转让次数、转让人、标准受让人、许可次数、许可人、被许可人、诉讼次数、原告、被告、专利寿命（月）、合享价值度、审查时长、技术稳定性、技术先进性、保护范围、独立权利要求数量、申请人数量、链接、标准化申请人、所属分支"总共50个字段上进行了标引。

7.2.1.2 重点专利标引情况

本课题对"设计－数字IC－逻辑综合"、"设计－数字IC－布局布线"、"设计－模拟IC－版图设计"和"制造－晶圆生产－光学邻近校正OPC"四个分支进行了重点专利筛选。对"设计－数字IC－逻辑综合"分支，从831件专利中标引了88件重点专利；对"设计－数字IC－布局布线"分支，从4968件专利中标引了93件重点专利；对"设计－模拟IC－版图设计"分支，从1742件专利中标引了243件重点专利；对"制造－晶圆生产－光学邻近校正OPC"分支，从2710件专利中标引了263件重点专利。

对所有重点专利在原有的50个字段的基础上增加了"技术手段、技术效果、重点专利、热点技术"四个字段进行标引。

7.2.2 查询工具构架层次图

针对 EDA 专利的自身特点和行业需求，本课题将所有 29288 篇 EDA 专利在 33 个分支上进行了标引和分析，并对重点专利在技术手段、技术效果和所涉及的热点技术三个维度上进行了标注。因此采用何种方式来对这些专利数据和分析成果进行呈现，成为本课题的一个重点的研究方向。

7.2.2.1 查询工具简介

本课题提供对专利分类查询和专利分析信息分领域的可视化呈现。用户可以通过多个入口直接输入关键词或筛选条件对想获得的维度进行专利检索和信息查询。同时对于专利分析的可视化呈现，可以基于本课题所绘制的图表这一重要的信息呈现方式以及相关的分析工具进行查询。因此，本课题计划采用专利查询界面和专利分析界面双界面结合的方式来呈现专利数据。

Microsoft Office Access（以下简称"Access"）是由微软发布的关系数据库管理系统，它结合了 Microsoft Jet Database Engine 和图形用户界面两项特点，把数据库引擎的图形用户界面和软件开发工具结合在了一起。和其他办公应用程序一样，Access 支持 Visual Basic 宏语言，它是一个面向对象的编程语言，可以引用各种对象，包括数据访问对象（data access object，DAO），ActiveX 数据对象，以及许多其他的 ActiveX 组件。

Access 相对于 Excel 来说，存储的数据容量更大，可以存放几百万甚至上千万的数据。本课题在前期对全部 29288 条专利数据进行数据处理时，由于原始提取的数据涉及 50 个维度，因此原始数据便达到了 150 万项，经过后期加工和处理，又形成了多个 sheet 表格，数据量已经非常巨大，整个文件已经变得非常臃肿，运行缓慢——这是由于 Excel 2003 有数据限制，而即使是 Excel 2010 或更高版本，数据容量扩展了，当数据非常大时，文件打开及数据分析也都会很慢。

另外，Excel 没有专业的窗体、报表、查询元素，要做窗体界面必须借助 Form 2.0，而 Access 包含窗体报表以及各种丰富的内置控件，并且其可以将数据表与前端的窗体、报表以及模块拆分开来，这样更新数据时不影响程序，更新程序时不影响数据。

因此，本课题采用 Access 进行可视化界面开发。

7.2.2.2 构架层次图

（1）总体界面

如图 7-2-1 所示，由 EDA 分类查询界面的总体视图来看，这个可视化界面可以分为"专利分析信息查询"和"专利数据查询"两个部分，同时专利数据查询部分又根据查询数据的维度特征分为"基础信息查询"、"法律信息查询"、"技术信息查询"和"专利信息显示"四个子部分。下文对各部分功能的实现进行介绍。

（2）专利分析信息查询子界面

EDA 分类查询界面的专利分析信息查询子界面基于本课题的前期专利分析研究而形成，是 EDA 专利分析精华的呈现，从技术分支的角度对各个技术点进行了专利数据的分析。如图 7-2-2 所示，在专利分析信息查询子界面的第一个子窗口，用户可以通过下拉条对所有7个三级分支和33个四级分支进行选取；选定一个分支后，在第二个子窗口即可显示该分支的代表性图表。

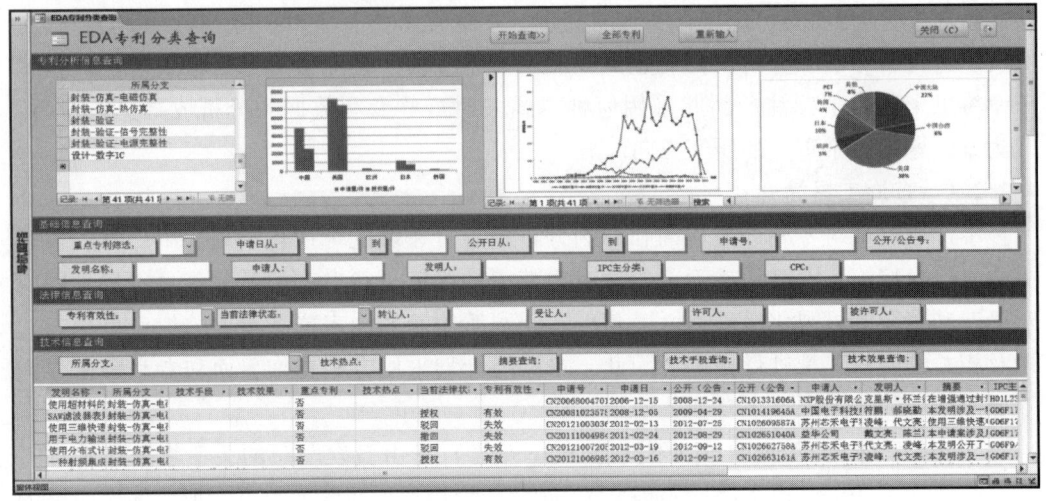

图7-2-1　EDA分类查询界面总体视图

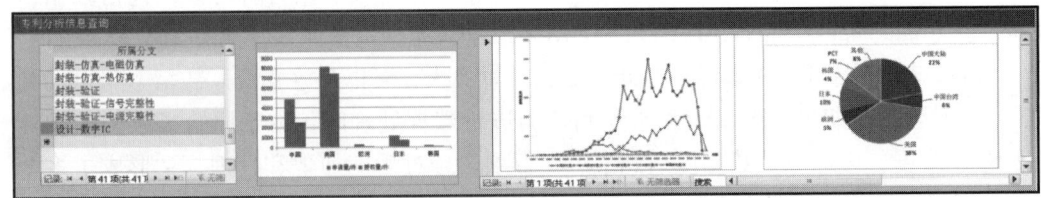

图7-2-2　专利分析信息查询子界面

如图7-2-3所示，第三个和第四个子窗口通过附件的接口为用户呈现了所有的分析图表。用户点击该图片可以在该第三个子窗口的左上方显示"后退"、"前进"以及"附件管理"的控制按钮。点击"后退"按钮可显示上一张图表；点击"前进"按钮可显示下一张图表；点击"附件管理"按钮可呈现图7-2-4所示的附件窗口。用户可以根据需求直接选择所想观看的图表以及该图表的文字说明。

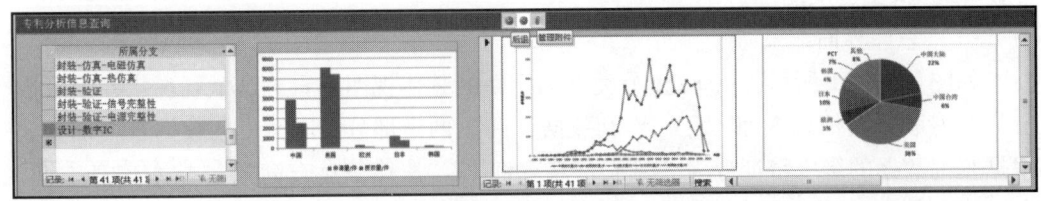

图7-2-3　专利分析信息查询子界面-图片显示功能

图7-2-5给出了点击附件中"EDA设计类数字IC相关技术各国授权趋势"选项，即可显示与左侧图表相对应的文字说明，用户可以获取图片和文字相结合的各种专利分析数据。

第7章 重要专利及其动态信息智能获取工具

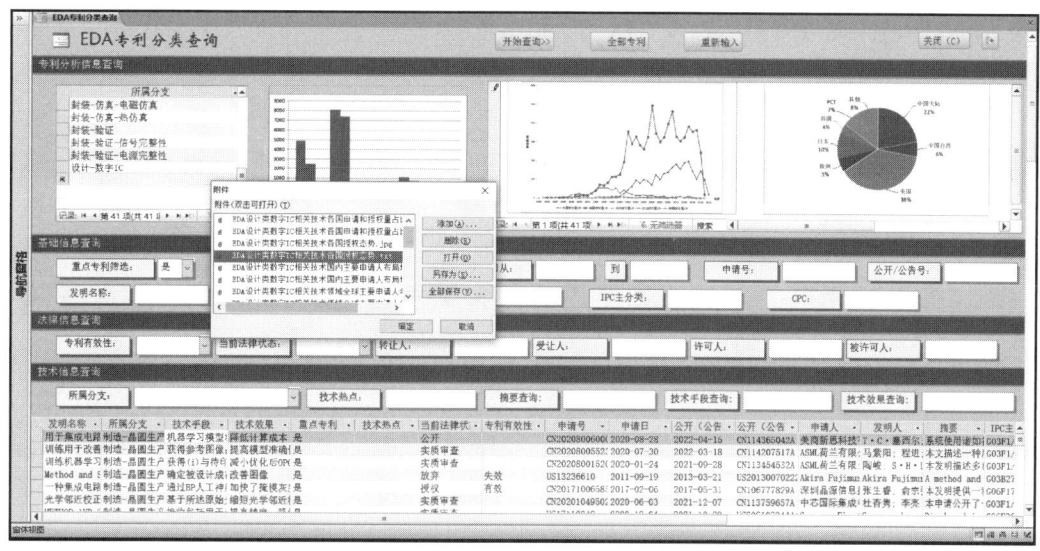

图 7-2-4 专利分析信息查询子界面 – 附件按钮功能

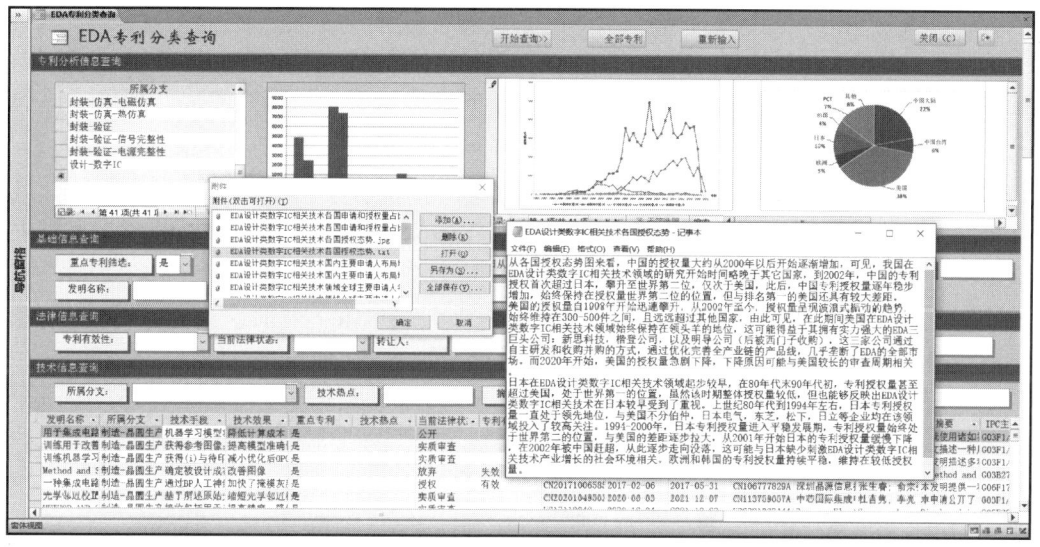

图 7-2-5 专利分析信息查询子界面 – 附件按钮 – 文字说明展示功能

第四个子窗口与第三个子窗口功能相同，其可以配合第三个子窗口一起显示，实现用户可以同时观看多个图表和文字分析的功能，便于用户进行比对。

（3）专利数据信息查询子界面

专利数据信息查询部分包括"基础信息查询"、"法律信息查询"和"技术信息查询"三个子部分。

如图 7-2-6 所示，"基础信息查询"窗口提供了"重点专利筛选"的下拉条，用户可以选定只对标引的重点专利进行查询。这些重点专利作为各分支重要的专利技术对研究人员和创新主体意义重大。所有重点专利均在"技术手段"、"技术效果"和"技术热点"三个维度进行了标引。"申请日"和"公开日"输入栏设置为日期格式，

237

可以通过图形界面选定日期，也可以手动输入日期，便于用户进行操作。另外，"申请号"、"公开/公告号"、"发明名称"、"申请人"、"发明人"、"IPC 主分类"和"CPC"是专利文献检索常用入口，在此也提供给用户进行查询。

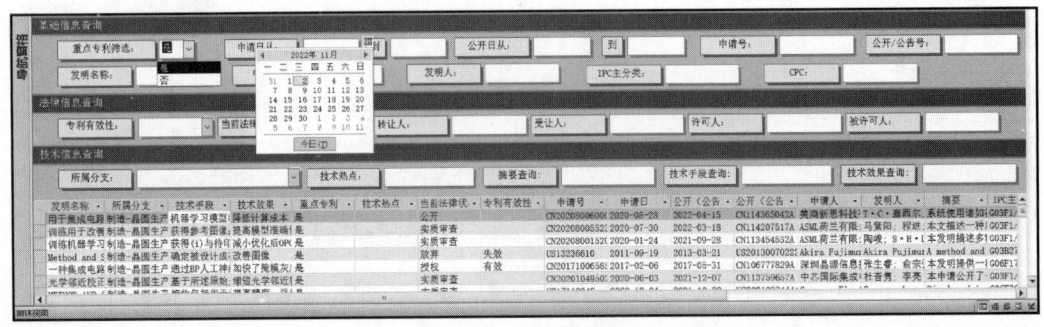

图 7-2-6　基础信息查询子界面

如图 7-2-7 所示，"法律信息查询"窗口为用户提供了法律相关的检索入口，用户可以对专利的"专利有效性"、"当前法律状态"、"转让人"、"受让人"、"许可人"和"被许可人"进行查询。通过这些入口，用户可以高效地对专利在法律层面的信息进行筛选，快速地获取专利流转的过程。EDA 的发展史就是一部并购史，即使三巨头之一的楷登都是在 1988 年由 ECAD 和 SDA Systems 两个公司合并而成。以楷登、新思、明导为代表的 EDA 企业，从 20 世纪 80 年代开始一直发展到今天（明导于 2016 年 11 月被西门子收购）确实经历了大量的并购过程。有人统计过，在过去的 30 年中，发生在 EDA 行业的并购近 300 次，鼎盛时期一年发生过 20 次左右。在专利分析的过程中，涉及转让的专利达到了 11904 项，其中不乏具有多次转让的。因此，设置"法律信息查询"以了解专利流转情况，对于从业者意义重大。

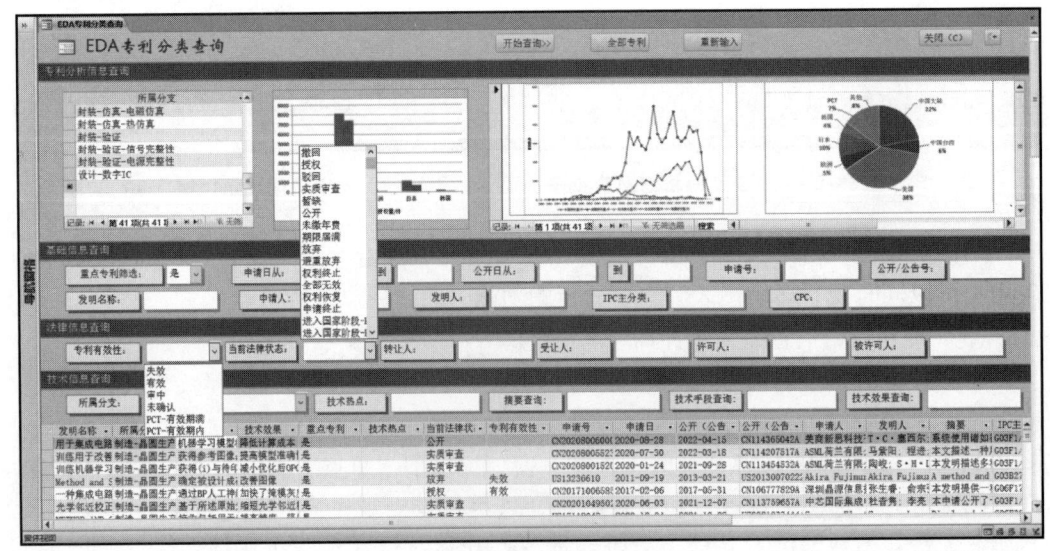

图 7-2-7　法律信息查询子界面

如图7-2-8所示,"技术信息查询"窗口在技术层面上为用户提供查询入口。该窗口提供了全部33个四级分支的下拉条,用户可以直接选择想要了解的某个技术分支;同时,还提供了"技术热点"、"摘要查询"、"技术手段查询"和"技术效果查询"的入口,用户可以直接输入关键词在这几个维度进行查询。查询方式为模糊匹配,通过输入的关键词分别在"技术热点"、"摘要查询"、"技术手段查询"和"技术效果查询"维度的标引数据中进行模糊查找。

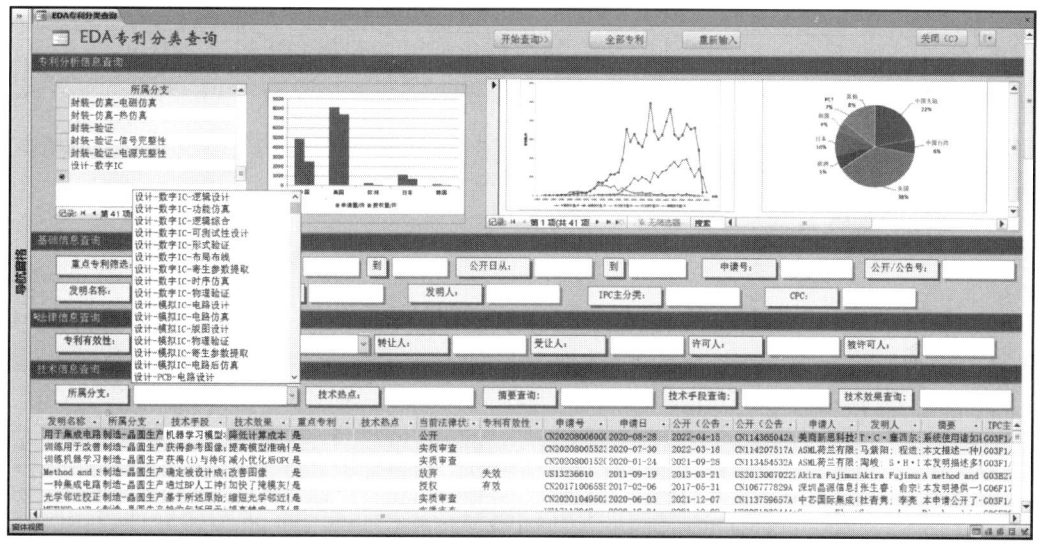

图7-2-8 技术查询子界面

所有的入口均为非必填项,用户可以选择一个或多个入口进行查询,完成查询信息的输入之后,即可点击主窗口标题栏的"开始查询"按钮进行查询,并在"专利信息显示"窗口显示经筛选后的专利及专利数据。"全部专利"按钮设置为清空所有用户的输入内容,并在"专利信息显示"窗口显示未经筛选的所有29288篇专利及专利数据。"重新输入"按钮为清空所有用户的输入内容,但不刷新已显示的专利及专利数据。用户点击"关闭"窗口即可退出整个查询可视化界面。

如图7-2-9所示,"专利信息显示"子界面根据用户的筛选条件显示筛选后的专利数据,其以包括"发明名称""所属分支""技术手段""技术效果""重点专利""技术热点""当前法律状态"等54个维度对专利数据进行全方位展示。该窗口设置了滚动条,用户可以前后拖动查看其他维度数据。

图7-2-9 专利数据显示子界面

7.3 重要专利及其动态信息获取实例

7.3.1 专利分析信息查询方法

当用户需要对 EDA 专利分析信息进行查询时，例如，想要查询"设计-数字 IC"这一分支的专利分析信息时，需要先选定"设计-数字 IC"这一分支，系统会自动在右侧第一个窗口显示"设计-数字 IC"这一分支的重要专利分析图。如图 7-3-1 显示了"设计-数字 IC"各国申请量和授权量的态势图。

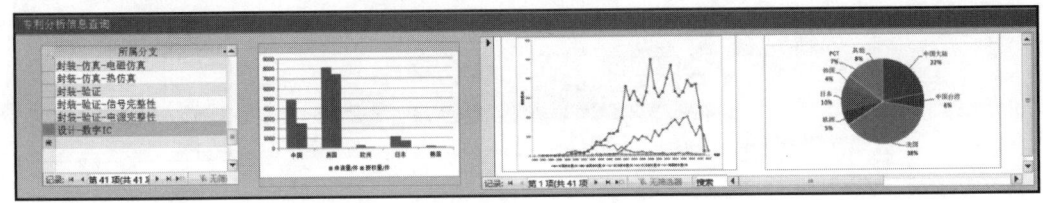

图 7-3-1　专利分析信息查询方法

当用户想要浏览该技术分支下的其他专利分析图表和分析数据时，可以在第三个子窗口的左上方点击"后退"、"前进"以及"附件管理"的控制按钮。点击"后退"按钮可显示上一张图表；点击"前进"按钮可显示下一张图表；点击"附件管理"按钮可显示图 7-3-2 所述的附件窗口。

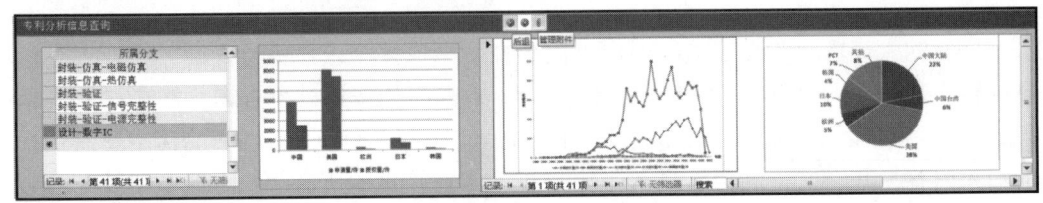

图 7-3-2　专利分析信息查询方法-图片切换

如图 7-3-3 中给出了"EDA 设计类数字 IC 相关技术各国申请和授权量占比""EDA 设计类数字 IC 相关技术各国授权态势""EDA 设计类数字 IC 相关技术国内主要申请人布局地区分布""EDA 设计类数字 IC 相关技术领域全球主要申请人年度分布""EDA 设计类数字 IC 相关技术领域中国主要申请人年度分布""EDA 设计类数字 IC 相关技术全球目标市场占比图""EDA 设计类数字 IC 相关技术全球申请人排名""EDA 设计类数字 IC 相关技术全球原创国地区占比""EDA 设计类数字 IC 相关技术全球中国申请态势图""EDA 设计类数字 IC 相关技术全球主要申请人地区分布""EDA 设计类数字 IC 相关技术中国申请人排名"这 11 个专利分析图表和与之对应的分析简介。用户可以根据需求直接选择所想获取的图表以及该图表的文字说明。

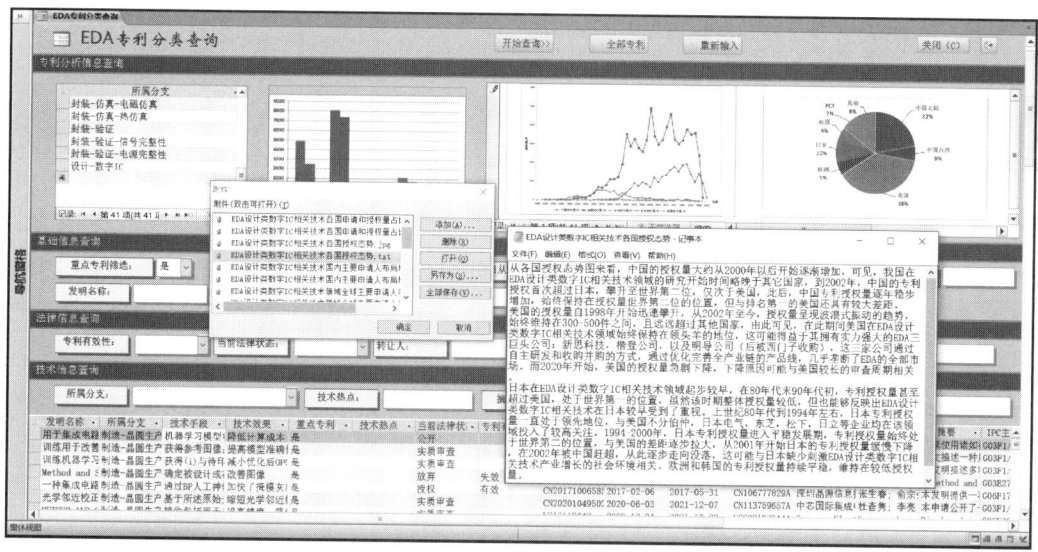

图7-3-3 专利分析信息查询方法-文字说明展示功能

另外,如果用户想要同时浏览多幅图表,可以对第四子窗口进行相同的操作来进行显示。如图7-3-4中,用户在第二子窗口显示了"EDA设计类数字IC相关技术各国申请和授权量占比",第三个子窗口显示了"EDA设计类数字IC相关技术各国授权态势"和相应文字分析的前提下,又在第四子窗口显示了"EDA设计类数字IC相关技术全球目标市场占比图",并可以同时显示关于"EDA设计类数字IC相关技术全球目标市场占比图"的文字描述。

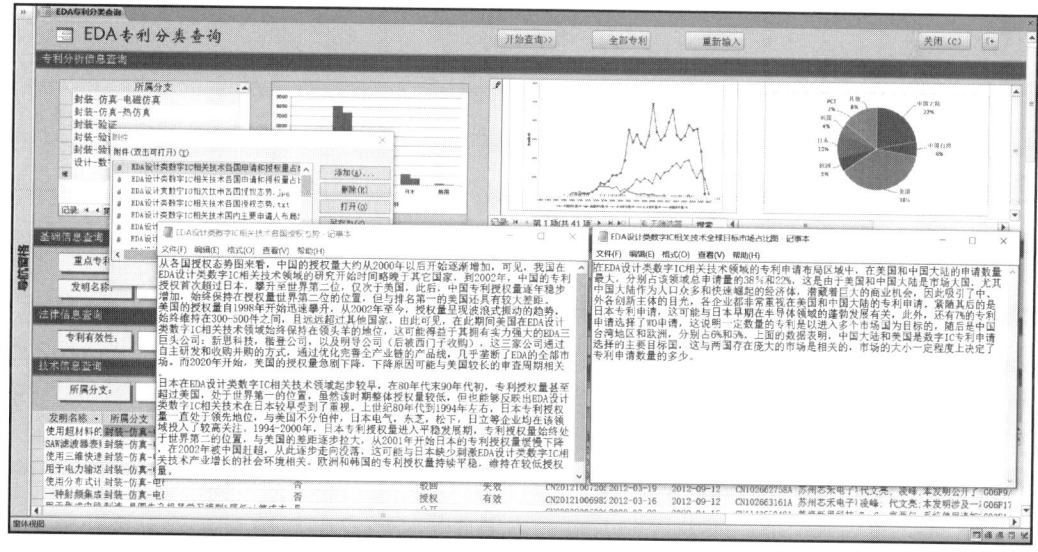

图7-3-4 专利分析信息查询方法-多图展示功能

7.3.2 专利数据信息查询方法

7.3.2.1 示例1

如图7-3-5所示，对专利数据信息进行查询时，查询前在初始界面的最下方"专利信息显示"窗口已经显示了所有29288件EDA专利及54个维度的标引数据。

当用户需要对专利数据信息进行查询时，可以分别在"基础信息查询"、"法律信息查询"和"技术信息查询"的入口中输入查询条件，并在"专利信息显示"窗口中进行显示。

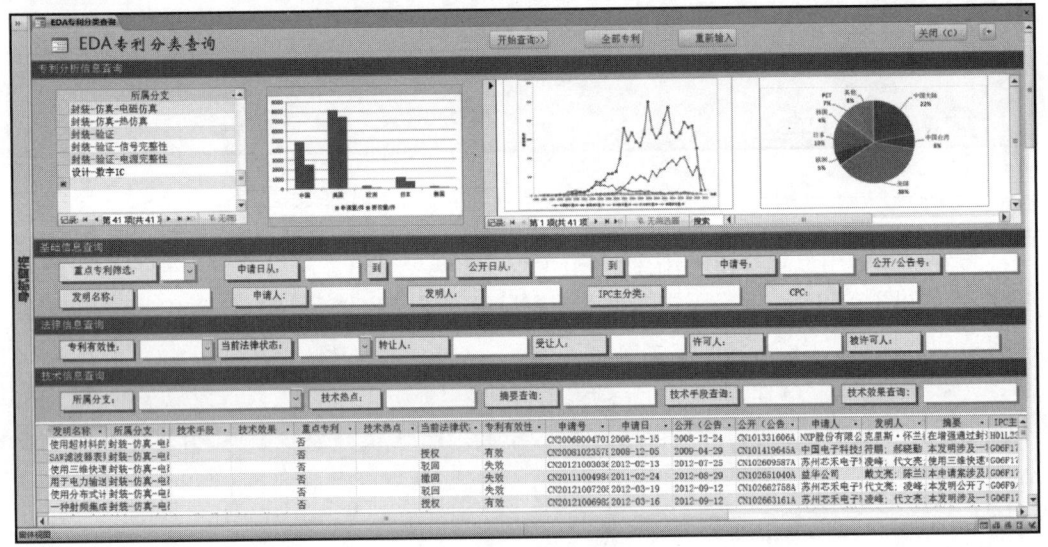

图7-3-5 初始界面

例如图7-3-6中给出了在"基础信息查询"窗口中输入查询条件进行查询的一个示例。如用户想要检索新思在2002年1月1日之后的所有重点专利，则用户可以在"重点专利筛选"栏通过下拉窗口选中"是"，在"申请日从"窗口输入"2002-1-1"，在"申请人"栏输入"新思"，而后点击"开始查询"按钮，则系统开始查询，并在"专利信息显示"窗口中显示出了相关的专利。可见申请人中包括了"美商新思科技有限公司"、"新思公司"和"新思科技（上海）有限公司"。这是由于所有文字输入入口均采用了模糊查询，用户在"申请人"栏仅输入了"新思"，可获得所有包括"新思"两字的申请人。

另外，用户在进行浏览时如果选中了"专利信息显示"窗口中的某一行，则该行会具有背景色显示效果；如果选中了某一个单元格，则该单元格内文字会变红显示，以提醒用户。同时，初始的"专利信息显示"窗口仅显示了部分重要的字段，如果用户想要查看该条专利的其他维度字段，可以向后进行滑动。如图7-3-7中，用户可以滑动到"被引证次数"字段进行显示。

第7章 重要专利及其动态信息智能获取工具

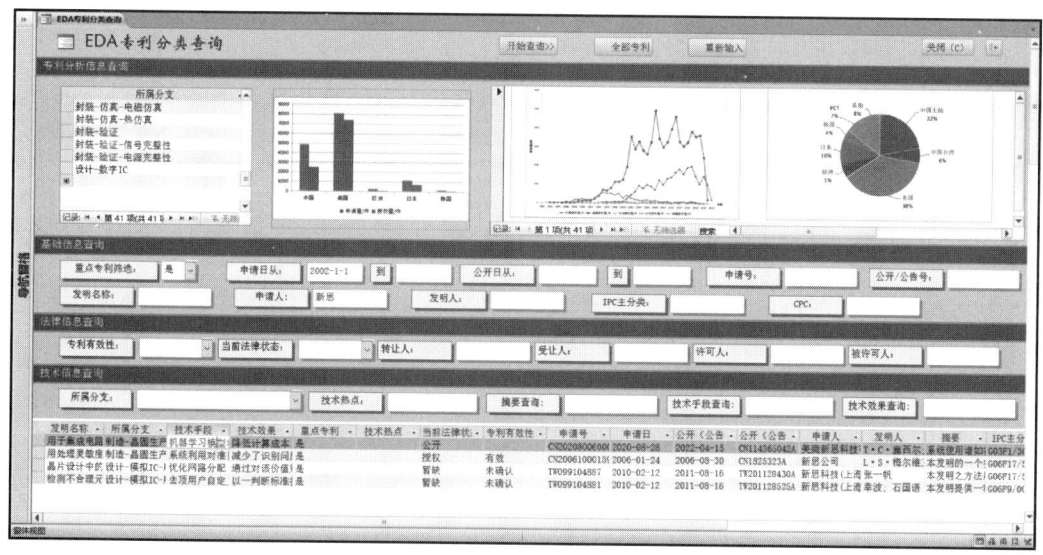

图7-3-6 专利数据查询示例1

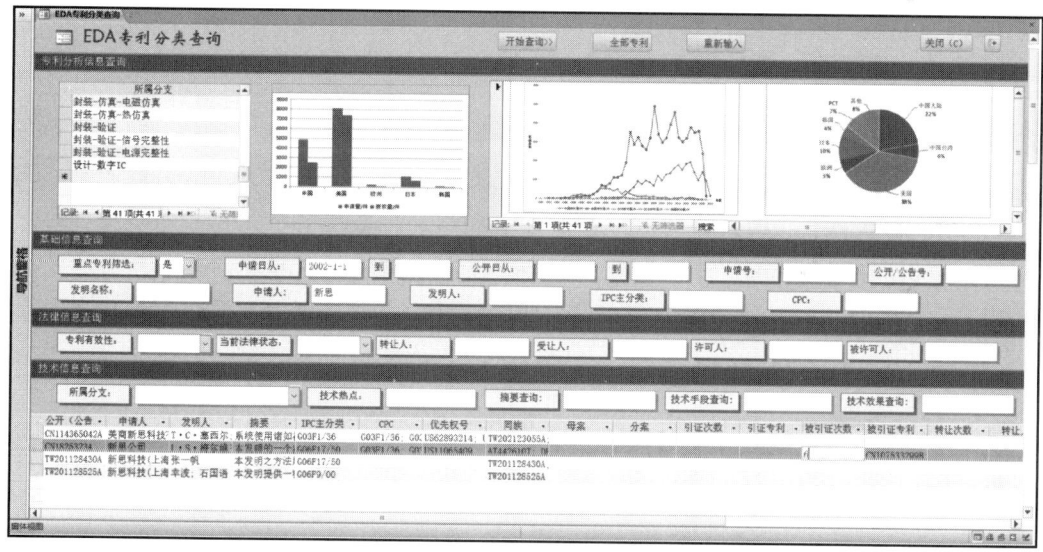

图7-3-7 专利数据查询-"专利信息显示"窗口-凸出显示功能

7.3.2.2 示例2

如果用户想再次进行查询，则可以点击"全部专利"或"重新输入"按钮，以清空输入栏。

在示例2中给出了用户想要查询的所有技术手段包括"布局"的专利中"有效"的专利数据。用户可以在"专利有效性"一栏通过下拉栏选中"有效"，并在"技术手段查询"一栏输入"布局"，则系统开始查询，并在"专利信息显示"窗口中显示出了相关的专利。可以从图7-3-8中看到所有的查询结果，其中包括了"设计-数

243

字 IC – 布局布线"、"设计 – 模拟 IC – 版图设计"和"设计 – 数字 PCB – 布局布线"等多个分支的"布局"专利。

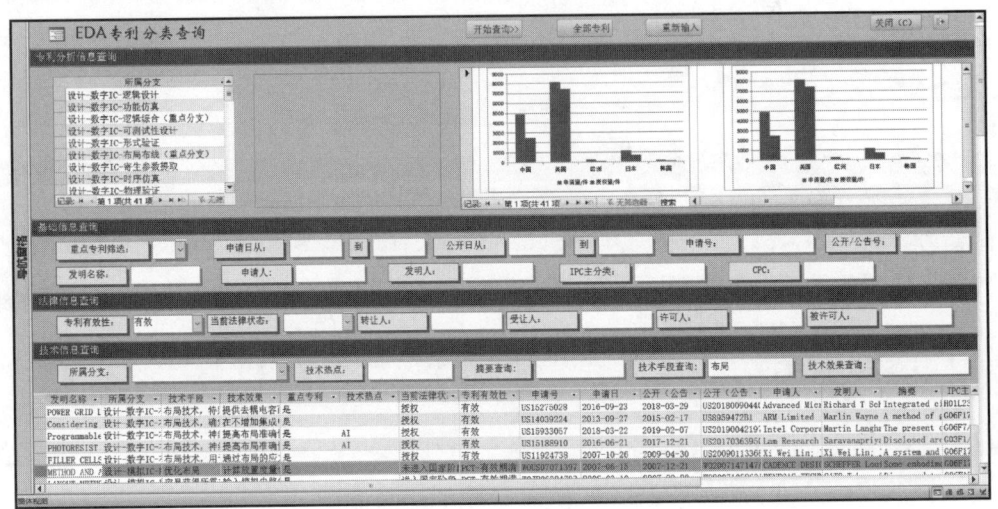

图 7 – 3 – 8 专利数据查询示例 2

7.4 总　　结

本章对所得到的 EDA 专利的数据进行了分析，针对专利数量大、技术分支多的特点，以及创新主体、行业从业者以及相关人员的需求，设计了专利查询和专利分析数据分类展示的可视化界面，便于相关人员快速获取所需的重要专利信息以及行业发展动态。由于采用 Access 数据库进行查询窗体的设计，查询速度大大提高，并且将数据表与前端的窗体拆分开来，这样设计者可以实时更新后台专利数据，同时对显示界面不产生影响。

第8章 主要结论及措施建议

8.1 EDA产业调查结论

随着集成电路产业的发展,设计规模越来越大,制造工艺越来越复杂,设计人员依靠手工难以完成相关工作,必须依靠EDA工具完成电路设计、版图设计、版图验证、性能分析等工作。EDA软件作为集成电路领域的上游基础工具,贯穿于集成电路设计、制造、封测等全流程环节,是集成电路产业的战略基础支柱之一。

EDA技术的发展经历了CAD时代、CAE时代、EDA时代、现代EDA时代四个阶段。伴随着芯片设计的新需求、新技术以及新工艺在该领域的应用,EDA技术呈现出以下发展热点:DTCO、2.5D/3D异构封装技术、AI技术应用于芯片设计、云计算应用于芯片设计。

我国EDA技术发展起步较晚,从20世纪80年代中后期才真正开始,比国外发展晚了十余年,虽然1993年国产ICCAD系统"熊猫系统"诞生,但国内EDA行业并未取得实质性的成功。直到21世纪初,在国家政策支持下,国内EDA产业才陆续露出新的生机。目前,我国企业在EDA工具的完整性方面与国外企业相比有着明显的差距。国际领先的EDA企业以新思、楷登、明导为代表,其所提供的EDA工具产品及服务较为丰富。我国本土EDA厂商则主要专注于某一细分领域,提供的EDA产品还较为单一,市场竞争力和客户体验仍有待提高。目前来看,国内EDA技术的发展主要集中在以下几个方面:点工具的性能提升和产品迭代加快、全流程EDA集成平台、AI和云计算技术的融合。

从产业上看,我国EDA产业发展中存在以下方面的问题:①研发投入积累不足,技术综合实力与国际领先企业存在明显差距;②缺少全流程的解决方案,特别是在数字类EDA工具和晶圆制造类EDA工具方面存在明显不足;③缺失良好的产业链生态圈,难以匹配目前的先进制程工艺;④本土EDA行业人才匮乏。

8.2 EDA技术整体专利态势分析主要结论

8.2.1 中国EDA专利原创技术增速领先,专利质量仍有差距

EDA技术的相关专利申请自20世纪70年代以来,从全球范围看总体是稳步发展的。随着集成电路规模的不断扩大、制造技术和集成工艺的不断发展,EDA技术也不断地实现技术迭代,相关的专利申请量也保持稳定的增长。

EDA原创技术输出分为三个发展阶段:2000年以前,原创技术输出以日本、美国为

主,且日本输出多于美国；2000~2018年,技术输出以美国为主,日本逐步萎缩,中国开始显现；2018年以后,中国超过美国成为最主要的原创技术输出国,美国的技术输出占比出现回落,日本走向没落。中国在EDA领域的研究虽然起步较晚,但信息技术发展迅速,市场新需求引发的新技术不断涌现,已成为目前EDA研究热度最高的国家。

但从图3-1-3可以看出,美国专利申请量、授权量、授权率等各项指标均位居前列,这凸显了美国在EDA领域强劲的竞争力。中国在EDA技术方面的专利申请虽然发展势头强劲、专利布局热情持续攀升,但总体授权率仍不足40%,在技术创新度上与美国还存在较大差距。日本、韩国、欧洲的申请量和授权量相对美国和中国来说更低,可以看出在EDA技术领域,美国和中国是该领域技术发展的驱动力核心,日本、欧洲、韩国已经处于落后地位。

结合图2-2-1和图2-2-2,2005年以前,中国的EDA专利申请授权率普遍不高,仅有10%左右；2005年以后,相关专利的申请量、授权率持续提升,授权率在2016年达到最高的58.5%。可以看出,中国在EDA领域的研发和专利申请热度不断提高,技术创新度不断提升,现阶段虽与美国存在较大差距,但正处于追赶阶段,差距正在缩小。

8.2.2 美国持续保持垄断地位,中国创新主体活跃度增加

EDA技术相关专利的主要申请人分布在美国、日本、中国、韩国、荷兰等国家和地区。自2000年以来,EDA技术的主要竞争出现在美国、中国、日本和韩国之间,特别是在美国和中国之间。美国申请人在专利申请各个时段的统计中均保持着稳定的多数席位和头部位置,具有稳定的竞争力。中国申请人数量稳步提升,整体竞争力有所提升,但缺乏技术集中度。韩国申请人的竞争力比较单一,始终由三星一家企业支撑。日本申请人竞争力逐渐消退。目前全球已形成了主要由美国企业和中国企业竞争的格局,但中国企业仍处于一个后方追赶的阶段。

美国企业的主要申请人包括新思、IBM、楷登、LSI Logic、明导等头部企业,这些企业不但专利申请储备量高,并且还表现出了持续的技术输出能力,展现出强大的技术研发能力。依靠这些公司及其专利申请布局,美国在EDA领域已形成了垄断地位。中国企业虽然在申请量、申请人数量方面有了明显提升,但没有企业进入全球头部位置,国内企业个体与国外巨头之间差距明显,短期内很难实现超越。

8.2.3 中国EDA企业海外布局意愿不足

如图2-6-1所示,全球的PCT申请主要从美国、中国、日本、韩国、欧洲等国家/地区提出,其中从美国提出的PCT申请数量始终保持着这一领先优势,达到了全球总量的65%,凸显了美国EDA企业强烈的海外专利布局意识,与其广泛的专利全球布局和EDA工具产品领先的全球市场占有率是一致的。日本、韩国、欧洲在EDA方面的专利申请量相对较少,PCT申请也相对较少。

中国直到2005年才出现EDA相关的PCT申请。从2015年开始,来自中国的PCT

申请数量有了一定的上升，但 PCT 申请总量上并不算高；相对于国内 EDA 专利申请量的不断攀升，PCT 申请数量的提升并不显著，国内企业海外布局的意识还不高。随着近年来中国国内半导体产业的不断发展，相关企业竞争力以及参与国际竞争意愿的提升，EDA 相关的 PCT 申请预期也会逐步增加。

8.3　EDA 设计类技术主要结论

（1）中国创新主体海外布局意愿弱

从全球主要申请人专利布局地区分布可以看出，申请人在本国的申请量最大，基本所有申请人都会采取这样布局策略，例如新思、楷登、IBM 在美国，日本电气、松下、富士通在日本，三星在韩国。但值得注意的是，美、日、韩等国的申请人均在全球范围内广泛布局并拥有多项 PCT 申请，而中国申请人则多以本国为布局重点，仅有个别申请人有零星海外布局，海外布局意识弱。例如美国的新思在中国、欧洲、日本、韩国等国家/地区有全面布局；韩国的三星除了在本国申请外，在美国、中国等国家和地区也都有大量的布局。巨头公司新思、楷登、明导拥有众多 PCT 申请，在全球范围内广泛布局的意识很强。而作为国内领头代表的华大九天、华虹集团、微电子所则仅在美国有零星布局，PCT 申请也非常少。

（2）中国专利申请质量与美国存在差距

从中国、美国、欧洲、日本、韩国五国/地区的申请量和授权量可见，美国在数字集成电路设计和模拟集成电路设计方面的申请量具有绝对优势，在 PCB 设计方面的申请量则不及中国和日本。但是，在授权比例上，美国在这三个分支上出奇地高，分别达到了 91%、98%、93%，授权比例都超过了 90%，说明美国在这一领域具有非常高的专利申请撰写质量。中国在这三个分支上的授权率分别为 52%、47%、38%，仅仅约为美国申请授权率的一半，说明我国在该领域专利申请撰写质量方面有很大的提升空间。当然，这也与我国在该领域的申请日期较晚，部分申请尚处于审查过程中有关。

8.4　EDA 制造类技术主要结论

（1）中国起步较晚，增速低于全球

如图 4-1-3 所示，从 EDA 制造类技术全球/中国授权量态势可以看出，全球在 EDA 制造类技术领域的每年授权量从 1995 年开始呈现小幅的递增趋势，从 1999 年开始授权量大幅提升，且分别在 2005 年和 2013 年达到两次峰值。中国在 EDA 制作类技术领域起步相对较晚，在 2000 年之前，中国的授权量仅为个位数，从 2001 年开始才呈现小幅的增长趋势。与全球增长趋势相比，即使在峰值时中国授权量与全球授权量也存在较大的差距。由此可见，在 EDA 制造类技术领域中国与全球授权总量存在一定差距，需进一步提高专利申请数量和质量。

如图 4-1-6 所示，从 EDA 制造类技术主要国家/地区申请量和授权量的对比可以看出，中国的申请量位居第一，但是授权量与美国授权量存在的一定的差距，而美国的申请量和授权量均相对较高。日本、韩国、中国台湾地区和欧洲的授权量相比偏少。可以看出，在EDA制造类技术领域，中国、美国基本是该领域技术发展驱动力的核心，日本、欧洲、韩国已经处于落后地位。

（2）美国以企业为主导，中国科研院所和企业共同发展

如图4-1-7所示，在EDA制造类技术全球主要申请人申请量排名中，中国台湾地区的台积电的申请量位居榜首；国外申请人以企业为主，如美国和日本分别有6家和5家企业；中国有2家企业——华虹宏力和中芯国际，和1家科研院所——微电子所。其中，美国的新思、楷登和明导是全球知名的EDA企业，IBM是众所周知的强研发机构，格罗方德是全球知名的半导体晶圆代工厂商，D2S则是全球著名的电子束技术公司；日本的东芝、日本电气、富士通、松下和索尼也是全球知名的半导体电子厂商。与美国、日本相比，中国的企业在综合实力上和外国知名企业相比，研发能力和生产能力还略逊一筹。中国科研院所对于该技术投入的研究相对较少，应促使更多的科研院所投入该项技术的研究中。中国相关企业可以与理论研究成果较为出众的科研院所联合，利用自身的资金和资源实现技术落地的同时，积极引进人才或培养技术人员，从而最终提高企业的技术竞争力。

（3）美国原创技术领先，中国存在巨大差距

如图4-1-10所示，从EDA制造类全球技术原创占比可以看出，美国原创技术占比达到56%，是全球第一大创新群体，在EDA制造类技术方面具有主导地位，这可能与美国自身拥有众多的制造类技术方面的知名企业有关。美国不仅自身的市场需求大，并且常年持续对于EDA领域进行大力的政策扶持以及资金资助，这使得本土的创新主体受到较大的鼓励，拥有较多的产出。占比24%的日本是另一个重要的创新驱动力，具有如东芝、日本电气、富士通、松下和索尼等全球主要申请人，企业力量突出。中国、韩国和中国台湾地区分别位列第三、四、五位，在EDA制造类技术方面与美国和日本存在巨大的差距。

（4）晶圆生产是长期研发热点

如图4-1-11所示，全球EDA制造类工艺平台开发技术和EDA制造类晶圆生产技术这两项技术的专利申请在1993年以前均处于萌芽期，申请量非常少。自1993年开始，EDA制造类工艺平台开发技术和EDA制造类晶圆生产技术申请量呈现明显的上升趋势，其中EDA制造类晶圆生产技术增长趋势明显，且在2002~2021年都保持着较高的申请量，而这些年也正是EDA和半导体技术蓬勃发展的时间。总体来说，EDA制造类晶圆生产技术的申请总量远远大于EDA制造类工艺平台开发技术的申请总量，这可能与EDA制造类工艺平台开发技术研发较为缓慢以及该项技术相对成熟稳定有较大关系。

如图4-1-12所示，中国在上述关键技术领域起步晚于全球约10年的时间。中国EDA制造类工艺平台开发技术的增长趋势与全球基本保持一致，呈现缓慢增长趋势，且基本上一直在增长；晶圆生产技术在从2000年开始发展的几年内紧跟全球增长趋

势,且后续发展势头迅猛。

(5) 中国创新主体海外布局意愿弱

如图 4-1-14 所示,美、日、欧国外申请人均在全球范围内广泛布局,且拥有多项 PCT 申请;中国申请人则多以本国为布局重点,仅有个别申请人有零星海外布局,海外布局意识弱。从目标国家/地区来看,ASML 注重在各国的布局,其他大部分申请人在本国/地区的申请量是最多的;美国公司如新思、IBM 等除了在本国进行布局之外,相对更重视在中国的布局;日本公司除了在本国布局之外,更重视在美国的布局,随后是在中国和韩国布局。另外,ASML、新思和 IBM 相对重视 PCT 申请,采用以进入多个市场国/地区为目标的专利布局策略。

8.5 EDA 封装类技术主要结论

中国是 EDA 封装技术的最大的目标市场,美国排名第二。中国和美国是最重要的两个国际市场,在全球目标市场的占比之和超过 64%,吸引着全球创新主体的注意力。

美国原创技术占比达到 46.53%,是全球第一大创新体;中国原创技术占比 35.44%,排名第二。从全球目标市场和技术原创来源看,其他国家/地区均落后于中国和美国,且差距较大。

从全球主要申请人专利布局地分布来看,各个申请人都是在本国/地区进行最多的专利申请。除本国之外,美国公司例如新思、高通和楷登,德国公司例如西门子也非常重视在中国的专利布局。同时,西门子、新思、高通和英特尔均非常注重 PCT 申请。中国申请人在海外的专利申请则整体很少,海外专利布局意识相对较弱。

8.6 EDA 重要技术分支专利技术分析结论

8.6.1 布局布线结论

(1) 专利布局与工艺制程演进密切相关

从数字集成电路布局布线技术全球申请量的发展趋势看,其并不是随着年份一路向上的,而是伴随起伏逐渐上涨的,且在个别年份有明显的突出。具体分析三大国外巨头新思、楷登以及明导在数字集成电路布局布线技术上申请量的发展趋势,发现这一特征更加明显,而这些突出年份都对应于半导体工艺制程的演进年份。因此,从该领域主要申请人的申请行为发现,专利申请和半导体工艺制程的演进密切相关。例如,2001、2014、2017 年三次制程演进都伴随着前后几年的专利申请量暴增,2009 年新思申请量也有大的暴增。究其原因,工艺制程的进步导致单位面积晶体管数量增多,需要布局布线的数量增大,同时避免干扰等约束也随之增多,这都需要在设计时加以考虑,以保证高效地实现互连互通。目前,伴随新技术 GAAFET 的应用,全球制程正处于向 3nm 演进的关键节点,数字集成电路布局布线技术也会相应地推陈出新,跟上工艺的步伐，因此当前也是专利布局的关键时刻。

（2）我国在布线技术上紧密追随，在布局技术上有差距

从全球申请和中国申请在四个技术分支上的三年增长率可以看出，布局和布线两个分支属于长期的重点布局技术，未来一段时间内仍将是研究的热点。国外申请人在这两个分支上都在积极布局，均衡发展，例如美国的新思和楷登、韩国的三星在布局分支上的申请量和在布线分支上的申请量相接近。但是我国申请人在这两个分支技术上的追随情况却存在明显差异。在布线分支，我国申请人在积极跟进，像华大九天、福州大学、清华大学、微电子所、紫光集团都在紧密追随，尤其是华大九天，近些年在不断布局，有希望在完善技术的基础上尝试尽快推出自己的产品，形成单点突破。福州大学作为高校代表，可以为我国企业提供更多的技术协助，特别是在算法上，这一点在布线实现上非常重要。然而在布局分支，我国申请人的研发热情相对没有那么高，存在较大的差距，普遍申请量较少。由于布局和布线是相互关联的两个环节，布局的好坏会直接影响布线的难易程度，因此，我国创新主体对布局技术也需要加以重视。

（3）在布线技术上我国高校有较好基础，但需提升专利价值意识

在研究数字集成电路布线技术的我国创新主体中，福州大学、清华大学、微电子所、复旦大学作为高校科研机构代表，排在显著的位置，是一支不可忽视的力量。EDA 技术很多来源于大学，因为里面涉及很多算法内容，在布线的自动化实现中，先进的算法显得尤为重要。清华大学在布线技术分支早期具有较多的重点专利，引用这些专利的申请人不乏新思、明导、IBM、英业达等多家巨头公司，说明这些专利价值很高。但这些重点专利均无同族，没有在海外布局，且授权后由于未缴年费处于无效状态。由此可见看出，高校具有专利申请意识，但需要提升专利价值意识。

（4）布局布线技术出现结合 AI、云计算等新技术的发展趋势

通过对数字集成电路布局布线相关专利申请的研究发现，神经网络、AI、云等热点概念近些年开始出现在申请文件中出现。提供 AI 方案的企业 InstaDeep 和提供互联网产品和服务的谷歌，也开始涉足集成电路设计领域。对于数字集成电路布局或布线而言，技术理解不难，只要将问题抽象化为数学问题，就可能有更多的人参与进来。因此，抓住 AI 等热点技术，实现布局布线问题的优化解决，可能成为我国创新主体实现弯道超车的一条路径。

8.6.2 OPC 结论

（1）成熟制程壁垒高，先进制程中 SMO 技术和 ILT 存在机遇

当前，在 OPC 技术领域，目标市场中美占比相近，共同占领全球布局的半数以上，其余主要被东亚的日本、韩国占领；全球技术来源上，美国独占半壁江山，中、日、韩等东亚国家/地区占据剩余主要部分。整体来看，美国技术领先、专利布局成熟、注重核心专利收储、高价值专利占比高；我国企业作为追随者，对成熟技术应用多于创

新，起步晚，申请趋势迅猛但布局集中于国内，高价值专利占比不足1%。整体而言，OPC领域技术壁垒和专利壁垒并存。

在技术分布上，基于规则的OPC技术发展早，对应工艺水平落后，当前已无壁垒障碍。在基于模型的OPC技术分支上，28nm以上的制程技术方面，全球专利布局趋近成熟，海外巨头的布局趋势放缓，我国芯片制造厂商中芯国际和华虹集团在应用层面积累较为成熟，自2018年起进行大量布局，储备了相当数量的专利布局。国内OPC企业申请量虽然不高，但产品已成形落地并进入市场，占据国内一小部分份额，其他较多申请均分布于高校、科研院所，说明我国对于OPC技术创新的商业化程度有待提升，技术创新和成果落地有待衔接。需要警醒的是，基于模型的技术分支经过二十多年的发展，行业龙头新思、ASML、西门子/明导的布局已经完成，我国创新主体虽拥有一定数量的专利储备，但核心基础专利多掌握在海外巨头手中，专利壁垒已经成形，随着市场参与增多，引发侵权纠纷的风险也会相应增大。在SMO技术分支，作为迈进14nm制程之下的重要相关技术，当前布局较少，仍存在一定机遇，但受限于SMO技术与先进光刻系统的深度绑定，这一分支的技术创新存在现实的技术壁垒。当前布局中，SMO分支上ASML一家独大。ILT可构建最大化工艺窗口的掩膜版图，但修正计算量巨大、运算速度过慢，制约了工业使用。在ILT分支的布局上ASML、新思、西门子/明导和台积电四足鼎立。相较于SMO技术，ILT分支的突破受光刻系统制约相对较小。我国创新主体在ILT和SMO技术分支的专利布局以高校、科研机构为主。

（2）国外巨头企业借助收购等运营快速实现商业化，中国运营意识不强

专利收储多是OPC领域的一大显著特色，在OPC领域29%的专利存在专利权转让，表明专利技术的市场应用非常活跃。核心基础专利近半由原研机构或个人转让至新思、ASML或西门子/明导，OPC企业龙头均位于OPC专利收储榜首，显示OPC领域专利转让是技术扩展和专利储备的有效手段。从专利转让历程可以看到OPC技术发展与市场化的进程。OPC技术早期并不是原生于新思、ASML等EDA巨头，但新思和ASML市场敏感度高，不断通过收购形成OPC领域的核心基础专利并将其融入EDA工具。以新思和ASML为例，Numerical Technologies是一家世界领先的亚波长光刻技术供应商，拥有多项OPC核心基础专利。2003年新思通过收购Numerical Technologies并将其OPC技术整合，在丰富自身产品链条的同时将对于版图调整的规则嵌入设计环节，提高了设计的工艺适配性，为芯片设计落地提供了更为便捷和可靠的工具。2007年ASML对华人初创公司Brion展开收购，将Brion在OPC领域的专利尽数收归囊中，快速提升了ASML的计算光刻能力，将光刻系统原本的工艺极限进一步压缩至一半，延续了摩尔定律。较为遗憾的是，在OPC专利收储前20名中我国无创新主体出现，表明我国创新主体在OPC领域的专利转让相对较少，专利储备多由自主研发积累，运营开展较为落后，运营意识不强。

（3）知识产权诉讼活跃，是市场竞争的有效武器

从OPC领域诉讼类型来看，既有337调查、专利侵权诉讼，也有无效以及涉及商

业秘密的侵权纠纷,类型多样。虽然诉讼多以和解告终,但诉讼的结束往往也伴随着企业的收购,例如 ASML 和 Numerical Technologies 侵权案之后新思对于 Numerical Technologies 的收购。当创新主体的知识产权实力较为悬殊时,一旦涉诉,将会对处于弱势的一方带来致命打击,如 Xtal 在与 ASML 的知识产权纠纷中以赔偿 8.45 亿美元败北直接导致了公司的破产。从中我们可以看出,知识产权诉讼在 OPC 领域是市场争夺、打击竞争对手、企业并购的有力武器。竞争态势分析显示,ASML、新思、西门子/明导作为提供具体产品的技术输出者,属于行业技术引领者,其中 ASML 和新思属于绝对的引领者,西门子/明导和楷登也处于较为领先的地位。芯片制造企业台积电、格罗方德、中芯国际和华虹集团等作为应用方属于市场的积极参与者,技术上处于追随地位。对比各创新主体在美诉讼量可以发现,来自于日本、韩国的企业在美国的涉诉数量均远高于美国本土企业,反映出美国市场对于非本国的市场参与者存在很高的应诉风险。当前,在我国尚没有显著的 OPC 知识产权诉讼发生,但是内在发展需求迫切,破解先进制程光刻技术"卡脖子"限制的任务迫在眉睫;一旦技术跟上,技术断供不能扼制我国在该领域的发展时,被借助知识产权优势进行知识产权制裁和打压,无疑是我国创新主体在获得进一步发展后可能面对的最大威胁——从 ASML 对我国东方晶源的侵权指责已可窥见一斑。

(4)我国起步晚、基础弱,已有代表性企业,但面临现实风险

OPC 领域是半导体工艺、光学、算法高度密集的行业,OPC 企业与半导体制造企业的深度绑定是制胜的核心要素。海外巨头经过二十多年的发展积累,与制造企业和设计公司长期紧密合作,具备完善的先进工艺库且后期能随着先进工艺的演进不断迭代,拥有关键的先发优势,这也是 OPC 行业寡头垄断的重要原因。而相对落后的后进入者则难以在短期内获得先进工艺参数库,在发展上形成了巨大的束缚,这也是美国能够在 EDA 领域遏制中国发展的底层逻辑。我国 OPC 企业起步晚、基础薄弱、市场占有率低,产品能够演进迭代的机会相对较小;同时,我国制造企业受 EUV 光刻机禁售的限制,目前还不具备 7nm 以下制程的工艺能力。在这样的困境下,我国 OPC 企业东方晶源、全芯智造已经形成产品落地并能够服务于我国当前的主流工艺制程,也快速形成了一定数量的专利储备,但专利储备量和专利质量方面与海外巨头相比实力悬殊,市场占有率不足 20%,国产化替代率有待进一步提高。另外,我国制造企业中芯国际和华虹集团也储备了大量应用层面的 OPC 专利,如何实现应用层面到开发层面的技术融合和转移是当前我国 OPC 企业所面临的现实问题。在向先进工艺迈进时,光刻设备的突破是 OPC 产品在技术革新上能够得以落地的前提条件。

针对东方晶源和 ASML 的侵权风险分析结果中,东方晶源 28 件 OPC 申请中,96% 的申请相关度在 85% 以上,近四成申请的相关度在 90% 以上,其中一件隶属于 SMO 技术分支的案件相关度达 95%,与多件 ASML 早期申请相似,在未来 OPC 发展的前沿技术分支中出现这种情况,存在很大隐患。同时东方晶源为 Xtal 的母公司,部分案件中,作为 Xtal 侵权案败北的结果,相同主题发明在美权利归属 ASML,在我国归属东方晶源;部分案件在国内的申请日期是在 Xtal 权利移转 ASML 前夕,以上情况在 2019 年及

之前的申请中更为集中。总体而言，东方晶源与 ASML 在技术主线上重叠或相似度很高，专利储备上"敌众我寡"，时间线上正处于前有伏兵、后有追击的局面，因此东方晶源面临现实风险，出海风险尤甚。鉴于这一情况，课题组针对 ASML 与东方晶源的相关度 90% 以上专利进行了无效备选证据检索，但鉴于双方实力悬殊，攻更多的是不得已而为之，如何实现技术快速发展、快速建立专利防御体系是我国创新主体应落实的迫切任务。

梳理发现，在 OPC 领域，国外尤其是美国申请已基本掌握在 ASML、新思、西门子/明导等美国企业中。课题组挖掘到了加州大学的四件核心基础专利可供进行海外收储，同时发现在 ASML 和新思的发明人中华人和华裔占据将近半数，而我国的高校、科研院所在 OPC 领域也进行了一定专利申请，具有一定程度的技术积累，是不可忽视的有生力量。中国科学院上海光学精密机械研究所、微电子所、北京理工大学、上海集成电路研发中心有限公司等科研院所在 SMO 技术分支和 ILT 分支上均有布局，从各个角度贴近 ASML 的相关申请，如果进行收储或许可，形成聚力，则有望快速扩充专利储备，增加风险抵御能力，另外也可促进高校、科研院所的技术创新转化，将企业的有生力量和创新的有生力量融合，助力企业的快速发展。详见图 8-6-1（见文前彩色插图第 8 页）所示。

（5）我国 AI+OPC 申请量增长快速

如图 6-4-20、图 6-4-21、图 6-4-22 所示，从中美在 AI+OPC 技术方面的专利申请趋势对比可以发现，在 2016 年以前的早期阶段，美国相关专利申请的数量领先于中国，但由于申请量整体上处于较低水平，因而其领先优势并不大。从 2017 年开始，随着 AI+OPC 技术的蓬勃发展，中国的相关专利申请数量已经逐渐赶上美国，并在 2019 年实现超越。中国相关专利申请的快速增加不仅与相关国外创新主体注重在中国进行专利布局有关，也与中国的创新主体在该技术方向不断加大研发有关。与传统 OPC 技术方面专利布局较为成熟且中美技术实力差距较大不同，AI+OPC 技术还远未成熟，其专利布局也并不完善，中国创新主体应当抓住先机在该技术领域不断开展深入研究，从而获得领先的技术优势，并快速形成目标市场布局，提高企业的竞争实力。

8.6.3 逻辑综合结论

（1）美国新思处于垄断地位，中国起步较晚，日本由盛转衰

EDA 逻辑综合技术各国/地区授权趋势上，美国授权量领先全球，日本在早先曾与美国并驾齐驱，但在 1992~2002 年由高到低，由盛转衰。中国申请量自 2002 年开始才出现增长，授权量虽然高于其他国家和地区，但远低于美国。

如图 6-1-9 所示，从中国排名申请量前 14 名申请人和新思对比来看，国内排名前 14 位的申请人的申请总量仍不及新思一家。新思作为从逻辑综合软件业务起家的当今全球第一大 EDA 厂商，技术和专利实力遥遥领先。

（2）国内高校、科研院所可作为企业发展支撑

在逻辑综合技术领域，美日均起步较早，并在 2000 年之前展开激烈竞争。20 世纪 90 年代初，日本各重要申请人在政府的资金支持、政策扶植、联合研发多措并举的助

力下发展迅速，集中力量办大事的举国体制助力日本集成电路产业的腾飞。然而后期日本受到美国的压制，半导体产业走向下滑。2000年之后美国超越日本，一骑绝尘；日本则持续走低。2019年以来，中国创新主体迸发出创新活力，申请量首次超越美国，跃居全球第一。然而，中国企业在专利申请总量、专利布局情况、授权率等方面均弱于美国企业，整体实力较弱，没有在产品相应的领域进行全面布局，形成专利壁垒，以保障自己的权益。美国企业如新思、楷登等，不仅专利申请量大，全球范围内专利布局广泛，且积极在技术热点方向以及企业重点关注的技术方向上展开全面布局，从时间和技术两方面都抢占了先机。因此，从中国企业和美国企业的专利实力对比来看，中国企业凭借自己的力量很难与美国企业抗衡。中国企业可以借鉴日本早期的成功经验，政府牵头，寻找国内合适的合作对象组成技术联盟，发挥集中力量办大事的优势。从全球主要申请人的分布来看，中国的高校和科研院所的专利申请量可观，不少高校和科研院所在全球申请人中排名比较靠前，在各个技术分支布局比较全面，可以作为企业的支撑，联合抗衡美国企业的专利封锁。

8.6.4 模拟集成电路结论

（1）电路布局是长期研究热点

如图6-3-9所示，模拟集成电路版图设计包括布线方法、布线结构、电路布局、器件布局和掩膜。电路布局一直处于发展中，其占比大于其他几个分支，且整体呈现递增趋势，说明创新主体对于电路布局具有极大的研发热情。掩膜和布线结构两个技术呈现下降趋势，是因为对于上述技术的改进难度相对较大。器件布局呈现明显的递增趋势，这可能与新的器件结构的出现具有较大的关系。

（2）版图设计技术国外三巨头实力雄厚，中国差距大

如图6-3-10所示，在模拟集成电路版图设计全球申请人申请量排名前20位中，重要申请人主要是台积电、楷登、新思、IBM、三星等。中国台湾地区的台积电排名第一位，说明了台积电作为全球知名的制造厂商在该领域的重要地位。美国申请人数量最多且申请量大，且楷登和新思分列第二位和第三位，说明美国依然处于这一领域的领先地位。中国仅有华大九天、中国科学院和清华大学，且排名靠后，说明中国还需加强在该领域的研发。

（3）各分支布局均较为成熟，中国申请人布局存在薄弱点

如图6-3-12所示，在模拟集成电路版图设计重要申请人各技术分支分布中，器件布局和电路布局属于当前的布局热点，尤其是电路布局这一分支的申请量大。申请量排名前14位的公司，除了克斯公司之外，均在各技术分支进行了布局，覆盖全面，没有缺位；而排名后六位的公司布局不全面，都在部分分支上存在缺位。国内创新主体华大九天、中国科学院和清华大学排名靠后，且在各分支的布局不够完善，还存在一定的缺陷。

（4）清华大学、中国科学院与华大九天存在技术互补性

模拟集成电路版图设计的国内申请量排名前三位的是华大九天、中国科学院和清

华大学。图 6-3-22 为这三个申请人在该领域的重点专利，其中清华大学在布线方法和电路布局两个技术分支具有一定专利申请，中国科学院在布线方法、布线结构和电路布局技术领域都具有一定重点专利，它们与华大九天在布线构造和器件布局领域存在一定程度的互补性。

8.7 措施建议

（1）注重 EDA 新技术自主创新，布局侧重国内

国外巨头企业在 EDA 的基础算法、全流程工具等方面已占据垄断地位，国内企业短期内无法超越，但对于 EDA 未来发展趋势的技术，国内企业可积极开展创新研究，在新技术领域中占据先机。作为 EDA 行业发展趋势，EDA + 云技术、EDA + AI 技术等被认为是 EDA 未来发展的重点技术，全球领先厂商均已开展了相关研究和专利布局。国内企业应当在新技术研究初期积极开展自主创新，对于研究成果及时开展专利布局，抢占新领域新赛道的先机；同时，应注重国内国外双重技术和专利布局，为日后自主创新技术走出国门不被"卡脖子"打好基础。

各国申请人普遍在本国的申请量最大，另外，对于本国之外的其他主要市场目标国也申请一定数量的专利，其目的在于占领目标国的市场并通过适当数量的专利做好专利布局，以防止其他竞争对手抢占市场份额，并且当其他竞争对手发起专利侵权诉讼时，以自己拥有的专利权可以予以反击——也就是说，专利布局是一项进可攻退可守的武器。各国或地区的申请量占比一定程度上反映了该国或地区在 EDA 技术领域的市场大小情况。以新思的专利申请为例，在 EDA 封装技术方面，其在美国、中国、欧洲、韩国等国家和地区均有一定数量的申请；并且新思在各国或地区的申请数量也是有着综合考量的，例如，新思在中国的申请量是除了在美国的申请之外最多的，这反映出中国市场是新思非常看重的。而我国申请人基本上只在国内申请了专利保护，对于其他重要目标市场如美国、日本等均没有申请。因此，建议国内创新主体在国内申请的基础上，应当在海外市场作适当的专利布局。虽然我国 EDA 行业目前还处于起步阶段，还不具备开拓海外市场的能力，但是在国外市场投放一定数量的专利布局有利于形成专利防护网，一旦遇到竞争对手对我国企业的专利侵权诉讼，我们除了在国内与之应诉，还可以在对手的其他重要市场予以专利反击，多线出击，可以获得更大的自主权。从统计数据来看，美国、韩国、日本等国家和地区是 EDA 技术领域的重要目标市场，因此我国创新主体应在这些国家和地区做好专利布局。

（2）借鉴国外布局布线重点技术，积极跟随研发

先学习借鉴，后追赶超越。我国在 EDA 方面的技术储备和美国差距巨大，不是短时间内能追赶上的。对全球重点申请人的技术借鉴是发展的必经之路，新思、楷登、台积电等企业的先进技术需要我们学习和吸收。2012～2015 年它们申请的专利对应全球 14nm 制程时间点，针对成熟制程，能够作为满足我国现有 14nm 制程对应的布线参考技术，在学习吸收并改进的基础上，帮助我国企业尽快推出点工具以补足产品链。

而 2016~2022 年的专利技术则对应制程 10nm 以下的时间节点，针对的是先进制程，可以作为我国预研技术参考。同时，我们也应注意研究重点的方向改变，例如 2015 年前研究重点集中在多层布局和跨障碍布线，2015 年后研究重点集中则转向机器学习，注重标准单元的布线，并研究优秀布局效果的重用。通过积极跟随研发，把握研究风向，可避免走弯路。当然，借鉴的过程中要注意风险防范，对于可能进入我国的重点技术要加以关注，要避免侵权纠纷。

(3) 增强与高校的合作互通，实现布局布线算法技术落地

通过对数字集成电路布局布线专利的分析可以看出，我国高校在该领域有发展潜力。之前有清华大学重要专利早期布局，近期有福州大学后来居上。而且高校在 EDA 领域相关竞赛上频传捷报，如华中科技大学、复旦大学、东南大学都崭露头角，贡献了先进的布局布线算法。我们应充分发挥高校的人才聚集优势，重视数学算法对 EDA 行业的推动作用，及时将优秀的算法在产业中实现。新思等巨头公司在这方面走在前面，值得学习。例如台湾大学，在张耀文教授带领下，团队多次在 EDA 领域相关竞赛中斩获第一名，新思通过与其合作，使自身的技术更加完善提高。同时，台湾大学团队将提出的布局工具连续两代进行了产业化。由此可见，借助高校潜力实现技术产业化是一种有效途径。

(4) 抓住 EDA + AI 和云计算技术发展机遇，提前进行专利布局

AI 技术、云计算技术作为新兴技术，正在成为基本工具逐渐渗透到各个领域以解决该领域的问题，包括 EDA 布局布线领域。AI 技术通过机器学习的方式，能够借鉴以往布局布线的经验和技巧以提高布线和布局的准确度和智能度。云计算透过网络将庞大的计算处理程序自动分拆成无数个较小的子任务，再交由多部服务器进行分析计算，可以大大提高布局布线的效率，同时避免资源不够用的问题。随着集成电路规模越来越大，问题复杂度和计算量会越来越大，特别是在解决数字集成电路的布局布线问题方面，AI 技术和云计算技术必将发挥越来越大的作用。国外三巨头在布局布线中引入 AI 算法、云计算的时间点跟我们同步，布局的强度比我们大很多，但尚未形成明显优势。我们务必要抓住 AI、云计算等技术的发展机遇，在 EDA 的布局布线等分支中寻找可以结合利用的切入点，把握住 EDA 工具更新换代的关键。从研究方向上来看，国外投入了更多的精力在机器学习和神经网络算法与具体的布局布线设计的结合上，国内主要研究方向偏向于聚类算法与物理布局的结合。建议我国在 AI + 技术结合方面可在保持聚类算法结合优势外关注机器学习和神经网络算法与布局布线设计的结合，利用新技术、新思路解决传统问题。

(5) 联合光刻机研发团队，推进 SMO 技术与 ILT 落地

随着制程工艺向光刻极限迈进，OPC 技术与光刻系统的联系愈加密不可分。这一阶段 OPC 技术实质上已成为光刻技术的一部分，这是因为 SMO 技术的实现需要光刻系统例如光源系统、电子束系统的匹配，其要求的光源条件的搭建需要光刻系统可以实现像素式光源，进行更为精细可控的光源可控式调节。因此，先进工艺配套的 OPC 技术与光刻系统的联合研发相辅相成。将 OPC 软件的开发和光刻系统研发同步推进，才

是最终破解光刻技术瓶颈的着力点。创新主体中我国 OPC 企业东方晶源和全芯智造已具备打造相关商用软件的能力，但在 SMO 技术和 ILT 的研发上与国外三巨头实力悬殊。可考虑中国科学院上海光学精密机械研究所担当光刻机攻关重任。微电子所、北京理工大学、上海集成电路研发中心有限公司具有 SMO 技术和/或 ILT 研发积累，已形成一定专利储备，可考虑引导相关企业和高校、科研院所联合开展研发合作，加速创新商业化。在研发阶段，即加入软硬件相互协同作用的设计，同时借助当前我国领先的 AI 技术，运用 AI 的优势加快计算迭代，破解 SMO 技术和 ILT 计算量巨大、耗时不菲的技术难题，是我国创新主体有望在 SMO 技术和 ILT 发展上获得加速度的有利条件。

（6）加强产业合作，提升 OPC 基于模型技术国产化替代

从实用主义出发，我国创新主体所掌握的 OPC 技术也就是基于模型的 OPC 技术，与我国 28nm 以下为主的制程水平较为匹配，但我国创新主体市场占有率尚不足 20%。因此，政策层面，可考虑为我国软件公司、芯片制造厂商搭建合作平台，进一步加强我国 OPC 创新主体与芯片制造厂商的合作以及数据融合，引导我国 OPC 创新主体加大对已有软件的模型提升和光刻环境匹配训练，增强服务黏度，扩大国产化替代进程；作为配套支撑，应加大对芯片制造厂商提供生产数据、使用国产软件的财税支持。与此同时，我国 OPC 创新主体也必须意识到新思、西门子/明导和 ASML 掌握大量基于模型的核心基础专利，在扩大市场占有率的过程中，应当同步围绕核心基础专利进行环绕式专利布局。鉴于新思、西门子/明导在并购过程中产生的专利布局漏洞，所涉及的未在我国进行布局的核心基础专利相对较早，与我国当前制程工艺较为匹配，要有效加以分析利用，在技术更新的基础上在我国开展以产品为主导的专利布局。

（7）积极运营形成专利联盟，助力我国 OPC 高质量专利快速储备

对于我国创新主体，解决自身技术发展的问题更为迫切。ASML 在美国的辖制下对我国集成电路产业发展的扼制不仅是市场层面的产品断供，也包括知识产权的纷争。要抗衡有着丰富诉讼经验并以知识产权作为武器的领域巨头，我国创新主体在加速自主创新研发的同时，应清醒认识到所处劣势，联合国内可以联合的一切力量共同争取发展和生存空间，抱团前进突破尖端技术封锁；在知识产权方面，借鉴国外巨头的发展之路，加大专利布局，灵活运用专利收储和专利许可等运营手段，快速形成可观数量的知识产权储备。基于对国内 OPC 重要创新主体的专利梳理，OPC 企业可以借助技术合作、专利收储运营、产品共同开发，聚合中国科学院上海光学精密机械研究所、微电子所、上海集成电路研发中心有限公司等重要创新主体的创新积累，在制造类企业中芯国际、华虹集团的客户端解决产品落地和产业化应用的问题，以联合共赢、共同发展的思路整合我国 OPC 技术发展的生态圈，从应用层面建立产品标准。与此同时，我们应当加大政策扶持力度，针对重点创新主体开展加快审查，帮助我国创新主体在 OPC 领域尽快打造更多高质量专利，用高质量专利储备为未来可能出现的争端打下坚实可靠的基础。

（8）保持逻辑综合热点技术分支研究力度，持续进行全面布局

通过分析结论可以看出，在逻辑综合方面中国起步较晚。在中美竞争格局的影响

下，我国创新主体在认识到与美国寡头企业之间的巨大差距的同时，要自主创新，提升个体实力；同时，针对目前国内企业专利实力较弱的情况，可以尝试借鉴日本早期成功的经验，通过政府牵头组建联盟的形式，充分挖掘我国高校/科研院所的技术基础，并通过联盟国内领先企业集团，参考联盟效果参数评估、联盟技术路线评估、联盟技术对抗评估多维度评价指标指导联盟组合筛选，助力企业发展以及对抗行业寡头。通过对日本的技术发展路线的研究发现，日本逻辑综合发展经过早期蓬勃的发展逐步转向衰落，但始终保持着对优化映射关键技术点的持续研发，这也从侧面反映出该分支技术的重要性，建议国内创新主体对该技术分支重点关注并提前构建专利池，提升竞争力。

（9）借助国内高校前沿技术研究成果，增强模拟集成电路版图设计布局

在模拟集成电路版图设计方面，国内排名前三位的是华大九天、中国科学院和清华大学，其中国内 EDA 企业华大九天在布线方法、电路和器件技术分支具有一定数量的专利布局，特别是 2018 年后在布线方法技术分支可谓一枝独秀；清华大学在布线方法和电路布局两个技术分支具有一定专利申请；中国科学院在布线方法、布线构造和电路布局技术领域都具有一定重点专利，其中在电路布局技术领域已经有一定量的专利申请数量。国内 EDA 企业与科研创新活跃的高校、科研院所在模拟集成电路版图设计存在一定程度的互补性，应当加强产学研合作，共同促进该技术领域的发展和突破。

图 索 引

图 2-1-1　EDA 技术分解表（19）
图 2-2-1　EDA 全球/中国专利申请态势（20）
图 2-2-2　EDA 全球/中国专利授权态势（21）
图 2-3-1　EDA 专利申请全球目标市场占比（22）
图 2-3-2　EDA 技术全球原创国家/地区专利申请趋势（23）
图 2-4-1　EDA 全球主要申请人专利申请情况（24）
图 2-4-2　EDA 在华主要申请人专利申请情况（28）
图 2-4-3　EDA 技术全球专利申请量前 20 名的申请人国家分布统计（30）
图 2-5-1　EDA 重要技术原创地情况（32）
图 2-5-2　设计类 EDA 重要技术原创地迁移（33）
图 2-5-3　制造类 EDA 重要技术原创地迁移（33）
图 2-5-4　封装类 EDA 重要技术原创地迁移（33）
图 2-5-5　EDA 全球专利申请量排名前 20 位的主要申请人重要技术时间分布（彩图 1）
图 2-6-1　EDA 技术全球主要国家/地区 PCT 申请趋势（35）
图 2-6-2　EDA 技术全球主要国家/地区 PCT 申请的同族数量（35）
图 2-6-3　全球 PCT 申请的专利度分析（36）
图 2-6-4　EDA 技术全球 PCT 申请的保护范围分析（37）
图 3-1-1　EDA 设计类技术全球/中国申请态势（39）
图 3-1-2　EDA 设计类技术主要国家/地区授权态势（40）
图 3-1-3　EDA 设计类技术主要国家/地区申请量和授权量（40）
图 3-1-4　设计类 EDA 全球申请人申请量排名前 20 位（41）
图 3-1-5　设计类 EDA 在华申请人排名（42）
图 3-1-6　设计类 EDA 全球目标市场占比（42）
图 3-1-7　设计类 EDA 原创国家/地区占比（43）
图 3-1-8　设计类 EDA 全球/中国主要技术分支申请情况（43）
图 3-1-9　设计类 EDA 全球主要申请人技术分布（48）
图 3-1-10　设计类 EDA 在华主要申请人的技术分布（48）
图 3-2-1　EDA 设计类数字集成电路相关技术全球/中国申请态势（49）
图 3-2-2　EDA 设计类数字集成电路相关技术主要国家/地区授权态势（51）
图 3-2-3　EDA 设计类数字集成电路相关技术主要国家/地区申请和授权量（52）
图 3-2-4　EDA 设计类数字集成电路相关技术全球申请人排名前 20 位（52）
图 3-2-5　EDA 设计类数字集成电路相关技术中国申请人排名前 20 位（53）
图 3-2-6　EDA 设计类数字集成电路相关技术全球目标市场占比（54）
图 3-2-7　EDA 设计类数字集成电路相关技术全球原创国家/地区占比（54）
图 3-2-8　EDA 设计类数字集成电路相关技术全球主要申请人国家/地区分布（58）
图 3-2-9　EDA 设计类数字集成电路相关技术中国主要申请人申请量国家/地

区分布 （58）

图 3-3-1 EDA 设计类模拟集成电路技术全球/中国申请态势 （59）

图 3-3-2 EDA 设计类模拟集成电路技术主要国家/地区授权态势 （60）

图 3-3-3 EDA 设计类模拟集成电路技术主要国家/地区申请量和授权量 （61）

图 3-3-4 EDA 设计类模拟集成电路技术全球申请人排名前 20 位 （61）

图 3-3-5 EDA 设计类模拟集成电路技术在华申请人申请量排名前 20 位 （62）

图 3-3-6 EDA 设计类模拟集成电路技术全球目标市场占比 （63）

图 3-3-7 EDA 设计类模拟集成电路技术全球原创地占比 （63）

图 3-3-8 EDA 设计类模拟集成电路技术全球主要申请人布局地分布 （67）

图 3-3-9 EDA 设计类模拟集成电路技术在华主要申请人布局地分布 （67）

图 3-4-1 EDA 设计类 PCB 全球/中国申请态势 （68）

图 3-4-2 EDA 设计类 PCB 主要国家/地区授权态势 （69）

图 3-4-3 EDA 设计类 PCB 主要国家/地区申请量和授权量情况 （70）

图 3-4-4 EDA 设计类 PCB 全球申请人申请量排名 （71）

图 3-4-5 EDA 设计类 PCB 在华申请人申请量排名 （71）

图 3-4-6 EDA 设计类 PCB 全球目标地占比 （72）

图 3-4-7 EDA 设计类 PCB 全球原创地占比 （72）

图 3-4-8 EDA 设计类 PCB 全球主要申请人申请量国家/地区分布 （75）

图 3-4-9 EDA 设计类 PCB 在华主要申请人申请量国家/地区分布 （76）

图 4-1-1 EDA 制造类技术分解 （78）

图 4-1-2 EDA 制造类技术全球/中国申请态势 （79）

图 4-1-3 EDA 制造类技术全球/中国授权态势 （80）

图 4-1-4 EDA 制造类技术主要国家/地区申请量占比 （81）

图 4-1-5 EDA 制造类技术主要国家/地区授权量占比 （81）

图 4-1-6 EDA 制造类技术主要国家/地区申请量和授权量 （82）

图 4-1-7 EDA 制造类技术全球前 20 位申请人申请量排名情况 （83）

图 4-1-8 EDA 制造类技术专利申请人在华申请量排名情况 （84）

图 4-1-9 EDA 制造类技术全球目标市场占比 （84）

图 4-1-10 EDA 制造类技术全球原创地占比 （85）

图 4-1-11 EDA 制造类技术全球主要技术分支申请态势 （85）

图 4-1-12 EDA 制造类技术中国主要技术分支申请态势 （86）

图 4-1-13 EDA 制造类技术在全球/中国主要技术分支申请量占比 （87）

图 4-1-14 EDA 制造类技术全球主要申请人布局地分布 （90）

图 4-1-15 EDA 制造类技术中国主要申请人申请量国家/地区分布 （91）

图 4-1-16 EDA 制造类技术全球主要申请人申请量技术分布 （92）

图 4-1-17 EDA 制造类技术中国主要申请人申请量技术分布 （92）

图 4-2-1 EDA 制造类工艺平台开发技术全球/中国申请态势 （93）

图 4-2-2 EDA 制造类工艺平台开发技术全球/中国授权态势 （94）

图 4-2-3 EDA 制造类工艺平台开发技术主要国家/地区申请量占比 （95）

图 4-2-4 EDA 制造类工艺平台开发技术主要国家/地区授权量占比 （95）

图 4-2-5 EDA 制造类工艺开发平台技术全球主要国家/地区申请量和授权量占比 （96）

图 4-2-6 EDA 制造类工艺开发平台技术全球

申请人申请量排名前20位 (96)

图4-2-7 EDA制造类工艺开发平台技术在华申请人申请量排名前20位 (97)

图4-2-8 EDA制造类工艺开发平台技术专利申请全球目标国家/地区占比 (98)

图4-2-9 EDA制造类工艺开发平台技术全球原创国家/地区占比 (98)

图4-2-10 EDA制造类工艺平台开发技术全球主要申请人申请量布局地分布 (102)

图4-2-11 EDA制造类工艺平台开发技术中国主要申请人申请量国家/地区分布 (103)

图4-2-12 EDA制造类工艺平台开发技术全球主要申请人申请量技术分布 (103)

图4-2-13 EDA制造类工艺平台开发技术中国主要申请人申请量技术分布 (104)

图4-3-1 EDA制造类晶圆生产技术全球/中国申请态势 (105)

图4-3-2 EDA制造类晶圆生产技术全球/中国授权态势 (105)

图4-3-3 EDA制造类晶圆生产技术主要国家/地区申请量占比 (106)

图4-3-4 EDA制造类晶圆生产技术主要国家/地区授权量占比 (106)

图4-3-5 EDA制造类晶圆生产各国家/地区申请/授权态势 (107)

图4-3-6 EDA制造类晶圆生产技术全球申请人申请量排名前20位 (108)

图4-3-7 EDA制造类晶圆生产EDA技术在华申请人申请量排名前20位 (109)

图4-3-8 EDA制造类晶圆生产技术全球目标市场占比 (109)

图4-3-9 EDA制造类晶圆生产技术原创国家/地区占比 (110)

图4-3-10 EDA制造类晶圆生产技术全球主要申请人布局地分布 (113)

图4-3-11 EDA制造类晶圆生产技术中国主要申请人申请量国家/地区分布 (114)

图4-3-12 EDA制造类晶圆生产技术全球主要申请人申请量分布 (115)

图4-3-13 EDA制造类晶圆生产技术中国主要申请人申请量分布 (115)

图5-1-1 EDA封装类技术全球/中国申请态势 (117)

图5-1-2 EDA封装类技术主要国家/地区授权态势 (118)

图5-1-3 EDA封装类技术主要国家/地区申请量和授权量 (119)

图5-1-4 EDA封装类技术全球申请人申请量排名前20位 (119)

图5-1-5 EDA封装类技术在华申请人申请量排名前20位 (120)

图5-1-6 EDA封装类技术全球目标市场占比 (121)

图5-1-7 EDA封装类技术全球原创地占比 (121)

图5-1-8 EDA封装类技术全球/中国主要技术分支申请量分布 (122)

图5-1-9 EDA封装类技术全球主要申请人申请量国家/地区分布 (125)

图5-1-10 EDA封装类技术中国主要申请人申请量国家/地区分布 (126)

图5-1-11 EDA封装类技术全球主要申请人申请量技术分布 (127)

图5-1-12 EDA封装类技术中国主要申请人申请量技术分布 (127)

图5-2-1 EDA封装类设计技术全球/中国申请态势 (128)

图5-2-2 EDA封装类设计技术主要国家/地区授权态势 (129)

图5-2-3 EDA封装类设计技术主要国家/地区申请量和授权量 (129)

图5-2-4 EDA封装类设计技术全球申请人申请量排名前20位 (130)

图5-2-5 EDA封装类设计技术在华申请人申请量排名前20位 (131)

图5-2-6 EDA封装类设计技术全球目标市场占比 (132)

图5-2-7 EDA封装类设计技术全球原创国家/地区占比 (132)

图5-2-8 EDA封装类设计技术全球/中国申请量主要技术分支分布（132）
图5-2-9 EDA封装类设计技术全球主要申请人布局地分布（135）
图5-2-10 EDA封装类设计技术中国主要申请人布局地分布（135）
图5-2-11 EDA封装类设计技术全球主要申请人申请量技术分布（136）
图5-2-12 EDA封装类设计技术中国主要申请人申请量技术分布（137）
图5-3-1 EDA封装类仿真技术全球/中国申请态势（138）
图5-3-2 EDA封装类仿真技术全球/中国授权态势（138）
图5-3-3 EDA封装类仿真技术全球主要国家/地区申请量和授权量（139）
图5-3-4 EDA封装类仿真技术全球申请人申请量排名前15名（140）
图5-3-5 EDA封装类仿真技术在华申请人排名（140）
图5-3-6 EDA封装类仿真技术全球目标市场占比（141）
图5-3-7 EDA封装类仿真技术全球原创国家/地区占比（141）
图5-3-8 EDA封装类仿真技术全球/中国主要技术分支申请量分布（142）
图5-3-9 EDA封装类仿真技术全球主要申请人布局地分布（145）
图5-3-10 EDA封装类仿真技术中国主要申请人布局地分布（146）
图5-3-11 EDA封装类仿真技术全球主要申请人申请量技术分布（147）
图5-3-12 EDA封装类仿真技术中国主要申请人申请量技术分布（147）
图5-4-1 EDA封装类验证技术全球/中国申请态势（148）
图5-4-2 EDA封装类验证技术全球/中国授权态势（149）
图5-4-3 EDA封装类验证技术主要国家/地区申请量和授权量（149）
图5-4-4 EDA封装类验证技术全球主要申请人申请量排名（150）
图5-4-5 EDA封装类验证技术在华申请人申请量排名（151）
图5-4-6 EDA封装类验证技术全球目标市场占比（151）
图5-4-7 EDA封装类验证技术全球原创地占比（152）
图5-4-8 EDA封装类验证技术全球/中国主要技术分支申请量分布（152）
图5-4-9 EDA封装类验证技术全球主要申请人布局地分布（155）
图5-4-10 EDA封装类验证技术在华主要申请人布局地分布（155）
图5-4-11 EDA封装类验证技术全球主要申请人申请量技术分布（156）
图5-4-12 EDA封装类验证技术在华主要申请人申请量技术分布（157）
图6-1-1 逻辑综合技术全球/中国申请态势（160）
图6-1-2 逻辑综合技术全球技术原创地占比（160）
图6-1-3 逻辑综合技术全球目标市场占比（160）
图6-1-4 逻辑综合技术全球目标市场占比（161）
图6-1-5 2000年及之前逻辑综合技术领域日本重要申请人申请趋势（161）
图6-1-6 美国对日本半导体产业采取的措施（162）
图6-1-7 逻辑综合技术日本重要申请人申请趋势（163）
图6-1-8 日本电气逻辑综合技术路线（164）
图6-1-9 逻辑综合技术全球申请人申请量排名（165）
图6-1-10 逻辑综合技术中国前15位申请人申请量和新思对比（166）
图6-1-11 新思专利构成（166）
图6-1-12 新思与Synplicity的逻辑综合技术领域专利对比（167）
图6-1-13 新思与Synplicity的FPGA专利对比（167）

图索引

图 6-1-14 新思和 Synplicity 的重要专利 (168)

图 6-1-15 逻辑综合技术领域国内申请趋势 (169)

图 6-1-16 逻辑综合技术领域国内主要创新主体申请量 (170)

图 6-1-17 逻辑综合技术领域国内创新主体重要专利布局 (170)

图 6-1-18 逻辑综合技术领域国内主要申请人技术重点分布 (171)

图 6-2-1 全球以及三巨头与制程的时间段相对应的数字集成电路布局布线技术申请量分布情况 (173)

图 6-2-2 数字集成电路布局布线技术全球申请量排名前 26 位的申请人分布情况 (174)

图 6-2-3 数字集成电路布局布线技术国内申请量趋势以及中美重要专利在华布局对比 (176)

图 6-2-4 全球和中国数字集成电路布局布线技术四个分支专利申请量占比变化 (彩图 2)

图 6-2-5 境内外主要申请人在数字集成电路布局布线四个分支的布局情况 (彩图 3)

图 6-2-6 新思在数字集成电路布局布线技术四个分支的专利申请布局情况 (177)

图 6-2-7 华大九天在数字集成电路布局布线技术四个分支的专利申请布局情况 (178)

图 6-2-8 数字集成电路布局布线技术布线分支的主要申请人的技术路线 (180)

图 6-2-9 数字集成电路布局布线技术重点申请人针对制程的重要发明专利 (彩图 4)

图 6-2-10 清华大学数字集成电路布局布线技术布线技术分支重点专利布局分析 (181)

图 6-2-11 清华大学数字集成电路布局布线技术分支重点专利被引用关系 (181)

图 6-2-12 福州大学数字集成电路布局布线技术分支重点专利布局分析 (182)

图 6-2-13 清华大学和福州大学数字集成电路布局布线技术失效专利首权字数情况 (182)

图 6-2-14 数字集成电路布局布线技术中 AI、云计算相关专利申请比较 (183)

图 6-2-15 国外申请人在结合 AI、云计算方向的发展动向 (183)

图 6-3-1 电路设计图和模拟集成电路芯片制造之间的"桥梁" (185)

图 6-3-2 模拟集成电路版图设计工具市场份额 (185)

图 6-3-3 模拟集成电路版图设计技术分解 (186)

图 6-3-4 模拟集成电路版图设计申请趋势 (186)

图 6-3-5 模拟集成电路版图设计目标市场占比 (187)

图 6-3-6 模拟集成电路版图设计技术输出国家/地区占比 (187)

图 6-3-7 模拟集成电路版图全球技术分支申请量占比 (187)

图 6-3-8 模拟集成电路版图中国技术分支申请量占比 (187)

图 6-3-9 模拟集成电路版图设计技术分支申请量占比趋势 (188)

图 6-3-10 模拟集成电路版图设计全球申请人申请量排名前 20 位 (189)

图 6-3-11 模拟集成电路版图设计中国申请人申请量排名前 20 位 (189)

图 6-3-12 模拟集成电路版图设计重要申请人各技术分支申请量分布 (190)

图 6-3-13 台积电模拟集成电路版图设计技术发展路线及重点专利 (191)

图 6-3-14 楷登模拟集成电路版图设计技术发展路线及重点专利 (193)

图 6-3-15 新思模拟集成电路版图设计技术发展路线及重点专利 (194)

263

图6-3-16 IBM模拟集成电路版图设计技术发展路线及重点专利 (195)

图6-3-17 华大九天发展历程 (196)

图6-3-18 华大九天模拟电路涉及工具 (196)

图6-3-19 华大九天模拟集成电路设计专利申请态势 (197)

图6-3-20 华大九天模拟集成电路版图设计技术领域重点专利 (198)

图6-3-21 华大九天与楷登产品与专利布局相互驱动对比 (199)

图6-3-22 华大九天、中国科学院及清华大学在模拟集成电路版图设计技术领域重点专利 (201)

图6-4-1 OPC技术分支发展情况 (203)

图6-4-2 OPC产品主要供应商 (204)

图6-4-3 OPC技术专利申请趋势 (205)

图6-4-4 OPC技术全球目标市场分布 (206)

图6-4-5 OPC技术全球技术来源分布 (206)

图6-4-6 OPC技术各技术分支申请走势 (207)

图6-4-7 OPC技术各分支技术发展路线 (彩图5)

图6-4-8 OPC技术全球专利申请授权率趋势 (213)

图6-4-9 OPC技术全球申请人申请量排名 (214)

图6-4-10 OPC技术全球主要申请人布局地分布 (彩图6)

图6-4-11 OPC技术全球主要申请人布局技术分布 (彩图7)

图6-4-12 OPC技术全球主要申请人专利影响力分布 (216)

图6-4-13 OPC技术中国主要申请人专利影响力分布占比 (217)

图6-4-14 OPC技术全球主要申请人专利授权率 (217)

图6-4-15 OPC技术转让专利占比及专利收储前十位创新主体构成 (218)

图6-4-16 ASML专利收储转让人构成 (219)

图6-4-17 东方晶源V.ASML专利相关度对比 (222)

图6-4-18 东方晶源V.ASML专利风险攻防 (223)

图6-4-19 东方晶源v.ASML高相关度专利对抗 (223)

图6-4-20 AI+OPC技术全球专利申请趋势 (225)

图6-4-21 AI+OPC技术中美专利申请趋势对比 (225)

图6-4-22 AI+OPC技术全球主要申请人申请量排名前12名 (226)

图6-4-23 OPC技术国内重点创新主体技术布局 (227)

图7-2-1 EDA分类查询界面总体视图 (236)

图7-2-2 专利分析信息查询子界面 (236)

图7-2-3 专利分析信息查询子界面-图片显示功能 (236)

图7-2-4 专利分析信息查询子界面-附件按钮功能 (237)

图7-2-5 专利分析信息查询子界面-附件按钮-文字说明展示功能 (237)

图7-2-6 基础信息查询子界面 (238)

图7-2-7 法律信息查询子界面 (238)

图7-2-8 技术查询子界面 (239)

图7-2-9 专利数据显示子界面 (239)

图7-3-1 专利分析信息查询方法 (240)

图7-3-2 专利分析信息查询方法-图片切换 (240)

图7-3-3 专利分析信息查询方法-文字说明展示功能 (241)

图7-3-4 专利分析信息查询方法-多图展示功能 (241)

图7-3-5 初始界面 (242)

图7-3-6 专利数据查询示例1 (243)

图7-3-7 专利数据查询-"专利信息显示"窗口-凸出显示功能 (243)

图7-3-8 专利数据查询示例2 (244)

图8-6-1 SMO技术/专利布局补强备选 (彩图8)

表 索 引

表1-2-1 我国EDA技术相关扶持政策（5~7）
表2-1-1 EDA专利申请量（20）
表2-4-1 EDA全球竞争格局演变（30~31）
表3-1-1 设计类EDA全球主要申请人申请量年度分布（45）
表3-1-2 设计类EDA在华主要申请人申请量年度分布（46）
表3-1-3 设计类EDA全球主要申请人申请量布局地分布（47）
表3-1-4 设计类EDA在华主要申请人申请量布局地分布（47）
表3-2-1 EDA设计类数字集成电路相关技术领域全球主要申请人年度申请量分布（56）
表3-2-2 EDA设计类数字集成电路相关技术领域中国主要申请人申请量年度分布（57）
表3-3-1 EDA设计类模拟集成电路全球主要申请人申请量年度分布（65）
表3-3-2 EDA设计类模拟集成电路在华主要申请人申请量年度分布（66）
表3-4-1 EDA设计类PCB全球主要申请人申请量年度分布（73）
表3-4-2 EDA设计类PCB在华主要申请人申请量年度分布（74）
表4-1-1 EDA制造类技术各分支专利申请量（78）
表4-1-2 EDA制造类技术全球主要申请人申请量年度分布（88）
表4-1-3 EDA制造类技术中国主要申请人申请量年度分布（89）
表4-2-1 EDA制造类工艺平台开发技术全球主要申请人申请量年度分布（100）
表4-2-2 EDA制造类工艺平台开发技术中国主要申请人申请量年度分布（101）
表4-3-1 EDA制造类晶圆生产技术全球主要申请人申请量年度分布（111）
表4-3-2 EDA制造类晶圆生产技术中国主要申请人申请量年度分布（112）
表5-1-1 EDA封装类技术全球主要申请人申请量年度分布（123）
表5-1-2 EDA封装类技术中国主要申请人申请量年度分布（124）
表5-2-1 EDA封装类设计技术全球主要申请人申请量年度分布（133）
表5-2-2 EDA封装类设计技术中国主要申请人申请量年度分布（134）
表5-3-1 EDA封装类仿真技术全球主要申请人申请量年度分布（143）
表5-3-2 EDA封装类仿真技术中国主要申请人申请量年度分布（144）
表5-4-1 EDA封装类验证技术全球主要申请人申请量年度分布（153）
表5-4-2 EDA封装类验证技术在华主要申请人申请量年度分布（154）
表6-2-1 数字集成电路布局布线技术竞争格局的变化（175）
表6-2-2 国内申请人在布局布线方面AI国内重点专利（184）
表6-2-3 国内申请人在布局布线方面云计算国内重点专利（184）
表6-4-1 基于规则的OPC技术的核心专利（209）
表6-4-2 基于模型的OPC技术的核心专利（210）
表6-4-3 SRAF技术的核心专利（211）

表6-4-4	SMO技术的核心专利（212）	表6-4-9	明导可利用外国专利（229~230）
表6-4-5	ILT的核心专利（213）	表6-4-10	SMO技术国内可收储专利（230~231）
表6-4-6	OPC技术创新主体竞争力数据（219~220）	表6-4-11	ILT国内可收储专利（231）
表6-4-7	OPC领域诉讼典型案例（220~221）	表6-4-12	OPC国内重要企业未审结案专利申请（232）
表6-4-8	新思可利用外国专利（228~229）		

书号	书名	产业领域	定价	条码
9787513006910	产业专利分析报告（第1册）	薄膜太阳能电池 等离子体刻蚀机 生物芯片	50	9787513006910
9787513007306	产业专利分析报告（第2册）	基因工程多肽药物 环保农业	36	9787513007306
9787513010795	产业专利分析报告（第3册）	切削加工刀具 煤矿机械 燃煤锅炉燃烧设备	88	9787513010795
9787513010788	产业专利分析报告（第4册）	有机发光二极管 光通信网络 通信用光器件	82	9787513010788
9787513010771	产业专利分析报告（第5册）	智能手机 立体影像	42	9787513010771
9787513010764	产业专利分析报告（第6册）	乳制品生物医用 天然多糖	42	9787513010764
9787513017855	产业专利分析报告（第7册）	农业机械	66	9787513017855
9787513017862	产业专利分析报告（第8册）	液体灌装机械	46	9787513017862
9787513017879	产业专利分析报告（第9册）	汽车碰撞安全	46	9787513017879
9787513017886	产业专利分析报告（第10册）	功率半导体器件	46	9787513017886
9787513017893	产业专利分析报告（第11册）	短距离无线通信	54	9787513017893
9787513017909	产业专利分析报告（第12册）	液晶显示	64	9787513017909
9787513017916	产业专利分析报告（第13册）	智能电视	56	9787513017916
9787513017923	产业专利分析报告（第14册）	高性能纤维	60	9787513017923
9787513017930	产业专利分析报告（第15册）	高性能橡胶	46	9787513017930
9787513017947	产业专利分析报告（第16册）	食用油脂	54	9787513017947
9787513026314	产业专利分析报告（第17册）	燃气轮机	80	9787513026314
9787513026321	产业专利分析报告（第18册）	增材制造	54	9787513026321
9787513026338	产业专利分析报告（第19册）	工业机器人	98	9787513026338
9787513026345	产业专利分析报告（第20册）	卫星导航终端	110	9787513026345
9787513026352	产业专利分析报告（第21册）	LED照明	88	9787513026352

书　号	书　名	产业领域	定价	条　码
9787513026369	产业专利分析报告（第22册）	浏览器	64	
9787513026376	产业专利分析报告（第23册）	电池	60	
9787513026383	产业专利分析报告（第24册）	物联网	70	
9787513026390	产业专利分析报告（第25册）	特种光学与电学玻璃	64	
9787513026406	产业专利分析报告（第26册）	氟化工	84	
9787513026413	产业专利分析报告（第27册）	通用名化学药	70	
9787513026420	产业专利分析报告（第28册）	抗体药物	66	
9787513033411	产业专利分析报告（第29册）	绿色建筑材料	120	
9787513033428	产业专利分析报告（第30册）	清洁油品	110	
9787513033435	产业专利分析报告（第31册）	移动互联网	176	
9787513033442	产业专利分析报告（第32册）	新型显示	140	
9787513033459	产业专利分析报告（第33册）	智能识别	186	
9787513033466	产业专利分析报告（第34册）	高端存储	110	
9787513033473	产业专利分析报告（第35册）	关键基础零部件	168	
9787513033480	产业专利分析报告（第36册）	抗肿瘤药物	170	
9787513033497	产业专利分析报告（第37册）	高性能膜材料	98	
9787513033503	产业专利分析报告（第38册）	新能源汽车	158	
9787513043083	产业专利分析报告（第39册）	风力发电机组	70	
9787513043069	产业专利分析报告（第40册）	高端通用芯片	68	
9787513042383	产业专利分析报告（第41册）	糖尿病药物	70	
9787513042871	产业专利分析报告（第42册）	高性能子午线轮胎	66	
9787513043038	产业专利分析报告（第43册）	碳纤维复合材料	60	
9787513042390	产业专利分析报告（第44册）	石墨烯电池	58	

书 号	书 名	产业领域	定价	条 码
9787513042277	产业专利分析报告（第45册）	高性能汽车涂料	70	
9787513042949	产业专利分析报告（第46册）	新型传感器	78	
9787513043045	产业专利分析报告（第47册）	基因测序技术	60	
9787513042864	产业专利分析报告（第48册）	高速动车组和高铁安全监控技术	68	
9787513049382	产业专利分析报告（第49册）	无人机	58	
9787513049535	产业专利分析报告（第50册）	芯片先进制造工艺	68	
9787513049108	产业专利分析报告（第51册）	虚拟现实与增强现实	68	
9787513049023	产业专利分析报告（第52册）	肿瘤免疫疗法	48	
9787513049443	产业专利分析报告（第53册）	现代煤化工	58	
9787513049405	产业专利分析报告（第54册）	海水淡化	56	
9787513049429	产业专利分析报告（第55册）	智能可穿戴设备	62	
9787513049153	产业专利分析报告（第56册）	高端医疗影像设备	60	
9787513049436	产业专利分析报告（第57册）	特种工程塑料	56	
9787513049467	产业专利分析报告（第58册）	自动驾驶	52	
9787513054775	产业专利分析报告（第59册）	食品安全检测	40	
9787513056977	产业专利分析报告（第60册）	关节机器人	60	
9787513054768	产业专利分析报告（第61册）	先进储能材料	60	
9787513056632	产业专利分析报告（第62册）	全息技术	75	
9787513056694	产业专利分析报告（第63册）	智能制造	60	
9787513058261	产业专利分析报告（第64册）	波浪发电	80	
9787513063463	产业专利分析报告（第65册）	新一代人工智能	110	
9787513063272	产业专利分析报告（第66册）	区块链	80	
9787513063302	产业专利分析报告（第67册）	第三代半导体	60	

书 号	书 名	产业领域	定价	条 码
9787513063470	产业专利分析报告（第68册）	人工智能关键技术	110	9787513063470
9787513063425	产业专利分析报告（第69册）	高技术船舶	110	9787513063425
9787513062381	产业专利分析报告（第70册）	空间机器人	80	9787513062381
9787513069816	产业专利分析报告（第71册）	混合增强智能	138	9787513069816
9787513069427	产业专利分析报告（第72册）	自主式水下滑翔机技术	88	9787513069427
9787513069182	产业专利分析报告（第73册）	新型抗丙肝药物	98	9787513069182
9787513069335	产业专利分析报告（第74册）	中药制药装备	60	9787513069335
9787513069748	产业专利分析报告（第75册）	高性能碳化物先进陶瓷材料	88	9787513069748
9787513069502	产业专利分析报告（第76册）	体外诊断技术	68	9787513069502
9787513069229	产业专利分析报告（第77册）	智能网联汽车关键技术	78	9787513069229
9787513069298	产业专利分析报告（第78册）	低轨卫星通信技术	70	9787513069298
9787513076210	产业专利分析报告（第79册）	群体智能技术	99	9787513076210
9787513076074	产业专利分析报告（第80册）	生活垃圾、医疗垃圾处理与利用	80	9787513076074
9787513075992	产业专利分析报告（第81册）	应用于即时检测关键技术	80	9787513075992
9787513075961	产业专利分析报告（第82册）	基因治疗药物	70	9787513075961
9787513075817	产业专利分析报告（第83册）	高性能吸附分离树脂及应用	90	9787513075817
9787513081955	产业专利分析报告（第84册）	高端光刻机	70	9787513081955
9787513082198	产业专利分析报告（第85册）	动力电池检测技术	120	9787513082198
9787513082433	产业专利分析报告（第86册）	热交换介质	128	9787513082433
9787513081962	产业专利分析报告（第87册）	商业航天装备制造	110	9787513081962
9787513081924	产业专利分析报告（第88册）	电动汽车续航技术	120	9787513081924

书　号	书　名	产业领域	定价	条　码
9787513086387	产业专利分析报告（第89册）	EDA	108	
9787513086370	产业专利分析报告（第90册）	近眼显示	158	
9787513086363	产业专利分析报告（第91册）	新能源汽车动力电池安全关键技术	128	
9787513086356	产业专利分析报告（第92册）	可持续航空燃料	68	
9787513086349	产业专利分析报告（第93册）	航空航天用特种钢材	138	
9787513041539	专利分析可视化		68	
9787513016384	企业专利工作实务手册		68	
9787513057240	化学领域专利分析方法与应用		50	
9787513057493	专利分析数据处理实务手册		60	
9787513048712	专利申请人分析实务手册		68	
9787513072670	专利分析实务手册（第2版）		90	